易学好用 经典PIC单片机

PIC16F84A 轻松入门与实战

李学海 著

U0251274

清华大学出版社
北京

内容简介

本书精心挑选一款经典实用、好学易用的典型PIC单片机PIC16F84A为讲解样机，选择一款界面友好的国产软件WAVE6000为开发环境，选出一款硬件开源的廉价易购的下载器K150为程序烧写器，还给出了一款适合仿制的学习实验开发板PICbasic84作为可选目标板。全书共分10章，主要内容包括：背景知识、硬件总览、通用并口、指令系统、汇编程序设计、汇编语言工具链、软件集成开发环境、软件模拟调试技术、硬件综合开发工具、硬件烧试开发技术、定时器TMR0及其应用技巧、中断逻辑及其应用技巧、EEPROM数据存储器及其应用技巧、杂项功能及其应用技巧等。

本书特点：入门容易、阅读轻松、通俗易懂、语言流畅、可读性好、趣味性强、系统全面、注重实用、学用并重、学练结合、实例丰富、上手快捷。

本书适用的读者对象：初步具备电子技术和计算机知识基础的，电子、电信、计算机、电气、电力、电器、机电等涉电专业在校学生、教师、单片机爱好者、电子爱好者、电子产品开发者、电器维修人员、工程技术人员。还可以作为教学用书、培训教材和自学读本。

本书封面贴有清华大学出版社防伪标签，无标签者不得销售。
版权所有，侵权必究。侵权举报电话：010-62782989　13701121933

图书在版编目（CIP）数据

易学好用经典PIC单片机：PIC16F84A轻松入门与实战/李学海著．—北京：清华大学出版社，2018
ISBN 978-7-302-47792-1

Ⅰ．①易…　Ⅱ．①李…　Ⅲ．①单片微型计算机　Ⅳ．①TP368.1

中国版本图书馆CIP数据核字（2017）第168532号

责任编辑：梁　颖　柴文强
封面设计：顾　鹏
责任校对：梁　毅
责任印制：沈　露

出版发行：清华大学出版社
网　　址：http://www.tup.com.cn，http://www.wqbook.com
地　　址：北京清华大学学研大厦A座　　**邮　　编**：100084
社 总 机：010-62770175　　**邮　　购**：010-62786544
投稿与读者服务：010-62776969，c-service@tup.tsinghua.edu.cn
质量反馈：010-62772015，zhiliang@tup.tsinghua.edu.cn
课件下载：http://www.tup.com.cn，010-62795954
印 刷 者：北京富博印刷有限公司
装 订 者：北京市密云县京文制本装订厂
经　　销：全国新华书店
开　　本：185mm×260mm　　**印　　张**：22.25　　**字　　数**：537千字
版　　次：2018年1月第1版　　**印　　次**：2018年1月第1次印刷
印　　数：1～2000
定　　价：69.00元

产品编号：048061-01

前言 FOREWORD

你知道每年中国进口的商品当中，哪一项是花钱最多的吗？粮食？原油？机械设备？都不是！每年，中国在一种体积很小的产品上花掉的钱远远超过那些大宗商品，这种产品就是——芯片。仅2016年1月到10月，中国在进口芯片上一共花费了1.2万亿人民币，是花费在原油进口上的两倍！该信息来自权威期刊《电子技术应用》2016年12月13日发布的消息。在我国进口的这些芯片中，单片机产品又占据了其中绝大多数，由此可以想象，在我国从事单片机学习、研究、应用、开发的各类人才队伍的阵容该有多么庞大！

国家积极倡导的素质教育和创新工程，旨在提高受教育者的素质和培养将所学知识转化为生产力、创造力和经济效益的能力。为了更好地适应发展潮流和就业需要，作者认为，单片机的学习和应用，可以为电子、电信、电脑、电器、机电以及相关领域的爱好者、从业者和在校生，提供一个容易激发学习热情和创作欲望的、可操作性很强的学习途径和实践平台。至今，许多老一辈的工程师、专家、教授当年都是无线电爱好者。如果说20世纪50年代起，无线电世界造就了几代电子精英，那么当今的单片机世界也必将会培育出更多的电子英才。

本人从事教学30多年，主讲过大学物理、电路分析、程控交换原理、单片机原理、嵌入式系统等30余个学科。曾经指导过3届全国大学生电子竞赛并且获奖，其中一次是2007年应河北师范大学职业技术学院之邀作为外聘专家，指导了单片机应用项目的开发。还曾应河北师范大学之邀担任2009年暑期国家级骨干教师培训班客座教授，其间选用了本人的单片机著作做教材，并聘请本人为单片机学科主讲。也曾应邀为多家电子产品开发生产企业培训研发工程师，或担任技术顾问。还被聘为中国嵌入系统产业协会、中国物联网产业协会专家组成员。

自从1983年以来，本人先后在31种电子和通信类科技期刊、新技术研讨会论文集等刊物上发表专业论文、译文、科普文章和科研成果290余篇，内容涉及电子、电信、电脑和电器等领域，受到了广大读者的普遍欢迎和热情鼓励，以及多位责任编辑的称赞。曾在国际学术会议论文集、《电子技术》《电子技术应用》《实验技术与管理》等核心期刊上发表学术论文数十篇，其中多篇被引用或被审定为“精选文章”。曾被科技核心期刊《单片机与嵌入式系统应用》评选为2007年度优秀作者。

自从2000年以来，本人先后独著或主编了20部具有开创性和探索性的学术专著和大学教程，得到了多位业界权威、技术专家和研究生导师的高度评价。其中有2部获评全国优秀畅销书一等奖，有多部被北京邮电大学、河北师范大学、河北工业大学、四川师范大学、西北师范大学、山东建筑科技大学、辽宁工业大学等多家高校选作本科教程，有 6 部被苏州大学、武汉理工大学、广东工业大学等“211 大学”“985 大学”或著名高校选作研究生用书，有多部被北京计科新能源公司、台湾新茂国际、北京凌阳科技公司、劳恪实业公司、鑫恒翌科技公司、北京中芯优电公司等科研单位选作研发工程师培训教材。

本书在写作手法上，力求循序渐进、通俗易懂、趣味性强，将枯燥乏味的学习过程变得更加轻松有趣，尽可能使读者在通过阅读本套教程来学习 PIC 单片机的过程中，以花费尽可能少的时间和精力，掌握和了解尽可能全面的单片机理论知识和开发技术。本书采用以读者为中心的写作手法，努力克服以往以产品手册为中心，或以作者知识结构为中心的传统写作模式给读者所带来的种种不便和困惑。

本书的编写思路是，充分发挥作者在为《电子世界》《电子制作》和《无线电》等科技期刊撰写单片机技术连载讲座中所积累的写作经验，以及在 30 多年面授教学过程中所积累的讲课经验，再通过精心编排讲述顺序和精心筛选教学内容，来尽量减少对读者背景知识的要求，以便尽可能降低初学者通过了解 PIC 单片机而进入单片机世界的门槛。书中以讲解 PIC16F84 单片机为主，并且酌情兼顾 PIC 单片机大家族中其他成员的个性，以及全体成员的共性简介，以便使读者达到举一反三、触类旁通之功效。

本书的编写目标是，努力追求“一读就懂、读了能用、一用就灵”的学习效果；不仅能“给人以鱼”，而且更注重“授人以渔”；不仅传授单片机知识，而且更注重教会开发方法和应用技巧；不仅可以提高理论水平，而且更侧重强化将所学知识转化为实际工作的能力；力图实现将每一位有志于迈进单片机王国的外行人，培养成既懂单片机知识，又能掌握以单片机为核心的智能电子产品开发技能的内行人。为了达到这一目标，除了恰当的引导和正确的学习方法之外，当然也离不开读者的自身努力。“兴趣是最好的老师！”本人深信这条哲理。培养读者的学习兴趣比传授知识更重要。一旦帮助读者树立起浓厚的学习兴趣和强烈的求知欲望，就很可能达到令人受益终生的特殊效果，这也是每一位教育工作者追求的最高目标。

本书在内容编排上充分注意了门槛低、入门易、上手快，以及层次性、可读性、实践性、系统性和完整性，力求覆盖从单片机理论学习到开发应用的各个阶段，所有必不可少的硬件和软件知识、开发环境和开发工具的使用方法和技巧等内容。尽可能不需要翻阅其他书籍就可以学习到，从单片机入门到单片机开发制作各个环节的全程知识。对于一名初步具备电子技术和微机应用基础知识的初学者，成长为一位单片机应用工程师，所需要学习的核心知识主要有：单片机硬件系统；单片机指令系统；汇编程序设计基础以及汇编器的用法；单片机仿真器及其用法；程序烧录器及其用法。这些内容书中都有介绍。此外，为了突出实践性，在每个需要演练的技术点之后都精心设计了 1～3 个针对性强、实用价值高的实验范例，并且调试成功，每个范例大致包括“项目实现功能；硬件电路规划；软件设计思路；汇编程序流程；汇编程序清单；几点补充说明；程序调试方法”等完备的内容。

还特别说明的是涉及 PIC 系列的“字节”，并不是常说 8 比特(Byte)，请读者阅读本书时留意。

在本书的编著过程中，得到了微芯公司大学计划负责人刘晖女士、清华大学出版社计算机与信息分社梁颖先生、机械科学研究院刘治山高级工程师(教授级)、石家庄铁道大学杨金祥教授、石家庄邮电职业技术学院电信系的曲文敬、范兴娟、吴蓬勃、孙群中、李莉、郑玉红、刘保庆、李影、李建龙、王贺珍、田洪、刘正波等专家学者们的大力支持和热情鼓励，除了提供最新资料和实验器材之外，还将他们在长期实践中积累的经验体会无私地奉献出来供广大读者分享。另外，为本书撰写工作尽力的还有宋庆国、蒙洋、杨聪、冯伟伟、王晓超、张宗祥、王金凯、高笑飞、董丹、张拥军、任志刚、李明亮、刘亚川、池俭、李学英、李学凤、范俊海、李学静、李学伶、杨琳、李学峰、邓军、杜太琢、杨瑞琢、王友才、王友起、王友勇、蔡永泽、蔡永岗、张磊、范淑玲、杜雪梅、李晗羽、李子杨、李伟、蔡浩川等。在此一并深表诚挚的谢意！

由于日常教学工作量繁重，加之作者的水平有限，因此书中不妥之处在所难免，敬请广大读者朋友不吝赐教。作者邮箱：18931368650@189.cn。

李学海

2017 年 3 月 30 日

目　录　CONTENTS

第1章

学用PIC单片机的背景

近些年来，出现在国际市场上的单片机，功能不断增多，性能不断提高，而价格却不断下降。随着我国对外开放的力度不断加大，世界上一些著名的微电子公司都在积极开拓我国市场，这使得国内上市的单片机品种型号越来越繁多，价格也越来越低廉。这给电子爱好者或初学者学习和利用单片机提供了丰富廉价的物质基础，因此，有越来越多的电子爱好者、相关专业的在校生把越来越多的注意力转移到单片机上。

单片机与常用的 TTL、CMOS 数字集成电路相比掌握起来不太容易，问题在于单片机具有智能化功能，不光要学习其硬件还要学习其软件，而且软件设计需有一定的创造性。这虽然给学习它的人带来一定的难度，但这也正是它的迷人之处。初学者能否在没有太多专业基础知识的情况下，通过自学在很短的时间内掌握单片机技术？事实表明是做得到的！甚至再经过反复实践，将自己培养成小型单片机应用项目的技术研发人员或应用工程师也是有可能的！

1.1 了解单片机

1.1.1 学用单片机有什么必要性

在综观单片机技术和单片机产品的基础上，作者在此试图仅仅从以下几个方面，来帮助读者认识、感受和判断，在面临当今技术飞速发展的紧迫形势下，学习单片机的理论知识、掌握单片机的应用开发技术有多么重要和必要。

(1) 单片机控制产品和应用技术的广泛普及，正以我们始料未及的速度在迅猛膨胀和加速，这必将对于人们的工作、学习、生活等各个方面产生越来越重要的影响，也必将渗透到工业、农业、商业、医疗、国防、科研等各个领域。

(2) 家用电器和办公设备的智能化、信息化、网络化、模糊控制化已成为世界潮流，单片机在其中起着不可或缺的作用。

(3) MOTOROLA 公司曾经做过市场调查，2010 年平均每人每天接触到的单片机，就已多达 351 片甚至更多。例如，一台微机系统中约嵌入了 10 余片单片机；一辆 RMW-7 系列宝马轿车中嵌入了 63 片单片机。

(4) 目前我国在世界贸易的大环境下，全球融合的进程中，和国际分工的大趋势下，制造大国和制造中心地位逐渐确立和日益巩固，日用电器和机电产品出口比重不断加大，使得单片机及其嵌入式应用开发人才愈加炙手可热。

(5) 单片机芯片属于高新技术的结晶和典型代表之一。我们没有理由拒绝掌握这种能够容易接触、轻松上手，而且又成本低廉的实用技术和开发技能。

(6) 单片机的出现和应用是对传统控制技术的一场革命。例如，对于任何一种家用电器，一旦将其中的布线逻辑控制电路，升级为基于单片机的控制电路，则不仅使其性能得到提高，而且还会使其功能得到大幅度扩充，从而会更加吸引消费者注目，激发消费者的购买欲望。

(7) 计算机技术的发展所形成的“两大分支”(通用计算机系统和嵌入式系统)，其中以单片机应用为典型的嵌入式系统控制器，是越来越重要的一个分支。

(8) 一些过去很少染指单片机及其嵌入式应用技术的科普性科技期刊，例如《电子世界》《无线电》《电子制作》等，都纷纷开辟单片机专栏，开办单片机讲座，加大单片机文章比重，甚至配套提供单片机学习器材和实验工具。为日益高涨的单片机普及浪潮添风加力。

(9) 从电子爱好者、无线电爱好者升级到单片机爱好者是必然趋势。正像一位网友所说的那样，如果不懂单片机都不好意思说自己是搞电子的。

(10) 当今从事单片机的应用开发，已经成为社会需求的热门技术、热门专业和热门人才。每年劳动部门或人才市场统计和公布的各类职业社会需求排行榜，与单片机相关的电子等专业的职位需求，基本都名列前茅。

(11) 单片机的原理解析和实战演练，是培养读者动手能力、操作技能、制作兴趣和创新意识的一个经济实用的实训平台。

(12) 通过单片机的学习和应用，能够帮助读者更好地、更深入地理解电子计算机的工作原理和操作过程。

(13) 单片机学科，是从应试教育到素质教育的优选学科。因此，有很多并且会越来越多的高等院校，为其电子、电信、电脑、电器、电力、电工、电气、机电、仪表、轻工、自控等涉电专业的研究生、本科生、职高生、中专生等不同层次的在校生开设了单片机课程。

(14) 时下，在工科、工程或职业类院校中的一些涉电专业，在校生或毕业生的课程设计和毕业设计，甚至电子制作竞赛等实训项目，其选题范围绝大多数都是围绕单片机展开的。那么为何大家不约而同地认定单片机是非常好的选题来源呢？作者认为其主要原因应该是，以单片机为核心的项目制作，能够把大学几年间所学的多门骨干学科贯穿起来、融合进来，进行综合运用和训练。例如，能够涉及到的学科知识有：电路分析基础、模拟电子技术、数字电子技术、传感器技术、电子设计自动化(EDA)、PROTEL、微机原理、汇编语言、C 语言、微机接口技术、程序设计、计算机应用基础等；甚至随着项目技术含量的提升，还会触及到数据结构、操作系统、数据库、通信原理、数据通信、计算机网络、可编程逻辑器件等。

(15) 近年来，包括重点高校在内的一些大学，还将单片机学科列入报考研究生所需要考试的内容之一。这更是为广大相关专业的在校生传达了一个引导信号，树立了一个指挥棒。

（16）为了适应时代进步、技术更新和国家发展战略的需要，吸引和激发相关专业更多的大学生，投身到设计制作和创新工程中来，中央电视台（CCTV）与相关部门联合开启了每年一度的全国大学生机器人制作大赛。另外，一些省份或地区的单片机学会、一些高校、一些国际顶级的单片机制造公司，也定期或不定期地举办了许多类似的赛事。为广大单片机爱好者提供了多种多样一显身手的好机会和比武擂台。

（17）中国计算机学会微机专业委员会，每年都定期召开"嵌入式系统及单片机学术交流会"，并且会出版相应的论文集。为汹涌澎湃的单片机应用浪潮推波助澜，营造浓厚的学术氛围。

（18）一些业界著名的微电子公司纷纷在中国以及世界各地，推出旨在扩大其单片机产品影响力、提升市场占有率、培养未来的应用工程师、培育潜在的应用客户的"单片机大学计划"。同时，争先恐后地与全国各地的高等学府和职业院校，建立各种形式的合作关系。甚至有的公司还开设了专门的中文网站，配备了专职的技术支持工程师。

（19）2005年11月在深圳举行的"深圳全国高校嵌入式系统教学与人才发展研讨会"，宗旨就是为了总结深圳市嵌入式系统开发应用的成功经验，也为高校从事嵌入式应用技术的教师营造良好的学习和交流环境，以此推动高校嵌入式教学和科研工作的发展。该会是在深圳市科技局、中国软件行业协会、中国计算机行业协会，中兴、华为、旋极信息集团等知名企业的大力支持下举办的。会上不少专家、学者介绍嵌入式应用技术发展现状和最新成果、探讨嵌入式应用技术未来发展趋势、交流嵌入式教学和实验室建设的成功经验，并且围绕嵌入式系统教学、实验室建设、教学与科研互动、嵌入式技术人才培养的方法和模式等热点、难点问题，进行了深入探讨。

（20）与普通百姓最为接近或最有感觉的，单片机技术发展和应用成果，当属以下几例：①几乎每天都不离手的手机，其核心器件就是单片机；②几乎每天都要观看电视节目的电视机及其遥控器，其核心器件也是单片机；③我国公民已经换发的第二代居民身份证，也采用了以单片机芯片为核心的智能卡技术。

1.1.2　单片机为什么会引人入迷

对于一名单片机初学者或电子爱好者来说，一旦掌握了单片机的理论知识和开发应用技术，就进入了一个崭新而又广阔的创作天地，任由您去自由发挥自己的想象力和创造灵感，使您不仅能够充分享受到成功感，而且可以提高自己的业务素质，增强自己的创新能力，增多自己的就业机会。

与电子制作中常用的TTL或CMOS通用数字集成电路，以及其他专用集成电路（ASIC）相比，单片机学习和掌握起来不太容易，问题在于单片机具有智能化功能，不光需要学习其硬件电路，还需要学习其特有的指令系统、配套的语言工具和开发环境软件、配套的硬件仿真器和程序烧写器等工具，而且软件设计需有一定的创造性或开拓性。这虽然给学习它的人带来一定的难度，但这也正是它的迷人之处。创作者可以把单片机作为一种载体，将自己的知识和智慧嵌入和固化其中，不仅可以创造自己的知识产权和专利技术，还能够使其数倍甚至数十倍地升值，来创造社会效益和经济价值。

至今，许多老一辈的工程师、专家、教授当年都是无线电爱好者。如果说 20 世纪 50 年代起，无线电世界造就了几代电子英才，那么当今的单片机世界必将会造就出新的一代又一代的电子精英！

今天，我们的生活环境和工作环境中有越来越多称之为单片机的小电脑在为我们服务，可我们并没有意识到这些“小精灵”的存在。例如：当我们每天用遥控器操纵电视机，利用手机上网、玩游戏或通话的时候，也许我们并没有意识到这是单片机在接收我们的命令；在洗衣机、微波炉、电饭煲、空调机等家电中，都有单片机在发挥着不可替代的重要作用；就连当年曾经一度令许多青少年朋友痴迷的电子宠物，也是单片机在大显神威。那么，为何绝大多数的人竟然对它的存在视而不见呢？究其原因，一是单片机几乎都是作为幕后英雄，嵌入到许许多多外观形态并不像计算机的装置或设备之中，也就是说，单片机技术往往应用于非计算机产品当中；二是我们对这些“忠心耿耿”地在为我们服务的“小精灵”了解甚少，这或许是更重要的原因。时下，家用电器和办公设备的网络化、智能化、遥控化、人性化已成为发展趋势，而这些高性能几乎无一不是靠单片机来实现的。如果我们不具备单片机方面的知识、不掌握单片机的应用技术，对这些电器设备的日常保养和故障维修都会形成很大的障碍，就更不用说设计和开发以单片机为控制核心的各种电子电路和电器产品了。

过去由于条件所限，早期的电子爱好者用简陋的元件制作出只能用耳机听音的矿石收音机，曾令他们兴奋不已；后来的电子爱好者用半导体分立元件制作再生来复式或超外差式晶体管收音机，也曾让他们享受一把成功的喜悦；而新生代的电子爱好者却拥有一个前所未有的大好时机和廉价丰富的物质条件，不仅可以用芯片制作集成电路收音机，还可以用单片机制作许多带智能的小电器，可以更容易地圆自己一个创新发明和创造专利的成功之梦。例如，一只固化有专用软件的单片机芯片，配上一只液晶显示屏和几只小按钮，再装入一只小塑料壳，便可做成一只妙趣无穷的电子宠物(这是一位日本女工程师发明之作)。其成本只不过几元，但当年市场售价竟可高达一二百元。理由在于它是具备高科技背景的产品，其中的软件凝聚着开发者的聪明和智慧。

近年来，随着微电子技术的迅猛发展，单片机技术的发展速度十分惊人。时至今日，单片机技术已经发展得相当完善，它已成为计算机技术的一个独特而又重要的分支。单片机的应用领域也日益广泛，特别是在电脑、电信、网络、家用电器、工业控制、仪器仪表、汽车电子等领域的智能化方面，扮演着极其重要的角色。提到单片机的应用，有人曾这样说，“凡是能想到的地方，单片机都可以用得上”，这并不夸张。由于全世界单片机的年产量数以亿计，使得其应用范围之广，花样之多，一时难以统计。

单片机技术无疑将是 21 世纪最为活跃的新一代电子应用技术。因此，很多院校为研究生、大、中专生、中学生等不同层次的学生开设了单片机课程。在职技术人员由于工作需要，也迫切希望掌握单片机的开发应用技术。为了满足广大读者业余自学这项“热门技术”的欲望，一些电子和电脑类期刊，纷纷开辟专栏，举办单片机知识讲座。随着微控制技术(以软件代替硬件的高性能控制技术)的日臻完善和发展，单片机的应用必将导致传统控制技术发生巨大变革。换言之，单片机的应用是对传统控制技术的一场革命。因此，学习单片机的原理，掌握单片机的应用技术，具有划时代的现实意义。

自从 1946 年世界出现第一台数字电子计算机，至今电子计算机技术的发展大致经历了四代产品。这首台电子计算机的性能指标为：字长 12 位；内存容量 17Kb；加法速度

5000 次/秒；由 18800 个电子管组成；重量达 30 吨；耗电达 150 千瓦；造价 40 万美元；占地 150 平方米。眼下一片售价不足 1 美元、耗电只有几毫瓦、重量仅仅几克、体积只有米粒大小的单片机，其性能却能够远远超出第一台数字电子计算机上千倍上万倍。

以常人难以想象的速度在持续飞速发展的现代电子计算机技术，不仅自身所形成的产业群规模庞大(并且还在不断地高速膨胀)，而且还在带动其他各行各业发展的过程中起着火车头的作用。它把全球经济从资本经济时代带入到知识经济时代，它也将从农业社会走过来的工业社会又带进了信息社会。在电子领域中，从 20 世纪中叶的无线电时代也进入到 21 世纪以计算机技术为核心的，自动化、智能化、网络化、信息化的现代电子系统时代。现代电子系统的主要核心是嵌入式计算机应用系统(简称嵌入式系统，Embedded System)，而“单片机”的应用目标恰恰就是那最基本、最典型、最好学、最易用、最经济、最常见、最广泛、最普及的嵌入式计算机应用系统。

1.1.3　学用单片机有什么现实意义

在历史的车轮前进到 20 世纪 80 年代之后，全球经济中最显著的进步是电子计算机的产业革命。而电子计算机产业革命的核心标志应该是，微型计算机(IBM-PC)的横空出世和高度普及，以及电子计算机技术的嵌入式应用方式的诞生，及其在各式各样被控对象中的迅速推广。最初的电子计算机是为了满足大量的科学计算和数值处理的需求而催生的，并且在很长的一个时期内，电子计算机都是以适应科学家和工程师的科学计算为主要目标。但是电子计算机表现出的逻辑检测、判断、推演、运算、处理、控制能力，吸引了电子控制和自动化领域的专家、学者们的目光，他们试图发展出能够满足控制对象要求的、嵌入到非计算机产品中应用的计算机系统。如果将满足海量数据处理的计算机系统称为“通用计算机系统”，那么则可把嵌入到对象体系(如电话机、手机、电视机、洗衣机、空调机、微波炉、电饭煲、汽车、船舶、飞机、机车等非计算机产品)中的计算机系统称作“嵌入式微控制器”。显而易见，两者虽然都是同根同源的计算机技术，但是它们的追求目标、发展方向、应用对象却大不相同。前者要求海量数据存储、吞吐、高速数据处理、分析及传输，而后者要求在被控对象环境中可靠运行，对外部物理参量的高速采集、逻辑分析处理和对外部被控目标的快速控制等。

为了将计算机技术应用于传统的电子控制领域，为了提升电子产品、机电一体化产品的性能和品位，也为了以灵活性极强的程控技术(Stored Program Control，存储程序控制)取代灵活性极差的布控技术(Wired Logic Control，布线逻辑控制)，在 20 世纪 70 年代末，微电子专家们在计算机芯片开发产生技术的基础上另辟蹊径，完全按照电子系统的计算机嵌入式应用要求，将一个微型计算机的基本系统集成在一个芯片上，从而形成了早期的单片机(Single Chip Microcomputer)芯片。单片机的诞生导致了计算机领域中开始出现“两大分支”，即通用计算机系统和嵌入式系统。此后，无论是嵌入式计算机系统，还是通用计算机系统都在各自的专业方向上得到了飞速的发展。

早期虽然有通用计算机改装而成的嵌入式计算机(比如专用单板计算机，简称单板机。20 世纪 80 年代在我国影响很大的有北京工业大学研制的 TP-801 单板机)，而真正意义上的嵌入式系统始于单片机的出现。因为单片机是专门为嵌入式应用设计的，单片机只能实现嵌入式应用。单片机能最好地满足嵌入式应用的环境要求，例如，芯片级的物理空间、大规模集成电路的低价位、良好的外围接口总线和突出控制功能的指令系统。单片机将计算机系统内核，嵌入到电子系统中，为电子系统智能化奠定了基础。因此单片机应用系统是最典型的嵌入式系统，当前单片机在电子系统中的广泛使用，使经典电子系统迅速过渡到智能化的现代电子系统。同时，单片机技术的应用也催生出一些新的电器品种。例如，VCD、DVD、寻呼机、电子宠物、遥控电视机、U 盘等，如果没有单片机嵌入其中，就不会出现这些电器。

由于单片机完全是按照嵌入式系统要求来设计的，因此早期的单片机只是按嵌入式应用技术需求研制的计算机的单芯片化集成电路器件，也就是将电子计算机的全部特征器件统统集成到一片芯片上，故国人形象地将其俗称为"单片机"。随后，单片机为满足嵌入式应用要求不断增强其控制功能与外围接口功能，尤其是突出控制功能，因此国际上已将单片机正名为"微控制器(Micro Controller Unit，MCU)"。如果说，单片机一词注重描绘的是器件的外观形态，那么，微控制器一词则突出定义的是器件的内在功能。

单片机是芯片级的计算机系统(Microcomputer System on a Chip)，它可以嵌入到任何对象体系中去，实现智能化控制。小到微型机电产品和电子产品，如电子手表、非接触式智能卡、只有苍蝇大小的微型机器人等。集成芯片级的低价位，低到几元、十几元，足以使单片机普及到许多民用电器，甚至电子玩具中去。单片机构成的现代电子系统已深入到千家万户，正改变我们的生活，如家庭中的遥控器、家庭影院、电视机、洗衣机、微波炉、电话机、防盗系统、空调机等。单片机把计算机技术引入到原有的电子电路系统，如微波炉采用单片机控制后，可方便地进行时钟设置、程序记忆、功率控制；空调机采用单片机后不但遥控参数设置方便，运行状态自动变换，还可实现变频控制。

经典的电子系统所完成的一切功能都是通过布线逻辑控制实现的，也就是说，控制逻辑电路是将若干电子元器件通过布线连接而成的。如果想要给已经定型的系统增加功能或者改进性能，非得大动手术或者重新设计，否则，别无他法；而现代电子系统完成的许多功能是通过存储程序控制实现的，也就是控制功能是通过计算机执行预先储存在存储器中的程序来实现的。如果想要给系统增加功能或者改进性能，只需要更新软件即可，非常灵活。若将经典电子系统当作一个僵死的电子系统，那么智能化的现代电子系统则是一个具有生命的电子系统。单片机应用系统的硬件结构给予电子系统"身躯"，单片机应用系统的应用程序赋予其"灵魂"。例如，在设计智能化仪器显示器的显示功能时，可在开机时显示系统自检结果，未进入工作时显示各种待机状态，仪器运行时显示运行过程，工作结束后可显示当前结果、自检结果、原始数据、各种处理报表，甚至自动利用互联网上传等。在无人值守时，可给定各种自动运行功能。电子系统的智能化和网络化程度是永无止境的，常常不需硬件资源的增添就能实现各种功能翻新和添加，这也是当前许多家用电器的功能大量增设和不断扩展的重要原因。

目前，电子元器件产业除了微处理器、嵌入式系统器件外，大多是围绕现代电子系统配套的元器件产业。例如，满足人-机界面需要所使用的按键开关、键盘控制器芯片、拨码开关、各式各样的发光二极管(LED)、LED 数码管、LED 点阵模块、液晶显示屏(LCD)、LED/LCD 显示驱动器芯片、LED/LCD 显示器模块、语音集成器件、压电蜂鸣器、电磁蜂鸣器等；满足数据采集通道要求的各种数字传感器、可编程控制放大器、数字电位器、数模转换器(ADC)、数据采集模块、信号调理模块等；满足伺服驱动控制的功率驱动器、数模转换器

(DAC)、固体继电器(SSR)、步进电机驱动器、变频控制单元等;满足通信要求的各种总线驱动器、电平转换器等;满足信息转储并且掉电不丢失的EEPROM电擦电写存储器(其中又分为并口EEPROM、SPI串口EEPROM、IIC串口EEPROM、MicroWire串口EEPROM)、Flash闪速存储器、NV-SRAM非易失性存储器、FRAM铁电存储器等。世界电子元器件在嵌入式系统带动下,沿着充分满足嵌入式应用的现代电子系统要求在发展,这就使得原来经典电子系统的天地愈来愈小。电子系统中的各类从业人员应尽早转向现代电子系统设计开发的宽广之路。当年的无线电世界造就了几代电子英才,当今的单片机世界也会造就出层出不穷的电子精英。

在我们全人类进入计算机时代的21世纪,许多人不是在研究计算机便是在利用计算机。在使用计算机的人群当中,只有从事嵌入式系统应用的人们才真正地进入到计算机系统的内部软、硬件体系中,才能真正领会计算机的智能化本质并掌握智能化设计的知识和技术。从学习单片机应用技术入手,是当今培养计算机应用软、硬件开发技术人才的最经济实用、最简便易行的可选途径之一。

独具魅力的单片机能使你体会到电脑的真谛,你用单片机可以亲自动手设计智能玩具,可以设计不同的应用程序实现不同的功能。既有硬件制作又有软件设计;既动脑,又动手。能够很快让你体验到自己的创造能力和成就感。初级水平的单片机应用者可以开发温度控制器、智力抢答器、红绿灯控制器、门面广告灯之类的简单项目,用汇编语言指令编程即可;中级水平的单片机应用者可开发一些智能性比较高的控制器,如分布式控制系统、洗衣机、微波炉、空调机的核心控制板等;高级水平的单片机应用者可开发智能机器人、信息电器、网络电器、掌上电脑、智能手机、无人飞机、物联网工程等,并用汇编语言或C高级语言混合设计应用程序。围绕单片机及嵌入式系统形成的电子产业的未来,将会为电子爱好者提供一个广阔的天地、一个比当年无线电世界更广阔、更丰富、更持久、更具魅力的电子世界。投身到单片机世界中必将使你获得更加宽广的创作天地和就业空间,一生受益。

1.2 走近单片机

1.2.1 单片机究竟是什么

单片机(Single Chip Microcomputer)亦称单片微电脑或单片微型计算机,国际上统称为微控制器(Microcontroller,MCU,μC),是一类内部集成了计算机核心技术的智能芯片。如果说单片机是国人给该类芯片定义的一个俗名,那么微控制器则是国际上公认的一个学名。单片机的称呼是从外观形态、外部表现、存在形式定名的,而微控制器的称谓则是从内在本质、功能特点、应用方向而定义的。与“单片机”一词成并列关系的有:单板机、计算机系统;与“微控制器”一词成并列关系的有:微处理器(MPU,μP)、数字信号处理器(DSP)等。

单片机就是把中央处理器(CPU)、随机存取存储器(RAM)、只读存储器(ROM)、输入/输出(I/O)端口等主要的计算机功能部件,都集成在了一块集成电路芯片上,从而形成一部完整的微型计算机。换言之,把微型计算机的所有功能部件都集成并封装在一块芯片内而构成一部超微型计算机,就称其为单片机。单片机是大规模集成电路技术发展的结晶。单片机具有性能高、速度快、体积小、价格低、稳定可靠、应用广泛、通用性强等突出优点。

单片机的设计目标主要是增强“控制”能力，满足实时控制(就是快速反应)方面的需要。因此，它在硬件结构、指令系统、I/O端口、功率消耗及可靠性等方面均有其独特之处，其最显著的特长之一就是具有非常有效的控制功能。为此，又常常被人称为微控制器。

尽管单片机主要是为控制目的而设计的，它仍然具备通用微型计算机的全部特征。“麻雀虽小，五脏俱全”。既然单片机是一部概念上完整的微型计算机，那么单片机的功能部件和工作原理与微型计算机也是基本相通的。因此，我们可以先通过参照微型计算机的基本组成和工作原理，来逐步走近单片机。

如图1.1所示，一台微型计算机是由运算器、控制器、存储器、输入设备和输出设备5个部分、若干块集成电路组成的。虽然微型计算机技术得到了最充分的发展，但是微型计算机在体系结构上仍属于经典的计算机结构。这种结构是由计算机的开拓者——数学家约翰·冯·诺依曼最先提出的，所以，就称之为冯·诺依曼计算机体系结构。至今为止，计算机的发展已经经历了四代，大都坚守诺依曼体系。当前，市场上常见的一些型号的单片机也还遵循着诺依曼体系的设计思路。

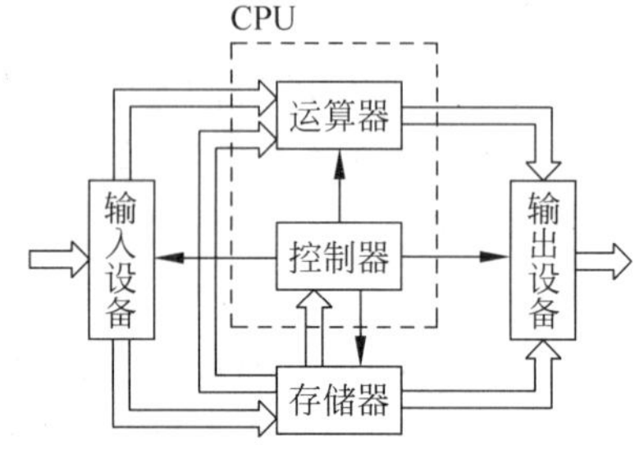

图1.1 微型计算机的基本结构

下面让我们来分析一下计算机各部分的作用以及计算机的工作原理：如果要使计算机按照人们的需要解决某个具体问题，并不是把这个问题直接让计算机去解决，而是要用计算机可以“理解”的语言，编写出一系列解决这个问题的步骤(即程序)并输入到计算机中，限定它按照这些步骤顺序执行，从而使问题得以解决。编写解决问题的步骤，就是人们常说的编写程序(也叫程序设计或软件开发)，编写程序所用的语句就叫指令。由于计算机是严格按照程序对各种数据或者输入信息进行自动加工处理的，必须预先把程序以及数据用“输入设备”送入计算机内部的“存储器”中，处理完后还要把结果用“输出设备”输送出来。“运算器”完成程序中规定的各种算术和逻辑运算操作。为了使计算机各部件有条不紊地工作，由“控制器”来理解程序的意图，并指挥各部件协调完成规定的任务。通常，在微型计算机中，把控制器和运算器制作在一块集成电路内，并称之为中央处理器或中央处理单元(Central Processing Unit，CPU)。

单片机的一般结构可以用图1.2所示的方块图来描述。该图与图1.1的对应关系是，CPU包含控制器和运算器；ROM和RAM对应着存储器，前者存放程序，后者存放数据；I/O则对应着输入设备和输出设备。用总线实现各模块之间的信息传递。其实，具体到某一种型号的单片机，其芯片内部集成的程序存储器ROM和数据存储器RAM可大可小，输入和输出端口I/O可多可少，但CPU一般只有一个。此外，为了提高单片机的性能和扩展单片机的用途，厂家通常将一些不同功能的专用模块也集成到单片机芯片内部当中来，比如定时器模块、数/模转换模块、串行接口模块等。人们习惯于把这些模块与I/O端口模块一起统称为“外围模块”。

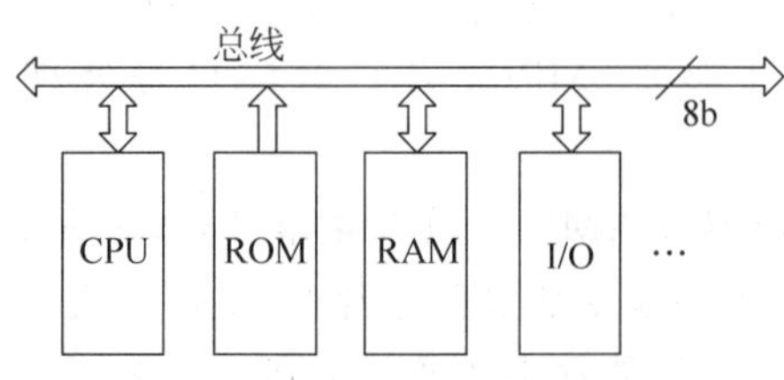

图1.2 一般的单片机内部结构简图

1.2.2　单片机有什么用途

提到单片机的应用，有人这样说，“凡是能想到的地方，单片机都可以用得上”，这并不夸张。由于全世界单片机的年产量数以亿计，应用范围之广，花样之多，一时难以详述，这里仅列举一些典型的应用领域或场合供读者参考：

1. 家用电器

遥控电视机、机顶盒、摄像机、卫星电视接收机、音响音调控制器、卡拉OK点唱机、数字照相机、全自动洗衣机、电冰箱、空调机、洗碗机、微波炉、电饭煲、热水器、万年历、智能充电器、各种报警器、电卡电度表等。

2. 电信设备

智能电话机、无绳电话机、移动通信手机、无线对讲机、业余无线电台、传真机、调制解调器、来电显示器(Caller ID)、交换设备、传输设备等。

3. 计算机外围设备

移动硬盘、U盘、手写板、摄像头、键盘、打印机、绘图机、扫描仪、智能终端、智能扩充卡、调制解调器(Modem)、路由器等。

4. 办公自动化

电子计算器、微型计算机、平板电脑、复印机、智能打字机、传真机、个人数字助理(PDA)等。

5. 工业控制

数控机床、智能机器人、可编程顺序控制、电机控制、过程控制、温度控制、智能传感器等机电一体化系统。

6. 商用电子

自动售货机、自动柜员机、电子收款机、电子秤、智能卡、IC卡读写器、条形码扫描器、二维码扫描器等。

7. 玩具电子

袖珍游戏机、电子宠物、智能玩具、遥控玩具、学习玩具等。

8. 汽车电子

点火控制、变速控制、防滑控制、防撞控制、排气控制、最佳燃烧控制、计程计费器、防盗报警、电子地图、车载通信装置等。

9. 军用电子

飞机、舰船、军车、通信、穿戴等军用设备，以及各种导弹、鱼雷的精确制导控制、智能武器、雷达系统、电子战武器等。

10. 仪器仪表

用于环保、输水、输气、输电、机械、交通、医疗、化工、电子、计量等领域的各种智能仪器仪表。

11. 物联网设备

各种智能传感器、各种有线通信装置、各种无线通信装置中。

单片机应用的意义不仅仅限于它的广阔范围以及所带来的经济效益，更重要的还在于从根本上改变了传统的控制系统设计思想和设计方法。从前，必须由模拟电路或数字电路实现的绝大部分控制功能,现在已能通过使用单片机配合专用软件的方法来实现了。这种以软件取代硬件并能提高系统性能的控制技术称之为微控制技术。微控制技术标志着一种全新概念,随着单片机应用的推广普及,微控制技术必将不断发展和日趋完善,而单片机的应用则必将更加深入、更加广泛。

下面结合我们生活中最常用的一种电器——遥控彩电,来简单介绍单片机的一个应用实例。为了突出单片机的作用,将一台遥控彩电的电路概括成如图 1.3 所示的方块图。当人们按动遥控器的按键时,经过编码和调制的红外遥控信号由发光二极管发送到接收二极管,并由红外接收头解调出一串二进制码,然后由单片机经输入端口接收、内部译码并理解遥控命令,再经相应的输出端口输出驱动信号,最终实现调节音量、亮度、对比度、色度以及控制选台、静音、开关机等一系列智能性很强的操作。

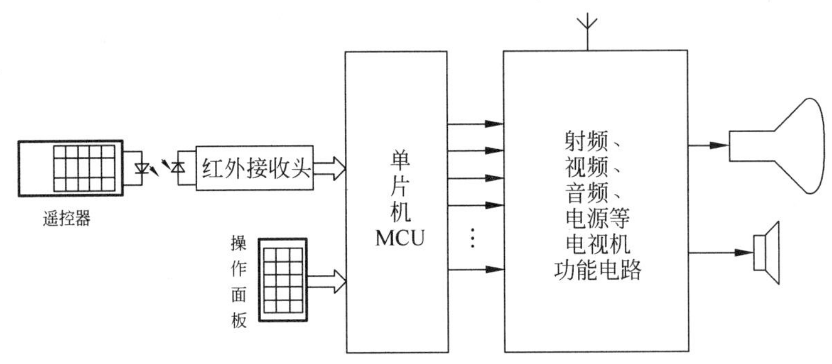

图 1.3 遥控彩电电路方块图

1.2.3 单片机有什么特点

单片机除了具备体积小、价格低、性能强、速度快、用途广、灵活性强、可靠性高等优点之外,它与通用微型计算机相比,在硬件结构和指令设置上还具有其独特之处:

(1) 存储器 ROM 和 RAM 是严格分工的。ROM 用作程序存储器,只存放应用程序和常数表格;而 RAM 用作数据存储器,存放临时的中间结果、数据和变量。这样的设计方案使单片机更适用于实时控制(或称为现场控制或者过程控制)系统。配置几"KB"到几十"KB"的程序存储空间 ROM,将已调试好的程序固化(或称烧写)其中,不仅掉电时程序不丢失,还避免程序被破坏,从而确保了程序的安全性。实时控制仅需容量较小的 RAM,用于存放少量随机数据,这样有利于提高单片机的操作速度。

(2) 采用面向控制的指令系统。在实时控制方面,尤其是在"位"操作(操作对象就是一个比特位,也就是二进制数的一位)方面单片机有着不俗的表现。而不像通用计算机那样侧重海量科学计算、海量数据处理和海量数据吞吐,不适合用作体积小、重量轻、成本低的实时控制方案。

(3) 输入/输出(I/O)端口引脚通常设计有多种功能。为了减小单片机的体积,芯片封装的引出脚受到限制,为了解决 I/O 引脚数少而实际需要信号功能种类多的矛盾,采用了将多项功能"复合"到一条引脚上的作法,即"一脚多能"。应用设计时,究竟使用多功能引脚的哪一种功能,可由用户随意确定。

(4) 品种规格的系列化。属于同一个产品系列的、不同型号的单片机,通常具有相同的内核、相同或者兼容的指令系统。其主要的差别仅是在片内配置了一些不同种类或不同数量的功能部件或硬件模块,以适用不同的被控对象。例如,ROM 的容量或版本不同;RAM 的容量或种类不同;I/O 引脚的数量或功能不同;定时器/计时器的个数不同;中断源的数量不同;有没有数/模转换器 ADC 之类的模拟接口模块;有没有 UART 之类的串行通信接口等。封装形式从 6 脚到上百脚的双列直插或表面贴装等多种形式。

(5) 单片机的硬件功能具有广泛的通用性。同一种单片机可以用在不同的控制系统中,只是其中所配置的软件不同而已。换言之,给单片机固化上不同的软件,便可形成用途不同的专用智能芯片。有时将这种芯片称为"固件(Firmware)"。

(6) 电能消耗低。为了适应电池供电的小型电器、移动设备和便携装置的低功耗需要,许多型号的单片机都具备节电工作模式(俗称睡眠模式),并且有的单片机型号还具有多种节电模式。目前有的单片机可以把睡眠模式降低到微安级,甚至微安级以下,能够利用一节 5 号电池维持工作达到 10 年以上。

(7) 体积小巧。目前市场已经能够见到只有 6 脚封装的、体积比一粒稻米还要小的单片机。此外,许多单片机生产厂家还可以为批量用户提供单片机的裸片,以便于用户把单片机芯片直接绑定(Banding)和封装到自己设计的控制电路板上,使得用户电路板体积达到最小。

如果读者对以上介绍的单片机特点还不太理解,先不用着急,后面的内容会帮助加深理解,况且就算是对于这些名词概念还不太懂,对后面的学习并没有任何妨碍。

1.3 看上 8 位 PIC 单片机

1.3.1 8 位单片机的突出地位

近 20 年来,8 位单片机因其价格日益低廉、功能日益丰富、功耗日益低微、开发日益容易,加上片内配置外设模块的不断增多,以及新型外围接口的不断扩充,广泛受到电子工程师的欢迎。

尽管前几年许多人预测,认为 8 位单片机市场将会渐渐淡出人们的视线。然而事实表明今天 8 位单片机已变得非常耐用和广受推崇,而且功能也越来越强大,其出货量居然已高达整个单片机市场的 6 成。有这样一个真实的例子,就是英飞凌公司曾做出过决定,放弃 8 位单片机的生产。当时公司高层认为,16 位单片机会很快替代 8 位单片机,并且 16 位单片机又是本公司的强项产品。可随后,英飞凌从市场和客户需求的反馈中,很快发现放弃 8 位单片机完全是个错误的决定。因此,又急匆匆地恢复了 8 位单片机的研制,并且在上海-慕尼黑电子展上,该公司一下子就推出了近 50 款 8 位单片机新产品。英飞凌公司中国市场部主管人员说,8 位单片机之所以经久不衰,就是因为这个根本性技术,在外围模块和结构上不断改进和提升,新产品不断涌现,新市场不断扩大。

1.3.2 Microchip 公司简介

美国微芯科技公司(Microchip)公司在 1990 年仅排名世界第 20 位,经过 10 余年的积极拓展,其 8 位单片机的业绩节节攀升。据一家市场研究公司(Gartner Dataquest)早在

2003 年 6 月公布的“2002 年单片机市场份额和单位出货量”报告，微芯公司 8 位单片机就已跃居全球“第一”，占到全球市场份额的 16.1%。微芯公司在华的营收连续多年实现平均两位数的增长。

微芯公司早在 2005 年 9 月 27 日，就将其第 40 亿颗 PIC 单片机出售给德国 Lüdenscheid 的 Insta Elektro 公司。这颗单片机的型号为 PIC16F877，属于 Flash 型高性能单片机系列中的一员。微芯公司自 2004 年成功售出第 30 亿颗单片机之后，短短 19 个月又交付了第 40 亿颗单片机。

多年来 PIC 系列 8 位单片机的产销量一直保持全球第一。微芯公司于 2015 年 5 月 16 日宣布，交付了第 120 亿枚单片机给一家日本公司 Nidec。目前，该公司能够提供超过上千种的 PIC 系列单片机。

微芯公司推出的 PIC 系列单片机由于采用精简指令集、哈佛总线结构、流水线取指的方式，抗干扰能力强，性能价格比高，深受国内客户的普遍欢迎。在工业控制、消费电子产品、办公自动化设备、智能仪器仪表、汽车电子等不同的领域得到了广泛的应用。本着支持中国教育的原则，微芯公司早在十几年前就推出了“中国大学计划”，与全国各地几十家大学及院校建立单片机联合实验室，旨在改进学校现有的教学条件和试验环境，使教学和技术同步发展，同时使学生能够有机会接触到最新的技术和器件，踏入社会之后，能够学以致用。

微芯公司除了生产和销售 PIC 系列单片机之外，还生产串行 EEPROM、KEELOQ 跳码器件、微机周边器件、RFID 射频身份识别、模拟器件、数字模拟混合器件。此外，微芯公司还推出了数字信号控制器(简称 dsPIC)。这是一种高性能的 16 位单片机，在其内部嵌入了 DSP 引擎，具有 DSP 的高速运算功能。后来，又陆续推出了 16 位单片机 PIC24 系列和 32 位单片机 PIC32 系列。另外，随着微芯公司的不断发展壮大，近几年来还收购了几家国际著名的微电子公司，例如，ATMEL、SST、Micrel、Eqcologic 等。进一步扩展和完善了微芯公司的产品线。

1.3.3 PIC 系列 8 位单片机的优势

PIC 是美国微芯公司所生产的单片机系列产品型号的前缀，代表了该公司当初对于其单片机系列芯片的产品定位，就是“外设接口控制器”(Peripheral Interface Controller, PIC)。PIC 系列单片机的硬件系统设计简洁，指令系统设计精炼。在所有的单片机品种当中，它是最容易学习、最容易应用的单片机品种之一。对于单片机的初学者来说，若选择 PIC 单片机作为攻入单片机王国的“突破口”，将是一条最轻松的捷径，定会取得事半功倍的功效。

世界上有一些著名计算机芯片制造公司，其单片机产品是在其原有的微型计算机 CPU 基础上改造而来的，在某种程度上自然存在一定的局限性。而微芯公司是一家专门致力于单片机开发、研制和生产的制造商，其产品设计起点高，技术领先，性能优越，独树一帜。目前已有好几家著名半导体公司仿照 PIC 系列单片机，开发出与之引脚兼容的系列单片机，比如美国 SCENIX 公司的 SX 系列、台湾 EMC 公司的 EM78P 系列、台湾 MDT 公司的 MDT 系列等。可以说，PIC 系列单片机代表着单片机发展的新动向。以下从多个方面介绍它的优越之处：

(1) 哈佛总线结构。PIC 系列单片机在架构上采用了与众不同的设计手法，它既不像

Motorola 公司开发生产的 MC68HC08 系列单片机那样，其程序存储器和数据存储器统一编址（也就是两种存储器位于同一个逻辑空间里，这种架构的微控制器、微处理器、数字信号处理器或者微型计算机系统，称为普林斯顿体系结构），也不像早期在国内市场上流行的单片机产品 Intel 公司开发生产的 MCS-51 系列单片机那样，其程序存储器和数据存储器虽然独立编址（也就是两种存储器位于不同的逻辑空间里，这种架构的微控制器、微处理器、数字信号处理器或者微型计算机系统，称为哈佛体系结构），但是它们与 CPU 之间传递信息必须共用同一条总线，仍然摆脱不了瓶颈效应的制约，于是影响到 CPU 运行速度的进一步提高。PIC 系列单片机不仅采用了哈佛体系结构，而且还采用了哈佛总线结构。在 PIC 系列单片机中采用的这种“哈佛总线结构”就是，在芯片内部将数据总线和指令总线分离，并且采用不同的宽度，如图 1.4(a)所示。这样做的好处是，便于实现指令提取的“流水作业”，也就是在执行一条指令的同时对下一条指令进行取指操作；便于实现全部指令的单字节化、单周期化，从而有利于提高 CPU 执行指令的速度。在一般的单片机中，指令总线和数据总线是共用的（即时分复用），如图 1.4(b)所示。

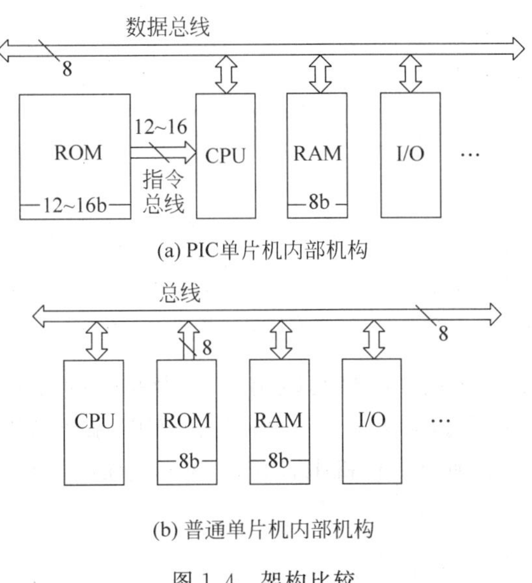

(a) PIC单片机内部机构

(b) 普通单片机内部机构

图 1.4　架构比较

(2) 指令“单字节化”。因为数据总线和指令总线是分离的，并且采用了不同的宽度，所以程序存储器 ROM 和数据存储器 RAM 的寻址空间（即地址编码空间）是互相独立的，而且两种存储器位宽度也不同。这样设计不仅可以确保数据的安全性，还能提高运行速度和实现全部指令的“单字节化”。在此所说的“字节”，特指 PIC 单片机的指令字节，而不是常说的 8 比特字节。例如，PIC12C50X/ PIC16C5X 系列单片机的指令字节为 12 比特；PIC16C6X/ PIC16C7X/ PIC16C8X 系列的指令字节为 14 比特；PIC17CXX 系列的指令字节为 16 比特。它们的数据存储器全为 8 位宽。而 MCS-51 系列单片机的 ROM 和 RAM 宽度都是 8 位，指令长度从一个字节(8 位)到 3 个字节长短不一。

(3) 精简指令集(RISC)技术。PIC 系列单片机的指令系统（就是该单片机所能识别的全部指令的集合，叫做 Instruction Set，指令系统或者指令集）只有 35 条指令。这给指令的学习、记忆、理解带来很大的好处，也给程序的编写、阅读、调试、修改、交流都带来极大的便利，真可谓“易学好用”。而 MCS-51 单片机的指令系统共有 111 条指令，MC68HC05 单片机的指令系统共有 89 条指令。PIC 系列单片机不仅全部指令均为单字节指令，而且绝大多数指令为单周期指令，以利于提高执行速度。

(4) 寻址方式简单。寻址方式就是寻找操作数的方法。PIC 系列单片机只有 4 种寻址方式(即寄存器间接寻址、立即数寻址、直接寻址和位寻址，以后将作详细解释)，容易掌握，而 MCS-51 单片机则为 7 种寻址方式，MC68HC05 单片机为 6 种。

(5) 代码压缩率高。1KB 的存储器空间，对于像 MCS-51 这样的单片机，大约只能存放 600 条指令，而对于 PIC 系列单片机能够存放的指令条数则可达 1024 条。从图 1.5 中可以看出，与几种典型的单片机相比，PIC16C5X 是一种最节省程序存储器空间的单片机。也就是说，对于完成相同功能的一段程序，所占用地址空间 MC68HC05 是 PIC16C5X 的 2.24 倍。

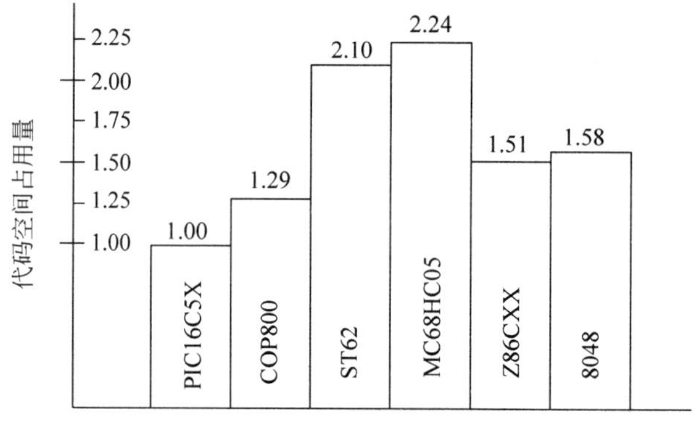

图 1.5 典型单片机代码紧凑性比较

(6) 运行速度高。由于采用了哈佛总线结构，以及指令的读取和执行采用了流水作业方式，使得运行速度大大提高。从图 1.6 中可以看出，PIC 系列单片机的运行速度远远高于其他相同档次的单片机。在所有 8 位机中，PIC 是速度较快的品种之一。

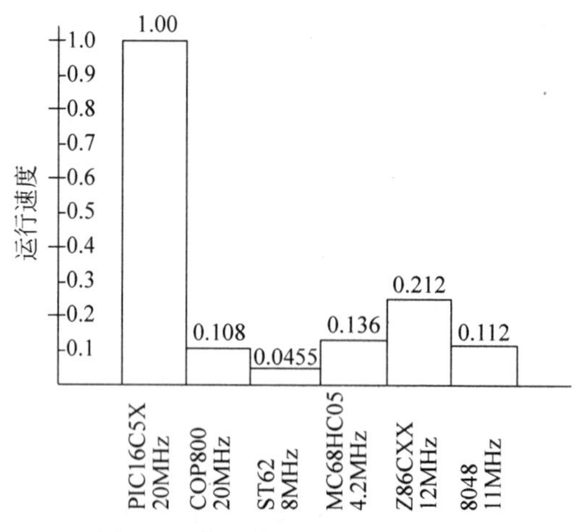

图 1.6 典型单片机运行速度比较

(7) 功耗低。PIC 系列单片机的功率消耗极低，是世界上较低的单片机品种之一。其中有些型号，在 5V、4MHz 时钟下工作时耗电不超过 2mA，在 2V、32kHz 时钟下工作时耗电电流典型值为 15μA，在 2V 睡眠模式下耗电可以低到 0.5μA 以下。

(8) 驱动能力强。I/O 端口驱动负载的能力较强，每个 I/O 引脚吸入和输出电流的最大值都可以达到 25mA，能够直接驱动发光二极管 LED、光电耦合器或者微型继电器等。

(9) I^2C 和 SPI 串行总线接口。PIC 系列单片机的一些型号具备 I^2C 和 SPI 串行总线接口。I^2C(Inter IC Bus，也可以记为 IIC）和 SPI（Seril Peripheral Interface）分别是由 Philips 和 Motorola 公司发明的两种串行总线技术，是在芯片之间实现同步串行数据传输的技术。利用单片机串行总线端口可以方便灵活地扩展一些必要的外围器件。串行接口和串行总线的设置，不仅大大地简化了单片机应用系统的结构，而且还极易形成产品电路的模块化结构。

(10) EEPROM 数据存储器。内部配置了 64 字节的数据 EEPROM 存储器，可以供用户程序保存那些要求断电之后不挥发的特殊数据或常数或密码等。

(11) 支持在系统内编程。具有支持在系统内编程（ISP）的硬件逻辑，微芯公司定义为 ICSP（在电路内串行编程）技术。

(12) 寻址空间设计简洁。PIC 系列单片机的程序、堆栈、数据三者各自采用互相独立的寻址（或地址编码）空间，而且前两者的地址安排不需要用户操心，这会受到初学者的欢迎。而 MC68HC05 和 SPMC65 单片机的寻址空间只有一个，编程时需要用户对程序区、堆栈区、数据区和 I/O 端口所占用的地址空间作精心安排，这样会给高手的设计上带来灵活性，但是也会给初学者带来一些麻烦。

(13) 外接电路简洁。PIC 系列单片机片内集成了上电复位电路、I/O 引脚上拉电路、看门狗定时器等，可以最大程度地减少或免用外接器件，以便实现“纯单片”应用。这样，不仅方便于开发，而且还可节省用户的电路板空间和制造成本。

(14) 开发方便。通常，业余条件下学习和应用单片机，最大的障碍是实验开发设备昂贵，令许多初学者望而却步。微芯公司及其国内多家代理商，为用户的应用开发提供了丰富多彩的硬件和软件支持。有各种档次的硬件仿真器和程序烧写器（或称编程器）出售，其售价大约从几十元到几百元不等。此外，微芯公司还研制了多种版本的软件模拟器和软件综合开发环境（软件名叫 MPLAB-IDE），为爱好者学习与实践、应用与开发的实际操练提供了极大的方便。对于 PIC 系列中任一款单片机的开发，都可以借助于一套免费的软件综合开发环境，实现程序编写和模拟仿真，再用任何一种廉价的烧写器完成程序的固化烧写，形成一套最经济实用的开发系统。它特别适合那些不想过多投资购置昂贵开发工具的初学者和业余爱好者。借助于这套廉价的开发系统，用户可以完成一些小型电子产品的研制开发。由此可见，对初级水平的自学者来说，PIC 单片机是一种很容易掌握的单片机。

(15) C 语言编程。对于掌握了 C 语言的用户，如果采用 C 语言这种高级语言进行程序设计的话，还可以大大提高工作效率。微芯公司还为这类用户提供了多种由不同软件开发商提供的“C 语言编译器”。

(16) 统一的软件综合开发环境（MPLAB-IDE）。这是微芯公司为用户免费提供的，运行于 PC 兼容微机上的软件平台。在这个统一的平台下，同时可以支持单片机应用项目开发活动中的软件模拟调试器、硬件实时仿真器、在线串行调试器、在线串行烧写器、独立程序烧写器等开发工具。也是在这个统一的平台下，同时还可以支持 8 位、16 位、32 位不同子系列的 PIC 单片机的应用开发和程序烧写。为初学者日后成长为高手铺就了一条平滑上升、无障碍晋级的高速公路。

(17) 品种丰富。PIC 系列单片机目前已形成了多个层次、数百种型号。从位数方面分,已经有 8 位、16 位、32 位产品;从引出脚数方面分,有 6 脚、8 脚、14 脚、18 脚、20 脚、28 脚、40 脚、44 脚、64 脚、68 脚、80 脚、100 脚及以上供选;从封装方面看,具有当前市场上常见的各种封装形式供项目开发人员选择;从片内功能方面讲,从极其简单的产品型号到极端复杂产品型号都有,可以满足各种不同复杂程度的小型电子项目到大型产品系统的应用需求。用户总能在其中找到一款适合自己开发目标的单片机。在封装形式多样化方面,不像 MCS-51 系列单片机那样,大都采用 40 脚封装,应用灵活性受到极大的限制。此外,微芯公司最先开发出世界上第一颗最小的 8 脚封装的单片机。之后,又是该公司最先开发出更小的 6 脚封装的单片机,其体积近似于米粒大小,更准确地讲应该是介于小米米粒和大米米粒之间!

(18) 程序存储器版本齐全。微芯公司对其单片机的某一种型号可提供多种存储器版本和封装工艺的产品:

① 带窗口的 EPROM 型芯片,适合程序反复修改的开发阶段;

② 一次编程(OTP)的 EPROM 芯片,适合于小批量试生产和快速上市的需要;

③ ROM 掩模型芯片,适合大企业大批量定型产品的规模化生产;

④ 具有 Flash 程序存储器的型号,特别适合初学者"在线"反复擦写,练习编程。

(19) 程序保密性强。目前尚无办法对其直接进行解密拷贝,可以最大限度地保护用户的程序版权。

(20) 学习和实验成本低廉。由于所有 PIC 单片机都是采用串行编程方式,其编程工具比较简单,适合自己制作,成本也不高。PIC 单片机中已有很多的型号在片内集成了在线调试(ICD)功能,使得简易型仿真调试工具也大幅度地降低了成本和售价。

1.4 选定 PIC16F84A 型号单片机

PIC16F84A 单片机是 Microchip 公司早年推出的一个经典子系列 PIC16C8X 当中的一个型号。经过作者深入分析,发现这个系列很有特点,很适合那些意在快速入门、轻松上手、低成本操练 PIC 单片机的初学者。

1.4.1 PIC16F84A 的功能特点

以下从 4 个方面来归纳 PIC16F84A 单片机的功能特点和性能优势。

1. 性能优越的 CPU 内核

- 由于采用的是 RISC(精简指令集计算机技术),仅有 35 条指令;
- 所有指令都采用统一字长(14bit)的指令格式,称为单字长指令;
- 除了跳转指令外,其余全部指令执行时间仅占一个指令周期,称为单周期指令;
- 只有隐含、立即、直接、间接、比特几种寻址方式;
- 执行速度:当时钟频率为 DC～20MHz 时,指令周期为 DC～400ns(DC 代表直流,或代表 0Hz 的频率,或代表无限长的周期,即停机);

- 程序存储器：1024×14 位宽的 Flash(闪存)；
- 通用数据存储器：68×8 的 RAM；
- 数据存储器：64×8 的 EEPROM；
- 专用寄存器：15 个 8 位特殊功能寄存器；
- 8 级硬件堆栈，并且不需要堆栈操作专用指令(压栈和弹出)；
- 4 种硬件中断源：
  - ◇ 外部引脚 RB0/INT 中断；
  - ◇ 定时器 TMR0 溢出中断；
  - ◇ 并口引脚 PORTB<7～4>电平变化中断；
  - ◇ EEPROM 写操作完成中断。

2. 功能强劲的外围模块

- 13 条可单独编程的双向 I/O 端口；
- I/O 引脚具有大电流驱动能力，可直接驱动 LED：
  - ◇ 每条 I/O 引脚最大吸入电流 25mA；
  - ◇ 每条 I/O 引脚最大流出电流 25mA；
- 1 个 8 位宽的定时器/计数器，并且附带 1 个可编程的 8 位预分频器；
- 支持在线串行编程(In-Circuit Serial Programming，ICSP)，可免用商用烧写器：
  - ➢ ICSP 是微芯公司的一项拥有自主技术的串行协议；
  - ➢ 仅通过两个引脚即可实现在线串行编程。

3. 特性突出的微控制器

- Flash 程序存储器的存储单元，其擦写次数可达 1 万次；
- EEPROM 数据存储器的存储单元，其擦写次数可达 1000 万次；
- EEPROM 数据存储器中的数据，保存时间大于 40 年；
- 配备了自动的上电复位功能(POR)，确保可靠启动；
- 配备了上电延时定时器(PWRT)，确保电源电压 VDD 的稳定建立；
- 配备了时钟振荡器起振定时器(OST)，确保时钟脉冲的稳定建立；
- 配备了独立运行的看门狗定时器(WDT)，自带 RC 振荡器式时钟源；
- 具有程序保密位，保障设计者的软件不被非法窃取；
- 具有低功耗睡眠(SLEEP)模式，以实现待机省电的目的；
- 可供选择的 4 种时钟振荡方式：
  - ◇ RC：低成本的阻容振荡器；
  - ◇ LP：省电的低频晶体振荡器；
  - ◇ XT：标准的晶体/陶瓷振荡器；
  - ◇ HS：高速的晶体/陶瓷振荡器。

4. 高速 CMOS 增强型的制造工艺

- 采用了全静态设计技术，工作频率可以降至 0Hz；
- 功耗低，高速度：
  - ◇ 5V，4MHz 时$<$2mA；
  - ◇ 2V，32kHz 时为 15μA；

◇ 2V 待机时＜0.5μA。
- 工作电压范围宽：2.0～5.5V；
- 工作温度范围宽：
  ◇ 商业级：0℃～＋70℃；
  ◇ 工业级：－40℃～＋85℃；
  ◇ 汽车级：－40℃～＋125℃。

1.4.2 PIC16F84A 几位近亲兄弟

PIC16F8X 系列是一个典型的 18 脚子系列，PIC16F84A 是其中的一员，该系列属于中级 8 位 PIC 单片机产品。微芯公司为这个子系列已经推出了多款型号，例如 PIC16CR83、PIC16C83、PIC16F83、PIC16C84、PIC16CR84、PIC16F84、PIC16F84A 7 款产品。PIC16C8X 子系列中的各款型号的功能存在着差异，但是差异不大，见表 1.1。

表 1.1 PIC16C8X 子系列的各型号功能列表

型号	工作频率	程序存储器类型			EEP ROM 数据区	RAM 寄存器	工作电压（V）	中断源个数	I/O 引脚数	定时器	看门狗	封装引脚 DIP/SOIC
		EEPROM	掩膜 ROM	Flash								
16C83	DC～10MHz	0.5K×14			64×8	36×8	2.0～5.5	4	13	1	有	18
16CR83	DC～10MHz		0.5K×14		64×8	36×8	2.0～5.5	4	13	1	有	18
16F83	DC～10MHz			0.5K×14	64×8	36×8	2.0～5.5	4	13	1	有	18
16C84	DC～10MHz	1K×14			64×8	68×8	2.0～5.5	4	13	1	有	18
16CR84	DC～10MHz		1K×14		64×8	68×8	2.0～5.5	4	13	1	有	18
16F84	DC～10MHz			1K×14	64×8	68×8	2.0～5.5	4	13	1	有	18
16F84A	DC～20MHz			1K×14	64×8	68×8	2.0～5.5	4	13	1	有	18

从表 1.1 中可以看出，PIC16F8X 子系列各款单片机之间大同小异，这里仅仅把不同点提炼出来并归纳如下：①84 款比 83 款的程序存储器容量大、RAM 存储器也大；②早期推出的 C 版，其程序存储器为 EEPROM 工艺，目前已停产；③CR 版的程序存储器为掩膜 ROM 版，需要用户把自己成熟的程序提交单片机厂家，由厂方在芯片封装之前一次性固化其中，可以大幅降低成本但要量大，适合大型家电制造商之类的用户；④F 版的程序存储器为 Flash 版，可以由用户反复擦写上万次，完全取代了 C 版；⑤84A 比 84 不同的只是工作频率高出一倍，其他无差别。

1.4.3 为何选中 PIC16F84A 作为教学模型

通过上面对于 PIC16F8X 子系列各款不同点的比较与分析不难看出，不仅速度最快，而且程序存储器又 Flash 化的 PIC16F84A，是该系列中最新的一款，是当今最受欢迎的型号，并且价格也不高，特别适合初学者的练习过程和应用者的开发试验过程，也可应用于产品未完全定形阶段，或程序代码需要经常改动的场合。其内部还有 64×8 的 EEPROM 数据存储器，具有较高的数据读写保护机制和保密性，且掉电后数据不丢失，可以用来保存系统运行时的设置参数、密码等数据。

PIC16F84A(或 PIC16F84 或 PIC16C84)除了拥有 PIC 系列单片机的所有的共同优点之外,还具备以下独特优势,甚至拥有多项 PIC 单片机中的第一或首创:

- PIC16C84 是最早将程序存储器可重写化的第一款 PIC 单片机。公司早期推出的其他 PIC 单片机型号几乎都是 OTP 型的,也就是其程序存储器只能提供用户一次性的烧写机会。
- PIC16F84A 是最经典的一款 PIC 单片机。第一款内部配置了 EEPROM 半永久性数据存储器的型号。
- PIC16F84A 是最典型的一款 PIC 单片机。除了拥有可重复烧写程序存储器、EEPROM 数据存储器,还内部集成了定时器、中断、看门狗等几种典型模块,还有适合初学、实验、开发的小巧的 DIP(双列直插)18 脚封装,就如同一片典型的通用数字集成电路。
- PIC16F84A 是最易学的一款 PIC 单片机。PIC16F84A 属于 PIC 大家族中的中级或者中档的 8 位 PIC 单片机,所采用的是"14-bit 核",即指令字长为 14 位,指令总数为 35 条。几乎是世界上指令集最精炼、指令最少、指令最好学的单片机品种。
- PIC16F84A 是最好用的一款 PIC 单片机。在微芯公司早期定型的中级 8 位 PIC 单片机系列中,其封装引脚大致有 18 脚、28 脚和 40 脚三种封装。采用 DIP18 脚封装的 PIC16F84A,是其中最小巧、最方便、最经济的型号之一。
- PIC16F84A 是最实用的一款 PIC 单片机。售价低廉、易购易得、好学好用。官方配备了完备而又丰富的软件开发工具和硬件开发工具。
- PIC16F84A 是最受欢迎的一款 PIC 单片机。在外国人讲解 PIC 单片机的书籍中,它是被选作讲解模型最多的一款。
- PIC16F84A 是最经久不衰的一款 PIC 单片机。自从 1990 年推出至今,一直受到广大电子爱好者、单片机初学者、单片机教学人员的追捧。
- PIC16F84A 是(官方之外的)许多商业软件重点免费支持的一款。例如,highTECH C 语言编译器、MULTISIM 电子模拟器、PROTEUS 电路仿真器、国内的南京伟福 WAVE6000 集成开发环境等。
- PIC16F84A 是(官方之外的)所受支持的开发工具最多的一款。例如,软件模拟器 SIM84、软硬件开源型的程序烧写器 K150(售价只有 20 多元)等。

1.5 本书的写作思路和目标

本书主要的读者对象是,具备初步数字电路基础和微型计算机应用知识的广大在校学生、教师、单片机爱好者、电子制作爱好者、电器维修人员、电子产品开发设计者、工程技术人员等。

对于一名初步具备电子技术和微机应用基础知识的单片机初学者,成长为一位初级水平的单片机应用工程师的学习路径,如图 1.7 所示。最短路径概括为 8 步:①单片机硬件系统;②单片机指令系统;③汇编程序设计基础以及(宏)汇编器的应用;④综合开发套件及其应用(可以替代硬件仿真器和程序烧录器及其应用);⑤电子元器件知识;⑥电子产品原理电路设计;⑦电子产品电路印板设计;⑧产品外观和机械结构设计等。

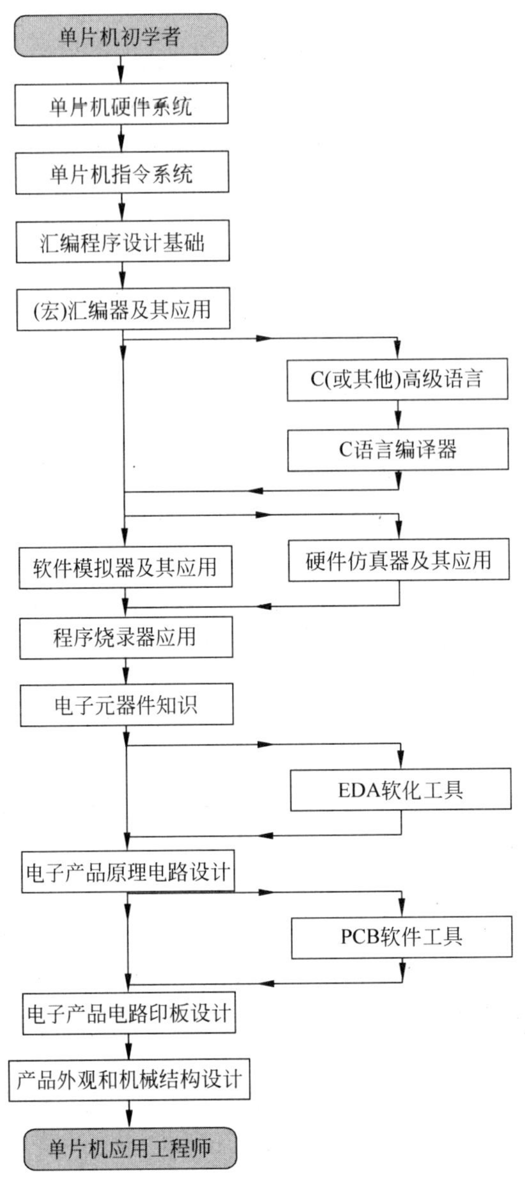

图 1.7 单片机应用工程师成长之路

其中，电子元器件知识、电子产品原理电路设计、电子产品电路印板设计，一般电子爱好者都应该初步具备，并且不具备也不影响单片机原理的学习，因此不计划占用本书的篇幅多谈。产品外观和机械结构设计，既不属于本书讨论的范围，也不影响单片机的学习。

另外，如果想在此基础上进一步提高自己单片机应用产品开发研制的专业水平和工作效率，另外还应该补充学习：C 高级语言以及 C 语言编译器；算法设计；实时操作系统；EDA（电子设计自动化）软件工具；PCB（印刷电路板）设计软件工具；电磁兼容设计和低功耗设计等大量的知识。

本书在内容安排上充分注意了层次性、可读性、系统性和完整性，力求覆盖开发和应用单片机所有必要的硬件知识和软件知识、开发环境和开发工具的使用方法、应用技巧和实作经验等内容,有意识帮助读者建立起"全程知识链"的概念。尽可能不需要翻阅其他书籍就可以学习到,从单片机入门到单片机开发制作各个环节的全程知识。具体内容计划包含:单片机硬件系统;单片机指令系统;汇编程序设计基础以及汇编语言工具链的应用;实时在线仿真器和集成开发环境及其应用;程序烧录器及其应用;单片机应用系统的性能优化设计。

1.6 常用的专业名词和技术术语

硬件是计算机的"躯体",而软件则是计算机的"灵魂"。以下从硬件和软件两个方面简要介绍对初学者学习 PIC16F84A 单片机的一些常用术语和基本概念。本节作为补充内容,也是读者可选的参考资料,越过该节不会影响整体内容的系统性和完整性。

1.6.1 硬件方面

- 微处理器(MPU、μP):将计算机的运算器和控制器集成在一块芯片上所构成的器件称为微处理器,又称中央处理单元(Central Processing Unit,CPU)。CPU 是计算机系统的"大脑",实现各种逻辑运算和算术运算、程序执行以及各种控制信号的产生,计算机系统内的其他部件都是在 CPU 的指挥之下协调工作的。如图 1.2 所示。
- 微型计算机:将如图 1.1 所示的 CPU(含控制器和运算器)、内存储器、输入/输出端口以及电源电路等部件,组装在一个微型机箱内所构成的计算机。
- 单板微型计算机:将中央处理器 CPU、程序存储器、数据存储器、定时器/计数器、输入/输出接口、键盘、LED 显示器以及电源电路等部件,组装在一块印刷电路板(Printed Circuit Board,PCB)上所构成的计算机。例如,以 Z80 CPU 为核心构成的应用广泛的 TP-801 单板机。
- 单片微型计算机(Single Chip Microcomputer):俗称单片机或单片微电脑,国际上统称为微控制器(Microcontrollor,MCU,μC),就是把中央处理器 CPU、随机存取存储器 RAM(通常存放随机数据)、只读存储器 ROM(通常固化存放用户程序)、输入/输出端口 I/O 等主要的计算机功能部件,都集成在了一块芯片上(芯片又称集成电路 IC,Integrated Circuit),从而形成一部概念上完整的微型计算机。
- 半导体存储器:用于存储或暂存程序、数据和处理结果的半导体器件。可采用的器件种类如下:

(1) RAM(Random Access Memory,随机存取存储器)。主要特点是存储的内容需要电源维持,断电后内容自动丢失(或称挥发)。主要用途是适合存储临时性的程序、随机数据或变量。RAM 家族中又大致分为以下两种:

① SRAM(Static RAM,静态随机存取存储器):存储的内容只要有电源就可维持,断电后内容自动丢失。例如,产品型号有 2114、6116、6264、62256、628128、628512 等。

② DRAM(Dynamic RAM,动态随机存取存储器):存储内容的维持不仅需要电源还需要不断刷新,断电后内容自动丢失。DRAM 集成度比 SRAM 高得多,单位容量的价格也低廉得多。例如,产品型号有 4164、41256 等。

(2) ROM(Read Only Memory,只读存储器)。主要特点是存储的内容不需要电源维持,断电后内容也不会丢失,内容存入时需要烧写固化。主要用途是适合烧写存储那些定型的程序和/或相对固定的数据。ROM家族中又可以分为以下几种:

① 掩膜ROM:其存储内容由用户预先提交给芯片制造厂,由厂家在芯片生产线上完成烧写。显著优点是成本低廉,适合大批量定型生产;缺点是开模制版费高,初次投资多,存在最小起订数量,批量投片风险大,灵活性差,不适合开发研制阶段采用。

② PROM(Programmable ROM,可(烧写)编程只读存储器)。存储的内容断电后能够维持。内容存储的过程称为固化或烧录或烧写,烧写过程需要外加高电压,一般需要在专用设备上进行。存储每一个比特的最小电路单元是熔丝,熔断后代表"0",反之代表"1"。特点:只能由用户烧写一次,适合小批量产品试制阶段,可缩短产品上市时间。

③ EPROM(Erasable PROM,可(紫外线)擦除、可(烧写)编程只读存储器)。烧写过程也需要外加高电压(25V、21V或12.5V)。这种存储器的顶部都开有一个玻璃窗口,用专用的紫外光源产生的紫外线照射该窗口,可以擦除其内容。特点:这种存储器可以反复烧写或擦除多次,但是擦除过程用时较长,适合在软件定型之前产品的开发和研制阶段、或小批量试生产阶段使用。常见的型号有:2716、2732、2764、27128、27256、27512、27010、27020、27040等。

④ OTP EPROM(One Time Programmable EPROM,一次可(烧写)编程的EPROM)。其实就是不开顶部窗口的EPROM,所以只能由用户烧写一次。特点与PROM基本相同,但是存储单元结构不是熔丝。另外,这种产品出厂合格率比PROM高,理由是厂家在芯片封装之前,可以进行反复擦写检验。

⑤ EEPROM(Electrical EPROM,也常记作E^2PROM,电可擦除、可(烧写)编程只读存储器)。这种存储器可以反复烧写或擦除多次,并且有的可以"在线"(也就是焊装到电路板上之后)进行。不仅适合在软件定型之前产品的开发和研制阶段使用,还可用于数据经常更改而掉电后数据又不丢失的电器设备中(比如遥控式电视机中用来存储频道、音量、亮度等可调参数的器件,就属于此类)。常见的型号有:并行端口型2816、2864等;I^2C串行端口型24C01、24C02、24C04等;MicroWire(或μWire)串行端口型93C46、93C56等;SPI串行端口型25C040、25C080等。尤其是串行端口型廉价易购,一片24C01、24C02或93C46,售价不到1元人民币。

⑥ Flash EEPROM(闪速电可擦除、可编程只读存储器)。这种存储器可以反复烧写或擦除多次,并且可以在线进行,其擦/写速度基本同于EEPROM,但是其制造成本较低、芯片尺寸较小。适用于不仅要求内容可以修改而掉电后又不丢失,而又要求成本更低、存储容量更大的电器设备中。EEPROM存储器和Flash存储器虽然都可以多次电擦和电写,但是前者比后者擅长的是以字节单元为单位的擦除和烧写,并且读写次数(也叫做擦写周期)高出许多;而后者比前者擅长的是以块或扇区为单位的擦除和烧写,因此,存储单元结构简单、存储密度更高、造价更低。

- 寄存器(Register):是一种比RAM存储器功能更强的数字电路,不仅像RAM那样可以读、写和暂存数据,还可以进行左移位、右移位、置位、复位、位测试等多种操作。
- 输入/输出端口(I/O Port):单片机与外界交换数据(或数据通信)的"门户"。端口按数据的传送格式分为,并行端口和串行端口。

- 并行端口(Parallel Port)：将一个数据字节(对于8位单片机而言)的8个数据位作为一个整体，由一次传送完成数据通信。占用的线路数量较多。
- 串行接口(Serial Interface)：将一个数据字节的8个数据位，先由并行转换为串行，再一位一位地分为多次传递来实现数据通信。占用的线路数量较少。
- 串行接口分类：按同步方式可分为，同步串行接口和异步串行接口。常见的同步串行接口按通信协议又可分为 I^2C、SPI 和 MicroWire 三种，它们分别是由 Philips 公司、Motorola 公司和美国国家半导体(NS)公司发明的，目前已被多种单片机所采纳。
- 总线(BUS)：传送指令和数据的公共通道，也是连接各个功能部件的信息通路。一个8位单片机内部的数据总线就是一个8位并行总线的应用实例。见图1.2，图中的“8b”表示8位宽。
- 普林斯顿体系结构：将程序存储器和数据存储器统一编址，也就是两种存储器位于同一个逻辑空间里，符合这种架构的微控制器或微处理器，称为普林斯顿体系结构(也称为冯·诺伊曼体系结构)。比如，凌阳公司开发生产的 SPMC65 和 SPMC75 系列单片机；Motorola 公司的 MC68HC08 系列单片机；意法半导体公司的 ST7 系列单片机等。
- 哈佛体系结构：把程序存储器和数据存储器各自独立编址，也就是两种存储器位于不同的逻辑空间里，符合这种架构的微控制器或微处理器，称为哈佛体系结构。比如，最早在国内市场流行的单片机品种——Intel 公司开发生产的 MCS-51 系列单片机；微芯公司的 PIC 系列单片机；义隆(ELAN)公司的 EM78 系列单片机；盛群(Holtek)公司的 HT48 系列单片机等。
- 振荡器周期：单片机内部的各种功能电路几乎全部是由数字电路构筑而成的，数字电路的工作离不开时钟信号，每一步细微动作都是在一个共同的时间基准信号驱动之下完成的。为整个单片机芯片的工作提供时钟信号的就是，作为时基发生器的时钟振荡电路，其振荡周期就是“时钟周期”。
- 指令周期：在常规情况之下，CPU 执行一条指令所占用的时间就称为一个指令周期。一个指令周期之内往往包含多个时钟周期。对于 PIC16F84A 单片机而言，一个指令周期包含4个时钟周期。
- 执行速度：执行速度就是 CPU 在一秒之内所能够执行的指令条数(IPS)。人们往往习惯于利用时钟频率来衡量一种 CPU 的执行速度，实际是不够准确的。因为不同的 CPU，执行一条指令所占用的时钟周期数是不同的。
- 节电(睡眠)模式：不同的单片机具有的节电模式不一样多，各种节电模式的工作方式也不同。
- 程序保护：一种保护开发者智力成果的技术手段，PIC16F84A 单片机具备该项功能。
- 看门狗定时器(WDT)：这是一种将失控的单片机及时复位和回复正常运行的功能部件。
- 外围设备模块：以 CPU 为中心，把一些常用的计算机外部设备作为功能部件集成到单片机内部，就构成了外围设备模块。比如：输入/输出端口、定时器/计数器等。

- 中断(Interrupt)功能：中断就是暂时停止CPU正在执行的程序，而转去执行那些为中断申请者(即外围设备模块)服务的子程序。中断是计算机理论和计算机技术中很重要的一个概念，是提高计算机工作效率的一项重要功能，是程序调度的一种有效方法。
- 中断源：向CPU申请中断的信号来源，通常由硬件产生(称为硬件中断源)，也可以由软件产生(称为软件中断源)。
- 堆栈：堆栈是一种专用存储程序断点的存储区域，其内容的存入和弹出符合"先进后出"操作规则。即最先进栈的数据最后出栈、最后进栈的数据最先出栈。
- 复杂指令集计算机(CISC)和精简指令集计算机(RISC)：CISC和RISC是两个相对的术语。CISC是一种指令系统相对复杂，指令条数较多，指令功能也比较齐全的计算机技术；RISC是一种使得CPU的指令系统显著简化，指令条数大幅减少的计算机技术。

1.6.2 软件方面

- 软件：软件是电子计算机工作所需的各种程序和数据的总称。它是无形、无重量的，并且统统是仅仅利用0和1来记录的。
- 比特(bit)：一位二进制数据就称为1比特数据，是信息量的最小单位。有时利用小写的b来代表。"bit"一词的来历就是把"二进制"和"数字"两个英文单词"binary"和"digit"掐头去尾组合而成。
- 字节(Byte)：将8比特数据作为一个整体称为一个字节。有时利用大写的B来代表。通常作为衡量存储器容量或文件长度的单位。
- 字(Word)：将2个字节，即16比特数据作为一个整体称为一个字。有时利用大写的W来代表。
- 字长：在电子计算机内部对于数据进行处理的基本单位。也是内部寄存器、数据存储器和数据总线的宽度。在不同的计算机中，字长可以不同。
- 指令：人们指定CPU或单片机执行某项具体操作的命令叫指令。通常，一条指令码中包含操作码和操作数两个部分。
- 指令系统：某种CPU或单片机所能识别和执行的全部指令的总体称作指令系统或指令集。
- 伪指令：伪指令是为汇编程序服务的一种指示性语句。它不要求CPU完成任何操作，也没有对应的机器代码，只是为汇编过程提供一些必要的信息。
- 机器语言：用二进制表示的指令集合，能由机器立即识别和执行的一种语言形式称为机器语言(又称机器码或目标码)。机器语言是CPU等数字电路所能够接受的唯一语言形式，而是最不便于人们理解、记忆、阅读、修改、交流的语言形式。
- 汇编语言：为了提高可读性，汇编语言是采用一些指意性较强的英文缩写或符号，来代表一条指令的操作码、地址码或操作数的语言。指令和伪指令的总和就构成了汇编语言。
- 高级语言：高级语言是一类通用性好，编程效率高，可读性强，方便交流，容易修改调试的语言形式。如C,BASIC,Pascal,Fortran,Java语言等。

- 程序(Program)：为了完成特定的任务或功能，将语句(指令、伪指令或高级语言语句)按一定的规则有序地组合在一起，就构成了程序。
- 源程序：用程序设计语言(如汇编语言、高级语言等)编写的原始程序称为源程序。
- 目标程序：由于计算机只能识别0和1组成的机器语言，所以用二进制表示的、能由机器立即识别和执行的机器语言程序称为目标程序。它是由源程序经过“翻译”得来的。
- 汇编(Assemble)：将汇编语言源程序“翻译”成目标程序的过程，称为汇编，有时也称为“代真”。
- 人工汇编：汇编过程由人工来完成，称为人工汇编。
- 汇编器(Assembler)：一种由机器执行来自动完成汇编过程的软件工具称为汇编程序或称汇编器。
- 交叉汇编：作为开发单片机应用软件的一道工序，在PC上执行汇编器工具，汇编单片机的汇编语言源程序，为单片机产生目标程序，这种汇编方式就属于交叉汇编。也就是说，利用甲种CPU来为乙种CPU实现汇编的过程就叫做交叉汇编。
- 反汇编：将机器语言“反向翻译”成汇编语言的过程，即汇编的反过程称为反汇编。
- 编译(Compile)：将高级语言源程序“翻译”成目标程序的过程，称为编译。
- 编译器(Compiler)：完成编译过程的工具软件称为编译程序或者编译器。
- 寻址方式：所谓寻址方式，就是指令的执行过程中寻找操作数的方法，就是给操作数定位的手段。

第2章

PIC16F84硬件资源总览

本书将以学习 PIC16F84 这一单片机型号为主，适当兼顾 PIC 全系列单片机的共性简介。PIC16 系列单片机（即型号中含有 PIC16 的单片机）的指令字长为 14 比特，属于中级产品，并且 PIC16F84 是 PIC 中级单片机中最经典、最典型、最受欢迎、最易学好用、最经久不衰的一个型号，其性能位于中级偏下的位置。除了具有 PIC 系列单片机的许多优点之外，片内还带有 64×8 的 EEPROM（也叫 E^2PROM）数据存储器。另外，其程序存储器是用 Flash 工艺制作的，所以叫 Flash 存储器（又称快闪存储器），基于这种存储器的单片机可以实现在电路板上就能直接进行程序的烧写和擦除。这给单片机初学者带来了极大的动手便利和学习效率，也大幅度降低了学习和实验成本。

读者在掌握了 PIC16F84 之后，如果想进一步学习 PIC 系列其他型号的单片机，将会达到举一反三、触类旁通的功效。

2.1 PIC16F84 内部结构概览

PIC16F84 内部结构的功能框图如图 2.1 所示。对于初学者来说，了解一下即可。

其实，PIC16 系列单片机的内部结构是大同小异的，并且都类似于图 2.1 中描绘方框图。也就是以 CPU 为中心的核心区域几乎完全相同，不同的仅仅是，Flash 程序存储器的容量、RAM 数据存储器的容量、EEPROM 数据存储器的容量，以及外围设备模块配置的种类和数量。

为了容易学习和掌握，我们不妨把 PIC16F84 单片机的内部结构图，重新归整和简化，得到一个如图 2.2 所示的简化方框图。

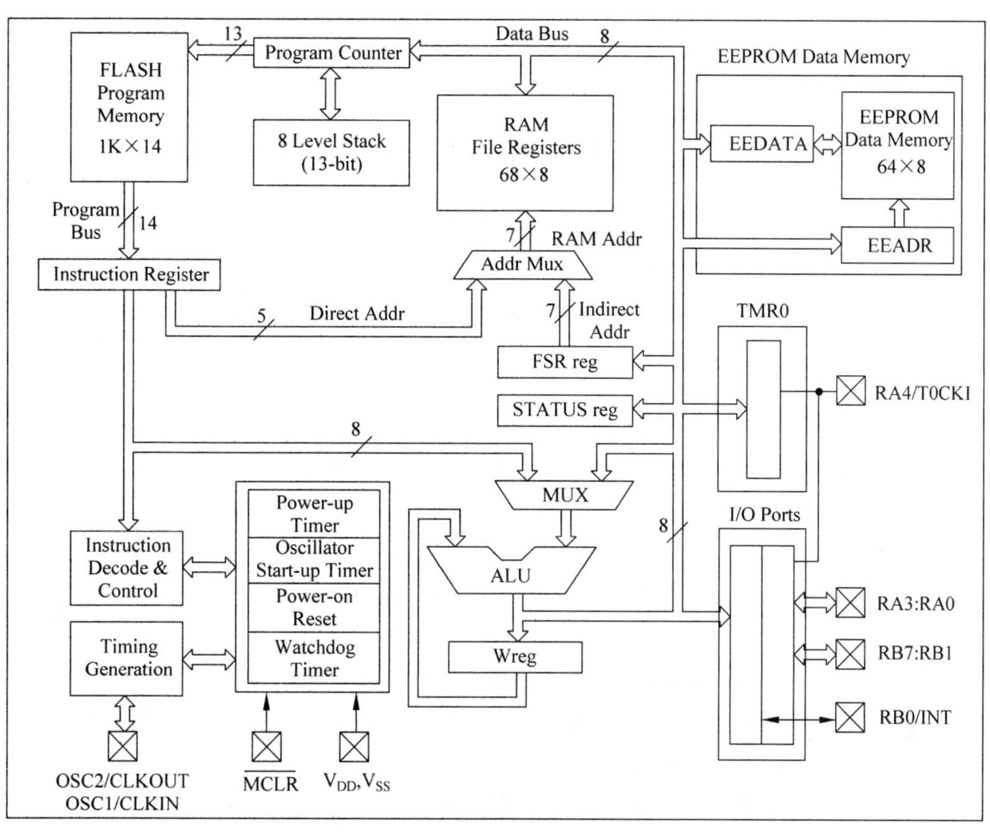

图 2.1 PIC16F84 内部功能方框图

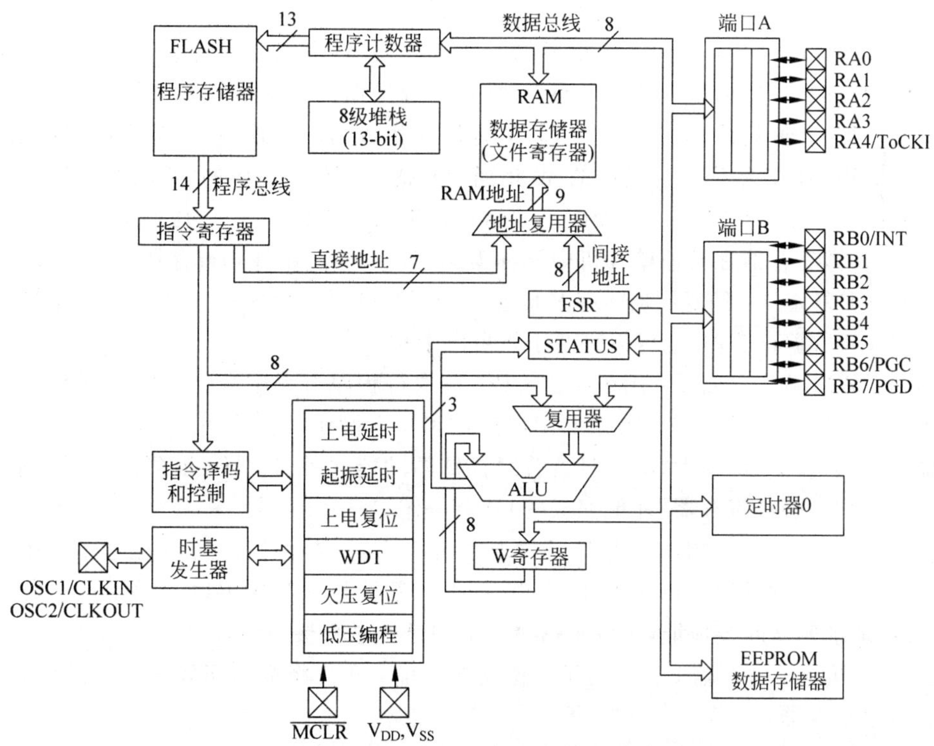

图 2.2 PIC16F84 内部结构简化图

下面让我们来分析一下它们的组成关系。为了便于讲解和理解，不妨把整个框图按重要程度划分为两大区域：核心区域和外围模块区域。

2.1.1 PIC16F84 的核心区域

对于 8 位 PIC16 系列单片机中的任何一款单片机来说，其核心区域是统一的、唯一的也是必不可少的，而外围模块的种类和数量均是可变的，可以由芯片厂家根据单片机的设计目标的不同来灵活拼装和裁剪。以下我们先对 PIC16F84 的核心区域，所包含的部件以及各部件的功能，进行全面而又简要的介绍，尽快使读者对它的核心硬件建立一个总体认识。

核心区域包含的部件及其功能：

(1) 程序存储器：存放由用户预先编制好的程序和一些固定不变的数据；

(2) 程序计数器：产生并提供对程序存储器进行读出操作所需要的 13 比特地址码，初始状态为全零，每执行一条指令，地址码自动加 1；

(3) 堆栈：保存程序断点地址。在程序执行过程中，有时需要调用“子程序”。在进入子程序之前，必须保存主程序断点处的地址，以便在子程序执行完之后，再恢复断点地址，使主程序得以继续执行；

(4) 指令寄存器：暂存从程序存储器中取出的指令，并将指令按不同的字段分解为操作码(表示计算机执行什么操作)和操作数(表示参加操作的数的本身或者被操作的数所在的地址)两部分，分别送到不同的目的地；

(5) 指令译码和控制器：将指令的操作码部分翻译成一系列的微细操作，并控制各功能电路协调运作；

(6) 算术逻辑单元 ALU：实现算术运算和逻辑运算操作；

(7) 工作寄存器 W：是一个很重要的工作寄存器，许多指令都把它作为操作过程的中转地，比如暂存准备参加运算的一个操作数(称为源操作数)，或者暂存运算产生的结果(称为目标操作数)。换句话说，在运算之前 W 是源操作数的出发地，在运算之后 W 是目标操作数的目的地。PIC 系列单片机中的 W 相当于其他常见单片机中的“累加器 A”；

(8) 状态寄存器 STATUS：及时反映运算结果的一些算术状态，比如是否产生进位、借位、全零等。该寄存器在其他单片机中又称为标志寄存器或条件码寄存器；

(9) 数据复用器：经复用器选择和传递参加运算的另一个源操作数。该操作数既可以来源于 RAM 数据存储器，也可以来源于指令码中；

(10) RAM 数据存储器：用于存储 CPU 在执行程序过程中所产生的中间数据。普通的 RAM 存储器一般只能实现数据的读出操作和写入操作，而 PIC 中的 RAM 存储器的每个存储单元功能都十分强大，除了具备普通存储器功能之外，还能实现移位、置位、清位、位测试等一系列(只有“寄存器”才能完成的)复杂操作；

(11) 地址复用器：访问(就是进行读取或者写入)数据存储器所需的地址经地址复用器选择和传递，该地址既可以来源于“间接寻址寄存器 FSR”，也可以来源于指令码。来源于 FSR 的地址叫做间接地址，来源于指令码的地址叫做直接地址；

(12) 间接寻址寄存器 FSR：用于存储间接地址。预先将欲访问数据对应的 RAM 单元地址存入该寄存器；

(13) 时基发生器：产生芯片内部各功能电路工作所需的时钟脉冲信号；

(14) 上电复位电路：当芯片加电后 VDD 上升到一定值(一般在 1.6～1.8V)，该电路产生一个复位脉冲使单片机复位；

(15) 上电延时电路：为了使 VDD 有足够时间上升到一个对芯片合适的电压值，该电路提供一个固定的 72ms 的上电定时延迟；

(16) 起振延时电路：在上电延时之后，该电路再提供 1024 个时钟周期(时钟周期即为时钟频率的倒数)的延迟，目的是让振荡电路有足够的时间产生稳定的时钟信号；

(17) 看门狗定时器(WDT)：是一个自带 RC 式振荡器时钟源的定时器，用来监视程序的运行状态。由于意外原因，一旦导致 CPU 跑到正常程序之外而出现"死机"，WDT 将强行把 CPU 复位，使其返回到正常的程序中来；

(18) 欠压复位电路：为了确保程序可靠运行，当电源电压 VDD 出现跌落并下降到 4V 以下时，该电路产生一个复位信号，使 CPU 进入并保持复位状态。直到 VDD 恢复到正常范围，之后再延迟 72ms，CPU 才从复位状态返回到运行状态；

(19) 低压编程电路：在对 PIC16 进行在线串行编程时，该电路允许使用芯片工作电压 VDD 作为编程(即烧写)电压，而不需要加额外的高电压；

(20) 数据总线：8 比特宽，作为数据传输的专用通道。将各个外围模块以及核心部分的 PC、FSR、STATUS、W、ALU、RAM 等功能部件联系起来；

(21) 程序总线：14 比特宽，作为提取程序指令的高速通道。专职实现从程序存储器到指令寄存器快速及时地输送每一条指令。

我们以一条加法指令"ADDWF 20H,0"为例(该指令实现的功能是，将工作寄存器 W 中的数据和 20H 号 RAM 单元的数据相加之后，放回到 W 中)，简述该指令在 CPU 内部的执行过程如下：

从程序计数器指定的某一程序存储器单元中取出一条指令(指令码的长度为 14 比特)，经程序总线送往指令寄存器。在此将指令码中的操作码部分分解出来送往指令译码和控制电路，由它翻译成指挥 CPU 核心区域中各部件协调工作的一系列微控制信号。还是在指令寄存器中，将指令码中的地址码部分分解出来，经地址复用器传递，直接作为 RAM 数据寄存器的单元地址，并选中其中 20H 号 RAM 单元。从中取出参与运算的一个操作数，另一个参与运算的操作数来源于 W。在 ALU 中完成算术运算操作(本指令为加法运算)，将运算结果再传送到 W。同时，将运算结果的算术特征，及时反映到状态寄存器 STATUS 中。比如运算是否产生进位、结果是否为零等。

有一点需要说明，按照所实现的功能不同，指令也有不同的类型，它们的执行过程也不尽相同。

补充说明：

常用的 PIC 系列单片机中所拥有的 3 档产品，分别采用了 3 种 CPU 内核：

(1) 初级型号采用适用 12 位指令的 CPU 内核，简称 12-BIT 核，例如 PIC10F2XX、PIC16F5X 等；

(2) 中级型号采用适用 14 位指令的 CPU 内核，简称 14-BIT 核，例如 PIC16F87X 等；

(3) 高级型号采用适用 16 位指令的 CPU 内核，简称 16-BIT 核，例如 PIC18FXXX 等。

2.1.2 PIC16F84 的外围模块区域

对于 PIC16F84 芯片内部集成的外围设备模块，其种类和数量不多，把它们与 CPU 核心部分剥离开来，并且归并到一个区域——外围模块区域。对于外围模块区域所包含的各种模块由于功能比较复杂，并且其中有些外围模块对于学习单片机的基本概念和原理也不是必需的。换句话说，在还没有学习和掌握一些功能较为复杂的外围模块之前，读者就可以开始进行单片机的开发和应用。况且，这些外围模块并不一定在每个单片机应用项目中，都能够同时派上用场；这些外围模块并不一定在每个型号单片机芯片内部都有配备。因此，我们准备在以后的各章节中，再陆续对外围模块作专题讲解，并且在对外围模块作专题讲解时，会一边学习理论一边动手实验，以便取得更理想的学习效果。在此我们对外围模块区域内部包含的各种外围模块的功能，预先作一简要介绍：

(1) 端口 RA 模块：是一个只有 5 条引脚的输入/输出可编程的端口；

(2) 端口 RB 模块：是一个具有 8 条引脚的输入/输出可编程的端口；

(3) 定时器 TMR0 模块：是一个 8 位宽的可编程的定时器，也可作为计数器使用；

(4) EEPROM 数据存储器模块：是 64×8 的电可擦/电可写的存储器，用于存储那些断电也不挥发的数据，因此又可称其为不挥发数据存储区。

2.2 PIC16F84 封装形式和引脚功能

一款单片机无论是软件还是硬件功能多么的强大，当它嵌入到被控系统中，都是通过引脚上的信息吞吐来实现控制功能和体现自身存在价值的。因此，需要我们对单片机的每一根引脚所能发挥的作用有一个全面了解。

PIC16F84 单片机采用双列直插和表面贴装三种封装形式：PDIP18、SOIC18 和 SSOP20。引脚排列分别如图 2.3 和图 2.4 所示。其实，双列直插 18 封装形式(PDIP18)最适合初学者，最适合在学习阶段、实验阶段以及项目研发阶段使用。因此，PDIP18 将作为后边重点讲解和应用对象。

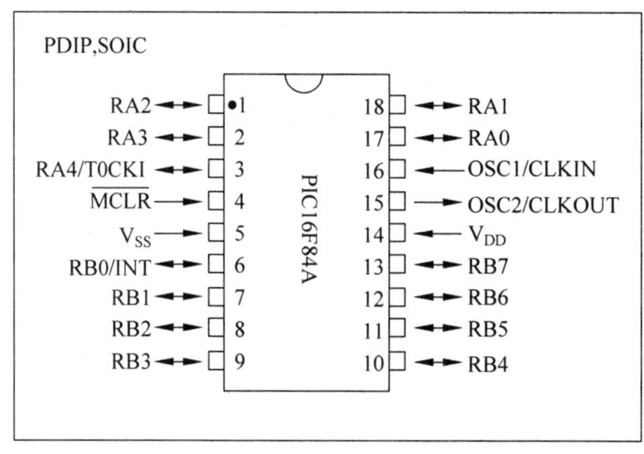

图 2.3 PDIP18 和 SOIC18 封装的 PIC16F84 引脚全功能图

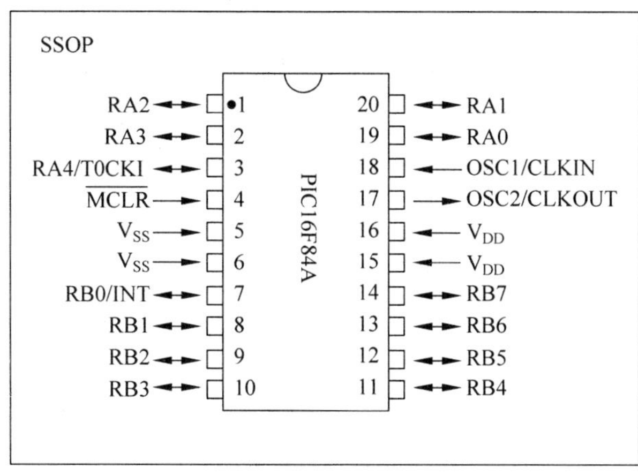

图 2.4 SSOP20 封装的 PIC16F84 引脚全功能图

从图 2.3 和图 2.4 中可以看出，PIC16F84 单片机，有的引脚具备第 2 功能。原因是，该单片机在片内集成了几种功能不同的外围设备模块。在提升单片机功能的同时又不增大体积，或者说，片内外围模块的种类增加了，而芯片引出脚又不增加，就只能采取引脚功能复用的方式。例如，RB0/INT 引脚，既是一条并行端口引脚，又是一条中断信号引脚。这里仅以 18 脚的 PIC16F84 单片机为例，各个引脚的功能如表 2.1 所示。

表 2.1 18 脚 PIC16F84 的引脚功能说明(全功能)

引脚名称	引脚号	引脚类型	功能说明
OSC1/CLKIN	16	I	时钟振荡器晶体连接端/外部时钟源输入端
OSC2/CLKOUT	15	O	时钟振荡器晶体连接端/时钟信号输出端
/MCLR/VPP	4	I/P	人工复位输入端(低电平有效)/编程电压输入端
基本功能：端口 A 是一个输入/输出可编程的双向端口。此外个别引脚还有第 2 功能			
RA0	17	I/O	
RA1	18	I/O	
RA2	1	I/O	
RA3	2	I/O	
RA4/T0CKI	3	I/O	RA4 还是定时器 0 的时钟输入端
基本功能：端口 B 是一个输入/输出可编程的双向端口，作输入时内部有可编程的弱上拉电路。此外还有第 2、第 3 功能			
RB0/INT	6	I/O	RB0 还可作为外部中断输入端
RB1	7	I/O	
RB2	8	I/O	
RB3	9	I/O	
RB4	10	I/O	RB4 还具有电平变化中断功能
RB5	11	I/O	RB5 还具有电平变化中断功能
RB6/PGC	12	I/O	RB6 还具有电平变化中断功能，以及串行编程时钟输入端
RB7/PGD	13	I/O	RB7 还具有电平变化中断功能，以及串行编程数据输入端
V_{SS}	5	P	电源接地端
V_{DD}	14	P	正电源端
说明：端口类型中的 I、O、P 分别表示输入、输出和电源			

对于熟练掌握PIC16F84单片机的开发者来说，引脚功能丰富会给单片机应用项目的设计和研制带来极大的灵活性。但是，对于初次认识PIC16F84单片机的初学者来说，引脚功能过多会给学习过程带来一定的难度，不知从何入手，影响进一步学习的信心和兴趣。对于各条多功能引脚，我们计划暂时只讲解它的第1功能(即基本功能)，至于第2和第3功能，将在后面讲解各个片内外设模块的章节中再引出来加以介绍。

为了便于由浅入深、循序渐进地培养学习兴趣，为了降低复杂性以便于初学者学习和掌握，也为了增强本书的可读性，我们本着化繁为简、逐步深入、各个击破的原则，引导读者先将注意力集中到PIC16F84单片机引脚的第1功能上来。因此，可以先把18脚的PIC16F84各个引脚的第2功能和第3功能暂时回避，得到如图2.5所示的引脚功能简化图。现在，看上去显得清晰了许多。

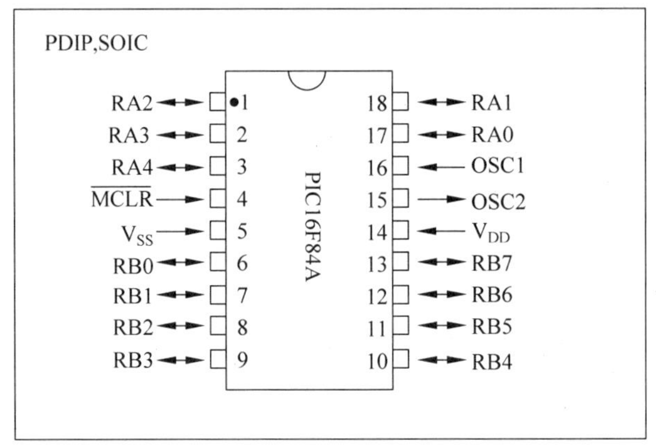

图2.5 18脚的PIC16F84引脚功能简化图

对于图2.5中给出了引脚功能简化之后的PIC16F84，把保留下来的各个引脚的第1功能，作为PIC单片机入门者首要掌握的内容。如表2.2所示，为引脚功能简化之后的情况。

表2.2 18脚PIC16F84引脚的基本功能说明

引脚名称	引脚号	引脚类型	功能说明
OSC1	16	I	时钟振荡器晶体连接端/外部时钟源输入端
OSC2	15	O	时钟振荡器晶体连接端/时钟信号输出端
/MCLR	4	I/P	人工复位输入端(低电平有效)
RA0～RA4	17	I/O	RA是一个输入/输出可编程的双向5线端口
RB0～RB7	6	I/O	RB是一个输入/输出可编程的双向端口；作输入时内部有可编程的弱上拉电路
V_{SS}	5	P	电源接地端
V_{DD}	14	P	正电源端

PIC16F84各引脚的功能有着有千差万别，但是如果按功能的相近程度进行归类，不妨将所有引脚划分为4大类：控制类(包含/MCLR)、时钟类(包含OSC1和OSC2)、电源类(包含V_{DD}和V_{SS})、端口类(包含RA和RB)。这样一来，我们就将单片机的外观图进一步化简为图2.6所示的逻辑符号图，使其看上去就更加简洁明了。

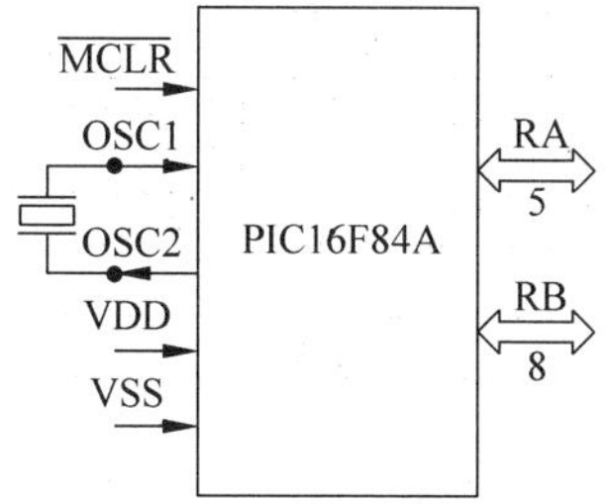

图 2.6 18 脚 PIC16F84 的逻辑符号

2.3 程序存储器和堆栈

PIC16F84 具有一个 13 位宽的程序计数器 PC(Program Counter),在微芯技术资料中采用的表达方式为 PC<12:0>,这与表达方式 PC<12～0>具有相同的含义。PC 所产生的 13 位地址最大可寻址的存储器空间为 8K×14,地址编码的最大范围为 0000H～1FFFH(跟随有"H"或"h"后缀,或者前面加"0x"或"0X"前缀的数字表示是一个十六进制数)。PIC16F84 配置了 1K×14 的 Flash 程序存储器,其地址范围仅占用了 0000H～03FFH。如图 2.7 所示。

程序存储器中有两个单元地址比较特殊,除了具备同其他单元地址一样的普通用途之外,还另外具有一项专门用途。其中,一个单元地址是 0000H,专门用作"复位矢量";另一个单元地址为 0004H,专门用作"中断矢量"。(矢量也叫向量,是个程序存储器地址的概念)所谓复位矢量就是主程序的入口地址,无论是初始加电还是由于其他原因引起的单片机复位,单片机都将从该地址入口从头执行主程序。所谓中断矢量就是中断服务子程序的入口地址,无论单片机响应由于何种原因引起的中断请求,单片机都将从该地址进入中断服务子程序。关于主程序和子程序的概念,以及复位和中断的具体内容后面有详细介绍。

PIC 系列单片机采用的是硬件堆栈方式,其堆栈具有 8 层×13 比特的独立空间,既不占用程序存储器和数据存储器空间,也不需要进栈和出栈之类的堆栈操作专用指令。当执行"调用指令 CALL"或者 CPU 响应中断而发生程序跳转时,才把当前程序计数器 PC 的值(即被中断的程序断点地址)自动压入堆栈;在子程序被处理完毕之后,执行到"返回指令 RETURN、RETFIE 或 RETLW"时,才会从堆栈中自动弹出并恢复程序计数器 PC 的原值。

堆栈的操作规律,遵循一种"后进先出(FILO,First In Last Out)"的规则。即最先进栈的数据最后出栈、最后进栈的数据最先出栈。

另外,还额外在程序存储器的范围之外配备了 6 个单元的"附加空间",地址分布在 2000H～2007H 之内。其功用分别为:

(1) 2000H～2003H,4 个 Flash 单元,仅利用了各单元的低 4 比特,用于烧写 4 位十六进制数作为用户识别码(ID);

(2) 2004H～2005H,2 个保留单元,尚未分派用途;

(3) 2006H,1 个只读 ROM 单元,厂家出厂时固化了代表器件型号的芯片识别码(例

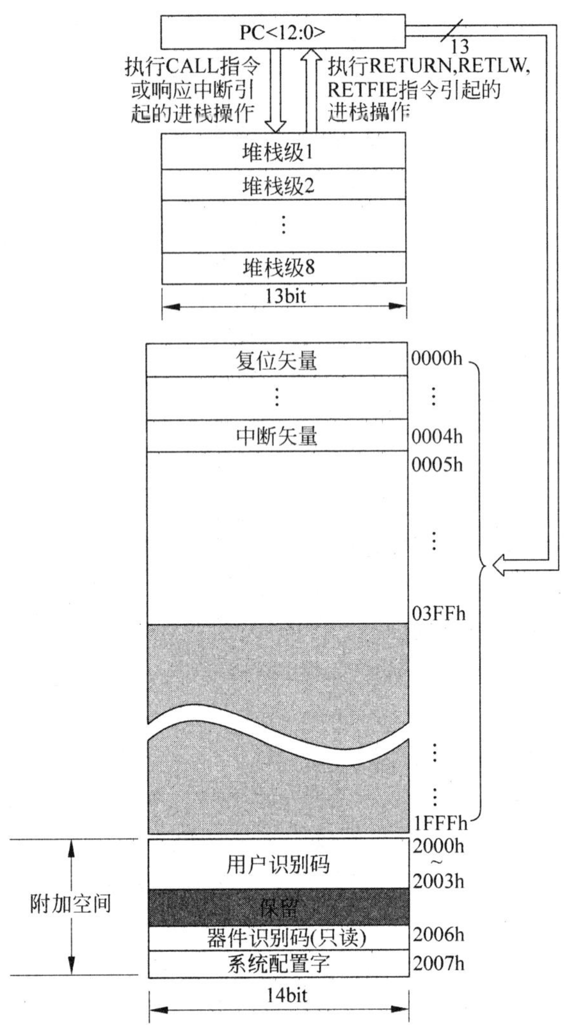

图 2.7 PIC16F84 的程序存储器和堆栈

如,PIC16F84A 的芯片识别码为 Chip ID=0560);

(4) 2007H,1 个 Flash 单元,用于烧写系统配置字。

这个附加空间超出了程序计数器 PC 的地址范围,不能被用户程序访问,一般只能通过仿真器和烧写器的软件操作界面,才可以被用户读、写其中的内容。关于这 6 个单元的详细介绍请参见第 9 章。

2.4 RAM 数据存储器(文件寄存器)

传统概念上的 RAM 存储器一般只能实现数据的读/写操作,而 PIC 中的 RAM 除了具备普通 RAM 的功能之外,还能实现移位、置位、清位、位测试等一系列复杂操作。因此,对于 PIC 单片机的 RAM,在官方的技术资料和开发环境中又被定义了一个别称——“文件寄存器”。

PIC 的 RAM 数据存储器(又叫文件寄存器)包含了其他常见单片机(比如 MCS-51 系列和 MC68HC08 系列等)的通用寄存器、特殊功能寄存器,以及片内 RAM 存储器的全部功能和空间。其内容可读、可写,单片机复位时维持不变,掉电后自动消失。为了与 PIC16F84 片内配置的另一种数据存储器 EEPROM 进行区分,所以又叫做 RAM 数据存储器、文件寄存器或简称 RAM。PIC16F84 单片机的 RAM 布局如图 2.8 所示。

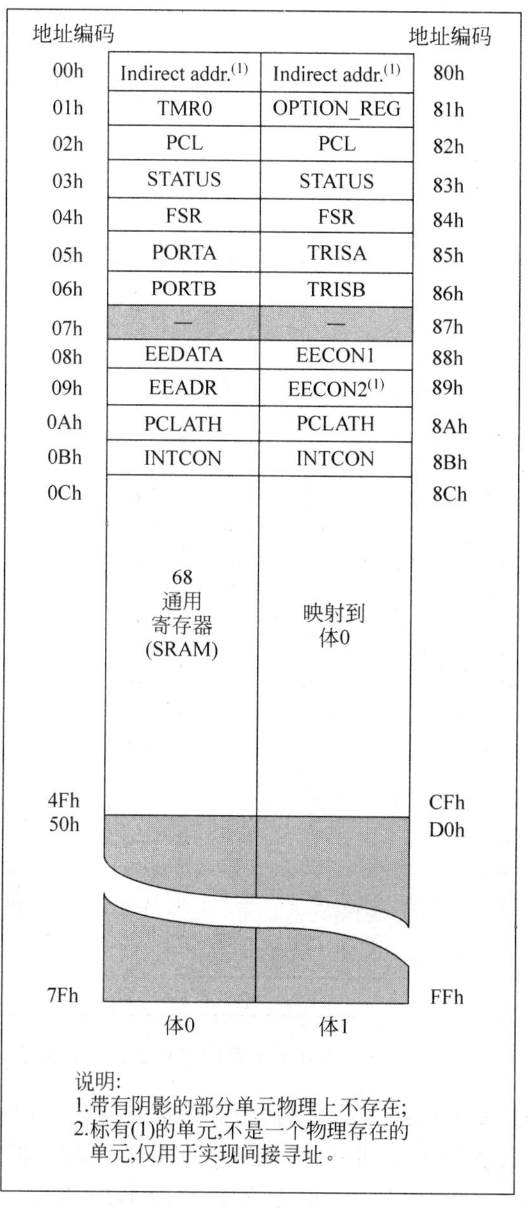

图 2.8 PIC16F84 的 RAM 布局图

RAM 在空间上分为 2 个"体(Back)",按横向排列,2 个体从左到右分别记为"体 0"和"体 1",每个体为 128 个字节单元。体 0 的地址范围是 00H～7FH;体 1 的地址范围是 80H～FFH。理论上,2 个体共有 128×2=256 个单元的地址空间(但实际上配置的单元数量要少于 256 个)，其地址编码从 00H 到 FFH 是连续分配的，地址编码共需要 8 比特，即 00000000B～11111111B(以“B”为后缀的数表示是一个二进制数)。

在图 2.8 中可以看到，特殊功能寄存器(8 比特宽)的数量较多，而且都有专用的名字和用途，甚至多数的特殊功能寄存器当中的每一个比特又有专用的名字和用途。对于初学者来说，一时难以记忆和掌握如此多的寄存器的名字和用途。我们不妨依据轻重缓急，对它们进行大幅度地精简，暂时回避那些不太重要也很少用到的寄存器，以便让读者集中精力，首先掌握几个非常重要的也是最常用的寄存器。

通过大幅度地精简和归整之后的简化图中，仅仅保留了很少的几个特殊功能寄存器，如图 2.9 所示，这样就显得简洁多了。在该图中，左边是 2 个文件寄存器体的地址分配表；右边是 2 个文件寄存器体的功能分配表。两者之间存在着一一对应的关系。图中的阴影部分没有配置，不能使用。

地址编码	体0	体1	地址编码	
00h	INDF		80h	特殊功能寄存器区域
01h	TMR0	OPTION_REG	81h	
02h	PCL		82h	
03h	STATUS		83h	
04h	FSR		84h	
05h	PORTA	TRISA	85h	
06h	PORTB	TRISB	86h	
07h	—	—	87h	
08h	EEDATA	EECON1	88h	
09h	EEADR	EECON2	89h	
0Ah	PCLATH		8Ah	
0Bh	INTCON		8Bh	
0Ch～4Fh	通用寄存器(68个单元)		8Ch～CFh	通用寄存器区域
50h～7Fh	保留空间		D0h～FFh	保留区域

图 2.9 PIC16F84 的 RAM 数据存储器功能分布和地址分布图

PIC16F84 的 RAM，又可以按功能分为“特殊功能寄存器”和“通用寄存器”两个区域，前者占据着 RAM 各个体内的上半部分(即低地址部分)，后者占据着 RAM 各个体内的下半部分(即高地址部分)。其中有一些单元在 2 个体上能够互相映射(比如 STATUS、INDF、PCL、FSR、PCLATH 和 INTCON)。也就是，在 2 个体内的相同位置，物理上是同一个单元，所以该单元具备 2 个不同的地址。例如，STATUS 的 2 个地址是 03H 和 83H，利用这 2 个地址都能够找到该单元。

2.4.1 通用寄存器

通用寄存器(General Purpose Registers,GPR)用于通用目的,即由用户自由安排和存放随机数据(单片机上电复位后其内容是不确定的),因此称为“通用寄存器”。

PIC16F84 单片机中的 RAM,在 2 个体上是互相映射的,换言之,在 2 个体内的相同位置,物理上是同一个单元,所以同一个单元利用 2 个不同的地址都可以找到它。

2.4.2 特殊功能寄存器

特殊功能寄存器(Special Function Registers,SFR)是用于专用目的的寄存器,每个寄存器单元,甚至其中的每一个比特,都有它自己固定的用途和名称,所以又可以把特殊功能寄存器称为“专用寄存器”。

对于 PIC16F84 单片机而言,由于其特殊功能寄存器中,有的专门用于控制 CPU 内核的性能配置,有的专门用于控制各种外围模块的操作,因此又可以依据它们的用途细分为两类：一类是与 CPU 内核相关的寄存器,另一类是与外围模块相关的寄存器。在此我们暂时仅介绍与 CPU 内核相关,并且关系比较密切的几个寄存器,而其余的寄存器则放到介绍各种功能部件和外围模块的部分去讲解,对于教学和学习会效果更好。

1. 状态寄存器 STATUS

bit7	bit6	bit5	bit4	bit3	bit2	bit1	bit0
IRP	RP1	RP0	$\overline{TO}$	$\overline{PD}$	Z	DC	C

状态寄存器的内容用来记录算术逻辑单元 ALU 的运算状态和算术特征、CPU 的特殊运行状态,以及 RAM 数据存储器的体间选择等信息。状态寄存器与通用寄存器不完全一样,其中某些位,例如$\overline{TO}$和$\overline{PD}$(也可写作/TO 和/PD),只能读不能写,另一些位的状态会根据运算结果而随时变化。状态寄存器各位的含义如下：

- C：进位/借位标志位。
  - ◆ 执行加法指令时：1=发生进位；0=不发生进位。
  - ◆ 执行减法指令时：1=不发生借位；0=发生借位。
- DC：辅助进位/借位标志位。
  - ◆ 执行加法指令时：1=低四位向高四位发生进位；0=低四位向高四位不发生进位。
  - ◆ 执行减法指令时：1=低四位向高四位不发生借位；0=低四位向高四位发生借位。
- Z：零标志位。
  - ◆ 1=算术或逻辑运算的结果为零；
  - ◆ 0=算术或逻辑运算的结果不为零。
- /PD：降耗标志位。
  - ◆ 初始加电或看门狗清零指令(CLRWDT)执行后该位置 1；
  - ◆ 睡眠指令(SLEEP)执行后该位清 0。

- /TO：超时标志位。
  - ◆ 上电或 CLRWDT 或 SLEEP 指令执行后该位置 1；
  - ◆ 若看门狗发生超时该位清 0(在此提到的指令以及看门狗后面会有详解)。
- RP0 和 RP1：RAM 数据存储器体选位，仅用于直接寻址(关于寻址方式后面介绍)。
  - ◆ 00＝选中体 0；
  - ◆ 01＝选中体 1；
  - ◆ 10＝选中体 2；
  - ◆ 11＝选中体 3。
- IRP：也是 RAM 数据存储器体选位，仅用于间接寻址方式。
  - ◆ RP0、RP1 和 IRP 三位的用法详见本书图 4.4。

实际上，PIC16F84 单片机中的 RAM，仅仅配置了 2 个体(体 0 和体 1)，实现直接寻址的两个体选位之一 RP1 是用不上的；实现间接寻址的体选位 IRP 也是用不上的。

2. 实现间接寻址的寄存器 INDF 和 FSR

位于 RAM 最顶端、地址码为 00H 的 INDF 寄存器，其实是一个空寄存器，它只有地址编码，并不存在一个真正(物理上)的寄存器单元。用它来与 FSR 寄存器配合，实现间接寻址(关于寻址的概念将在指令系统部分作详细介绍)。当寻址 INDF 时，实际上是访问以 FSR 内容为地址的 RAM 单元。在 PIC 系列单片机中所采用的这种独特而又巧妙的构想，可以大大简化指令系统，也就是使指令集得到很大程度的精简。

3. 与程序计数器 PC 相关的寄存器 PCL、PCH 和 PCLATH

程序计数器 PC 是一个 13 位宽的专门为 CPU 提供程序存储器地址码的寄存器，它的内容时刻指向 CPU 下一步将要执行的那条指令所在的(14 位宽的)程序存储器单元。为了与其他 8 位宽的寄存器进行数据交换，将它分成 PCL 和 PCH 两部分：低 8 位 PCL 有自己的地址，可读可写，而高 5 位 PCH 却没有自己的地址，不能被程序访问，也就不能直接写入，只能用寄存器 PCLATH 装载的方式来进行间接写入。对于 PC 的高 5 位 PCH 的装载又分为(如图 2.10 所示的)两种情况：①一种情况是当执行以 PCL 为目标(即目的地)的写操作指令时，PC 的低 8 位来自于 ALU(算术逻辑单元)，PCH 来自 PCLATH 的低 5 位；②另一种情况是当执行跳转指令 GOTO 或调用子程序指令 CALL 时，PC 的低 11 位(即第 10～0 比特)来自指令码中直接携带的 11 位地址码，高 2 位来自于 PCLATH 的比特 4 和比特 3。关于在此提到的 CALL 和 GOTO 等指令会在后面的指令系统中作详细介绍。

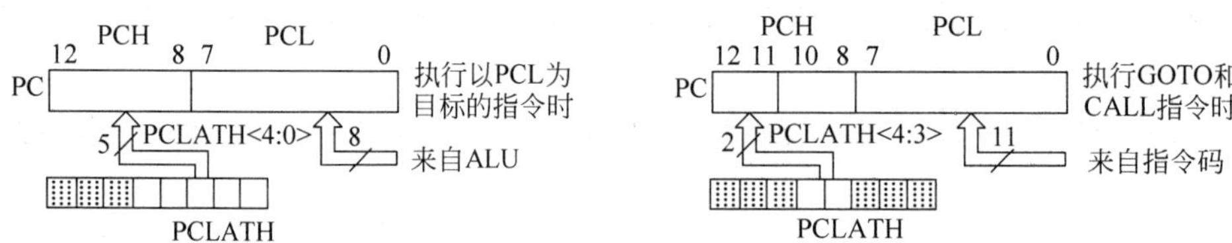

图 2.10　13 位 PC 内容的形成方法

除了上面介绍的 5 个寄存器，另外关于图 2.9 中提到的 TMR0、PORTA 等其他寄存器，将放到最适当的章节去介绍。

2.5 电源、复位和时钟电路简介

即使是对于单片机最简单的应用电路，其中电源、复位和时钟外接电路也是必不可少的。

2.5.1 电源外接电路

负责将 V_{DD} 和 V_{SS} 引脚之间施加的电源电压分配到芯片内的各个功能电路。只要电源电压不超出规定的范围，就能够保障单片机正常工作。为了提高抗干扰能力和可靠性，通常在靠近单片机引脚的正、负电源之间，跨接 2 只容量一大一小的电容器。电路如图 2.11 所示。容量大的为电解电容器，用于滤除电源纹波和降低电源内阻；容量小的为瓷片电容器，用于旁路叠加到电源上的毛刺干扰。

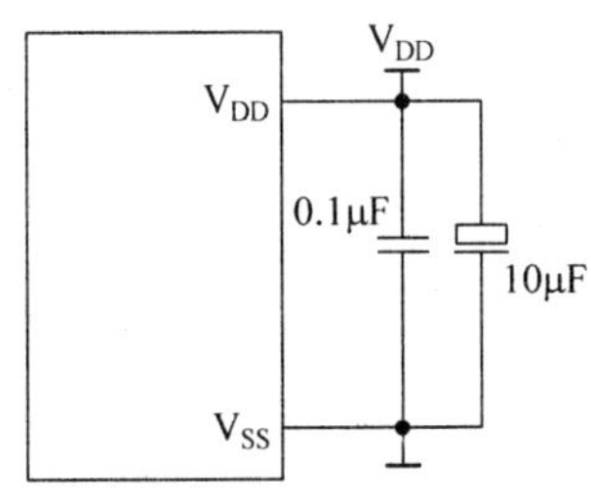

图 2.11 外接电源滤波电路

2.5.2 时钟外接电路

单片机内部的各种功能电路几乎全部是由数字电路构成。大家知道，数字电路的工作离不开时钟信号，每一步细微动作都是在一个共同的时间基准信号协调之下完成的。作为时基发生器的时钟振荡电路，为整个单片机芯片的工作提供系统时钟信号，也为单片机与其他外接芯片之间的通信提供可靠的同步时钟信号。

微芯公司为 PIC16 系列单片机的时钟电路设计了 4 种工作模式：标准 XT、高速 HS、低频 LP 和阻容 RC。关于系统时钟的详情，我们可以暂时不必过多关心，在后面有专题章节作系统全面地介绍。在此作一些简介的目的是，便于读者能够尽快地进入边学习原理，边动手实验的学用结合阶段。

图 2.12 给出了最常用的 XT 模式和 RC 模式两种振荡器所需的外接电路。其中，RC 振荡器需要外接一条阻容支路，来构成一个自激多谐振荡器，如图 2.12(a)所示。当电阻 R 和电容 C 分别取值 4.7kΩ 和 22pF 时，振荡频率约为 4MHz。

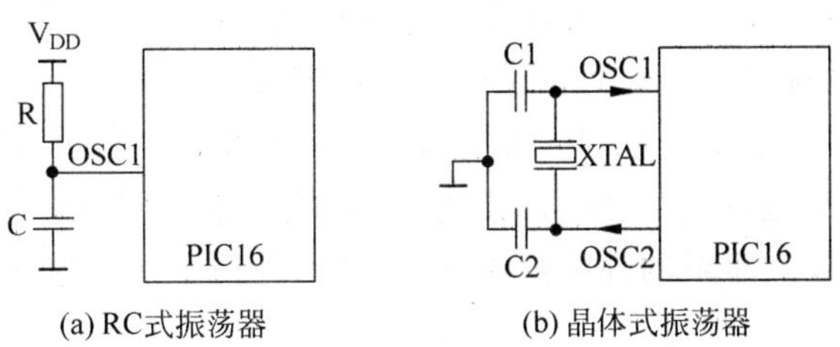

(a) RC式振荡器　　(b) 晶体式振荡器

图 2.12 两种常用外接电路图

XT 模式振荡器需要外接一只石英晶体和两只电容，共同构成一个自激多谐振荡器，如图 2.12(b)所示，其工作频率取决于晶体的固有频率。当石英晶体为 4MHz 时，电容 C1 和 C2 均选 15pF。

2.5.3 复位外接电路

大家知道，在通用数字集成电路中，比如 4000 和 74 系列，有各式各样的计数器。这些计数器一般都具备一个复位端，在计数过程中一旦该脚加入有效电平，就会强迫计数器回零，再从头开始计数。与此类似，单片机也有一个复位端，以便于人为地输入有效电平，以控制单片机实现复位。除了人工复位外，单片机还有其他几种自动实现复位的途径。

PIC16F84 的复位功能设计得比较完善，实现复位或者说引起复位的条件和原因可以归纳成 4 类：人工复位、上电复位、看门狗复位、欠压复位。有关复位系统的详细内容在后面有专门章节叙述，这里仅先简介复位引脚接线方法及其外接电路，以便为尽快上手实践扫清障碍。在图 2.13 中给出了 $\overline{MCLR}$ 引脚的两种常用接法。最简单的接法是将 $\overline{MCLR}$ 直接接 V_{DD}，见图 2.13(a)；接一只按钮开关和一只电阻则便于人工复位操作，见图 2.13(b)。

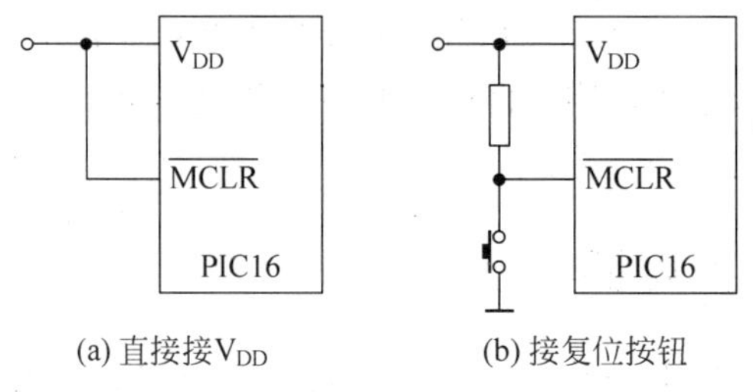

(a) 直接接 V_{DD}　　(b) 接复位按钮

图 2.13　两种常用外接复位电路

2.6 通用并行端口基本功能、基本结构和基本原理

对于这里所简称的“并行端口”，如果更严格地下个定义，应该叫做“通用输入/输出端口”(Generic Purpose Input/Output Port，GPIO)。为了简单明了，有时也简称为 I/O 口，或者简称为并口。

2.6.1 并行端口的基本功能

并行端口是单片机内部电路与外部世界交换信息的通道。输入端口负责从外界接收检测信号、键盘信号等各种开关量信号。输出端口负责向外界输送由内部电路产生的处理结果、显示信息、控制命令、驱动信号等。如果将单片机看作是一个为人们服务的“奴仆”的话，那么单片机的并行端口也就是“主仆对话”或称“人机对话”的渠道。由此可见，并行端口对于单片机来说是一种极其重要的外围模块，以至于对任何一个厂家生产的任何一种型号的单片机来说，并行端口模块都是必不可少的。

在 18 脚封装的 PIC16F84 单片机中，配有 2 个并行端口，13 条端口引脚。由于属于 8 位单片机，因此每个端口都由数量不超过 8 条的端口引脚(或称 I/O 引脚)构成。每个端口中的每条引脚都可以用编程方式，由用户按需要单独设置，设定为输出引脚或者输入引脚。“端口引脚”与“端口”这两个概念之间的关系，就是一种“个体”与“整体”的关系，就是“队员”与“团队”的关系。

18 脚 PIC16F84 的 2 个端口分别是 RA 和 RB。RB 包含 8 根引脚，而 RA 仅包含 5 根引脚。其中有些端口引脚还有“兼职”，就是与单片机内部的某些功能部件或外围模块的外接信号线进行了复用。也就是说，除了可以作为普通端口引脚，额外还可以作为某些功能部件或外围模块的外接引脚，由用户以编程方式定义。比如，端口引脚 RB0 既可被用作一条普通端口引脚，又可以作为“中断功能”的外接信号输入脚。集 2 种功能于一脚，这样就可以给用户开发不同的具体项目带来较大的灵活和便利。

2.6.2 并行端口相关的寄存器

在 PIC 单片机中，各个并行端口都具备两个最基本的专用寄存器：数据寄存器和方向寄存器。如表 2.3 所示。此外，随着各端口所复合的其他功能的差异，还额外配置了其他专用寄存器或者专用比特位。这些专用寄存器在 RAM 中都有统一的编址，也就是 PIC 单片机把端口都当作 RAM 单元来访问，这样有利于减少指令集中指令的类型和数量，给用户的记忆和编程也带来了方便。

表 2.3 与 2 个并行端口相关的数据和方向寄存器

寄存器名称	寄存器符号	寄存器地址	寄存器内容							
			bit7	bit6	bit5	bit4	bit3	bit2	bit1	bit0
端口 A 数据寄存器	PORTA	05H	-	-	-	RA4	RA3	RA2	RA1	RA0
端口 A 方向寄存器	TRISA	85H	-	-	-	TRISA4	TRISA3	TRISA2	TRISA1	TRISA0
端口 B 数据寄存器	PORTB	06H	RB7	RB6	RB5	RB4	RB3	RB2	RB1	RB0
端口 B 方向寄存器	TRISB	86H	TRISB7	TRISB6	TRISB5	TRISB4	TRISB3	TRISB2	TRISB1	TRISB0

2.6.3 并行端口的基本结构

PIC16F84 的 2 个端口之间不仅存在结构上的差异，而且同属于一个端口的各条引脚的内部结构也不尽相同。不过，这里我们不打算对各个端口及其各条引脚的内部结构以及它们之间的差别作详细的介绍，况且对于单片机的初学者也没有太大的必要。我们只想用一个有代表性的“基本结构模型”，来向读者阐述一个并行端口和一条端口引脚的基本功能、基本结构、硬件工作原理和软件编程方法。

可代表各个端口及其各条引脚共性的一个基本结构模型，被规整为如图 2.14 所示的模样。其中包括 3 个 D 触发器、两个受控三态门、一个反相器、一个 TTL 电平缓冲器、一个二输入端或门、一个二输入端与门、一个输出驱动级。其中输出驱动级由一对能承受较大电流(20～25mA)的 MOS 晶体管构成，上拉管为一只 PMOS 管(P 沟道场效应管)，下拉管为一只 NMOS 管(N 沟道场效应管)。8 个引脚结构图并列在一起，并且引线进行复联之后，就构成了一个 8 位宽的并行端口的结构图。

在图 2.14 中右侧连接单片机的外接引脚；左侧连接到单片机的内部数据总线(Data

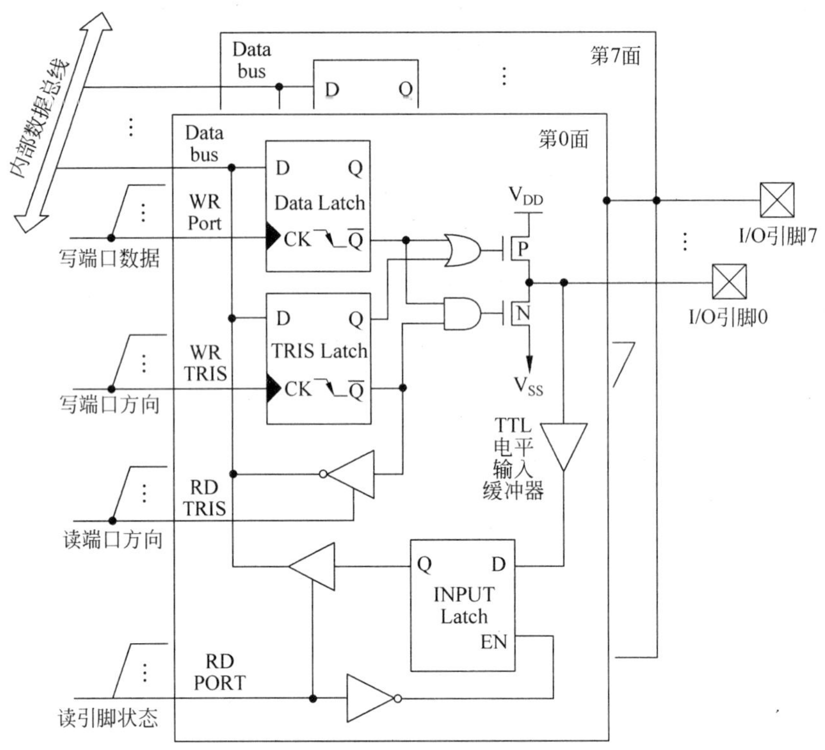

图 2.14 基本端口内部结构模型

Bus)、写端口数据的控制线(WR Port)、写端口方向的控制线(WR TRIS)、读端口数据的控制线(RD PORT)和读端口方向的控制线(RD TRIS)。其中 5 种控制线是复连在一起的。

数据输出的途径是,来自内部数据总线(Data Bus)的 8 位并行数据,送入数据锁存器 DATA Latch 的 D 输入端,由 $\overline{Q}$ 端送出反相后的数据,经二输入端或门和与门构成的“双门”及 PMOS 管和 NMOS 管构成的“对管”,数据再次被反相,最终送到 I/O 引脚上。如果为了更好地理解该“对管”的工作原理,用人们更熟悉的普通三极管来类比的话,上拉管 PMOS 管相当于一只发射极接电源正极的 PNP 三极管,下拉管 NMOS 管相当于一只发射极接电源负极的 NPN 三极管。将两管的集电极连接在一起,并引出作为 I/O 引脚。如图 2.15 所示。

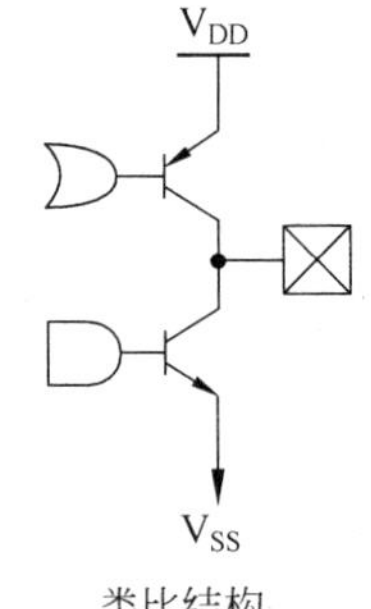

图 2.15 类比为三极管构成的对管

数据输入的途径是,来自端口引脚上的数据,经过 TTL 电平缓冲器送到 D 触发器 INPUT Latch 的 D 输入端,由其 Q 端送出,再经受控三态门送到内部数据总线上。

对于并行端口的基本操作无外乎有 4 种:

(1) 设置端口的输入/输出状态:向端口的方向寄存器 TRIS Latch 写控制信息;

(2) 经端口输出数据:将打算输出的数据写入端口数据寄存器 DATA Latch 中;

(3) 经端口输入数据:读取端口上的状态信息(即逻辑电平);

(4) 检查端口的输入/输出状态:从端口的方向寄存器 TRIS Latch 读取控制信息。

以上这些操作都是通过对三只与每根端口引脚关联的 D 触发器 DATA Latch、TRIS Latch 和 INPUT Latch 的读/写操作来实现的。共同构成一个 8 位端口的引脚通常有 8 条，与这 8 条引脚相关的 8 只 D 触发器 DATA Latch 就构成了该端口的数据吞吐寄存器(比如 PORTA、PORTB、PORTC，可简称数据寄存器)；与这 8 条引脚相关的 8 只 D 触发器 TRIS Latch 就构成了该端口的方向控制寄存器(比如 TRISA、TRISB、TRISC，可简称方向寄存器)。

图 2.14 中 3 只 D 触发器的作用分别是：

(1) 对于 I/O 方向寄存器 TRIS Latch：写入"1"时，对应的引脚被设置为"输入"，并且对外呈现高阻状态；写入"0"时，该引脚被设置为"输出"，引脚上的逻辑电平取决于数据寄存器 DATA Latch 的内容。

(2) 对于数据寄存器 DATA Latch：经端口进行输出操作时，将打算输出的数据写入该寄存器即可。

(3) INPUT Latch 为端口状态锁存器。从端口引脚输入数据时，该锁存器负责锁存端口引脚上的逻辑状态，以消除信号抖动。

另外，CMOS 集成电路是一类极易遭受静电和高压侵入而损坏的半导体器件。为了有效地防止这类损坏，通常在高压侵入的途径——外接引脚上，设置关卡——钳位电路，如图 2.16 所示。由两只二极管构成的钳位电路，将引脚上的输入电压限制在 $V_{SS}-0.7V \sim V_{DD}+0.7V$ 的范围之内。平时，引脚电压处于正常范围的情况下，两只二极管 D1 和 D2 处于截止状态。当引脚上的输入电压高于 $V_{DD}+0.7V$ 时，D1 导通，把引脚内部电压钳制在 $V_{DD}+0.7V$ 上(0.7V 是二极管的正向导通电压)；当引脚上的输入电压低于 $V_{SS}-0.7V$ 时，D2 导通，把引脚内部电压钳制在 $V_{SS}-0.7V$ 上。

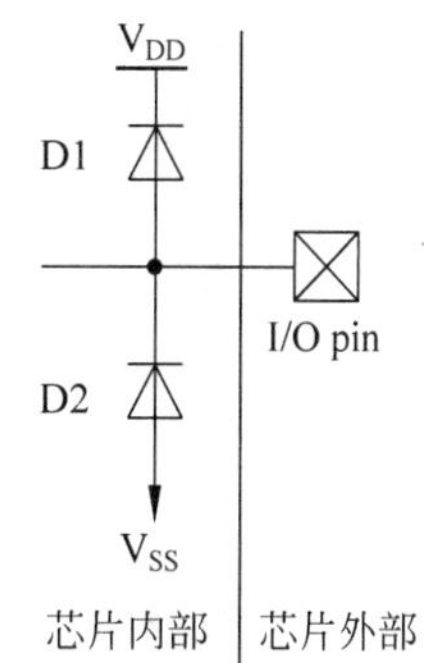

图 2.16 每条引出脚都有钳位保护二极管

PIC 系列单片机也是采用 CMOS 工艺生产的，除了电源引脚以外，几乎每一条片外引脚均有图 2.16 所示的二极管钳位保护电路，对此在以后的章节中不再另行说明。

2.6.4 并行端口的基本工作原理

对于一条端口引脚，所能实现的 4 种基本操作，以下分别进行说明。

1. 写 I/O 方向寄存器 TRIS Latch

根据向方向寄存器中写入的内容不同，又可以分为两种情况：写入"1"则对应引脚被设置为"输入"；写入"0"则对应引脚被设置为"输出"。为了便于大家记忆得更加牢固，这里向读者介绍一个小诀窍：与"输入"对应的英文单词和控制数据分别为"Input"和"1"；与"输出"对应的英文单词和控制数据分别为"Output"和"0"。细心观察可以发现，"1"与"Input"的第一个字母很相似；"0"与"Output"的第一个字母很相似。这样一提示再加上读者的联想(1=Input；0=Output)，就很容易记忆了。

(1) 将引脚设定为输入状态：经数据总线送来"1"，同时由 WR TRIS 送来脉冲下降沿，"1"被锁入 TRIS Latch 中，其 Q 端输出高电平封住"或门"，其 $\overline{Q}$ 端输出低电平封住"与门"。"或门"输出的高电平使 PMOS 管截止，"与门"输出的低电平使 NMOS 管截止，数据输出的路径被阻断。因此，该引脚被设置为“输入”状态，并且引脚对外呈现高阻状态。

（2）将引脚设定为输出状态：经数据总线送来“0”，同时由 Wr Tris 送来脉冲下降沿，“0”被锁入 TRIS Latch 中，其 Q 端输出低电平打开“或门”，其 $\overline{Q}$ 端输出高电平打开“与门”。“或门”和“与门”的输出电平取决于 DATA Latch 的 $\overline{Q}$ 端电平，互补“对管”构成一级反相器，其导通与截止受控于“双门”的输出状态。因此，该引脚被设置为“输出”状态。

2. 经端口引脚输出数据

经端口引脚输出数据的前提是，该端口引脚必须预先已被设定为“输出”态。然后把欲输出的数据“X(为 0 或 1)”放到数据总线上，接着由控制线 WR Port 送来脉冲下降沿作为触发信号，“X”被锁入 DATA Latch 中。

（1）当 X=0 时，DATA Latch 的 $\overline{Q}$ 端输出高电平，“或门”和“与门”同时输出高电平，使得 P 管截止，N 管导通。引脚 I/O 上出现低电平，即数据“0”被输出。

（2）当 X=1 时，DATA Latch 的 $\overline{Q}$ 端输出低电平，“或门”和“与门”同时输出低电平，使得 N 管截止，P 管导通。引脚 I/O 上出现高电平，即数据“1”被输出。

3. 从端口引脚输入数据

对于这种操作，根据方向寄存器的内容不同，又分为两种情况：

（1）方向寄存器的内容为“1”时，读取的是引脚逻辑电平：“双门”被封住，“对管”处于截止状态。此时经 RD Port 送来“读脉冲”，一是加到 D 触发器 INPUT Latch 的 EN 端上，控制 D 触发器锁存此刻端口引脚经过输入缓冲器送来的逻辑电平；二是打开三态门将 D 触发器锁存的数据转移到内部数据总线上。D 触发器的功能也可以展宽输入信号的脉冲宽度。

（2）方向寄存器的内容为“0”时，读取的是端口数据寄存器中锁存的数据：“双门”被放开，“对管”的输出状态取决于数据寄存器内容，进而使端口引脚上的逻辑电平也就取决于数据寄存器的内容(假设外接负载的阻抗较高)。所以此时会将数据寄存器的内容读回到内部数据总线上。

4. 读取方向寄存器 TRIS Latch

由 RD TRIS 送来“读脉冲”，打开三态门将 TRIS Latch 锁存的内容转移到内部数据总线上。例如，若其中锁存的内容为“1”，则其 $\overline{Q}$ 端输出低电平，经过三态门反相后变成逻辑 1，送到数据总线上。

需要强调的一点是：所有以改写并行端口数据寄存器为目的的操作，其过程实际上都是一个“读取-修改-写入”的三步操作。因此，有些写并行端口的操作意味着分 3 步进行，首先读取端口引脚上的逻辑电平到 CPU，然后在 CPU 内部的工作寄存器 W 中实现修改，最后再写回到并行端口的数据寄存器中。这一操作机理在编写用户程序时应该予以注意。

第3章

寻址方式与指令系统

指令就是人们用来指挥 CPU 按要求完成每一项基本操作的命令。一种单片机所能识别的全部指令的集合,就称为该单片机的“指令系统”(或叫指令集)。不同厂家的单片机,或者基于不同 CPU 内核的单片机,一般具有不同的指令系统。指令系统中的每一条指令都完成一种特定的操作,比如:数据传送操作、加法操作、减法操作、逻辑与操作、逻辑或操作、左移操作、右移操作,等等。无论要求单片机实现多么复杂的控制操作,都可以由这些简单操作组合而成。换言之,无论多么复杂的操作任务,都可以分解成一系列简单的操作。将若干条实现简单操作的指令语句,按照一定的规则排列组合在一起,就构成了一个可以完成复杂功能的“程序”。

3.1 指令系统概览

如果要为某种单片机编写程序,就要学习、记忆和应用该单片机指令系统的每一条指令,至少应了解每一条指令的功能,应用时会查阅指令表。为了便于学习和掌握,通常每一条指令都用指意性很强的英文单词或缩写来代表。例如,MOVWF,就是由“Move W to F.”一句英文语句缩略而成,中文含义是“将工作寄存器 W 的内容移动到文件寄存器 F 单元中。”所以,人们又通常将代表一条指令的一个字符串称为“助记符”。

3.1.1 指令的描述方法

在本章中,对后面的指令码中所用到的描述符号预先作如表 3.1 所列的说明。

表 3.1 描述符号说明

符号	说　明
W	代表工作寄存器(即累加器)
F	用大写 F 代表 7 位文件寄存器单元地址,最多可区分 128 个单元($2^7=128$)
B	用大写 B 表示某一比特在一个寄存器内部 8 比特数据中的位置(即位地址),由 3 位组成($2^3=8$),所以,$0\leqslant B\leqslant 7$
K	用大写 K 代表 8 比特数据常数
K11	用大写 K 代表 11 比特地址常数
f	用小写 f 代表文件寄存器 7 位地址码 F 当中的一位地址
k	用小写 k 代表常数或地址码 K 当中的一位
b	用小写 b 代表文件寄存器中的某一比特数据的 3 比特地址码 B 中的一个比特
d	用小写 d 代表目标寄存器:d=0,目标寄存器为 W;d=1,目标寄存器为 F
→	表示运算结果送入目标寄存器
∧	代表逻辑"与"运算符
∨	代表逻辑"或"运算符
⊕	代表逻辑"异或"运算符

3.1.2 指令的时空属性

PIC 单片机采用的是 RISC(精简指令集计算机)技术,这一点与台湾义隆公司的 EM78 系列单片机相似。如果与那些采用 CISC(复杂指令集计算机)技术的单片机品种比较,指令系统中的指令数量要少得多,寻址方式也更加简单。这很容易受到初学者的接受和欢迎。

指令一般都具有空间属性和时间属性。"空间属性"是指一条指令在存储时所占用程序存储器的空间大小;"时间属性"是指一条指令在执行时所占用 CPU 的时间长短。对于程序员在利用指令编写程序时,除了关心其功能之外,树立空间观念和时间观念也是很重要的。通常,在实现规定功能的前提下,编写的程序所占用的空间越小越好、所占用的时间越短越好。

PIC 系列单片机的指令系统的特点是,不仅编码长度都相同,而且执行时间也几乎都相同。在这一点上与 80C51 系列、MC69HC08 系列、SPMC65 系列等单片机,以及 8086 系列微处理器都是不同的。指令的编码长度以"指令字节"为单位(这里所说的指令字节为 14 位长,和程序存储器宽度等同),长度都是 1 个指令字节;指令的执行时间以"指令周期"(TCYC)为单位,基本都是 1 个指令周期,占少数的跳转指令可能会占用 2 个指令周期。也就是说,绝大多数指令的执行时间是固定的,并且固定为 1 个指令,但是也有个别指令的执行时间是不固定的。例如条件跳转指令,会随着条件的不同而不同。

3.1.3 指令的执行时序

时钟振荡器电路产生的时钟信号,经内部 4 分频后形成 4 个不重叠的方波信号 Q1～Q4,叫做 4 个节拍。由 4 个节拍构成一个"指令周期"(T_{CYC}),所以,一个指令周期内部包含 4 个时钟周期(T_{OSC})。如图 3.1 所示。

在前一个指令周期内完成取指操作,在后一个指令周期内完成指令的译码和执行。当

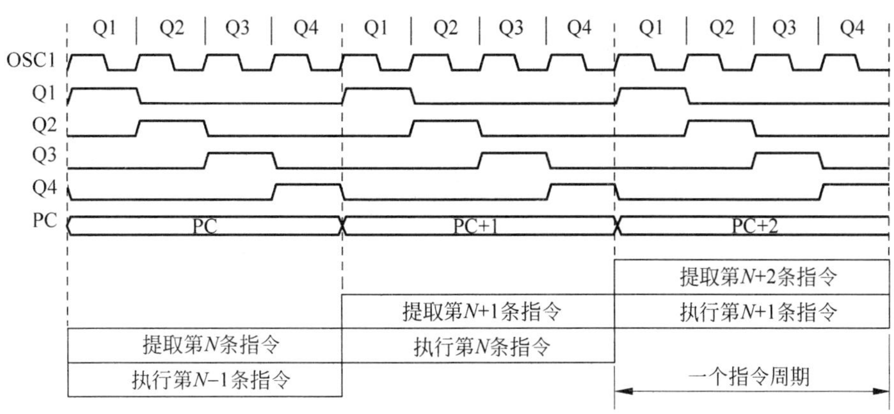

图 3.1　指令时序和流水作业图

Q1 节拍的上升沿出现时，程序计数器 PC 增 1，指令码是在 Q4 节拍取出并放入指令寄存器的。指令码的译码和执行贯穿下一个指令周期的 Q1～Q4 节拍。乍看起来，一条指令的全部运行时间似乎是两个指令周期，但是，由于 PIC 单片机内部采用哈佛总线结构，使得它在执行一条指令的同时，就可以提取下一条指令，从而实现“流水作业”。这样一来，就使每一条指令的运行时间平均为一个指令周期，因此，人们习惯说成，PIC 单片机采用的是“单周期”指令。严格地说，对于大多数指令的运行时间都是一个指令周期，但是，对于那些少数引起程序执行顺序发生跳转的指令则是两个周期，其原因分析放到指令系统部分去介绍。

3.1.4　指令的编码格式

每条指令一般都由操作码和操作数组成，也有个别指令不带操作数。“操作码”是指令操作功能的记述；而“操作数”描述操作的对象和操作的范围。换句话说，操作码是对指令功能的定性表达；而操作数是对指令功能的定量表达。

PIC16 系列单片机共有 35 条指令，均是长度为 14bit 的单字节指令。对于长度为 14bit 的指令编码如何分配，见表 3.2。

表 3.2　不同类型的指令码编码格式

类　型		编码分配格式													
		bit13	bit12	bit11	bit10	bit9	bit8	bit7	bit6	bit5	bit4	bit3	bit2	bit1	bit0
字节变量操作类		操作码						d	F(寄存器地址)						
位变量操作类		操作码				B(位地址)			F(寄存器地址)						
常数操作和控制操作类 *	(1)	操作码						K(立即数 8 位)							
	(2)	操作码			K11(程序地址 11 位)										
	(3)	操作码													

* 注：(1) 携带 8bit 常数的指令代码分配格式；
(2) 携带 13bit 常数的 CALL 和 GOTO 指令代码分配格式；
(3) 不携带常数的指令代码分配格式。

3.2 指令的分类方法

为了帮助读者系统全面地、多视角地剖析指令系统的内在规律，揭示和探索指令系统的认识方法，我们总结出多种对指令系统的分类方法。

3.2.1 按实现功能分类

如果按指令的实现功能进行分类，可以把 PIC16 系列单片机的 35 条指令分为以下 5 大类：

- 数据传送类指令(共有 4 条)；
- 算术运算类指令(共有 6 条)；
- 逻辑运算类指令(共有 13 条)；
- 控制跳转类指令(共有 9 条)；
- 位操作类指令(共有 3 条)。

为了便于读者在编写程序时按功能检索指令，在这里将整个指令集按 5 类不同的功能进行了归类，得到一张如表 3.3 所示的指令功能分类表。

表 3.3 指令功能分类表

类　型	助 记 符	操 作 说 明	影响标志位
传送类	MOVF F,d	F→d	Z
	MOVWF F	W→F	-
	MOVLW K	K→W	-
	SWAPF F,d	F 半字节交换→d	-
算术运算类	ADDWF F,d	F+W→d	C,DC,Z
	ADDLW K	K+W→W	C,DC,Z
	INCF F,d	F+1→d	Z
	SUBWF F,d	F-W→d	C,DC,Z
	SUBLW K	K-W→W	C,DC,Z
	DECF F,d	F-1→d	Z
逻辑运算类	ANDWF F,d	F∧W→d	Z
	ANDLW K	K∧W→W	Z
	IORWF F,d	F∨W→d	Z
	IORLW K	K∨W→W	Z
	XORWF F,d	F⊕W→d	Z
	XORLW K	K⊕W→W	Z
	COMF F,d	F 取反→d	Z
	CLRF F	0→F，寄存器复位	Z
	CLRW -	0→W，寄存器复位	Z
	RLF F,d	F 带 C 循环左移→d	C
	RRF F,d	F 带 C 循环右移→d	C
	BCF F,B	将 F 中第 B 位清 0	-
	BSF F,B	将 F 中第 B 位置 1	-

续表

类　　型	助　记　符	操 作 说 明	影响标志位
程序跳转类	INCFSZ　F,d	F+1→d,结果若为 0 则跳一步	-
	DECFSZ　F,d	F-1→d,结果若为 0 则跳一步	-
	BTFSC　F,B	F 中第 B 位为 0,则跳一步	-
	BTFSS　F,B	F 中第 B 位为 1,则跳一步	-
	CALL　K11	调用子程序	-
	GOTO　K11	无条件跳转	-
	RETURN　-	从子程序返回	-
	RETLW　K	W 带参数子程序返回	-
	RETFIE　-	从中断服务子程序返回	-
控制类	SLEEP　-	进入睡眠方式	$\overline{TO}$,$\overline{PD}$
	CLRWDT　-	0→WDT	$\overline{TO}$,$\overline{PD}$
	NOP　-	空操作	-

3.2.2 按编码格式分类

如果按指令的编码格式进行分类,则可以把 PIC16 的 35 条指令分为以下 5 大类:

- “6+1+7”位分配格式指令(共有 16 条)。该类指令的一个共同特征是,都携带有一个只占 1 比特的目标指示位“d”,并且都属于字节变量操作类指令。

bit13	bit12	bit11	bit10	bit9	bit8	bit7	bit6	bit5	bit4	bit3	bit2	bit1	bit0
操作码					d	F(寄存器地址)							

- “4+3+7”位分配格式指令(共有 4 条)。该类指令的一个共同特征是,都携带有一个 3 比特的位地址“B”,并且都属于位变量操作类指令。

bit13	bit12	bit11	bit10	bit9	bit8	bit7	bit6	bit5	bit4	bit3	bit2	bit1	bit0
操作码				B(位地址)			F(寄存器地址)						

- “6+8”位分配格式指令(共有 9 条)。该类指令的一个共同特征是,都携带有一个 8 比特的字节常数“K”,并且都属于字节常数操作类指令。

bit13	bit12	bit11	bit10	bit9	bit8	bit7	bit6	bit5	bit4	bit3	bit2	bit1	bit0
操作码						K(8 位立即数)							

- “3+11”位分配格式指令(共有 2 条)。该类指令的一个共同特征是,都携带有一个 11 比特的程序地址“K11”,并且都属于无条件跳转类指令。

bit13	bit12	bit11	bit10	bit9	bit8	bit7	bit6	bit5	bit4	bit3	bit2	bit1	bit0
操作码			K(11 位程序地址)										

- “14+0”位分配格式指令(只有 6 条)。该类指令的一个共同特征是,都携带有一个 11 比特的程序地址“K11”,并且都属于无条件跳转类指令。

bit13	bit12	bit11	bit10	bit9	bit8	bit7	bit6	bit5	bit4	bit3	bit2	bit1	bit0
操作码													

3.2.3 按指令周期分类

如果按指令执行时所占用的指令周期数进行分类,则可以把 PIC16 的指令分为以下 3 大类:

- 固定占用 2 周期的指令:包含无条件跳转类指令,共有 5 条。
- 不固定占用 1 或 2 周期的指令:包含有条件跳转类指令,共有 4 条。当条件满足果真跳转时,则占用 2 个周期;当条件不满足顺序执行时,则占用 1 个周期。
- 固定占用 1 周期的指令:包含上述之外的所有指令,共有 26 条。

3.2.4 按寻址方式分类

如果按指令的寻址方式进行分类,则可以把 PIC16 的指令分为以下 5 大类:

- 立即寻址方式。共有 9 条。
- 直接寻址方式。共有 20 条。
- 间接寻址方式。共有 20 条。
- 位寻址方式。共有 4 条。
- 隐含寻址方式。共有 6 条。

从以上看出,各种寻址方式的指令总和超过了 35 条。理由是 20 条带有“F”操作数的指令,既可用作直接寻址操作,也可用作间接寻址操作;其中同时带有“F”和“B”操作数的 4 条指令,既可用作直接寻址操作,也可用作间接寻址操作,还可用作位寻址操作。

3.2.5 按携带操作数分类

如果按指令中携带操作数的多寡进行分类,则可以把 PIC16 的指令分为以下 3 大类:

- 无操作数指令。共有 6 条。
- 单操作数指令。共有 11 条。操作数可以是 8 位立即数,也可以是 7 位寄存器地址,还可以是 11 位程序地址。
- 双操作数指令。共有 18 条。其中一个操作数是 7 位寄存器地址,另一个操作数是 1 比特的目标指示位,或者是 3 比特的位地址。

3.2.6 按影响标志分类

如果按指令对于标志位的影响情况进行分类,则可以把 PIC16 的指令分为以下 5 大类:

- 不影响任何标志位的指令。共有 15 条。

- 同时影响 C、DC、Z 标志位的指令。共有 4 条。
- 仅影响 C 标志位的指令。共有 2 条。
- 仅影响 Z 标志位的指令。共有 12 条。
- 影响特殊标志位/PD 和/TO 的指令。共有 2 条。这 2 个特殊标志位位于电源控制寄存器 PCON 中。

3.2.7 按操作对象分类

如果按指令操作对象的不同进行分类,则可以把 PIC16 的指令分为以下 3 大类:

- 面向字节操作类。共有 17 条。就是操作对象是一个字节变量,即工作寄存器 W 或文件寄存器 F。
- 面向位操作类。共有 4 条。就是操作对象是一个位变量,即文件寄存器 F 当中的 1 位。
- 常数操作和控制操作类。共有 14 条。其中常数指的是字节常数 K 或者地址常数 K11。

3.2.8 按使用频度分类

假如按指令被使用的频繁程度划分整个指令系统,其实只有一部分指令在编写程序时经常用到,而另一部分指令却较少使用,还有一部分指令极少用到。

以下就是按指令的使用频繁程度进行分类,可以将 PIC16 的指令分为 3 大类:

- 主要而又使用频繁的指令。也是起着核心作用的不可或缺的部分指令。一般这类指令虽然在整个指令系统中占据的比例较小,但是在编写的程序中却出现的概率较大。例如数据传送类指令。
- 不重要而又使用较少的指令。一般这类指令虽然在整个指令系统中占据的比例较大,但是在编写的程序中却出现的概率较小。例如算术运算和逻辑运算类指令。
- 极少使用的指令。这类指令通常要么功能可以被其他指令代替,要么极少被用到。例如:“CLRWDT”指令在不启用看门狗定时器时就根本用不到;“CLRW”可以利用“MOVLW 00H”或“ANDLW 00H”指令取代。一般这类指令虽然在整个指令系统中占据的比例较小,在编写的程序中出现的概率也极少。例如控制类指令。

为了激发和培养 PIC16 单片机入门者的学习热情和探索兴趣,建议读者遵循“由易到难、逐步深入、难点分散”的学习原则,应该把所有指令按编程时被使用的频度划分为 3 个层次。初学阶段可以仅仅重点掌握主要而又使用频繁的部分指令,了解不重要而又使用较少的部分指令,搁置极少使用的部分指令。其实,即使记不住指令也不妨碍单片机的学习和演练,用到时只要会查阅指令表格即可。

3.3 寻址方式

指令的一个重要组成部分就是操作数,由它指定参与运算的数据或者数据所在的存放地址。所谓“寻址”就是寻找操作数的存放地址。所谓寻址方式,就是寻找操作数或操作数所在地址的方法，也就是给操作数定位的过程。

在PIC16的指令系统中，根据操作数的来源不同，设计了5种寻址方式：立即寻址、直接寻址、寄存器间接寻址、位寻址和隐含寻址。在以下的讨论中，暂时不涉及RAM体选的问题，这样做不仅便于理解，而且也不会产生误解。

3.3.1 立即寻址

在这种寻址方式中，指令码中携带着实际操作数（就称立即数），换言之，操作数可以在指令码中立即获得，而不用到别处去寻觅。

【举例3.1】 ADDLW 16H；

实现的功能是，将立即数16H与W内容（假设为99H）相加，结果（AFH）送到W。其指令码的二进制形式为：11,1111,0001,0110；其中前6位是指令码，后8位就是操作数。如图3.2所示。

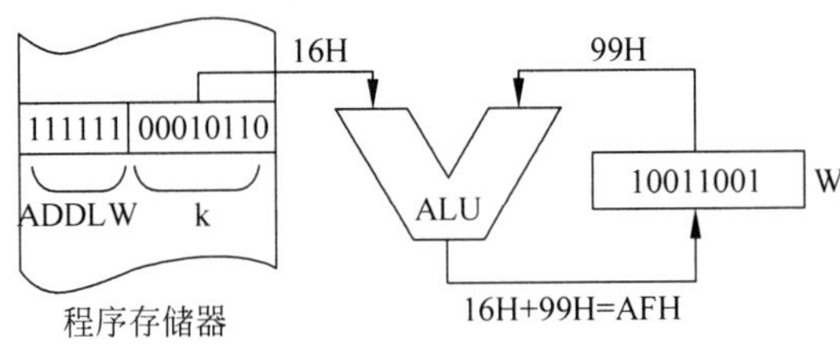

图3.2 立即寻址示意图

3.3.2 直接寻址

采用直接寻址方式的指令，可以直接获取任一个寄存器单元的地址，即指令码中包含着被访问寄存器的单元地址。

【举例3.2】 IORWF 26H,0；

实现的功能是，将地址为26H的RAM单元的内容（假设是16H）与W的内容（假设是99H）相"或"后，结果（9FH）送入W中，因为d=0。参加逻辑"或"运算的一个数据（16H）所在的单元地址（26H），可以从指令中直接得到。如图3.3所示。

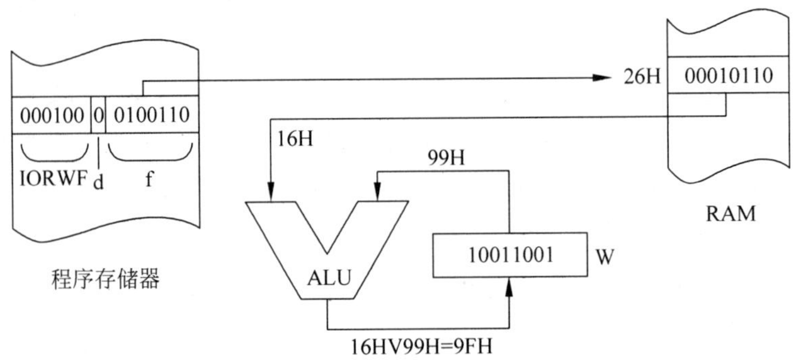

图3.3 直接寻址示意图

3.3.3 间接寻址

在采用寄存器间接寻址方式的指令码中，7 位寄存器地址必为全 0。利用 7 位 0 这个专用地址，特指 FSR 寄存器，并且以 FSR 寄存器内容为地址的 RAM 单元中存放着参加运算或操作的数据。从表面上看，指令码中的 7 位 0 指定的是 INDF 单元，其实 INDF 仅仅是一个假想的、不存在的寄存器单元，只不过是将它的地址编码给专用了。这样做的理由是可以大大简化指令系统。

为了便于理解，我们不妨换一个角度来讲解，把 FSR 看成一个特殊的具有两个地址(00H 和 04H)的寄存器单元，而可以不提 INDF。当用 04H 访问 FSR 时，它像普通寄存器一样，可以直接对 FSR 进行读或写；而用 00H 访问 FSR 时，它就是一个间接寻址寄存器，不是对 FSR 进行读或写，而是把它的内容作为地址使用的。

【举例 3.3】 XORWF 0,1;

实现的功能是，将 26H 号 RAM 单元的内容(假设为 16H)与 W 内容(假设为 99H)相"异或"，运算结果(8FH)送回 26H 号 RAM 单元，因为 d=1。参加"异或"运算的一个数据可以从指令码中间接得到。FSR、W 和 26H 号 RAM 单元的内容都是预先存入的。如图 3.4 所示。

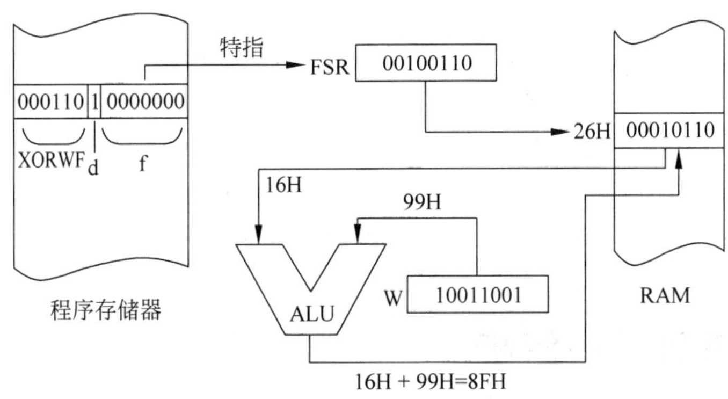

图 3.4 间接寻址示意图

3.3.4 位寻址

可以对任一寄存器中的任一比特位直接寻址访问，即指令码中既包含着被访问寄存器的地址，又包含着该寄存器中的位地址。如果将 RAM 存储器看成一个阵列，那么在这个阵列中寻找某一个比特，就需要一个纵坐标和一个横坐标。纵坐标就相当于单元地址，横坐标就相当于比特地址。

【举例 3.4】 BSF 26H,4;

实现的功能是，把地址为 26H 的寄存器单元内的比特 4 置为 1。如图 3.5 所示。

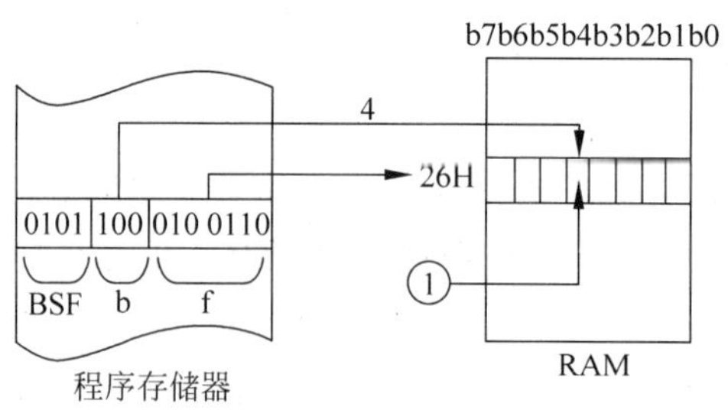

图 3.5　位寻址示意图

3.3.5　隐含寻址

就是在指令编码中没有专门指明操作数的编码字节或编码字段，确定操作数的信息被隐含在了操作码中。采用隐含寻址方式的指令，其操作对象肯定具有唯一性，例如 W 只有一个。

【举例 3.5】 CLRW

实现的功能是，把工作寄存器 W 清零，或者说是把立即数 00H 传送到 W 中。如图 3.6 所示。

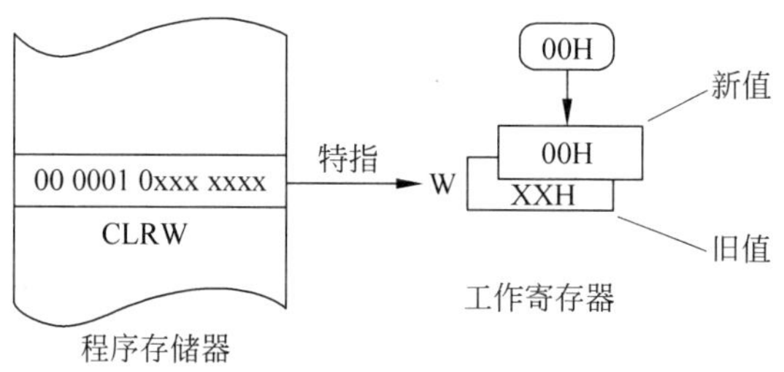

图 3.6　隐含寻址示意图

3.4　指令系统分类解析

本节将依据指令操作对象的不同进行分类讲解，划分为 3 类来分别解释各条指令的功能。

3.4.1　面向字节变量的操作类指令

对于面向字节变量的操作类指令，其指令列表如表 3.4 所示。

表 3.4　面向字节操作类指令

助　记　符	操 作 说 明	影响标志位
ADDWF　F,d	F+W→d	C,DC,Z
INCF　F,d	F+1→d	Z
SUBWF　F,d	F-W→d	C,DC,Z
DECF　F,d	F-1→d	Z

续表

助 记 符	操 作 说 明	影响标志位
ANDWF F,d	F∧W→d	Z
IORWF F,d	F∨W→d	Z
XORWF F,d	F⊕W→d	Z
COMF F,d	F 取反→d	Z
CLRF F	0→F	Z
CLRW -	0→W	Z
MOVF F,d	F→d	Z
MOVWF F	W→F	-
INCFSZ F,d	F+1→d,结果若为 0 则跳一步	-
DECFSZ F,d	F-1→d,结果若为 0 则跳一步	-
RLF F,d	F 带 C 左移→d	C
RRF F,d	F 带 C 右移→d	C
SWAPF F,d	F 半字节交换→d	-

1. 寄存器加法指令

格式：ADDWF F,d ；W 寄存器内容和 F 寄存器内容相加,结果存入 F(d=1)或
；W(d=0)。
操作：W+F→d ；影响状态位 C、DC 和 Z。

---

2. 寄存器减法指令

格式：SUBWF F,d ；F 寄存器的内容减去 W 寄存器的内容,结果存入 W(d=0)或
；F(d=1)。
操作：F-W→d ；影响状态位 C、DC 和 Z。

---

3. 寄存器加 1 指令

格式：INCF F,d ；F 寄存器内容加 1 后,结果送 W(d=0)或 F(d=1)。
操作：F+1→d ；影响状态位 Z。

---

4. 寄存器减 1 指令

格式：DECF F,d ；F 寄存器内容减 1 后,结果存入 W(d=0)或 F(d=1)。
操作：F-1→d ；影响状态位 Z。

---

5. 寄存器逻辑与指令

格式：ANDWF F,d；W 寄存器内容和 F 寄存器内容相与,结果存入 F(d=1)或
；W(d=0)。
操作：W∧F→d ；影响状态位 Z。

---

6. 寄存器逻辑或指令

格式：IORWF F,d ；W 寄存器内容和 F 寄存器内容相或，结果存入 F(d=1)或
；W(d=0)。
操作：W∨F→d ；影响状态位 Z。

---

7. 寄存器逻辑异或指令

格式：XORWF F,d ；W 寄存器内容和 F 寄存器内容相异或，结果存入 F(d=1)或
；W(d=0)。
操作：W ⊕F→d ；影响状态位 Z。

---

8. 寄存器取反指令

格式：COMF F,d ；F 寄存器内容取反后，结果存入 F(d=1)或 W(d=0)。
操作：F 取反→d ；影响状态位 Z。

---

9. 寄存器清零指令

格式：CLRF F ；F 寄存器内容被清为全零。
操作：0→F ；使状态位 Z=1。

---

10. W 清零指令

格式：CLRFW ；W 寄存器内容被清为全零。
操作：0→W ；使状态位 Z=1。

---

11. F 寄存器传送指令

格式：MOVF F,d ；将 F 寄存器内容传送到 F 本身(d=1)或 W(d=0)。
操作：F→d ；影响状态位 Z。

---

12. W 寄存器传送指令

格式：MOVWF F ；将 W 寄存器内容传送到 F,W 内容不变。
操作：W→F ；不影响状态位。

---

13. 递增跳转指令

格式：INCFSZ F,d ；F 寄存器内容加 1，结果存入 F 本身(d=1)或 W(d=0)，
；如果结果为 0 则跳过下一条指令，否则顺序执行。
操作：F+1→d，F+1=0 则 PC+1→PC；影响状态位 Z。

---

14. 递减跳转指令

格式：DECFSZ F,d ；F 寄存器内容减 1，结果存入 F 本身(d=1)或 W(d=0)，
；如果结果为 0 则跳过下一条指令，否则顺序执行。
操作：F－1→d，F－1=0 则 PC+1→PC；影响状态位 Z。

---

15. 寄存器带进位位循环左移指令

格式：RLF F,d ；将 F 寄存器带 C 循环左移，结果存入 F 本身(d=1)或
；W(d=0)，如图。

操作：F(n) →F(n+1)，F(7) →C，C→d(0)；影响状态位 C。

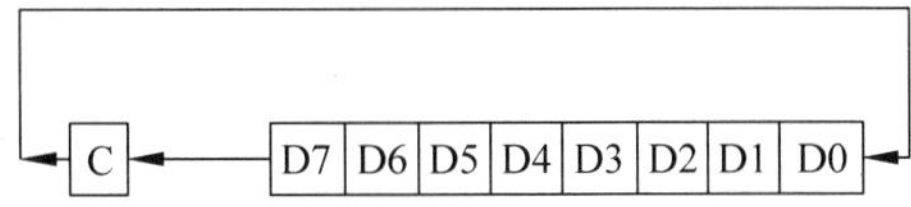

16. 寄存器带进位位循环右移指令

格式：RRF F,d ；将 F 寄存器带 C 循环右移，结果存入 F 本身(d=1)或
；W(d=0)，如图。

操作：F(n) →F(n −1)，F(0) →C，C→d(7)；影响状态位 C。

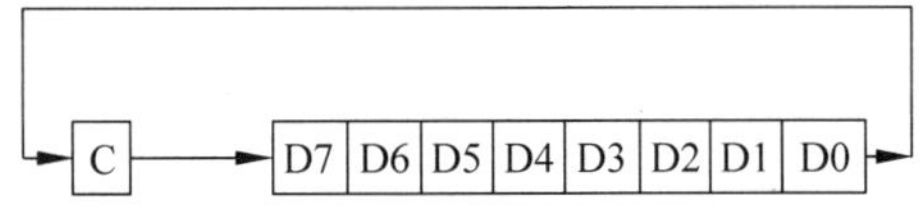

17. 寄存器半字节交换指令

格式：SWAPF F,d ；F 寄存器高 4 位和低 4 位交换位置后，结果存入 F 本身(d=1)或
；W(d=0)，如图。

操作：F (0,3) →d(4,7)，F(4,7) →d(0,3)；不影响状态位。

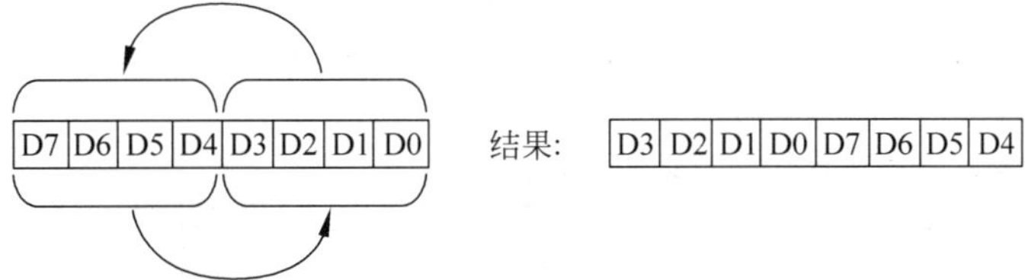

3.4.2 面向位操作类指令

对于面向位变量的操作类指令，其指令列表如表 3.5 所示。

表 3.5 面向位操作类指令

助记符	操 作 说 明	影响标志位
BCF F,B	将 F 中第 B 位清 0	-
BSF F,B	将 F 中第 B 位置 1	-
BTFSC F,B	F 中第 B 位为 0，则跳一步	-
BTFSS F,B	F 中第 B 位为 1，则跳一步	-

1. 位清零指令

格式：BCF F,B ；将寄存器的第 B 位清零。

操作：0→F(B) ；不影响状态位。

2. 位置 1 指令

格式：BSF　F,B　　；将寄存器的第 B 位置 1。

操作：1→F(B)　　；不影响状态位。

---

3. 位测试为 0 跳转指令

格式：BTFSC　F,B　；测试 F 寄存器的第 B 位，若 F(B)＝0 则跳过下一条指令，否则

　　　　　　　　　；顺序执行。

操作：检测 F(B)＝0 则 PC＋1→PC；不影响状态位。

---

4. 位测试为 1 跳转指令

格式：BTFSS　F,B　；测试 F 寄存器的第 B 位，若 F(B)＝1 则跳过下一条指令，否则

　　　　　　　　　；顺序执行。

操作：检测 F(B)＝1 则 PC＋1→PC；不影响状态位。

3.4.3　面向常数操作和控制操作类指令

对于面向常数数据或跳转地址操作，以及控制操作类指令，其指令列表如表 3.6 所示。

表 3.6　面向常数操作和控制操作类指令

助记符	操 作 说 明	影响标志位
ADDLW　K	K＋W→W	C,DC,Z
SUBLW　K	K-W→W	C,DC,Z
ANDLW　K	K∧W→W	Z
IORLW　K	K∨W→W	Z
XORLW　K	K⊕W→W	Z
CLRWDT　-	0→WDT	$\overline{TO}$,$\overline{PD}$
MOVLW　K	K→W	-
CALL　K	调用子程序	-
GOTO　K	无条件跳转	-
RETURN　-	从子程序返回	-
RETLW　K	W 带参数子程序返回	-
RETFIE　-	从中断服务子程序返回	-
SLEEP　-	进入睡眠方式	$\overline{TO}$,$\overline{PD}$
NOP　-	空操作	-

---

1. 常数加法指令

格式：ADDLW　K　；W 寄存器内容和 8 位立即数相加，结果存入 W。

操作：W＋K→W　；影响状态位 C、DC 和 Z。

---

2. 常数减法指令

格式：SUBLW K ；8位立即数减掉W寄存器内容，结果存入W。

操作：K -W→W ；影响状态位C、DC和Z。

---

3. 常数逻辑与指令

格式：ANDLW K ；W寄存器内容和8位立即数相与，结果存入W。

操作：W∧K→W ；影响状态位Z。

---

4. 常数逻辑或指令

格式：IORLW K ；W寄存器内容和8位立即数相或，结果存入W。

操作：W∨K→W ；影响状态位Z。

---

5. 常数逻辑异或指令

格式：XORLW K ；W寄存器内容和8位立即数相异或，结果存入W。

操作：W∨K→W ；影响状态位Z。

---

6. 看门狗定时器清零指令(关于看门狗的内容后面有专门章节介绍)

格式：CLRWDT ；将WDT寄存器和分配给它的预分频器同时清为全零。

操作：0→WDT,0→WDT预分频器；影响状态位1→,1→。

---

7. 常数传送指令

格式：MOVLW K ；将8位立即数传送到W寄存器。

操作：K→W ；不影响状态位。

---

8. 子程序调用指令

格式：CALL K ；首先将PC+1推入堆栈，然后将11位常数K送入PC(10～0)，
；同时将PCLATH(4,3) →PC(12,11)，从而使PC=子程序入口
；地址。

操作：PC+1→堆栈，K→PC(10～0)，PCLATH(4,3) →PC(12,11)；不影响状态位。

---

9. 无条件跳转指令

格式：GOTO K ；将11位常数K送入PC(10～0)，同时将PCLATH(4,3)→
；PC(12,11)，从而使PC=新地址。

操作：K→PC(10～0)，PCLATH(4,3) →PC(12,11)；不影响状态位。

---

10. 子程序返回指令

格式：RETURN ；将堆栈顶端单元内容弹出并送入PC，从而返回主程序断点处。

操作：栈顶→PC ；不影响状态位。

---

11. 子程序带参数返回指令

格式：RETLW K ；将堆栈顶端单元内容弹出并送入 PC，同时 8 位常数 K→W，从
；而带着参数返回主程序断点处。

操作：栈顶→PC，K→W；不影响状态位。

---

12. 中断服务子程序返回指令（关于中断的内容后面有专门章节介绍）

格式：RETFIE ；将堆栈顶端单元内容弹出并送入 PC，从而返回主程序断点处，
；同时将“全局中断使能位 GIE”置 1，重新开放中断。

操作：栈顶→PC，1→GIE；不影响状态位。

---

13. 睡眠指令

格式：SLEEP ；该指令执行后，单片机进入低功耗睡眠模式，时基电路停振。

操作：0→$\overline{\text{PD}}$，1→$\overline{\text{TO}}$，0→WDT，0→WDT 预分频器；影响状态位$\overline{\text{TO}}$，1→$\overline{\text{PD}}$。

---

14. 空操作指令

格式：NOP ；不产生任何操作，仅使 PC 加 1，消耗一个指令周期。

操作：空操作 ；不影响状态位。

3.5 数据传递关系

数据的逻辑运算和算术运算过程，以及控制信号的输入和输出过程，在单片机内部都可以看成是“数据传递”的过程。根据 PIC16 的硬件系统和软件系统（软件指令系统和寻址方式）的规划特点，我们可以总结出在单片机内部，对于数据传递能够实现的几种途径。不妨可以用图 3.7 进行形象化地描述。该图还给出了分别实现每一种数据传递所用指令的一个实例。

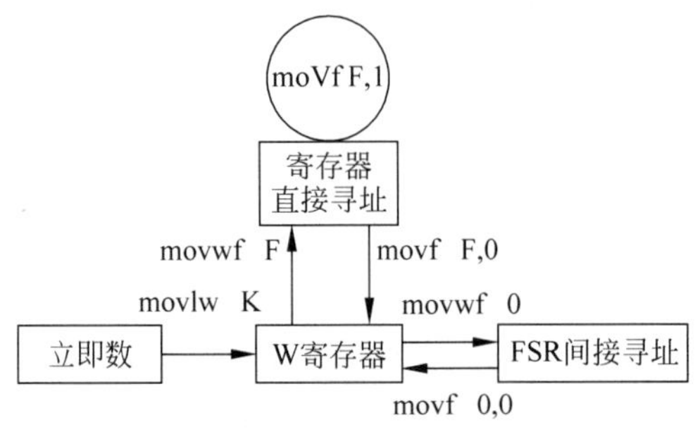

图 3.7 数据传送示意图

从图 3.7 中可以看出，没有实现不同寄存器之间传送的指令，也没有常数到寄存器的传送指令，要实现这两种操作时均需要 W 寄存器做中转，并且用到两条指令。还有一点值得注意，就是“movf F,1”指令只能实现寄存器 F 到本身的传送。那么，可能读者要问：该指令是做无用功吗？其实不然。它可以用 F 寄存器的内容来影响标志位 Z，以便检测是否 F 寄存器内容为 0。

3.6 指令系统的内在规律

通过细心观察和细致分析，可以发现 PIC16 的指令系统中存在一些固有的特点和内在规律性。只有认识和掌握这些特点和内在规律，才能更有效地牢固记忆指令系统，也才能更高效地灵活运用指令系统中的每条指令。这里作者列举几条作为抛砖引玉的示范，以便提示读者去自行发掘和梳理。

(1) 从表面上看，指令系统的助记符采用的是不等长的字符串表达方法，可以由 3～6 个英文字母组成。譬如，分别举例为 NOP、MOVF、MOVWF、DECFSZ 等。

(2) 在指令助记符中利用 W、F、L 来分别代表传统意义上的累加器、通用 RAM 单元和寄存器、字节常数。这与其他常见单片机或微处理器不同。

(3) 为了区分立即数和直接地址，在 8051、SPMC65 等单片机的指令系统中是加入一个“#”前缀来修饰立即数；而在 80X86 微处理器的指令系统中是添加一对“[ ]”来包装直接地址；在 PIC16 的指令系统中，立即数和直接地址在书写上无差异(也没有任何修饰符号)，区分两者的信息只有靠指令助记符提供。

(4) 立即数不能够担当目的操作数。

(5) 数据传送类指令一般不会影响程序状态字寄存器中的标志位，但是只有一条传送指令“MOVF F,d”除外。

(6) 不存在堆栈操作类指令。

(7) 不存在携带着 3 个操作数的指令。

(8) 条件跳转指令只能小跳 1 步，也就是仅仅跳过下邻指令。

(9) 只有 2 条跳转类指令 CALL 和 GOTO，才会携带着长度超过 1 个字节的、代表落脚点地址的操作数。

(10) 指令系统中不存在不同的寄存器单元之间进行直接传送的指令，只能靠 W 中转。

(11) 指令系统中也不存在不同的寄存器单元之间进行间接传送的指令，也只能靠 W 中转。

(12) 指令系统中不存在乘法、除法和十进制加法调整指令，实现此类功能需要靠一个程序段来完成。

(13) 对于携带 2 个操作数的字节操作类指令，用来表达目的操作数的信息是一个指示位“d”。这种指令规划方式与众不同。

(14) PIC16F8X 指令系统中的个别指令，其执行周期数是不固定的。这与传统的 8051 单片机不同。

(15) 指令的编码长度都是等同的，并且都是 14 位长，这与其他传统单片机不同。

(16) 机器码为“0000H”的指令是一条“NOP”指令；机器码为“3FFFH”的指令是一条“ADDLW 0FFH”指令。在对程序存储器空间进行烧写编程时，0000H 和 3FFFH 是 2 个非常特殊的编码。

3.7 “内核-寄存器-外围模块”相互关系

单片机的开发和应用的主要任务有两项，一是软件设计；二是硬件设计。硬件设计我们暂且不提，在此只用软件设计的观点，从不同角度剖析单片机内部的组织关系。软件设计实际上就是运用指令编制程序。PIC16 单片机的指令的作用范围非常集中，作用的对象也种类单一，仅仅限制在(包含着文件寄存器和特殊功能寄存器的)数据存储器的范围之内。或者说，指令的操作对象主要就是数据存储器中的各个寄存器单元。单片机的工作就是用一条条的指令指挥各部分硬件的动作，那么，这种“指挥”就是通过给特殊功能寄存器填写相应的内容来实现的。因此，我们不妨将 PIC16 单片机画成图 3.8 的形式，内核与寄存器之间存在着灵活的“软件上的对应”关系，而寄存器与外围模块之间存在着固定的“硬件上的映射”关系。特殊功能寄存器在中间扮演着桥梁或者界面的角色。各个外围模块从外部世界采集的现场信息，经过硬件电路立即反映到与自己对应的特殊功能寄存器上，CPU 通过执行指令从该寄存器里获取相应的信息。相反，CPU 通过填写与某一外围模块对应的特殊功能寄存器单元，由该寄存器单元经过硬件电路将控制信息映射到外围模块上，再由外围模块驱动外接电路完成相应的动作，从而将 CPU 的命令落到实处。

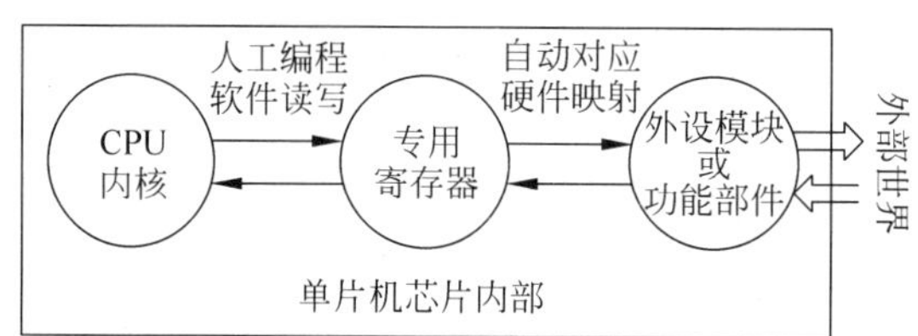

图 3.8 “内核-寄存器-外围模块”相互关系

我们在用指令编写程序时，不仅应搞清指令系统中每条指令的功能，还应弄清特殊功能寄存器与外围模块或功能部件之间的对应关系。这些对应关系在后面讲解各外围模块的专题中会陆续介绍。

第4章

汇编语言和汇编程序设计

学习一种单片机，为什么需要学习该单片机的汇编语言？尤其是当前的单片机编程，基本都有可以选用的C高级语言的情况下，还有什么必要学习汇编语言？理由分析如下，汇编语言是唯一面向机器的语言，也是最贴近硬件的唯一的编程语言。学习汇编语言能够帮助我们深入剖析单片机组成细节和加深理解单片机工作原理，特别适合于单片机初学阶段。汇编语言程序可以最有效地节省时间(CPU机时)和空间(程序存储器空间)，可以直接控制各种硬件电路，可以产生精确的定时信号，这些都是其他高级语言程序所不容易实现的。即使打算日后再学习单片机的C语言编程，那么具有汇编语言基础对于编写高质量的单片机C程序也是必要的。

总而言之，尽管C语言的编译器几乎快成了各家单片机开发工具软件包的必要配置，并且利用C语言开发单片机应用程序也日益流行，但是可以肯定地说，汇编语言将永远不会被淘汰。理由是汇编语言程序与高级语言程序恰好存在鲜明的互补关系，是追求高执行速度、高代码效率、高定时精度的单片机用户程序的终极设计手段。况且有些低价位小封装PIC单片机型号所配置的片载程序存储器地址空间只有0.5KB，只能靠汇编语言写程序才能做到精打细算地谨慎利用。

本章的学习目的概括为，不仅使读者掌握汇编语言程序设计方面的常规知识，而且也扩充了一些知识和概念，还帮读者建立一个汇编语言工具链的完整概念，以顺应时代发展和技术进步之需要。

4.1 概述

4.1.1 背景知识

所谓“语言”就是进行交流或对话的一种信息载体。众所周知，单片机内部的核心电路都是用数字逻辑电路构筑而成的，数字电路只能处理二进制代码“0”和“1”。因此，单片机仅仅能够识别二进制形式的机器码指令（也就是机器语言）。所谓“机器码指令”就是用二进制代码表示的能为计算机 CPU 直接识别和执行的指令形式，它是计算机的一种最低级的语言形式。前面介绍“指令系统”的章节中，讲到的每一条指令都有自己相应的机器语言形式。比如，睡眠指令“SLEEP”和加法指令“ADDWF F，d”的机器码（或称机器指令）分别为“00000001100011”和“000111df_6—f_0”（其中 d 和 f_6、f_5、……、f_0 均代表一位二进制数码，0 或 1）。在机器指令中，操作码、操作数和地址码等都是用二进制代码表示的。

所谓“程序”就是指挥计算机 CPU 计算某一算式或者处理某一工作的一系列指令的有序组合。所谓“程序设计”就是为计算机 CPU 编写上述指令序列的过程。如果直接使用机器语言来设计程序，编写起来不仅很烦琐，也容易出错，给程序的阅读、修改、调试等环节，还都会带来极大的困难。为了克服这些困难，人们在开发应用微处理器 MPU 和微控制器 MCU 的实际工作中，通常都使用更适合人们记忆和阅读习惯的语言形式——汇编语言，来进行程序设计。

汇编语言是对机器语言的改进升级和符号化代换，它采用便于人们记忆、理解和交流的一些符号或者字符串（例如简化的英文单词，缩编的英文语句，当然如果利用汉语拼音也是可以的）来表示操作符、操作数和地址码等语句成分，所以它实质上是一种符号语言。汇编语言中的指令性语句通常与机器语言指令是一一对应的。用汇编语言编写的原始程序就称为汇编语言源程序，有时也可以简称“源程序”。

由于单片机不能直接识别汇编语言程序，所以需要编程人员在 PC 微型计算机系统上，运行一个称作“汇编器”（或汇编程序）的软件工具（通常由单片机制造商免费配套提供，也可以由厂商和用户之外的第三方软件开发商有偿供应）。在汇编器的帮助下，将我们编写的源程序翻译成机器语言程序。烧写到单片机的程序存储器中的程序就是这种程序。利用汇编器将源程序翻译成目标程序的过程称为“汇编”（更严格地讲，应该称该过程为交叉汇编，理由是利用甲种 CPU 来为乙种 CPU 实现汇编的过程就属于交叉汇编）。汇编过程也可以用人工完成，但是十分辛苦，一般都不再采用。

在表 4.1 中给出了一小段程序在汇编前和汇编后的不同表现形式，哪一种形式更适合我们记忆，不言自明。这个小程序段的功能是，将 20H 单元中的字节数据分解为两个半字节数据，并且把低 4 位和高 4 位分别保存到 21H 和 22H 单元。

表 4.1 汇编语言和机器语言对照

汇编语言			机器语言	
			二进制	十六进制
X	EQU	20H	无	无
Y	EQU	21H	无	无
Z	EQU	22H	无	无
W	EQU	0	无	无
	MOVF	X，W	00 1000 0010 0000	0820H
	ANDLW	OFH	11 1001 0000 1111	390FH
	MOVWF	Y	00 0000 1010 0001	00A1H
	SWAPF	X，W	00 1110 0010 0000	0E20H
	ANDLW	OFH	11 1001 0000 1111	390FH
	MOVWF	Z	00 0000 1010 0010	00A2H

汇编语言提供了一种可以不涉及机器指令编码和存储器地址编码来编写源程序的有效方法和便捷途径。为了掌握这种方法,我们需要了解汇编器所约定的一些内容,比如汇编器规定的汇编语言语句格式、标号格式、伪指令、程序格式、表达式格式、数值进位制标识法、标点符号以及汇编过程的控制命令和汇编器的应用方法等。在对汇编器的功能进一步了解的基础上,如果再对"汇编语言"下一个概括性更强的定义的话,那么可以这样讲,凡是汇编器所约定的内容(或者汇编器所能识别的全部内容)都属于汇编语言的范畴。

如果说第 3 章关于"指令系统"的一些概念和内容是面向单片机(或是从单片机核心硬件的角度出发)来定义、规划和描述的,那么可以说本章关于"汇编语言"的一些概念和内容则是面向汇编器(或是从汇编器的角度出发)来定义、规划和描述的。

需要注意的是,不同软件提供商所推出的汇编器产品可能是不完全相同的,并且还有不同的汇编器版本之分,它们的伪指令和使用方法也不尽相同,不过一般差异很小。

由于绝大多数汇编器都具有宏处理功能,因此有时也称带宏功能的汇编器为宏汇编器(Macro Assembler)。目前为 PIC 系列 CPU 开发了汇编器等语言工具软件的国外厂商有多家。不过,本书将以微芯公司官方网站,或者授权代理商网站,或者发行光盘中提供的 MPASM 宏汇编器(或简称汇编器)为例。

4.1.2 汇编语言的语句格式

对于 PIC 系列单片机,为了利用能在 PC 上运行的汇编器对源程序进行自动汇编,那么在编写源程序时必须依照所用"汇编器"的一些约定进行书写。例如使用微芯公司提供的汇编器"MPASM",汇编语言语句的一般格式由以下 4 个部字段组成:

[标号]	操作码	[操作数]	[;注释]
(Label)	(Opcode)	(Operand)	(Comment)

要求:这 4 字段中带方括号的部分表示不是必需的,其书写顺序是不能颠倒的;要求标号必须从最左边第一列开始书写,其后至少用一个空格与操作码隔离;在没有标号的语句中,指令操作码前面必须保留一个或一个以上的空格;操作码与操作数之间也必须保留一个或一个以上的空格;操作码后面跟随的操作数如果存在两个部分,其间必须用(半角,即西文)逗号隔开;在必要时可以加注释,注释可以跟在操作码、操作数或标号之后,并用分号引导,甚至可以单独占用一行且可以从任何一列开始。汇编语言源程序既可以用大写字母书写,也可以用小写字母书写,还可以大写小写混用,以便于阅读。一个语句行最多允许有 225 个(半角)字符。

1. 标号

用在指令助记符之前的标号就是该指令的符号地址,在程序汇编时,它被赋以该指令在程序存储器中所存放的具体地址。并不是每一条语句都需要加标号,只有那些打算被其他调用或跳转语句作为落脚点的语句之前才需要加。标号可以单独作为一行。

标号最多可以由 32 个字母、数字和其他一些字符组成,且第一个字符必须是字母或下画线"_",必须从一行的第一列开始写,后面用空格、制表符或换行符与操作码隔开;标号不要用指令助记符、寄存器名称或其他在系统中已有固定用途的字符串(这些又称为系统保留字);一个标号在程序中只能定义一次。

在一般的汇编器中利用伪指令定义的标号(可以包括段名、宏指令名、变量名、结构名等)是区分其字母大、小写的,但是 MPASM 汇编器是否区分标号的大、小写(Case Sensitive,即有一个大、小写敏感选项,并且原始状态的默认设置是区分大、小写。后面将要讲到),则是可以由用户设定的。例如,标号“Temp”与标号“temp”,当区分大、小写时,则代表两个不同的标号;当不区分大、小写时,则代表两个相同的标号。

2. 操作码

尽管其他3个字段有时会是空的,但这个字段不能为空。操作码就是指令助记符,它是指令功能名称的英文缩写,表示指令的操作类型和操作性质,是汇编语言语句中的关键词,因此不可缺省。在其前面没有标号时,操作码前面至少保留一个空格,即不能顶格书写,以便与标号区别,否则,会被汇编器误认为是标号。

指令操作码的助记符在汇编过程中,汇编器把它与一个预先建立的“操作码索引表”进行逐一比较,找出相应的机器码,并且取而代之,所以这一汇编过程又叫作代真。

提示:汇编器对于代表操作码的字符串是不区分大、小写的。也就是说,无论汇编器的 Case Sensitive 选项如何设置,都能够保障操作码大、小写混用的正确性。

3. 操作数

该字段代表的是指令的操作对象或操作范围,也就是数据或者地址,可以用数值形式、符号形式、表达式3种表示形式。如果操作数有两个信息元素表达,其中间应该用半角逗号作为隔离符。

(1) 数值:可以是二进制(binary)、八进制(octal)、十进制(decimal)、十六进制(hexadecimal)或者字符串(character string)。各种数制的表示法见表4.2,其中每一种数制又有几种可以通用的描述法。MPASM 的默认进制不是十进制,而是十六进制,这一点与许多其他单片机的汇编器不同,需要格外注意。

表 4.2 MPASM 汇编语言中的数制表示

数　　制	格　　式	举　　例	合法数字
十六进制	H'十六进制' 十六进制 H Ox 十六进制	H'9E' 9EH 0x9E	0,1,2,3,4,5,6,7,8,9, A,B,C,D,E,F
八进制	O'八进制' Q'八进制' 八进制 O 八进制 Q	O'87' Q'87' 87O 87Q	0,1,2,3,4,5,6,7
十进制	D'十进制' . 十进制	D'123' . 123	0,1,2,3,4,5,6,7,8,9
二进制	B'二进制' 二进制 B	B'11001010' 11001010B	0,1
字符	'字符' A'字符'	'G' A'G'	ASCII 码表中的字符

对于表4.2有以下5点需要说明:

① 十六进制数由数字0～9和字母A～F组成。当在源程序中采用后缀“H”表示一个以A～F打头的十六进制数时,则必须在它的前面增添一个“0”作为引导,以便于汇编器将

其与标号或符号名相区别。如十六进制数 FF 应表示为 0FFH；

② 用字符代表的常数就是该字符对应的 ASCII 码值(即"美国标准信息交换码"，长度为 7 比特，许多计算机原理书或高级语言程序设计书中都能找到 ASCII 表，也可以参考相关附录)。例如，'1'，'A'，'$'和'{'的 ASCII 码分别为 31H，41H，24H 和 7BH；

③ 当一个数值没有超过一位二进制数所能表达的最大值"1"时，可以不必区分该数值的数制(例如，0000 0001B=001O=001D=01H)；

④ 当一个数值没有超过一位八进制数所能表达的最大值"7"时，可以不必区分该数值的数制是八进制或十进制或十六进制(例如，07O=07D=07H)；

⑤ 同样，当一个数值没有超过一位十进制数所能表达的最大值"9"时，可以不必区分该数值的数制是十进制还是十六进制(例如，09D=09H)。

(2) 符号：可以是在此之前经过定义(或者赋值)的代表数值、地址或寄存器名的字符串。也就是，先定义后引用。例如，表 4.1 内的程序段中的 X、Y、Z 和 W，就分别是符号地址和符号常数，分别等价于 RAM 单元地址 20H、21H、22H 和 1 比特常数 0。

(3) 表达式：可以是由运算符和运算数构成的运算式。其中，运算符包括算术运算符、逻辑运算符和关系运算符；运算数包括常数和此前定义的数值符号名或标号。

在汇编过程中表达式应该能够计算得出一个确定值，也就是最后得到的目标程序中的表达式位置上不应该是变数。

MPASM 宏汇编器中允许使用的所有运算符分为 3 类：算术运算符、逻辑运算符、关系运算符。如表 4.3 所列。这些运算符分别具有不同的优先级。如果一个表达式中存在多个不同优先级的运算符时，将按它们的优先级顺序进行运算；如果一个表达式中存在多个相同优先级的运算符时，则按"从左到右"的顺序运算；如果利用圆括号"()"，可以改变默认的运算顺序。

表 4.3 MPASM 宏汇编器的运算符

运算符		范例
$	返回程序计数器	goto $ + 3
(	左括号	1 + (d * 4)
)	右括号	(Length + 1) * 256
!	逻辑"非"	if ! (a== b)
−	负	−1 * Length
~	按位取反	flags=~flags
high	返回高字节	movlw high CTR_Table
low	返回低字节	movlw low CTR_Table
upper	返回上位字节	movlw upper CTR_Table
*	乘	a=b * c
/	除	a=b/c
%	取模	entry_len=tot_len % 16
+	加	tot_len=entry_len * 8 + 1
−	减	entry_len=(tot − 1)/8
<<	左移	flags=flags << 1
>>	右移	flags=flags >> 1

续表

<table>
<tr><th colspan="2">运 算 符</th><th>范 例</th></tr>
<tr><td>>=</td><td>不小于</td><td>if entry_idx >= num_entries</td></tr>
<tr><td>></td><td>大于</td><td>if entry_idx > num_entries</td></tr>
<tr><td><</td><td>小于</td><td>if entry_idx < num_entries</td></tr>
<tr><td><=</td><td>不大于</td><td>if entry_idx <= num_entries</td></tr>
<tr><td>==</td><td>等于</td><td>if entry_idx== num_entries</td></tr>
<tr><td>!=</td><td>不等于</td><td>if entry_idx != num_entries</td></tr>
<tr><td>&</td><td>位“与”</td><td>flags=flags & ERROR_BIT</td></tr>
<tr><td>^</td><td>位“异或”</td><td>flags=flags ^ ERROR_BIT</td></tr>
<tr><td>|</td><td>位“同或”</td><td>flags=flags | ERROR_BIT</td></tr>
<tr><td>&&</td><td>逻辑“与”</td><td>if (len== 512) && (b== c)</td></tr>
<tr><td>||</td><td>逻辑“或”</td><td>if (len== 512) || (b== c)</td></tr>
<tr><td>=</td><td>赋值</td><td>entry_index=0</td></tr>
<tr><td>+=</td><td>加,再赋予</td><td>entry_index += 1</td></tr>
<tr><td>-=</td><td>减,再赋予</td><td>entry_index -= 1</td></tr>
<tr><td>*=</td><td>乘,再赋予</td><td>entry_index *= entry_length</td></tr>
<tr><td>/=</td><td>除,再赋予</td><td>entry_total /= entry_length</td></tr>
<tr><td>%=</td><td>取模,再赋予</td><td>entry_index %= 8</td></tr>
<tr><td><<=</td><td>左移,再赋予</td><td>flags <<= 3</td></tr>
<tr><td>>>=</td><td>右移,再赋予</td><td>flags >>= 3</td></tr>
<tr><td>&=</td><td>与,再赋予</td><td>flags &= ERROR_FLAG</td></tr>
<tr><td>|=</td><td>同或,再赋予</td><td>flags |= ERROR_FLAG</td></tr>
<tr><td>^=</td><td>异或,再赋予</td><td>flags ^= ERROR_FLAG</td></tr>
<tr><td>++</td><td>加 1</td><td>i ++</td></tr>
<tr><td>--</td><td>减 1</td><td>i --</td></tr>
</table>

提示:出现在操作数字段的目标指示符 W 和 F,其大、小写都是允许的,并且与汇编器的 Case Sensitive 选项如何设置无关。

4. 注释

注释部分可有可无,但是最好养成附带注释的习惯。用来对程序作一些注解和说明,便于人们阅读、交流、修改和调试。注释不是程序的功能部分,通常用半角分号引导或与指令部分隔开,也可以单独书写为以分号开头的独立行,汇编器对该部分不作任何处理。加注释时,一般应该说明指令的作用和执行的条件,尤其要说明程序在作什么,在用到子程序时,要说明子程序的入口条件和出口条件以及该程序完成的功能。

4.1.3 程序流程和整体结构

通常在编写程序之前,需要画程序流程图。其优点在于,它是一种图解表示方法,比用文字和数学表达式来描述程序的基本思路要直观得多,使设计者可以直接了解整个系统及各部分之间的相互关系。它能被很多没有程序设计基础的人所理解。流程图反映出操作顺序,因而有助于分析导致错误的原因。可以说流程图是一种图形语言,它用各种图形符号来

说明程序的执行过程。通常采用的图形符号有以下几种(如图 4.1 所示):

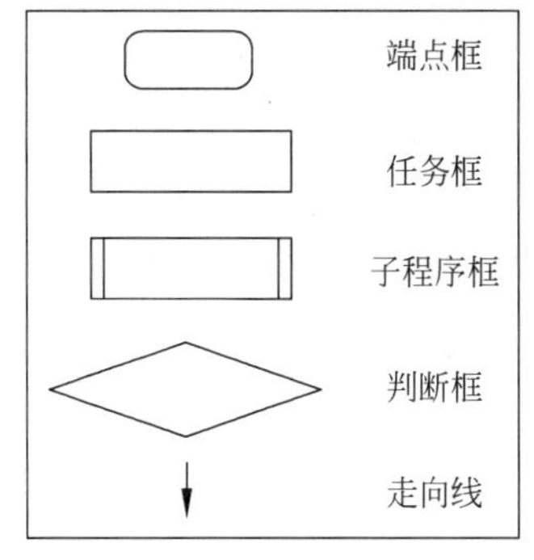

图 4.1 流程图基本图号

- 圆角矩形框——为端点框,表示一个程序模块的开始或结束;
- 矩形框——为任务框,表示要处理的任务;
- 双边矩形框——为子程序框,表示要插入一个子程序;
- 菱形框——为判断框,表示要判断的因素,不同的判断结果将导致程序走入不同的分支(菱形框也有时用两端带尖的条形框取代);
- 指向线——为带有箭头的线段,表示程序的走向。

从"整体"上看,一个单片机应用项目的整个用户程序通常都是一个大循环的结构。或者说,一个用户程序的流程图的总体架构,就好像一个阿拉伯数字的"6",下面的圆环部分就是程序的主循环体。在每次进入主循环体之前,大都需要执行一遍并且仅执行一遍初始化程序段,这就是书写数字 6 时的起始插笔部分。整个程序的执行顺序也恰好和书写 6 时的笔画顺序相同。那些完成周期性键盘扫描、周期性传感器信号检测、LED 数码管的动态驱动等周期性处理任务的程序段,通常安排在主循环体中。

从"局部"上看,程序按其执行顺序或者行进路线可分为 4 种基本结构:顺序结构、分支结构、循环结构和子程序结构。可以说,无论多么庞大和复杂的程序均可看成由这 4 种基本结构组合或嵌套而成。在后面的章节中将分别讲解 4 种基本结构。

4.1.4 源程序文件的书写格式

一般来说,PIC16 系列单片机的源程序并没有规定的统一格式,大家可以根据自己的风格来编写。如果一开始学习编程,就养成一种良好的习惯,对以后的深入学习和科研工作会大有裨益。对于一个完整程序的总体布局,在这里向单片机初学者推荐一种格式仅供参考。其中用到的几条伪指令将在下一节作详细介绍。

从这段程序清单中可以看出,为了程序便于阅读理解和整齐美观,将整个程序在纵向上按功能划分为几个区间:符号名定义区、复位矢量和中断矢量设置、主程序区、子程序区、中断服务子程序区和常量表格区。在横向上按 4 个不同字段分别上下对齐:标号(或符号名)字段、指令(或伪指令)助记符字段、操作数(或参数)字段和注释字段,就像报纸或杂志分栏排版那样。

```
;***************************************************************
;   项目名称        :   DEMO.pjt
;   目标 MCU 型号   :   PIC16F84
;   功能描述        :   流水灯(晶体频率: Fosc = 4MHz)
;   硬件连接        :   RA0～RA7 外接带有限流电阻的 8 只 LED 到地
;   源文件名        :   BitSet.asm
;   作者名字        :   XXXXX
;   编程日期        :   2016/8/10
;***************************************************************
```

```
        LIST    P = 16F84           ;告知汇编器,你所选单片机具体型号
; -----------------------------------------------------------------
; 符号名定义和变量定义
; -----------------------------------------------------------------
INDF    EQU     00H                 ;把后面程序的指令中将要用到的
TMR0    EQU     01H                 ;寄存器单元地址和位地址
PCL     EQU     02H                 ;用表义性很强的符号名预先定义
STATUS  EQU     03H
FSR     EQU     04H
PORTA   EQU     05H
TRISA   EQU     85H
X       EQU     20H                 ;对程序所需的变量预先进行定义
Y       EQU     21H
; -----------------------------------------------------------------
; 复位矢量和中断矢量安排(对于 PIC16F84)
; -----------------------------------------------------------------
        ORG     0000H               ;地址 0000H 为复位矢量
        GOTO    MAIN                ;跳转到主程序
        ORG     0004H               ;地址 0004H 为中断矢量
; -----------------------------------------------------------------
; 中断服务程序区
; -----------------------------------------------------------------
INT_BODY                            ;中断服务程序名称和入口
        MOVLW   0FFH
        …
        RETFIE                      ;中断服务程序返回
; -----------------------------------------------------------------
; 主程序区
; -----------------------------------------------------------------
        ORG     0005H               ;从 0005H 开始存放主程序
MAIN    CLRW
        CALL    SUBR                ;调度子程序
        …
        GOTO    MAIN                ;跳转到主循环
; -----------------------------------------------------------------
; 子程序区
; -----------------------------------------------------------------
SUBR                                ;子程序名称和入口地址
        MOVLW   01H                 ;
        …
        RETURN                      ;子程序返回
; -----------------------------------------------------------------
        END                         ;全部程序结束
```

补充说明：

(1) 源程序的录入和编辑都必须采用纯文本字符(即 ASCII 码表中的字符,也就是西文符号)。尤其注意,除了半角分号引导的注释部分外,其余部分一定不要混入中文的“,”、“:”、“;”、“()”等标点符号。因为,汇编器只接受西文符号,而这些中文符号看上去似乎与对应的西文符号一样,但是其内部编码却根本不同,这一点很容易迷惑初学者,必须引起足够

重视！

(2) 以上源程序保存到磁盘内时，必须以文件的形式，以便于微机操作系统（如Windows）的资源管理器来保管。

(3) 源文件就是以文件形式保存到磁盘中的源程序，其基文件名可以自由定义（利用英文缩写或者汉语拼音均可），但扩展名必须选用“. ASM”，以便于汇编器 MPASM 接受。例如，“SCAN. ASM”、“SAOMIAO. ASM”都是合法的源文件名。

(4) 如果采用 Windows 操作系统内的文本编辑器“记事本”，进行源程序的录入和编辑，在保存为源文件时必须确保扩展名为“. ASM”。

(5) 一般一个源程序模块保存为一个源文件，其末尾安置一条并且只能安置一条汇编结束伪指令 END。也就是说，一条 END 伪指令标志着一个源程序模块的结束。对于汇编器而言，一个模块是一个基本的汇编单位。

(6) 另外，对于几十个特殊功能寄存器 SFR，及其包含的一些特殊位的定义方法，既可由用户自己定义一个. INC 文件，也可以利用集成开发环境软件包内部提供的现有包含文件。

4.2　常用伪指令

实际上汇编器是为我们服务的一个工具，它不仅可以快速地把汇编语言源程序自动翻译成机器语言目标程序，而且还可以帮助我们查找出源程序中的简单错误（比如句法错误和格式错误等）并提示给我们。为了使用好这个有利的武器，我们就必须掌握它能“听得懂”的语言——伪指令。这就像，欲让单片机为我们服务，我们必须先学会它的语言——指令系统一样。

用来编写汇编语言源程序的语句，主要是指令助记符（亦称指令性语句），其次就是伪指令（也叫指示性语句）。所谓伪指令就是“假”指令的意思，不是单片机的指令系统中的真实指令。其一般格式也由 4 个字段组成：

符号名　伪指令助记符　操作数　；注释

需要说明的是，其中的“符号名”通常是代表专用寄存器名、通用寄存器变量、常数名、标志位或控制位名、复位矢量或中断矢量的一个字符串。对符号名的要求类似于前面对标号的要求，比如符号名应从一行的第一列开始书写，其后至少保留一个空格与伪指令隔离。但是，不能像标号那样单独作为一行书写。

与指令系统中的助记符不同，没有机器码与伪指令对应（如表 4.1 所示）。当源程序被汇编成目标程序时，目标程序中并不出现这些伪指令的代码，它们仅在汇编过程中起作用。伪指令是程序设计人员向汇编器发布的控制命令，告诉汇编器如何完成汇编过程和一些规定的操作，以及控制汇编器的输入、输出和数据定位等。对于微芯公司提供的汇编器 MPASM，可以使用的伪指令多达数十条，不过，初学者掌握以下几条最常用的伪指令即可满足最基本的编程需要（欲想深入了解更多的伪指令可以参考附录 E）。

---

(1) EQU——符号名赋值伪指令。

格式：符号名　EQU　nn

说明：使 EQU 两端的值相等，即给符号名赋予一个特定值，或者说是给符号名定义一个数值。其中，“nn”可以是一个长度不同的二进制数值（比如是，1 比特的目标寄存器指示符 d 的值、3 比特的标志位的位地址、7 比特的寄存器地址、7 位 ASCII 码值、8 比特的数据常数、13 比特的复位或中断矢量等）。一个符号名一旦由 EQU 赋值，其值就固定下来了，不能再被重新赋值。

（2）ORG——程序起始地址定义伪指令。

格式：ORG nnnn

说明：用于指定该伪指令后面的指令语句产生的目标码所存放的地址，也就是汇编后的一段机器码程序在单片机的程序存储器中开始存放的首地址。其中 nnnn 代表一个 13 比特长的地址参数。

（3）END——程序结束伪指令。

格式：END

说明：该伪指令通知汇编器 MPASM 结束对源程序的汇编。在一个源程序中必须要有并且只有一条 END 伪指令，放在整个程序的末尾。

（4）INCLUDE：含入外部程序文件伪指令。

格式：INCLUDE“文件名”

说明：用来告知汇编器，将一个预先编制好的包含文件（.INC 扩展名）给插入进来，作为本源程序的一部分。这样可以减少重复劳动，提高编程效率。被含入的外部文件，通常是定义文件，其中定义了单片机的复位矢量、专用寄存器的地址，以及控制位和状态位的位地址等；也可以是宏定义文件。例如，官方为 PIC16F84 单片机预定的包含文件为 P16F84.INC。可以参考附录 F。

（5）LIST——列表选项伪指令。

格式：LIST [可选项，可选项，…]

说明：用于设置汇编参数来控制汇编和连接过程，或控制汇编器等语言工具所生成的供打印输出的列表文件的格式。该伪指令的所有参数都必须在一行内书写完成。可选项参数种类共有十余种，参考表 4.4 所列。

表 4.4 可选项参数列表

选　项	默认值	说　明
b=nnn	8	设置制表符（Tab 键）宽度
c=nnn	132	设置列表文件的宽度
f=< format >	INHX8M	设置 HEX 文件格式。< format >可以是 INHX32，INHX8M，INHX8S
Free	Fixed	使用自由格式，保证向下兼容
Fixed	Fixed	使用固定格式
mm={ON|OFF}	On	在列表文件中显示存储器映像
n=nnn	60	设置每个打印页内的行数

续表

选　项	默认值	说　明
p=< type >	None	设置处理器类型，如：PIC16C54
r=<基数>	hex	设置默认的基数：hex，dec，oct
st={ON|OFF}	On	在列表文件中列显符号表
t={ON|OFF}	Off	截断列表行（否则会出界）
w={0|1|2}	0	设置信息级别，0 级=出错+警告+提示 3 级全部列显
x={ON|OFF}	On	开/关宏扩展
注：所有 LIST 选项都被用十进制数来求值。		

在此只介绍最基本的 3 种，即可满足初学者的入门需要：

- P=<设定单片机型号>。例如 P=16C84、P=16F84 或 P=16F877 等；
- R=<定义默认数制>。例如 R=DEC（十进制）；R=HEX（十六进制）等；
- F=<定义 HEX 文件格式>。有 3 种 Intel HEX 文件（即为最终目标文件）可选：INHX8M（适合于标准编程器）、INHX8S（适合于奇/偶 ROM 编程器）、INHX32（适合于 16bit 核编程器）。

4.3 四种基本程序结构

作为编写程序或程序设计的预备知识，我们还需要掌握程序结构的 4 种基本类型，即顺序结构、分支结构、循环结构和子程序结构。理由是，无论多么庞大和复杂的程序，也无论是汇编语言程序还是高级语言程序，都脱离不了这 4 种基本的结构类型。或者说，任何程序统统都可以看成是由这 4 种基本的结构形式，互相组合或互相嵌套而构成。

4.3.1 顺序程序结构

顺序程序结构是最简单的一种结构，在流程图中表示为任务框一个一个地串行连接。在计算机执行程序时表现为，从头至尾严格按照次序一条语句一条语句地顺序执行，并且每一条语句均被执行一遍。流程图如图 4.2 所示。图中的 A、B 和 C 分别代表的可以是一条语句，也可以是一段程序。

【例程 4.1】 字节拆分

当用 LED 数码管对某一 RAM 存储器单元的内容进行显示时，因为一位数码管一般只能显示 4 比特二进制数，所以通常需要将被显示单元内的 8 比特数据拆分成高 4 位和低 4 位两个“半字节”。在本例中，假设将 RAM 中文件寄存器 20H 单元的数据分解后，依次将低 4 位和高 4 位分别放入 21H 和 22H 单元，并将这两个单元中空余的高 4 位补零。下面就是实现这一功能的程序流程图（见图 4.3）和程序片段。

有一点需要声明的是，实现同一功能的程序不是唯一的，可以有多种不同的设计和编写方法。

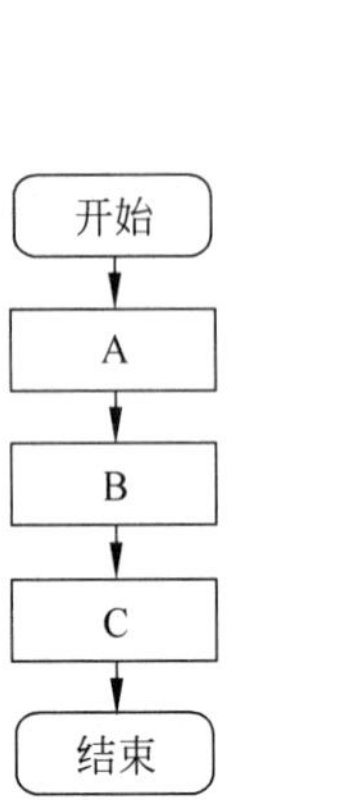

图 4.2 顺序流程图模型

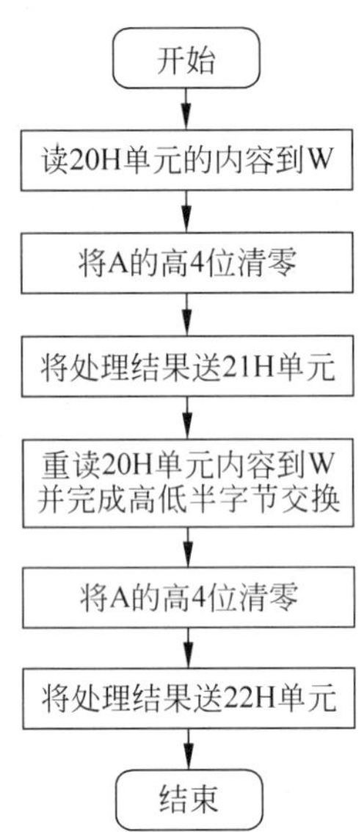

图 4.3 程序流程图

```
; ------------------------------------------------------------------------
    LIST    P = 16F84    ;告知汇编器,你所选单片机具体型号
    org     0x000        ;设置复位矢量
    MOVF    20H,0        ;将 20H 单元的内容送入 W
    ANDLW   0FH          ;W 高 4 位清零低 4 位保持不变
    MOVWF   21H          ;将拆分后的低 4 位送 21H 单元
    SWAPF   20H,0        ;将 20H 单元内容高、低半字节换位后送 W
    ANDLW   0FH          ;再将 W 高 4 位清零低 4 位保持不变
    MOVWF   22H          ;将拆分后的高 4 位送 22H 单元
    end                  ;源程序结束
; ------------------------------------------------------------------------
```

设 Z 是一位二进制数,同“1”和“0”进行逻辑“与”运算时,结果一个是保持原样而另一个是变成 0,即 $Z\wedge 1=Z$ 和 $Z\wedge 0=0$。基于这一道理,采用“ANDLW”指令,我们可以将一个 8 比特数据同常数 0FH 相“与”,实现“清零”高 4 位和保留低 4 位的目的。但这一操作只能在工作寄存器 W 内才能完成。与此类似,采用“IORLW”指令可以实现“置位”;采用“XORLW”指令可以实现“位取反”。

程序执行前,假设原先 20H 单元的内容为 BAH,21H 和 22H 单元的内容是随机的或不确定的;程序执行后,20H 单元内容不变,而 21H 和 22H 单元的内容变成了 0AH 和 0BH。如图 4.4 所示。其实,这段程序与前面表 4.1 中的那段程序是完全等效的,只是在那段程序中对 3 个寄存器单元地址和一个逻辑变量进行了符号化处理。对于较长的程序作这样的符号化处理,会给程序的编写和阅读带来许多便利。

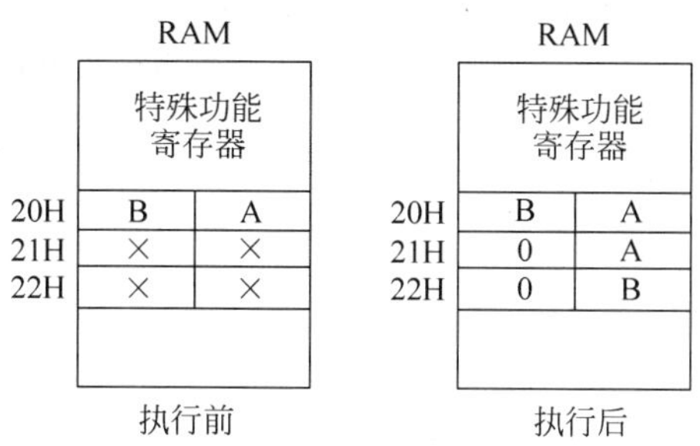

图 4.4　执行前后比较

4.3.2　分支程序结构

分支程序流程图中都包含一个判断框，该判断框具有一个入口和两个出口，从而形成程序的两个分支。如图 4.5 所示，究竟执行 B 还是 C，要由判断框内的条件"是""否"为真来决定。语句 A 执行完之后通常产生一个条件码，当条件判为"是"(记为 Y)时进入 B 分支，当条件判为"否"(记为 N)时进入 C 分支。由此可见，只有一个分支中的程序被执行了一遍，而另一分支中的程序没有得到执行。在实际编程时，不仅会用到上述的"二分支"程序结构，还会用到分支数多于两个的"多分支"散转程序结构。不过，多分支结构可以看作由二分支结构嵌套而成，即分支中又包含分支。下面举一个二分支结构的例子。

【例程 4.2】　数值比较

将 RAM 的 20H 单元和 21H 单元中预先存放的两个数做比较，找出其中的大者并存入 22H 单元。方法是将两个参与比较的数做减法运算，如果被减数小于减数，就会发生借位(C=0)，否则，不发生借位(C=1)。判断标志位 C 的值，就可以挑出大数。下面是沿着这个思路设计的程序流程图和程序片段。流程图见图 4.6，图中带括号的数与不带括号的数含义不同，比如(21H)表示以 21H 为地址的单元的内容，而 22H 表示以 22H 为地址指定的单元。

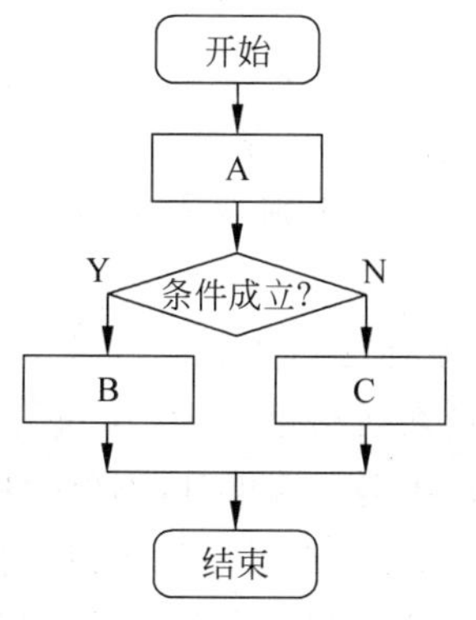

图 4.5　分支流程图模型

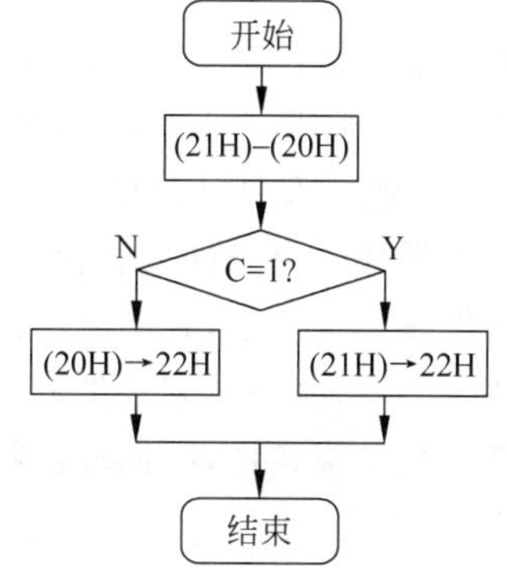

图 4.6　程序流程图

```
;  ----------------------------------------------------------------
        LIST    P = 16F84       ;告知汇编器,你所选单片机具体型号
        org     0x000           ;设置复位矢量
```

```
STATUS   EQU    03H        ;定义 STATUS 寄存器地址为 03H
C        EQU    0          ;定义进位/借位标志 C 在 STATUS 中的位地址为 0
         MOVF   20H,0      ;将 20H 单元的内容送入 W
         SUBWF  21H,0      ;21H 单元内容减去 W 内容,结果留在 W 中
         BTFSS  STATUS,C   ;若 C = 1 没借位,21H 中的数较大,则跳一步到 F21BIG
         GOTO   F20BIG     ;若 C = 0 有借位,20H 中的数较大,则跳转至 F20BIG
F21BIG   MOVF   21H,0      ;将 21H 中的数送入 W
         MOVWF  22H        ;再将它转存到 22H 单元
         GOTO   STOP       ;跳过下面两条指令到程序末尾
F20BIG   MOVF   20H,0      ;将 20H 单元的数送入 W
         MOVWF  22H        ;再将它转存到 22H 单元
STOP     GOTO   STOP       ;任务完成,停机,原地踏步
         end               ;源程序结束
;-----------------------------------------------------------------------
```

对于程序中的指令运用作几点说明：

(1) 凡是需要两个数参与的逻辑运算(与、或、异或)和算术运算(加、减)，都需要事先将其中一个操作数放入 W 中。对于在此使用的减法指令更要格外关注，应预先把“减数”放入 W 中，或者说，预先放入 W 中的数，在运算中是当作减数，而寄存器中的数当作了被减数；

(2) 一条条件跳转指令往往需要跟随一条无条件跳转指令，才能实现长距离的转移和程序的分支；

(3) PIC 单片机的指令系统中没有设置专用的停机指令，可以用一条跳转到自身的无条件跳转指令 GOTO 来实现。

4.3.3 循环程序结构

在程序设计过程中，有时要求对某一段程序重复执行多遍，此时若用循环程序结构，有助于缩短程序。在一个循环程序的结构中包含以下 4 个组成部分：

(1) 循环变量设置。在循环开始时，往往需要指定或定义一个循环变量(可以是循环次数计数器、地址指针等)，并且给它设置一个初始值。

(2) 循环体。要求重复执行的程序段，即循环程序的主体部分。

(3) 循环变量修改。修改循环变量的值，为下一次的循环准备条件。

(4) 循环控制。在循环程序中必须给出循环结束的条件，否则就成为“死循环”。循环控制就是根据循环结束条件，判断是否跳出循环。

流程图如图 4.7 所示，有两种画法。在图 4.7(a)中循环体至少执行一次，这是因为先执行循环体，后判断循环结束条件；而在图 4.7(b)中，先判断结束条件，再执行循环体，如果一开始就满足结束条件，则循环体将一次都不被执行。在实际编程时，不仅会用到上述的“单一循环”程序结构，还会用到“多重循环”程序结构。不过，多重循环结构可以看作是由单一循环结构嵌套而成，即循环体中又包含有一个或多个循环。下面举一个单一循环结构的例子。

【例程 4.3】 空间填充

假设需要在 RAM 数据存储器中，将地址从 10H 开始的 50 个单元都填入 00H。这时我们借助于间接寻址寄存器 FSR(当作地址指针)，可以采用循环结构编写程序。实现该功能的程序流程图(见图 4.8)和程序片段如下。

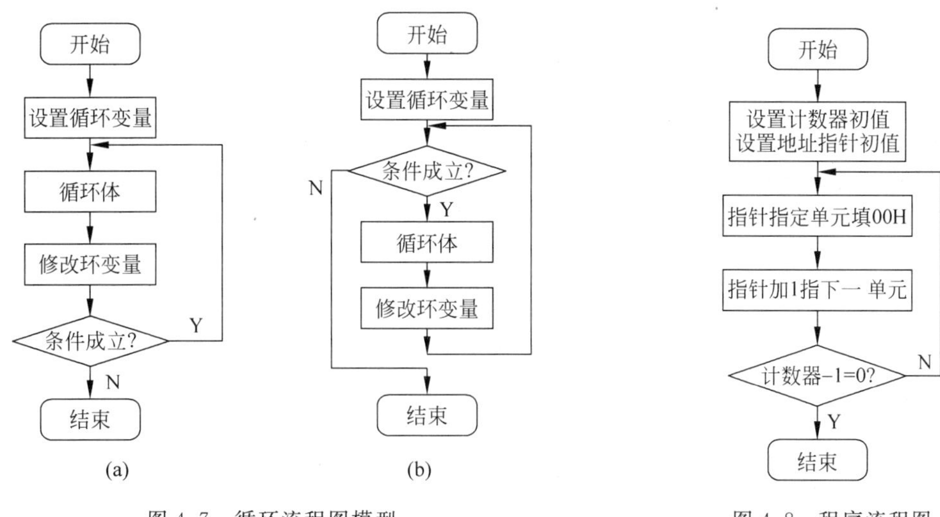

图 4.7 循环流程图模型

图 4.8 程序流程图

```
;-------------------------------------------------------------------
        LIST    P = 16F84    ;告知汇编器,你所选单片机具体型号
        org     0x000        ;设置复位矢量
COUNT   EQU     20H          ;指定 20H 单元作为循环次数计数器(即循环变量)
FSR     EQU     04H          ;定义 FSR 寄存器地址为 04H
INDF    EQU     00H          ;定义 INDF 寄存器地址为 00H
        MOVLW   D'50'        ;把计数器初始值 50 送入 W
        MOVWF   COUNT        ;再把 50 转入计数器(作为循环变量的初始值)
        MOVLW   30H          ;将 10H(起始地址)送入 W
        MOVWF   FSR          ;再把 10H 转入寄存器 FSR(用作地址指针)
NEXT    CLRF    INDF         ;把以 FSR 内容为地址所指定的单元清零
        INCF    FSR,1        ;地址指针内容加 1,指向下一个单元
        DECFSZ  COUNT,1      ;计数值减 1,结果为 0 就跳过下一条指令到 STOP 处
        GOTO    NEXT         ;跳转回去并执行下一次循环
STOP    GOTO    STOP         ;结束循环之后执行该语句,实现停机
        end                  ;源程序结束
;-------------------------------------------------------------------
```

在这段程序中,只需对语句“MOVLW D'50'”中的 50 做改动,就可以很容易地实现对任意个单元清零。同理,只需对语句“MOVLW 10H”中的 10H 作改动,就可以很容易地实现对从任意地址开始的单元清零。

上述功能当然也可以采用顺序程序结构来设计,不过程序会比循环结构长得多,并且还会随着填充单元个数的增加而增长。

4.3.4 子程序结构

在实际程序中,常常会遇到一些完全相同的计算和操作,如果每次都编制完全相同的程序段,不仅麻烦,而且浪费宝贵的程序存储器空间和我们的时间。因此,可以编制标准化的程序段,存储于程序存储器的指定区域,在每次需要时就调出使用,这种程序段就称为“子程序”,调用子程序的程序称为“主程序”或者“调用程序”。子程序结构是程序设计标准化和模块化的有效方法。

对 PIC 系列单片机编程时，在主程序的适当地方放置 CALL 指令来实现调用（或跳转），在子程序的开头需要设置地址标号（又可兼作子程序的名称和入口地址的标志）、末尾需要放置 RETURN 或 RETLW 指令，以便于主程序的调用和子程序的返回。在主程序调用子程序时，有时会遇到参数传递和现场保护这两个问题。

所谓参数传递就是，在调用子程序前，主程序应先把有关参数放到某些约定的存储器单元，进入子程序后，可以从约定的单元取出有关参数加以处理。待处理完之后子程序结束之前，同样也应把处理结果送到约定单元。在返回主程序后，主程序可以从这些约定单元获得所需结果。在主程序和子程序之间传递 8 位参数，用工作寄存器 W 是理想的选择。

所谓现场保护就是，主程序在运行过程中使用了一些寄存器来存放临时数据（或中间结果），在子程序运行过程中有时也要用到这些寄存器，为了避免对于主程序还有用的临时数据被子程序覆盖掉，就要设法保护这些临时数据。在执行完子程序返回主程序时，还要恢复这些数据，称为现场恢复。

【例程 4.4】 极值挑选

假设在 RAM 中 30H 开始的 3 个单元中存放着 3 个不同数。现在要求编制一段程序，把 3 个数中最大的一个数找出，并放入 40H 单元。为了尽可能利用现有的程序段，我们可以把【例程 4.2】中比较两个数的程序段改造成一个子程序 SUB，该子程序具有两个入口参数 X 和 Y 和一个出口参数 Z。再编写一个主程序 MAIN 来反复调用 SUB。以下是实现该功能的程序流程图（见图 4.9）和程序段。

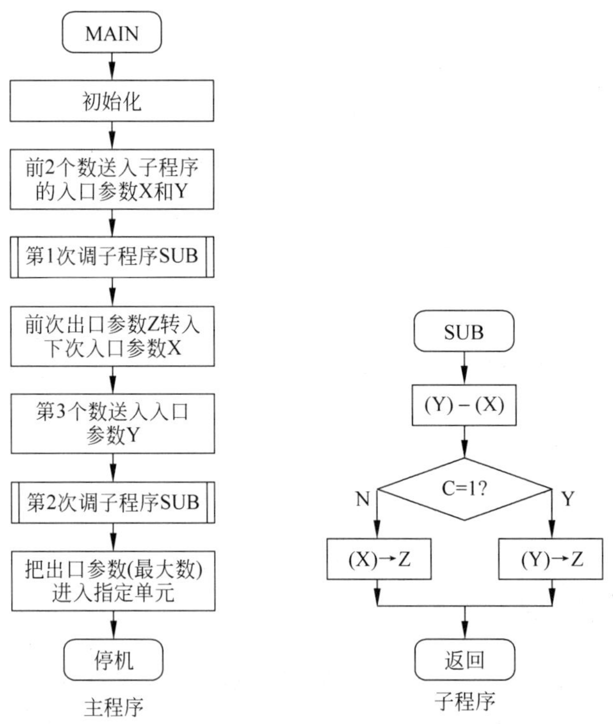

图 4.9 程序流程图

```
; ------------------------------------------------------------------
          LIST   P = 16F84       ;告知汇编器,你所选单片机具体型号
          org    0x000           ;设置复位矢量
STATUS    EQU    03H             ;定义 STATUS 寄存器地址为 03H
C         EQU    00H             ;定义进位/借位标志 C 在 STATUS 中的位地址为 0
X         EQU    20H             ;定义变量 X 为子程序的一个入口参数
Y         EQU    21H             ;定义变量 Y 为子程序的另一个入口参数
Z         EQU    22H             ;定义变量 Z 为子程序的出口参数
; ------------------------------------------------------------------
; 主程序:
; ------------------------------------------------------------------
MAIN      MOVF   30H,0           ;第一个数经 W 转送给 X
          MOVWF  X
          MOVF   31H,0           ;第二个数经 W 转送给 Y
          MOVWF  Y
          CALL   SUB             ;第一次调用子程序
          MOVF   Z,0             ;该次比较结果经 W 转送给 X
          MOVWF  X               ;作为下次参加比较的一个数
          MOVF   32H,0           ;第三个数经 W 转送给 Y
          MOVWF  Y
          CALL   SUB             ;第二次调用子程序
          MOVF   Z,0             ;将最终结果 Z 经 W 转送到 40H 单元
          MOVWF  40H
STOP      GOTO   STOP            ;停机
; ------------------------------------------------------------------
; 子程序:(入口参数: X 和 Y,出口参数: Z)
; ------------------------------------------------------------------
SUB       MOVF   X,0             ;将 X 的内容送入 W
          SUBWF  Y,0             ;Y 内容减去 W 内容,结果留在 W 中
          BTFSS  STATUS,C        ;若测得 C = 1,即没发生借位,意味着 Y 中的数较大,
                                 ; 则跳一步,即跳转到程序的 Y_BIG 处
          GOTO   X_BIG           ;否则,C = 0 发生了借位,意味着 X 中的数较大,则跳转
Y_BIG     MOVF   Y,0             ;将 Y 中的数送入 W
          MOVWF  Z               ;再将它转存到 Z
          GOTO   THEEND          ;跳过下面两条指令到程序末尾
X_BIG     MOVF   X,0             ;将 X 中的数送入 W
          MOVWF  Z               ;再将它转存到 Z
THEEND    RETURN                 ;子程序返回
          end                    ;源程序结束
; ------------------------------------------------------------------
```

4.4 数据存储器 RAM 的体选寻址问题

与传统架构的单片机相比,例如 80C51、MC68HC05、PIC16 等系列,PIC16F84 单片机存在着根本性的差异。于是,对于这种新架构的单片机编程时,也自然会遇到一些新问题需要解决。

在讲解后面的内容之前,我们必须深入探讨 PIC 单片机的 RAM 布局和分体的一些内

在规律。其实，我们在“RAM 数据存储器”节中就已经作了一些介绍。

通过前面指令系统的学习，我们可以发现，所有面向字节操作和面向位操作的指令，其指令代码中均包含一个 7 比特长的数据存储器单元地址 F。因为 $2^7=128$，所以 F 最多可以区分 128 个存储器单元。但是，事实上 PIC16F84 的 RAM 配置了 512 个单元的地址空间，地址编码长度需要 9 比特，从 000H 到 1FFH(即 000000000B～111111111B)。如果想用 7 比特地址码(从 00H 到 7FH＝0000000B～1111111B)实现对 512 个单元的寻址，就必须对 RAM 采取一种新的组织方法。这就是将长度为 512 的 RAM 地址空间均匀切割为 4 等份，每一等份称做一个“体”，按地址从小到大的顺序分别记为“体 0”“体 1”“体 2”和“体 3”。

区分 4 个体需要 2 比特地址码(00B～11B)，我们不妨可以称该地址码为“体选码”。通常把体 0～体 3 按横向依次排列(如图 4.10 所示)，每个体内含有 128 个单元的地址空间。当访问 RAM 中的某一个单元时，首先要确定包含该单元的体作为“当前体”(加电后单片机自动默认体 0 为当前体)，然后用包含在指令码中的 7 比特地址码 F(即体内地址码)，对指定单元进行定位。

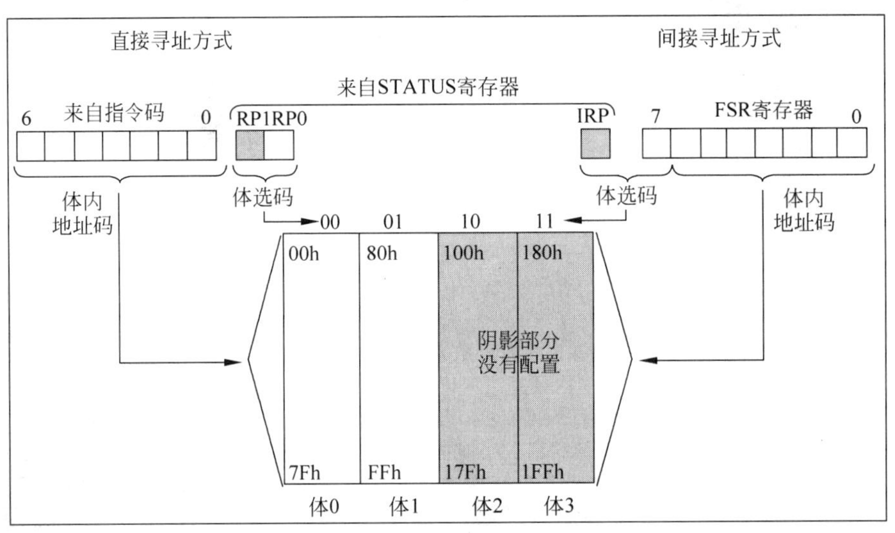

图 4.10 两种寻址方式的地址码构成示意图

对 RAM“直接寻址”时，两位体选码来自于 STATUS 的 RP0 和 RP1 位；对 RAM 进行“间接寻址”时，两位体选码来自于 STATUS 的 IRP 位和 FSR 的最高位。如图 4.10 所示。对此也可以这样认为，一个单元的位置是由体选码和体内地址码两部分地址确定的。

特别说明：①实际上，对于 PIC16F84A 而言，图 4.10 中的阴影部分并没有配置，也就是没有用到。这时可以简化成如图 4.11 所示的样子。②对于 PIC16F84A，有些寄存器单元(比如 STATUS、INDF、PCL、FSR、PCLATH 和 INTCON)具有两个不同的地址，但在两个体内的相同位置，物理上是互相映射的同一个单元。比如说 STATUS，不论当前体是哪一个，当地址码＝03H＝00000011B 或者＝83H＝10000011B(低 7 位是等同的)都能找到同一个单元 STATUS。也就是说，可以忽略体选码而只用 7 位体内地址码，即可对 STATUS 进行定位。这样会给这类寄存器单元的寻址带来很大的方便。③对于 PIC16F84A，状态寄存器 STATUS 中的两位 IRP 和 RP1 是用不到的。④对于功能更强的 PIC 系列单片机中的其他型号，比如 PIC16F877，则是配置了如图 4.10 所示的 4 个体。

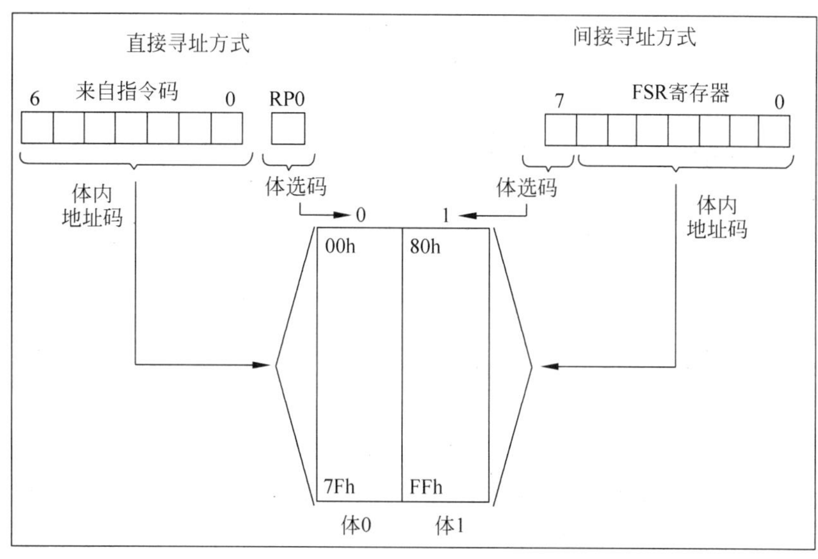

图 4.11 PIC16F84A 两种寻址方式的地址码构成示意图

【例程 4.5】 RAM 体选寻址

通常将体 0 作为当前体，开机后单片机也默认如此。如果打算对体 1 中的 TRISA 寄存器进行写入操作，写入一个数据 0FH，那么事先需要设定 STATUS 中的体选码，事后还需要恢复该体选码。程序段的编写如下：

```
;-----------------------------------------------------------------
          LIST    P = 16F84      ;告知汇编器，你所选单片机具体型号
          org     0x000          ;设置复位矢量
STATUS    EQU     03H            ;将符号名 STATUS 定义为地址码 03H
RP0       EQU     5              ;将符号名 RP0 定义为位地址码 5
TRISA     EQU     85H            ;将符号名 TRISA 定义为地址码 85H
          BSF     STATUS,RP0     ;将状态寄存器的 RP0 比特置 1，以选体 1
          MOVLW   0FH            ;将 0FH 送入工作寄存器 W
          MOVWF   TRISA          ;将 W 中的 0FH 转送到 TRISA 寄存器中
          BCF     STATUS,RP0     ;将状态寄存器的 RP0 比特清零，
                                 ;以恢复体 0 为当前体
          end                    ;源程序结束
;-----------------------------------------------------------------
```

在程序的开头使用了 3 条 EQU 伪指令，把后面程序的指令中将要用到的寄存器单元地址和位地址，用表义性很强的符号名来定义。这样增强了程序的可读性，但是也增加了源程序的书写长度。当然也可以在程序中直接使用数据地址，而省略 3 条 EQU 伪指令。这时程序改写成如下形式。

```
;-----------------------------------------------------------------
          LIST    P = 16F84      ;告知汇编器，你所选单片机具体型号
          org     0x000          ;设置复位矢量
          BSF     03H,5          ;将状态寄存器的 RP0 比特置 1，以选体 1
          MOVLW   0FH            ;将 0FH 送入工作寄存器 W
          MOVWF   85H            ;将 W 中的 0FH 转送到 TRISA 寄存器中
```

```
        BCF     03H,5           ;将状态寄存器的 RP0 比特清零,
        end                     ;源程序结束
;-----------------------------------------------------------------------
```

由于该单片机的指令系统中没有可以实现,把 8 位常数直接送到 RAM 存储器单元的指令,所以通常需用工作寄存器 W 作中转站(见“3.5 数据传递关系”小节中的图 3.7)。即先将 8 位常数送入 W,而后再将 W 内的数据转存到指定 RAM 单元。这样就必须使用两条传送指令来实现。

4.5 四种个性化实用程序的设计方法

被国人俗称的单片机,在国际上被称为微控制器(即 MCU)。之所以称为 MCU,原因就是,MCU 芯片内部的功能规划和电路设计具有自身特点,主要适用于过程控制和现场控制等一些实时较强的测量和控制任务。在国际上 MCU 也叫嵌入式控制器,是因为它通常被嵌入到那些外观上看为非计算机设备(例如,VCD、遥控电视机、电子宠物、智能家电等)的被控对象内部,扮演着“幕后英雄”的角色。而被广泛应用于微机系统中的微处理器(MPU,即 CPU),主要适用于科学计算、数据处理、多媒体信息处理、网络通信、海量信息存储等一些实时性要求相对较低的场合。基于以上理由,建议初学者不要花费较多精力去研究那些代码转换类和数值运算类程序。

本节介绍在实际编程中经常遇到的几种个性化实用程序的设计方法。例如初始化程序段设计、延时程序设计、查表程序设计、散转程序设计等。之所以把它们说成“个性化程序”,理由是,对于不同的单片机系列(比如 PIC、EM78、MC68、8051 等),这类程序的实现方法都是不同的。之所以又把它们说成“实用程序”,原因是,无论对于哪种单片机系列,这几种程序都具有实际意义。

4.5.1 初始化程序段设计

所谓初始化程序段就是在单片机每次上电复位或人工复位($\overline{\text{MCLR}}$人工清除端加低电平)时,都必须被首先执行一遍的那个程序段。由于单片机每次复位后,都是以复位矢量(对于 PIC16F84 单片机为 0000H)为 ROM 地址,开始提取和执行指令,因此初始化程序由复位矢量引导。初始化程序的位置,可以参考第 4.1.3 和 4.1.4 两小节。

由于 PIC16F84A 内的 SFR 个数和功能模块数,以及引发单片机复位操作的来源(即复位源)种类不算复杂,因此,PIC16F84A 单片机的初始化程序也就相对不算太复杂。于是,初始化程序通常采用一段“顺序结构”的程序即可。

对于 PIC16F84A 单片机,初始化程序段一般需要完成的任务主要有:

- 汇编过程中所需要的变量和常量的定义;
- 在程序中用到的某些单片机内部 SFR 及其特定比特的符号地址定义;
- 复位矢量和中断矢量的设置;
- 看门狗(WDT)的设置(如果被启用);
- 单片机应用项目中用到的各个外设模块的初始化,即相关寄存器的内容设置;
- 项目中用到的各个外设模块的中断允许位的设定,即中断允许寄存器的定义;

• 总中断允许位的设置。

以上这些初始化任务不一定都是必需的，即每一项都是可选的，具体情况视具体需要而定。例如，如果用户程序不用中断功能，那么中断矢量就不需要设置，相关中断允许位也不用放开。

由以上分析可知，初始化任务中多数与专用寄存器 SFR 相关。换句话说，多数初始化任务是通过设置 SFR 的内容来完成的。因此，在编写初始化程序段时，必须了解或查阅各个相关 SFR 及其比特位的复位值是什么。关于 SFR 复位值可以查阅“附录 B”中的相关表格。

值得庆幸的是，为了尽量简化单片机用户的初始化程序，单片机芯片开发商在规划这些 SFR 复位值时就作了充分考虑。例如，单片机复位后各个模块的中断处于禁止状态、各个并行端口的引脚处于对内和对外都无损害的输入状态。

虽然对于每一用户程序的初始化段落可以有简有繁，但是这个段落对于每一用户程序都是必不可少的。在本书以后的各个章节中将会看到许多具体编程示例。

4.5.2 延时程序设计

在编程时经常需要在程序的执行过程中插入一段延迟时间，对此有两种方案可供选择：一是利用片内的硬件资源——可编程定时器；二是采用软件手段——插入一段延时程序。在此仅先介绍后面一种方法。如果延迟时间较短，可以连续插入几条空操作指令 NOP；如果延迟时间较长，可以插入一段(单一循环或者多重循环的)循环结构延时程序。

在编写延时程序之前，必须对 PIC 单片机指令系统中的每一条指令的执行时间(即指令周期 T_{CYC})了如指掌。在 35 条指令构成的指令系统中，5 条实现无条件跳转的(必然引起程序执行顺序发生改变的)指令(即 GOTO，CALL，RETURN，RETLW，RETFIE)占用 2 个指令周期；而有可能引起程序执行顺序发生改变的 4 条条件跳转指令(即 DECFSZ，INCFSZ，BTFSC，BTFSS)的执行时间随着条件而定，当条件为真发生跳转时需要占用 2 个指令周期，当条件为假不发生跳转时仅占用 1 个指令周期；其余指令全部仅仅占用一个指令周期。那么究竟是为什么对于实际引发跳转的指令需要占用 2 个指令周期呢？对于一条指令，取指令占用一个指令周期，执行指令占用一个指令周期，但由于采用流水作业方式，即取指和执行重叠进行，这样使得每条指令占用时间平均降为一个指令周期。可是在程序遇到跳转指令时，流水作业方式被打破，在执行该指令的同时所抓取的下一条指令不再是下一步将要执行的指令，必须将其丢弃，从跳转目的地重新抓取，因此而多占用了一个指令周期。另外，还应搞清单片机时基振荡器外接晶振的频率 F_{OSC}，以便确定时钟周期($T_{OSC}=1/F_{OSC}$)和指令周期($T_{CYC}=4T_{OSC}$)，以及程序执行时间的累计。

【例程 4.6】 软件延时

本例中提供了设计手法不同、延迟时间也不同的 3 个延时子程序。首先定义两个循环控制变量 N 和 M，用于保存决定延时长短的时间常数。为了便于计算，每条指令后面的注释部分中都给出了指令周期数。图 4.12 是延时子程序 DELAY3 的流程图。

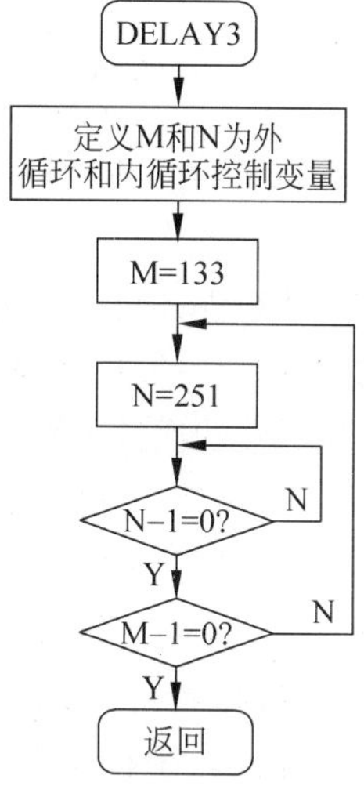

图 4.12 程序流程图

├————程序清单————┼(括号内是占用令周期数)注　释　　　—┤

```
; ------------------------------------------------------------------
          LIST    P = 16F84      ;告知汇编器,你所选单片机具体型号
          org     0x000          ;设置复位矢量
N         EQU     20H            ;定义寄存器变量 N
M         EQU     21H            ;定义寄存器变量 M
DELAY1    MOVLW   x              ;(1)循环变量初始值 x(待定)经 W 转送 N
          MOVWF   N              ;(1)
LOOP      DECFSZ  N,1            ;(1\2)N - 1 送 N 并判断结果 = 0?是!跳出循环
          GOTO    LOOP           ;(2)否!循环回去
          RETURN                 ;(2)返回调用程序
; ------------------------------------------------------------------
; 0.8ms 延时子程序
; ------------------------------------------------------------------
DELAY2    MOVLW   D'100'         ;(1)循环变量初始值 100 经 W 转送 N
          MOVWF   N              ;(1)
LOOP0     NOP                    ;(1)填充空操作
          NOP                    ;(1)
          NOP                    ;(1)
          NOP                    ;(1)
          NOP                    ;(1)
          DECFSZ  N,1            ;(1\2)N - 1 送 N 并判断结果 = 0?是!跳出循环
          GOTO    LOOP0          ;(2)否!循环回去
          RETURN                 ;(2)返回调用程序
; ------------------------------------------------------------------
; 100ms 延时子程序
; ------------------------------------------------------------------
DELAY3    MOVLW   D'133'         ;(1)外循环变量初始值经 W 转送 M
          MOVWF   M              ;(1)
LOOP1     MOVLW   D'251'         ;(1)内循环变量初始值经 W 转送 N
          MOVWF   N              ;(1)
LOOP2     DECFSZ  N,1            ;(1\2)N - 1 = 0?是!跳出内层循环
          GOTO    LOOP2          ;(2)否!循环回去
          DECFSZ  M,1            ;(1\2)M - 1 = 0?是!跳出循环
          GOTO    LOOP1          ;(2)否!循环回去
          RETURN                 ;(2)返回调用程序
          end                    ;源程序结束
; ------------------------------------------------------------------
```

执行上述延时子程序 DELAY1 所需指令周期个数＝ 1＋1＋[(1＋2)×(X－1)＋2]＋2。式中的“1＋1”对应两条 MOV 指令；“1＋2”对应 DECFSZ(非跳转)和 GOTO 指令；“X”是循环变量递减的次数,“X － 1”是循环次数,由于 DECFSZ 指令的执行过程是先递减后判断再跳转,所以循环的次数比递减的次数小 1；接下来的“2”对应 DECFSZ(成功跳转)指令；最后的“2”对应 RETURN 指令。当时钟晶振选用 4MHz 时,每个指令周期 T_{CYC} 为 1μs($T_{CYC}=4T_{OSC}=4/F_{OSC}$)。在上面的计算式中,当时间常数 X＝1 时,延时＝ 1＋1＋2＋2＝6T_{CYC}＝6μs；当 X＝99 时,延时＝1＋1＋(1＋2)×(99－1)＋2＋2＝300T_{CYC}＝300μs＝0. 3ms。

在延时子程序 DELAY1 中,由于保存 X 的是一个 RAM 单元,X 的取值范围只能为 0—255,这就使得最大延迟时长受到限制。可以用在循环体内填充 NOP 指令的方法来加

大延时，从而构成延时子程序 DELAY2。它的延时＝1＋1＋(5＋1＋2)×(100－1)＋2＋2＝798T_{CYC}＝798μs≈0.8ms。

如果希望既要加大延迟时间又要程序尽量短小，这时最好采用多重循环程序结构。延时子程序 DELAY3 就是一个二重循环结构，其延时＝ 2＋[2＋(1＋2)×(251－1)＋2＋1＋2]×(133－1)＋2＋2＝99930＝99.930ms≈100ms。

在利用上述各子程序实现延时时，若将调用它的 CALL 指令的执行时间也考虑在内的话，则延迟时间就又多了 2 个指令周期。

4.5.3 查表程序设计

在单片机的开发应用中，经常用到查表程序，来实现代码转换、索引或翻译等。下面就以 LED 数码管显示驱动程序设计作为讲解的范例。LED 数码管内部包含 8 只发光二极管，其中 7 只发光二极管构成字型笔段(a～g)，1 只发光二极管构成小数点(dp)。对于任何一只发光二极管，只要阳极为高电平、阴极为低电平，并且电差高于其阈值(约为 1.7V～2.1V)就会被点亮。根据各二极管公共端连接方式的不同，又有共阴极和共阳极 LED 数码管之分，如图 4.13 所示。

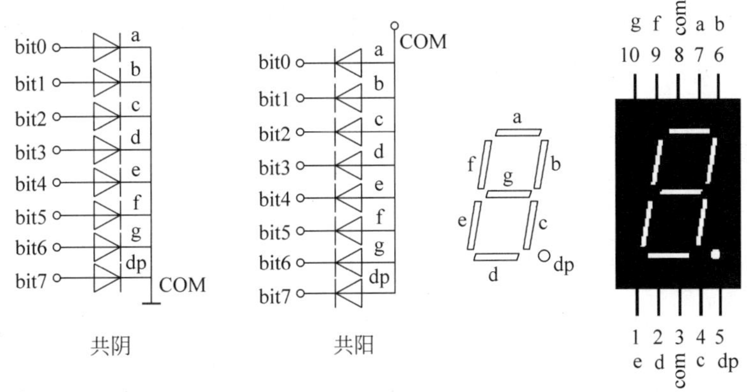

图 4.13 数码管结构示意图

驱动 LED 点亮的笔段码和 LED 所显字符之间的关系如表 4.5 所示。

表 4.5 笔段码

显示字符	共阴极笔段码	共阳极笔段码	显示字符	共阴极笔段码	共阴极笔段码
0	3FH	C0H	A	77H	88H
1	06H	F9H	b	7CH	83H
2	5BH	A4H	C	39H	C6H
3	4FH	B0H	d	5EH	A1H
4	66H	99H	E	79H	86H
5	6DH	92H	F	71H	8EH
6	7DH	82H	P	73H	8CH
7	07H	F8H	U	3EH	C1H
8	7FH	80H	全熄	00H	FFH
9	6FH	90H	全亮	FFH	00H

PIC 单片机的查表程序可以利用其"子程序带值返回指令 RETLW"来实现。思路是，采用若干条携带着笔段码的 RETLW 指令按索引值的顺序排列在一起，来构成一张数据表。然后以表头为参照，以被显数字为索引值，到表中查找对应被显数字的笔段码。具体方法是，采用带有入口参数和出口参数的子程序结构，用数据表来构成子程序的主体部分。在子程序的开头安放一条修改程序计数器 PC 值的指令，来实现子程序内部的跳转，以实现索引。

查表过程是，在主程序中先把被显数字——索引值，作为笔段码在数据表中的地址偏移量存入 W，以便向子程序传递参数，接着调用子程序。子程序的第一条指令将 W 中的地址偏移量取出并与程序计数器 PC 的当前值叠加，则程序就会跳到携带着所需笔段码的 RETLW 指令处。由该指令将笔段码装入 W 中，以便向主程序传递参数，然后返回主程序。参考例程 4.7。

【例程 4.7】 LED 数码管驱动

假设用 8 位端口 RB 作为一只"共阴极"LED 数码管的驱动端口。现在要求把寄存器单元 20H 中的低半字节作为一位十六进制数送到 LED 显示。欲采用端口 RB 作驱动，需要将该端口的各引脚全部设置为输出，方法是将 RB 端口的"方向控制寄存器 TRISB"的各位全部清零。另外，从主程序到子程序传递参数(就是被显数字，也是用于查表的地址偏移量)以及从子程序到主程序返回参数(即查到的被显数字的笔段码)用的都是 W。下面是实现这一功能的程序流程图(如图 4.14 所示)和程序段。

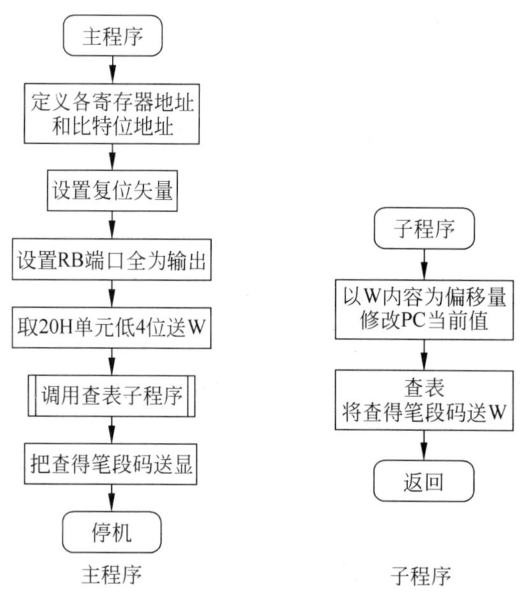

图 4.14 程序流程图

```
;————————————————————————————————————————————————————
        LIST    P = 16F84       ;告知汇编器,你所选单片机具体型号
        org     0x000           ;设置复位矢量
PCL     EQU     02H             ;声明寄存器 PCL 的地址为 02H
STATUS  EQU     03H             ;声明寄存器 STATUS 的地址为 03H
RP0     EQU     06H             ;声明 RP0 比特的位地址为 06H
```

```
RB        EQU    06H           ;声明寄存器 RB 的地址为 06H
TRISB     EQU    86H           ;声明寄存器 TRISB 的地址为 86H
;————————————————————————————————————————
; 主程序
;————————————————————————————————————————
          ORG    0000H         ;设置复位矢量
          GOTO   MAIN          ;跳转到主程序
          ORG    0005H         ;设置主程序起始地址
MAIN      BSF    STATUS,RP0    ;选择体 1 为当前体
          CLRF   TRISB         ;定义 RB 端口各脚全部为输出
          BCF    STATUS,RP0    ;恢复体 0 为当前体
          MOVF   20H,0         ;把 20H 单元的数据送 W
          ANDLW  0FH           ;屏蔽掉高 4 位后作为查表地址偏移量
          CALL   CONVERT       ;调用数码转换子程序
          MOVWF  RB            ;送到 RB 端口显示
STOP      GOTO   STOP          ;停机
;————————————————————————————————————————
; 查表(即转换)子程序
;————————————————————————————————————————
CONVERT                        ; 子程序名称
          ADDWF  PCL,1         ;把 W 内容叠加到 PC 的低 8 位上
TABLE     RETLW  3FH           ;"0"的笔段码
          RETLW  06H           ;"1"的笔段码
          RETLW  5BH           ;"2"的笔段码
          RETLW  4FH           ;"3"的笔段码
          RETLW  66H           ;"4"的笔段码
          RETLW  6DH           ;"5"的笔段码
          RETLW  7DH           ;"6"的笔段码
          RETLW  07H           ;"7"的笔段码
          RETLW  7FH           ;"8"的笔段码
          RETLW  6FH           ;"9"的笔段码
          RETLW  77H           ;"A"的笔段码
          RETLW  7CH           ;"b"的笔段码
          RETLW  39H           ;"C"的笔段码
          RETLW  5EH           ;"d"的笔段码
          RETLW  79H           ;"E"的笔段码
          RETLW  71H           ;"F"的笔段码
          END                  ; 程序全部结束
          end                  ; 源程序结束
;————————————————————————————————————————
```

补充说明：

(1) 数据表可以看成是由 16 条 RETLW 指令构成，表头为“TABLE”。当程序跳转到子程序，便开始执行 ADDWF 指令，同时，程序计数器的当前值已经指向表头。在此基础上再叠加预存在 W 中的表内地址偏移量，假设该偏移量为 8，则叠加后的 PC 值指向“RETLW 7FH”指令(其中 7FH 即为数字 8 的显示笔段码)。使程序跳转到该指令并执行它，执行后便返回到主程序，并同时将 7FH 装入 W 中。

(2) 应该说该程序中的核心指令只有 3 条(利用加黑的字体标出的部分)。

4.5.4 散转程序设计

散转程序也就是分支(branch)数量多于2个的多分支程序，其程序结构可以看作是由2分支程序结构衍生而来的特例。虽然多分支程序可以按2分支程序的设计方法来实现，但是，是否还有更加高效的编程方法可供探讨呢？

其实，散转程序并不是应用率很高的一种程序结构，况且它还可以利用2分支程序的结构来间接实现。因此，本书不想花费太大的篇幅来细讲各种可能的编程方法，实际上也没有必要，对于初学者只要掌握其中的某一种方法即可够用。

由于PIC16F84单片机的跳转指令比较单一，而且寻址方式也相对简单，这似乎给散转程序设计的多样化带来一定的局限。下面作者自行设计了1种解决方案，以期达到抛砖引玉的目的。其实，还是可以利用其他多种手法来实现，留待读者自由发挥。

程序发生跳转的本质是什么？实际上就是程序计数器PC的常规递增规律被打破，PC的当前值被更新而已。这就是说，只要能够利用落脚点地址去修改PC值，就能够控制程序的跳转。

重新审查PIC16F84的指令系统，发现能够改变程序计数器PC递增规律的指令，不仅有跳转指令和子程序指令(这些属于常规类型)，而且还有以PC(或PCL寄存器)为目标的数据传送甚至运算类指令(这些属于非常规类型)。

在需要散转程序的地方，应该预先准备好一个“标志单元”，其内容一般为无符号的输入数字量或运算结果，比如0，1，2，3，4，…，N。要求程序以该标志单元的内容为依据，实现到不同程序分支的跳转。为了实现上述目标，可以先定义一张含有N个分支跳转指令的“散转指令表”。

【例程4.8】 散转程序

现在以20H号RAM单元作为跳转标志字节，依据该单元内的不同数值(0，1，…，N)，分别散转到不同的分支程序(分支程序0，分支程序1，……，分支程序N)。

实现上述目的的程序流程图(如图4.15所示)和程序清单如下：

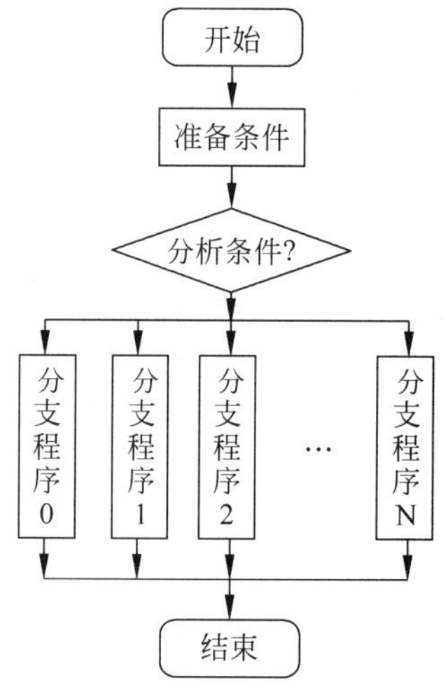

图4.15 程序流程图

```
;-----------------------------------------------------------------
        LIST    P = 16F84      ;告知汇编器,你所选单片机具体型号
        org     0x000          ;设置复位矢量
PCL     EQU     02H            ;声明寄存器PCL的地址为02H
FLAG    EQU     20H            ;声明用户自定义的标志单元地址为20H
                               ; 用户预先把散转标志放入该单元
;============ 散转程序 ========================================
        ORG     0000H          ;设置主程序开始的存储地址
;       …
        MOVF    20H,0          ;把20H单元,即标志单元的数据送W
        ADDWF   PCL,1          ;把W内容叠加到PC的低8位上
;============ 散转分支指令表 ====================================
```

```
; 定义一张散转分支指令表
TAB:      GOTO   branch0      ;跳转到分支程序 0 的入口
          GOTO   branch1      ;跳转到分支程序 1 的入口
          GOTO   branch2      ;跳转到分支程序 2 的入口
;         …
          GOTO   branchN      ;跳转到分支程序 N 的入口
;============ 各分支程序 ========================================
branch0:  MOVLW  00H          ;分支程序 0 的入口
; 分支程序 0 的主体部分
          GOTO   STOP         ;跳出分支程序
branch1:  MOVLW  01H          ;分支程序 1 的入口
; 分支程序 1 的主体部分
          GOTO   STOP         ;跳出分支程序
branch2:  MOVLW  02H          ;分支程序 2 的入口
; 分支程序 2 的主体部分
          GOTO   STOP         ;跳出分支程序
;         …
branchN:  MOVLW  0FFH         ;分支程序 N 的入口
; 分支程序 N 的主体部分
          GOTO   STOP         ;跳出分支程序
;====================================================================
STOP      GOTO   STOP         ;该语句作为总出口,在此动态停机
          END                 ;程序全部结束
;————————————————————————————————————————————————————————
```

补充说明：

(1) 在实施散转之前，程序执行到“ADDWF PCL,1”指令时，PC的值已经指向了表头“TAB”；这时把标志单元的值作为表内偏移量迭加到PC上。

(2) 这里把“ADDWF PCL,1”指令是当作一条跳转指令来使用的，并且要求该指令之后“必须邻接”散转指令表。

(3) 应该说该程序中的核心指令只有2条(利用加黑的字体标出的部分)。

(4) 如果利用以下3条指令替代上述2条核心指令，则不会再有“必须邻接”散转指令表的限制。

```
MOVLW    TAB    ;把表头地址传送到 W 中
ADDWF    20H,0  ;叠加标志单元(20H 号单元)的值
MOVWF    PCL    ;传送到程序计数器 PC 中,实现跳转
```

4.6 汇编器 MPASM 及其应用

微芯公司为PIC系列单片机的应用开发者提供了一套完整的语言工具链(即软件工具链)，其中包括编辑器、汇编器、连接器、调试器等软件工具。

4.6.1 汇编器 MPASM 简介

MPASM汇编器是语言工具链当中的关键工具软件之一。主要用途就是将用户编制

的汇编语言源程序，翻译成单片机可以直接运行的机器语言目标程序。除了帮助用户完成翻译工作之外，它还可以检查源程序中的语法错误或格式错误，并且向用户做出提示。

由于汇编器 MPASM 具有“宏”功能，所以又叫做“宏汇编器”。MPASM 同时提供两种不同的版本：①适合于 DOS 操作系统之下运行的 DOS 版本（MPASM. exe）；②适合于 Windows 操作系统之下运行的 Windows 版本（MPASMWIN. exe）。

汇编器 MPASM 具备的显著特点之一是，应用方法既灵活又多样。每一种版本根据应用方式的不同又都存在两种启用方法：①DOS 版本可以采取命令行界面启用方法和 DOS 界面（DOS Shell）启用方法（如图 4.16 所示）；②Windows 版本可以采取 Windows 界面（Windows Shell）启用方法（如图 4.17 所示）和 MPLAB-IDE 综合开发环境之下启用方法（第 5 章讲解）。

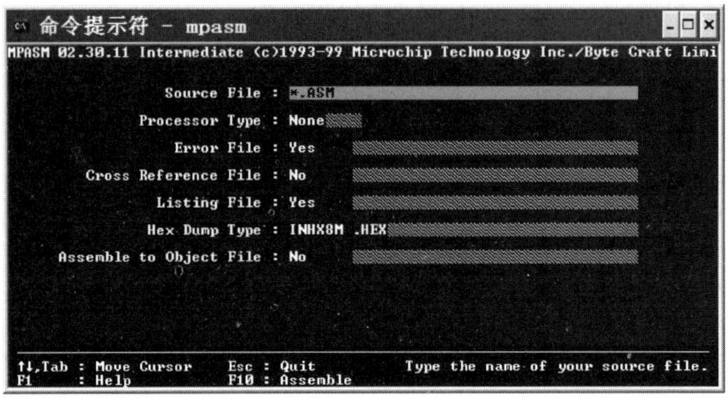

图 4.16　DOS 版本 MPASM 汇编器的 DOS 界面

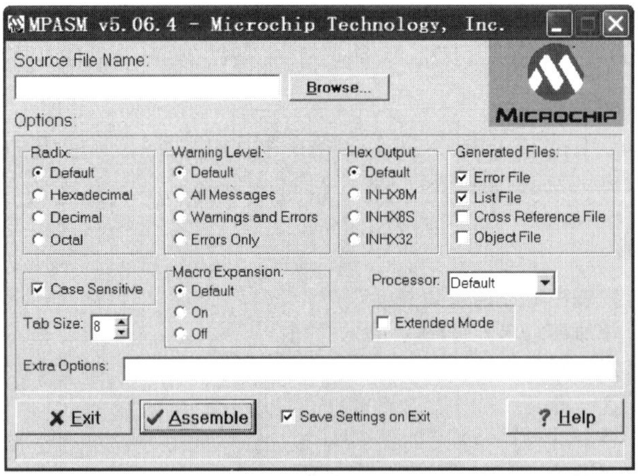

图 4.17　Windows 版本 MPASM 汇编器的 Windows 界面

Windows 版本在 MPLAB-IDE 综合开发环境之下，利用菜单命令或图标按钮启动的这种调度方法，这是适合初学者的最常用的方法。有关 MPLAB-IDE 的详细内容，以及在该环境之下如何启用汇编器 MPASM，将在第 5 章作全面介绍。

图 4.16 中的各行信息简介如下，读者稍作了解即可：

在第 0 行显示了 MPASM 的发行版本（这里是 02.30.11），版权保护等信息；

在第 1 行输入源文件名；

在第 2 行输入单片机型号；

在第 3 行设定是否产生出错报告文件；

在第 4 行设定是否产生交叉参考文件；

在第 5 行选定是否产生列表文件；

在第 6 行选定产生的 HEX 目标文件的可选格式；

在第 7 行设定是否产生 OBJ 目标文件(该类文件可以重复利用和重新定位，适合作为连接器的输入文件，也适合作为库管理器的原料文件)；

窗口下面给出了一些操作提示：移动光标、退出、显示帮助信息、实施汇编等操作的快捷键。

图 4.17 中的信息元素简介如下，读者稍作了解即可：

标题栏：显示了 MPASM 的发行版本(这里是 v5.06.4)，以及版权所有者；

Source File Name：文本域用于输入源文件名和路径，也可以利用 Browse(浏览)按钮打开浏览窗口进行选取；

Radix(数制)：用于更改汇编器的默认数据进位制，有十六进制、十进制和八进制 3 种选择，默认是十六进制；

Warning Level(警告级别)：用于选定给出提示信息的级别，有 3 种选择：只给出出错信息一类；给出出错和警告信息两类；给出出错、警告和一般信息全部 3 类，默认为全部；

Hex Output：用于设定十六进制目标文件的输出格式，一般选定为 INHX8M，默认为此；

Generated File：用于复选生成和输出文件的种类：出错报告文件、列表文件、交叉参考文件和可重定位的.OBJ 文件；

Case Sensitive：用于设定是否区分源文件中组成标号的字母的大、小写(原始状态的默认设置是区分大、小写的)；

Macro Expansion：用于设定是否开启宏扩展功能，默认为开启；

Processor：用于设定目标单片机的型号；

Tab Size：用于设定列表文件中的制表键所代表的列数，默认为 8；

Extra Options：用于输入扩充的额外选项参数(可以参考后面表 4.6 的选项列表)，对于初学者一般不用；

Save Settings on Exit：用于设置退出时是否保存上述设定参数；

Help 按钮：可以调出帮助信息窗口；

Assemble 按钮：用于启动汇编过程；

Exit 按钮：用于退出和关闭汇编窗口。在实际应用时，一般情况下不需要改动图 4.17 中的选项信息元素。

4.6.2 汇编器 MPASM 的应用

这里以一个实例程序的汇编过程为例，也就是通过一个实验范例的形式，向大家展示不同版本、不同启用方式的汇编器 MPASM 应用方法和产生结果。

既然目前已经出现了在一个统一的图形界面下调度各种语言工具的集成开发环境，还何必要再演练单独启用语言工具，甚至还在DOS环境下启用语言工具呢？理由是，这有利于我们加深理解语言工具链的调度过程。况且有的语言工具（例如MPLIB模块库管理器）也只有在DOS下操作才能发挥其全部功能。这就像虽然今天有了C高级语言编程手段，但是仍然需要学习汇编语言编程一样。

建议：在DOS环境下定义文件名，以及文件存放路径时，最好不要超过8个ASCII字符，并且不要采用汉字命名。

【例程4.9】 8位二进制计数器

★ 程序实现功能

在PIC16F84单片机的RAM中定义一个字节变量，通过运行用户程序使得该变量，按照递增的规律从00H到FFH累加计数，再返回00H重新开始下一个轮回，并且循环往复、周而复始。

★ 汇编程序清单

```
;==========================================================================
;           LIST    P = 16F84       ; 告知汇编器,你所选单片机具体型号
count       equ     0x20            ; 定义 20H 单元为计数器变量 count
f           equ     1               ; 令 f 等于 1,用 f 指定目标寄存器
            org     0x000           ; 设置复位矢量
loop        incf    count,f         ; count 递加
            goto    loop            ; 循环跳转到 loop 处
            end                     ; 源程序结束
;==========================================================================
```

★ 上机实验

在本次上机的实验过程中，学习在DOS环境下启动汇编器MPASM的方法。

（1）为了便捷高效地操作，我们有必要事先做一些准备工作，就是把所需要的两个版本的汇编器搜集到一起，并且放置到同一个专用目录下：

① 在Windows的资源管理器中利用菜单命令“文件”→“新建”→“文件夹”，设立一个专门用于上机练习的目录(DOS下叫目录，Windows下叫文件夹)，例如“C:\ASMpic”；

② 在C:\ASMpic之下再创建3个子目录010、011、012，用于存放源文件和汇编器生成文件；

③ 复制汇编器Mpasm.exe和Mpasmwin.exe到C:\ASMpic目录下。可以从南京伟福公司的网站(http://www.wave-cn.com)获取(如图4.18所示)，也可以从伟福公司的集成调试软件包WAVE6000的安装目录“C:\wave6000\BIN\COMPPIC”下获取，或者从微芯公司的集成开发环境软件包MPLAB的安装目录“C:\Program Files\MPLAB\”下获取。

（2）在Windows XP或Windows 2000下，利用“开始”→“程序”→“附件”→“命令提示符”命令进入DOS窗口(如果是在Windows 98系统中，则利用“开始”→“程序”→“MS-DOS方式”命令进入DOS窗口)。再利用改变当前目录的CD命令(即→CD C:\ASMpic)，把当前目录修改为“C:\ASMpic→”，如图4.19所示。要退出DOS窗口，可直接单击右上角“×”号，或者利用“Exit”命令。

（3）利用Windows系统中的“记事本”作为文本编辑器，创建录入一个名为“main.asm”汇编语言源文件，如图4.20所示。然后分别在子目录010、011、012中各保存一份。

图 4.18　伟福公司网站中 MPASM 的下载页

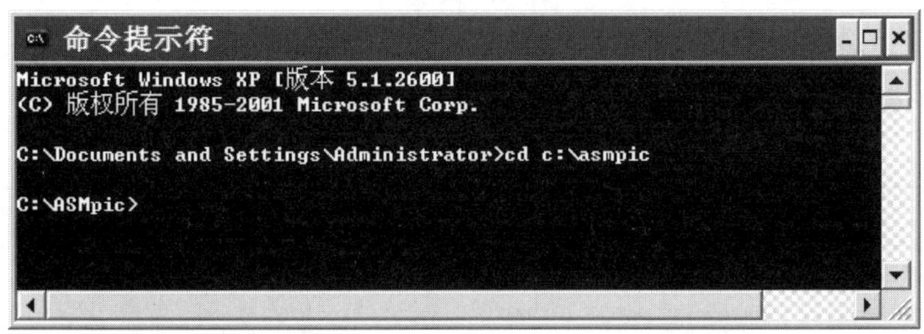

图 4.19　进入 DOS 环境的专用目录

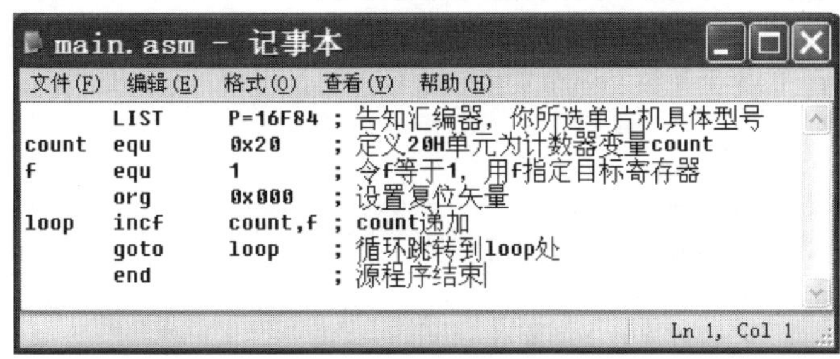

图 4.20　利用"记事本"创建和录入源程序文件

(4) 利用"命令行界面方式"启动 DOS 版本的汇编器 MPASM.exe，其方法是输入一个"携带选项参数的命令行方式"，这里携带了 2 个选项"/a"和"/p"：

```
C:\ASMpic > mpasm /a = inbx8m /p = 16f877 c:\asmpic/010/main.asm
```

汇编器被启动之后，对于 010 子目录中的源文件进行汇编。如果输出提示信息："ERROR：0"，则表示汇编成功。如图 4.21 所示。表示汇编完成、错误性信息 0 条、警告性信息 0 条、提示性信息 0 条、源文件行数为 7。汇编成功后将同时产生 4 个文件 Main.cod、Main.err、Main.hex 和 Main.lst，可以利用"资源管理器"到 010 子目录下去查看。无论是否有错误性信息，都不影响 ERR 和 LST 文件的生成。但是只要有错误性信息，就不会生成 COD 和 HEX 文件，说明源程序中有语法或格式错误。不过，仍然会输出 LST 文件，并且该文件中夹带着出错提示，以便读者修改源程序。

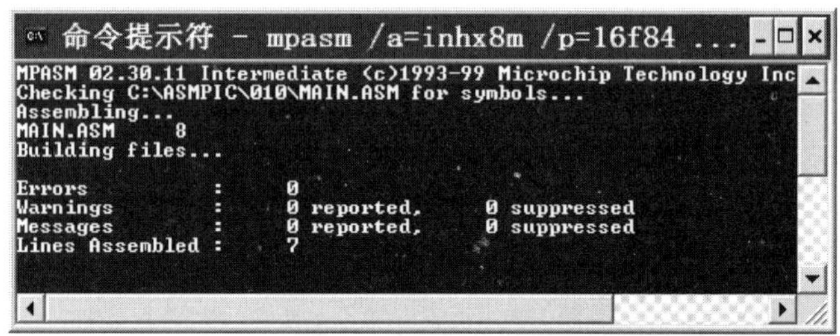

图 4.21 在 DOS 命令行启动汇编器的结束提示

MPASM 命令行的一般格式为：

```
> MPASM [/<选项>[/<选项>...... ]] [<源文件名>]
```

其中：>是 DOS 系统的提示符；/<选项>代表各种选择参数（如表 4.6 所列）；<源文件名>指定被汇编的源文件（如果与汇编器的存放位置不同，还应该指明存放路径）；[ ]方括号内容代表可选。

表 4.6 MPASM 命令行选项

选项	默认值	描 述
?	无	显示帮助屏幕
a	INH8M	设置文件格式：/a < hex-format >，这里< hex-format >格式指[INHX8M | INHX8S | INHX32]之一
c	On	打开/关闭大小写敏感
d	无	定义符号：/dDebug /dMax=5 /dString="abc"
e	On	允许/禁止/设置错误文件路径 /e 允许 /e + 允许 /e − 禁止 /e <路径> error.file 允许/设置路径
h	无	显示 MPASM 帮助屏幕
l	On	允许/禁止/设置列表文件路径 /l 允许 /l + 允许 /l − 禁止 /l <路径> list.file 允许/设置路径

续表

选项	默认值	描　　述
m	On	允许/禁止宏扩展
O	Off	允许/禁止/设置目标文件路径 /o　　允许 /o＋　允许 /o－　禁止 /o <路径> object. file 允许/设置路径
P	无	设置处理器类型：/p <处理器类型> 这里：<处理器类型>是指一种 PIC 系列单片机型号，例如 PIC16C54
q	Off	允许/禁止静止模式(抑制屏幕输出)
r	Hex	定义默认基数：/r <基数>，这里<基数>指[HEX|DEC|OCT]三者之一
t	8	列表文件宽度：/t <大小>
w	0	设置信息级别：/w < level >这里< level >指[0|1|2]之一，0－所有信息；1－错误和警告：2－错误
x	Off	允许/禁止/设置交叉引用文件路径 /x　　允许 /x＋　允许 /x－　禁止 /x <路径> xref. file 允许/设置路径

(5) 利用图 4.16 所示的"DOS 界面方式"应用 DOS 版本的汇编器 MPASM. exe，方法是输入"不带参数的命令行"

```
C:\ASMpic > mpasm
```

或者是在资源管理器下直接用鼠标双击 MPASM. exe，进入如图 4.22 所示的 DOS 界面。在该界面中利用上/下箭头键移动光标、利用回车键选择参数。在进行了如图 4.22 的设置之后，按 F10 键，汇编器开始对 011 子目录中的源文件进行汇编。如果汇编成功也输出如图 4.21 所示的提示信息，并且也同时产生 4 个文件 Main. cod、Main. err、Main. hex 和 Main. lst。可以利用"资源管理器"到 011 子目录下去查看。

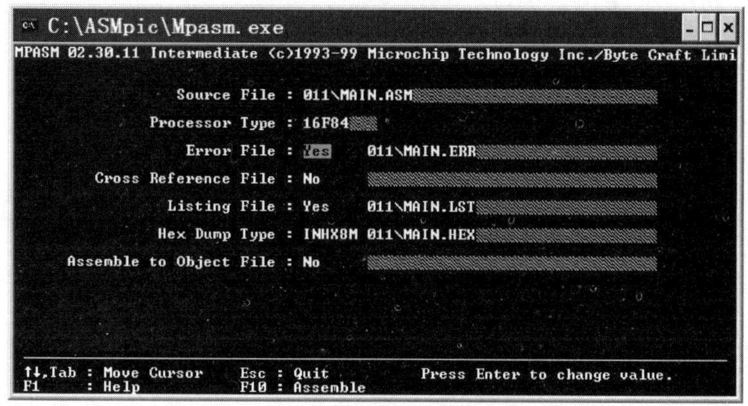

图 4.22　在 DOS 界面中设置选项参数

(6) 利用图 4.17 所示的"Windows 界面方式"启动 Windows 版本的汇编器 MPASMwin.exe,方法是输入"不带参数的命令行":

```
C:\ASMpic > mpasmwin
```

进入如图 4.23 所示的 Windows 界面。在该界面中利用鼠标即可选择各项参数。

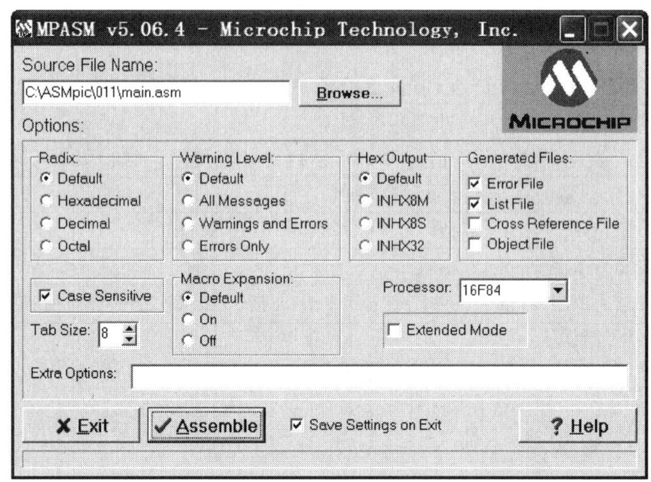

图 4.23 在 Windows 界面中设置选项参数

在进行了如图 4.23 的设置之后,单击"Assemble"(汇编)图标按钮,汇编器开始对 012 子目录中的源文件进行汇编。如果汇编成功,则弹出一个如图 4.24(a)所示的提示信息对话框,并且也同时产生 4 个文件 Main.cod、Main.err、Main.hex 和 Main.lst。也可以利用"资源管理器"到 011 子目录下去查看。如果汇编不成功,则弹出一个如图 4.24(b)所示的提示信息对话框,这时汇编器会提供一些反馈信息,可以从 Main.lst 文件中查看出错提示信息,供用户去查阅故障字典,请参看附录 G。

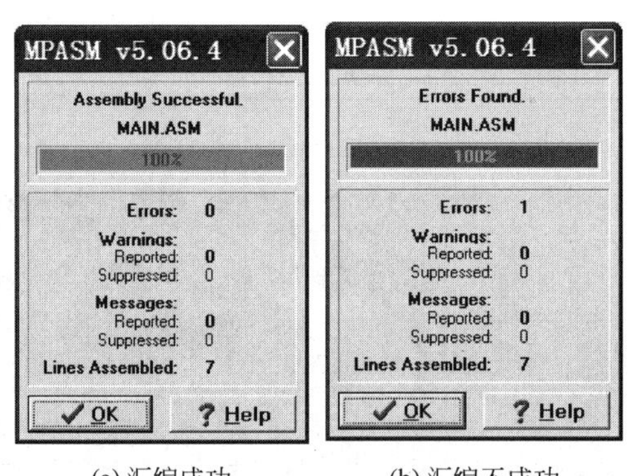

(a) 汇编成功　　(b) 汇编不成功

图 4.24 汇编器汇编结果对话框

4.6.3 汇编器"界面—命令行—LIST"选项对应关系

通过前面的讲解,大家了解到汇编器 MPASM 存在多种不同的启用方法,并且在利用每一种启用方法时，都可以设置和输入多种选项参数。对于同一个汇编语言源文件，如果上述选项的参数设置不同，则会产生不同的汇编结果，甚至不能汇编成功。例如，在命令行

```
C:\ASMpic > mpasm /a = inhx8m /p = 16f877 c:\asmpic\010\main.asm
```

中，如果缺少"/a"选项倒也无妨，原因是该项的默认值(或默认值)就是"inhx8m"；但是如果缺少没有默认值的选项"/p"，则会导致汇编错误，必须引起足够注意！

通过以上分析，我们发现每次汇编一个源文件之前，都存在选项参数设置问题，以及选项参数设置的不确定性问题。这样的问题将会给汇编程序的交流、重复利用带来一些麻烦和差错。例如，张三编写的源程序，交给李四去汇编，还必须把各项汇编选项的参数也进行准确的传达方可。

那么上述问题是否可以克服或者回避呢？答案是可以！具体处理方法是，在源程序的头部加入一条列表选项伪指令"LIST"(参考 4.2 节)。也就是把汇编器启动界面中的选项设置，进行了"伪指令化"转换，即汇编语言的语句化转换。因此再进行源文件交流时，可以忽略汇编器选项的设置问题。

由此可见，汇编器 MPASM 的界面选项(如图 4.22 和图 4.23 所示)与命令行选项(如表 4.6 所列)以及 LIST 伪指令列表选项(如表 4.4 所列)，三者之间存在着一定的对应关系。

例如，如果在例程 4.9 源程序的开头增加如下一条伪指令：

```
LIST   P = 16F84 ; 告知汇编器,你所选单片机具体型号
```

然后即使再用不带任何选项的命令行：

```
C:\ASMpic > mpasm   c:\asmpic\010\main.asm
```

也能够汇编成功。

第5章

软件集成开发环境和软件模拟调试技术

南京伟福公司为PIC单片机用户免费提供了一款集成开发环境(Integrated Development Environment,IDE)软件包——WAVE6000,它具有易学、易用、易上手、全中文等突出优点,特别适合单片机初学者。此外,该环境还可以开发各种80C51兼容单片机,为读者日后学习预留了很大的空间。

其实,WAVE6000集成开发环境是一个软件包,也是一套以项目(Project,或翻译为计划或工程)为导向的,或者说是面向项目的集成开发环境软件平台。它就像一个包罗十八般兵器的大车间,把文本编辑器(Editor)、汇编器(Assembler)、连接器(Linker)、项目管理器(Project manager)和程序调试器(Debugger,也就是查错和排错的工具)等,在单片机编程和项目调试过程中不可或缺的一些软件工具,全部集成到了一个开发环境之中,从而形成了一套不仅功能丰富而且使用方便的软件平台。

借助于WAVE6000,单片机初学者或应用项目开发者可以在一部微机系统上,对PIC单片机进行源程序文件的创建、编辑和汇编,甚至还能实现目标程序的模拟运行和动态调试之类的虚拟实战演练,并且调试方式还可以采用连续执行、单步执行、连续单步执行、设置断点执行等多种执行方式。

5.1 集成开发环境WAVE6000的组成

WAVE6000是一个集成了多种单片机应用开发工具的、功能完备的"软件包"。在此仅对本书后面将用到的几种工具软件进行简要介绍:

1. 集成开发环境

之所以称其为集成开发环境,是因为它将项目管理、文件管理、源程序创建和编辑、目标文件生成、目标程序模拟调试或仿真调试等,单片机应用项目开发过程中所需要的一系列单项工具的操作,全部集中到同一环境下统一调度和启用。即软件包的所有功能几乎都可以在一个环境内来操作和控制。

2. 项目管理器

项目管理器是该环境的核心部分，用于创建、修改、保存、复制等项目的管理操作，为开发人员提供自动化程度高、操作简便的符号化调试工作平台。所谓“符号化调试”，指的是在调试过程中屏幕上显示的地址标号、常数名、变量名和寄存器名，均用在源程序中定义的表义性和可读性很强的符号来代表和标识。因此，又被称为“源程序级调试”。这比传统的80X86汇编语言程序的调试环境要友好得多。

3. 源程序编辑器

源程序编辑器是一个全屏幕文本编辑器，用于创建、查看、编辑和修改汇编语言（或C语言）源程序文件。源程序文件以纯文本格式保存，其文件扩展名为“.asm”。同时利用该编辑器还可以创建、编辑或查看包含文件、说明文件等其他文本文件。

4. 汇编器

主要用于将汇编语言源程序文件（.asm）汇编成目标文件（.hex），并负责查找语法错误和格式错误等一些非逻辑性的、浅层次的简单错误。

5. 软件模拟器

这是一种在很大程度上代替价格昂贵的硬件仿真器功能的调试工具，也是一种非实时、非在线的纯软件的调试工具。借助于这个在微机系统上运行的工具软件，我们可以不需要任何额外的附加硬件，仅用软件的手段来模仿PIC单片机内部寄存器的活动、指令的执行过程、片内外设模块的动作和引脚信号的输出，从而实现对用户程序的模拟运行和功能调试、深层次逻辑性错误的排查。

因此可以说，WAVE6000为学习和应用PIC单片机的人们提供了一种虚拟的实战环境。对于单片机初学者来说，不用花钱也可实现边学边练的梦想；对于单片机开发者来说，可以缩短开发周期和降低开发成本。总之，它是一种性能价格比极高的程序调试工具。

不过，软件模拟器也存在一定的局限性：①它还不能模拟PIC16F84片内的某些功能；②它不能帮我们查找目标板上的电路错误；③它执行速度慢而只能适合调试那些实时性要求不高的程序。

除了以上这些工具软件以外，还包含了一些可供用户参考的技术资料文件。例如，在安装目录之下可以看到，预备了一些现成的示范程序；又比如，在“帮助”菜单命令之下可以调出“WAVE6000使用手册”等。

5.2　集成开发环境WAVE6000如何获取

获取WAVE6000软件包的方法是，可以到伟福公司网站的“下载专区”网页去下载，其网址为http://www.wave-cn.com/download/index.htm（如图5.1所示）。下载之后，可以得到一个名为“wave6000.exe”的安装文件，双击即可安装。

图 5.1　伟福公司网站下载 WAVE6000

5.3　集成开发环境 WAVE6000 如何安装

这里我们介绍在 Windows XP 操作系统之下，安装 WAVE6000 的过程。至于其他 Windows 版本的安装方法也基本如此。

对于从上述网站下载的一个名称类似于"wave6000.exe"的可执行文件，这是一个将近 9MB(兆字节)的自解压文件。双击该文件，就会打开一个如图 5.2 所示的安装向导对话框，自动启动安装过程，然后还会显示一系列对话框。依照安装向导的指引顺序操作，即可完成安装过程。

安装完成后，它会自动在桌面上产生一个如图 5.3 所示的快捷图标。这时如果到 Windows 的资源管理器下查看，可以看到一个自动添加的，如图 5.4 所示的安装路径及其内容。至此，WAVE6000 的系统文件已安装完毕。

建议读者：①把从伟福网站下载得来的两个版本的汇编器(下载方法见第 4.6 节)，Mpasm.exe 和 Mpasmwin.exe 复制到 C:\wave6000\BIN\COMPPIC 目录下。②在 C:\wave6000 目录下，建立一个新的子目录 Work 作为我们的工作目录，存放在学习和操练过程中产生的各种文件，以免与 WAVE6000 系统文件混杂。

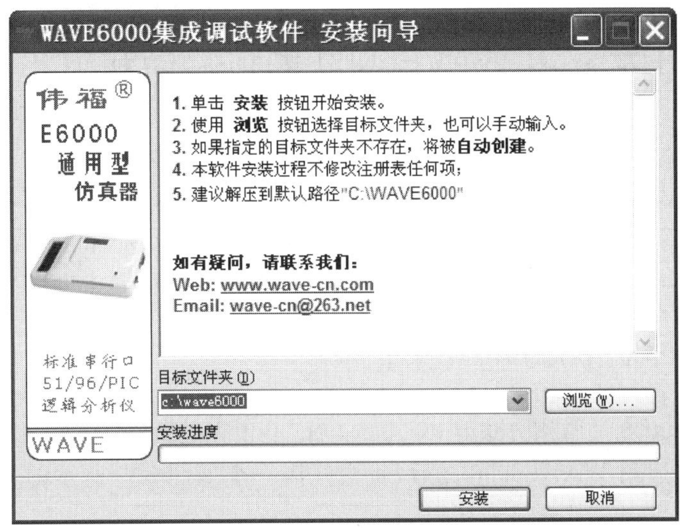

图 5.2　WAVE6000 集成调试软件安装向导

图 5.3　WAVE6000 快捷图标

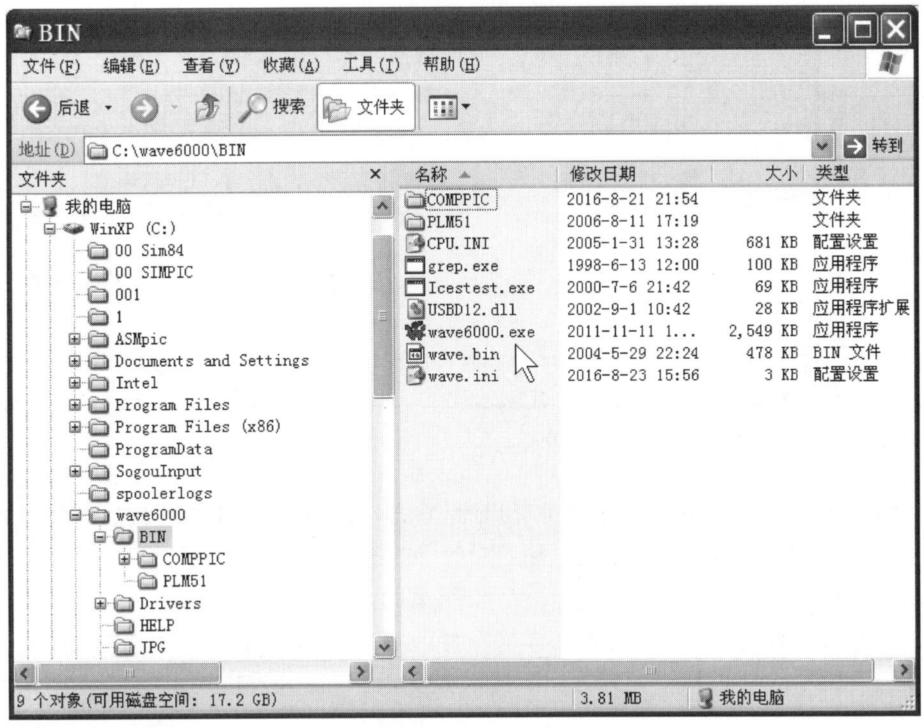

图 5.4　安装之后的路径及其内容

5.4 集成开发环境 WAVE6000 如何启动和退出

为了便于读者快速上手，下面将引导大家在 WAVE6000 环境下，创建自己的第一个汇编语言源文件，创建一个简单的项目，生成第一个目标程序，设置一个适宜的开发环境，并且进行一些基本的调试，以帮助读者尽快地熟悉集成开发环境 WAVE6000 典型的使用方法。

5.4.1 WAVE6000 的快速上手

启动 WAVE6000 的常用方法是，双击“桌面”上预先建立的“WAVE6000 集成调试软件”快捷图标。在启用 WAVE6000 之后，将会开启一个如图 5.5 所示的 WAVE6000 工作环境，也就是工作界面或主窗口。

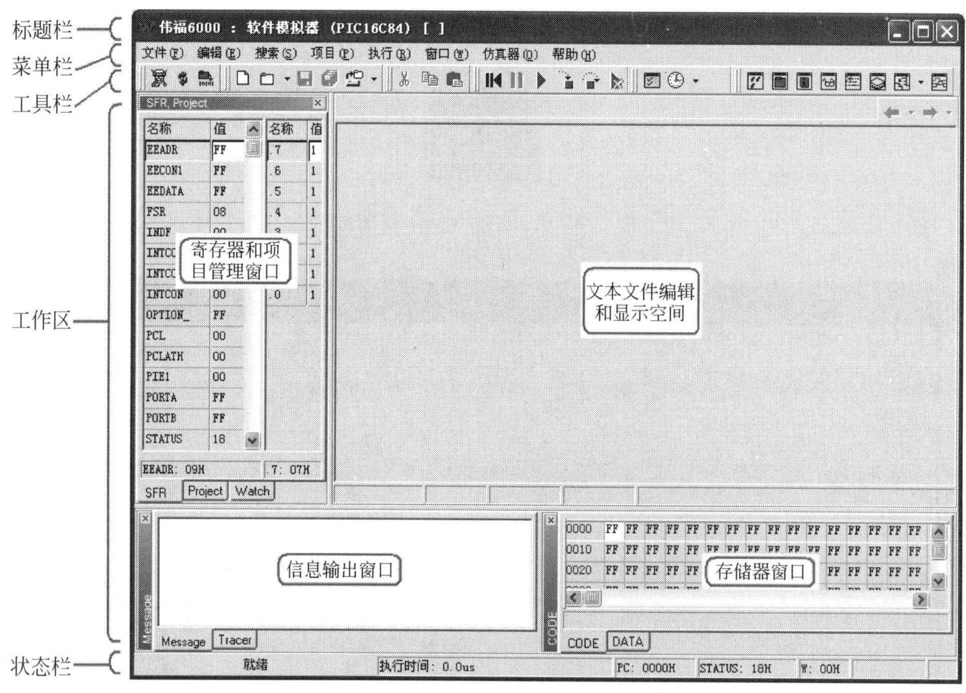

图 5.5 WAVE6000 工作环境

其实，WAVE6000 工作环境刚刚被开启时，它自动停留在 8031 单片机的开发模式。这时需要我们做一些简单设置，方法是选用菜单命令“仿真器”→“仿真器设置...”，就会打开一个如图 5.6 所示的仿真器设置对话框，然后按照该图的提示，依次选择仿真器型号、搭配的仿真头型号、被仿真的单片机型号和晶体振荡器的频率，之后单击“好”图标按钮，即可切换到(如图 5.5 所示的)PIC16C84(兼容 PIC16F84A)单片机的开发模式。

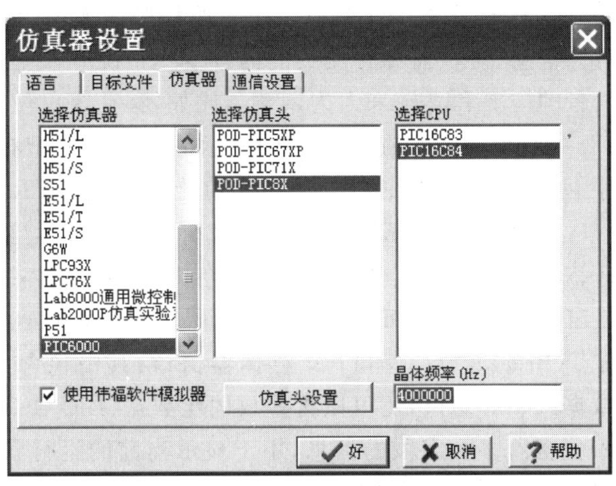

图 5.6 仿真器设置对话框

5.4.2 WAVE6000 工作环境简介

从如图 5.5 所示的 WAVE6000 工作环境中可以看到,这是一个标准的 Windows 应用程序窗体,从上到下排布着 5 个组成部分:标题栏、菜单栏、工具栏、工作区和状态栏。

(1) 标题栏:显示当前的仿真模式、单片机型号、项目文件名称及其所在的目录。最左边是一个系统按钮,右边是 3 个窗体控制按钮。

(2) 菜单栏:其中共有 8 个菜单选项。从左到右依次为文件、编辑、搜索、项目、执行、窗口、仿真器和帮助。每个菜单选项控制着一个下拉菜单,有的下拉菜单中又包含子菜单。各个下拉菜单或子菜单中包含若干条菜单命令,所有 WAVE6000 的功能都可以通过操纵菜单命令来实现。每条菜单命令中均有一个加下画线的字母,代表加速键,在菜单下拉后,输入该字母可执行该命令。多数菜单命令的右面还注明了对应的快捷键(又叫热键),直接操作快捷键也可执行该命令。命令后跟“▶”符号的表示将开启一个子菜单;命令后跟“...”符号的表示将开启一个对话框。

(3) 工具栏:为用户提供了一种执行日常任务的便捷手段。单击工具栏上的图标按钮,可以快速实现对应的菜单命令功能,但比操作菜单命令、快捷键或加速键更方便,仅用鼠标单击一次即可完成。当把光标移至工具栏的任何一个图标按钮上时,在状态栏上就会自动显示该图标按钮的功能提示。如图 5.7 所示,整个工具栏可以被分解为 6 段,也就是由 6 组工具按钮组成,每组所含按钮功能相近,并且还定义了一个名称。如果用鼠标按住每组左边的“‖”部位,并拖曳到程序文件显示区,即可看到浮动显示的按钮组。如图 5.8 所示。

图 5.7 WAVE6000 的工具栏

图 5.8 工具栏中的调试按钮组

(4) 工作区：在此区域打开各种工作窗口。用于源程序的输入、编辑和汇编，以及显示各种反馈信息、人机对话信息、寄存器和存储器的内容变化情况等。工作区的布局可以灵活和多变，完全按照开发者的需要和喜好来人为调整。比如，移动窗口位置、改变窗口式样、关闭一些窗口或者再打开一些窗口等。在图5.5中显示的是一种典型布局，其中：①寄存器和项目管理窗口，其中包含3个叠放窗口——特殊功能寄存器(SFR)窗口(也叫CPU窗口)、项目(Project)窗口、观察(Watch)窗口；②文本文件编辑和显示空间，也可打开多个叠放窗口，在此可以打开、观察、录入、编辑包括源程序在内的各种文本文件；③信息输出窗口，其中包含2个叠放窗口——信息(Message)窗口、跟踪(Tracer)窗口，还可以再叠放书签(Bookmark)窗口和断点(Breakpoint)窗口；④存储器窗口，其中包含2个叠放窗口——程序代码(Code)窗口、数据(Data)窗口，还可以再叠放固化数据(EEPROM)窗口。

(5) 状态栏：其中包含着多个字段的信息，用于显示当前的运行状态。例如，仿真器或者软件模拟器准备就绪；已经被执行的用户程序所消耗的CPU时间，其单位显示为"us"代表微秒(借此信息可以很方便地用来设计或调试一段延时程序)；程序计数器PC的当前值；状态寄存器STATUS的当前值；工作寄存器的当前值等。

5.4.3 WAVE6000如何退出

退出WAVE6000的方法至少可以采用以下4种：

(1) 用鼠标左键单击主窗口右上角的"☒"按钮；

(2) 用鼠标左键双击主窗口左上角的"W"按钮；

(3) 选择菜单命令"文件"→"退出"；

(4) 直接按下键盘上的组合键Alt+F4。

在退出WAVE6000集成开发环境时，系统会自动保存退出前的开发环境设置，以便下次再恢复本次工作的现场，继续本次尚未完成的调试任务。

5.5 如何设置开发模式

对WAVE6000集成开发环境作某些设置的目的是，让WAVE6000按照用户的各项具体要求进行单片机的应用项目制作、程序调试等。方法是从WAVE6000的菜单栏中选择菜单命令"仿真器"→"仿真器设置..."，或者直接单击工具栏中"▣"的图标按钮，均可打开一个仿真器设置对话框，其中包含4个选项卡。

5.5.1 语言设置卡

如图5.9所示，其中①"编译器路径"用于设置各种语言工具(包含汇编器、编译器、连接器)统一存放的路径(或称目录)；②"ASM命令行"用于设置启动DOS版汇编器时的命令行所要携带的参数，各参数的含义可参看第4.6节。如果在其中添加一个参数"P=16F84"，则可以省却在编写每个汇编语言源程序时，都要在头部添加一行"LIST P=16F84;"语句；③"C命令行"用于设置启动C语言编译器时的命令行所要携带的参数，只有选择C语言编程时才会用到(本书不涉及)；④"LINK命令行"用于设置启动连接器时的命令行所要携带的参数，只有设计比较复杂的包含多个模块文件的项目时才会用到(本书不涉及)；⑤“编译器选择”用于选择哪款语言工具，这里只有 Microchip 一项可选；⑥“缺省显示格式”保持默认选择即可。

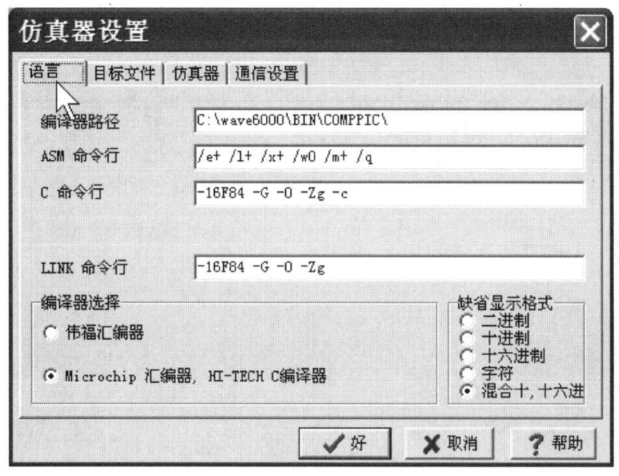

图 5.9　仿真器设置对话框：语言设置卡

5.5.2　目标文件设置卡

如图 5.10 所示，其中①“地址选择”保持默认选择即可；②其余 3 项选择分别是：是否生成二进制格式目标文件；是否生成十六进制格式目标文件；是否利用“FFH”码填充剩余的程序存储器空间，这样利于延长 Flash 存储器的擦写寿命。

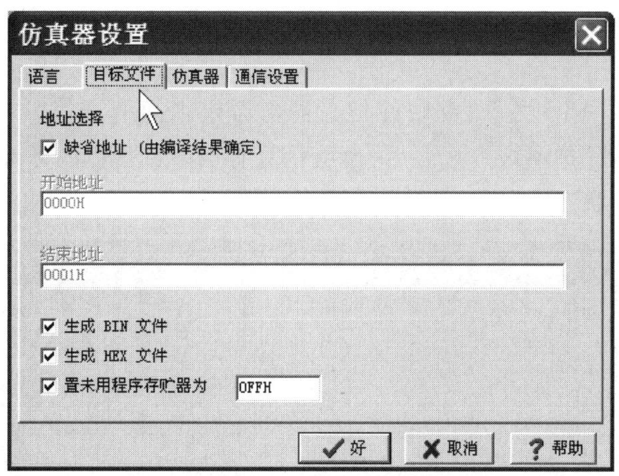

图 5.10　仿真器设置对话框：目标文件设置卡

5.5.3　仿真器设置卡

如图 5.11 所示，其中①“选择仿真器”用于在伟福系列仿真器中选择一款支持 PIC 系列单片机的型号；②“选择仿真头”用于在需要搭配的仿真头中选择一款支持 PIC16F84 单片机的型号；③“选择 CPU”用于选择一款具体的用户计划学习、实验或应用的目标单片机型号，本书将以学习 PIC16F84A 为主（兼容 PIC16C84）；④“晶体频率”用于设置目标单片机的工作时钟频率，这对于观测用户程序的执行时间有用；⑤“使用伟福软件模拟器”如果被勾选，则不需要用户购买硬件仿真器，也可以学习软件模拟开发技术，学习和操练单片机程序的调试方法。

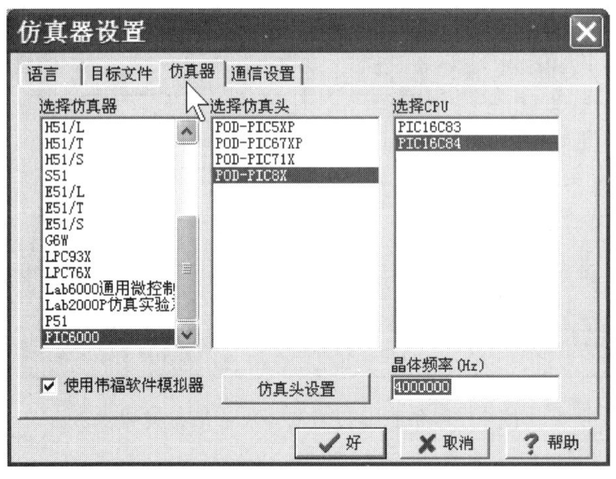

图 5.11　仿真器设置对话框：仿真器设置卡

其实，这里选择仿真器和仿真头不是目的，选择一款具体型号的单片机才是目的。但是，如果不选仿真器和仿真头，则目的无法达成。况且，一旦勾选“使用伟福软件模拟器”，以此来替代硬件仿真设备，选择仿真器和仿真头更是无实际意义。

5.5.4　通信设置卡

如图 5.12 所示，用于设置一款硬件仿真器与微机之间的通信（本书不涉及）。只有在“使用伟福软件模拟器”选项被退选之后，也就是只有当一款具体的硬件仿真器被选中时，这些选项才处于可设置状态。

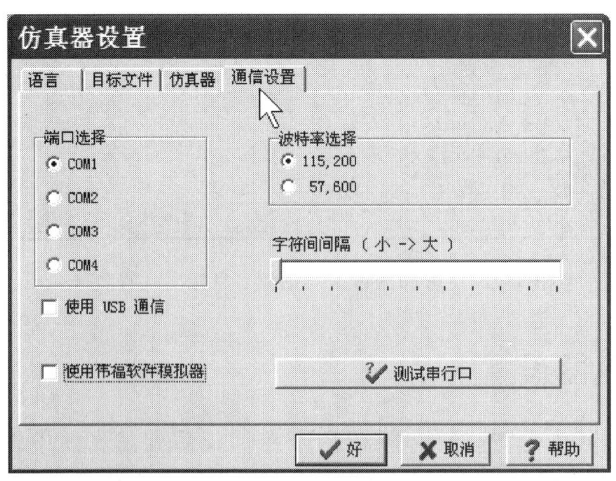

图 5.12　仿真器设置对话框：通信设置卡

5.6 如何创建、保存和打开源文件

读者在以后的学习和练习过程中，必定要在微机的硬盘中建立和生成一些实验项目和练习程序。为了提高学习效率，针对 WAVE6000 集成开发环境的运作特点，一开始就提示和教会读者如何有效地管理那些自建的实验项目，是十分必要的。

开始上手演练之前需要做的一项准备工作是，建立自己的“练习文件夹”(文件夹也叫目录)。其步骤就是：

(1) 预先利用 Windows 的“资源管理器”，在硬盘上建立一个专门用于读者练习的文件夹(例如，这里在 C：盘根目录下建立一个 C：\ASMpic\)；

(2) 在该文件夹下为每一个实验建立一个子文件夹，用于保存一个实验项目内部的所有文件(包含原料性文件、工序性文件、结果性文件等)。例如，这里先建立了 5 个备用的子文件夹，如图 5.13 所示。

具体如何创建、保存和打开源文件可以有多种方法，这里讲解两种：利用 Windows 下的“记事本”；利用 WAVE6000 环境下文本编辑器。此外，还可以利用 Microsoft Word 等其他文本编辑器实现。

下面就以一个实验程序【项目范例 5.1】为例，来演示和引领大家怎样初次创建自己的第一个源文件和第一个实验项目。

【项目范例 5.1】 循环递减实验程序

★ 项目实现功能

该程序是一段双重循环程序，其实现的功能是：定义一个寄存器变量(作为计数器)并赋给一个不等于 0 的任意值作为初值 N(在此假设选 10，也就是 0AH 或 0x0A)，然后循环递减，直到结果为 0。这时再次给计数器赋初值 N，再循环递减，减到 0 时再次赋初值 N，…，循环往复。

★ 汇编程序流程

本项目的汇编语言程序的流程图，如图 5.14 所示。

图 5.13 预先建立练习文件夹

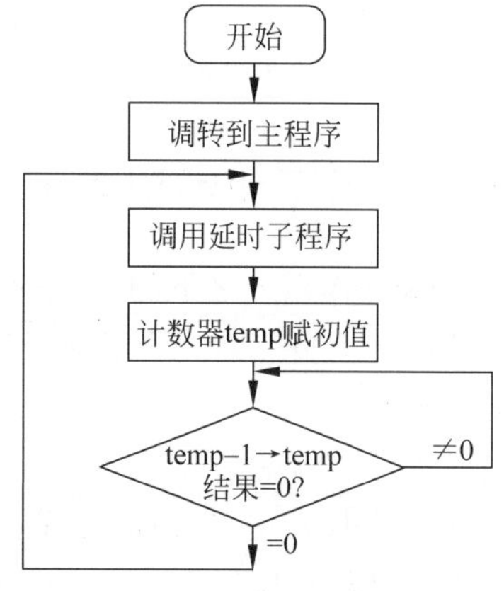

图 5.14 程序流程图

★ 汇编程序清单

```
;==============================================================
;     8位二进制循环递减计数器
;     项目名称: PROJ5 - 1.PRJ
;     源文件名: EXAM5 - 1.ASM
;     设计编程: LXH,2016/08/28
;==============================================================
LIST      P = 16F84             ;告知汇编器,你所选单片机具体型号
temp      equ     0x20          ;定义 RAM 的 20H 单元为计数器变量 temp
f         equ     1             ;令 f 等于 1,用 f 指定目标寄存器
          org     0x000         ;设置复位矢量
reset     goto    start         ;放置一条到主程序的跳转指令
          org     0x008         ;指定主程序在程序存储器的起始地址
start     movlw   0x0a          ;经 W 预置一个非 0 值为 temp 的初值
          movwf   temp          ;初始化计数器变量 temp
loop      call    delay         ;调用延时子程序
          decfsz  temp,f        ;temp 递减,其结果决定是否跳一步
          goto    loop          ;结果不为 0,则跳转到 loop 处
          goto    start         ;结果为 0,则跳转到 start 处
;--------------- 延时子程序 ----------------------------
delay                           ;子程序名,也是子程序入口地址
          movlw   0ffh          ;将外层循环参数值 FFH 经过 W
          movwf   22h           ;送入用作外循环变量的 22H 单元
lp0       movlw   0ffh          ;将内层循环参数值 FFH 经过
          movwf   21h           ;送入用作内循环变量的 21H 单元
lp1       decfsz  21h,1         ;变量 21H 内容递减,若为 0 跳跃
          goto    lp1           ;跳转到 lp1 处
          decfsz  22h,1         ;变量 22H 内容递减,若为 0 跳跃
          goto    lp0           ;跳转到 lp0 处
          return                ;返回主程序
;----------------------------------------------------------
          end                   ;源程序结束
;==============================================================
```

5.6.1 如何利用记事本创建源文件

Windows 操作系统之下的“记事本”为广大读者和计算机用户所熟悉。另外,记事本还具有很强的中文编辑能力。为了充分发挥这些优势,那么就可以把这个工具软件纳入到语言工具链中来使用。

如图 5.15 所示,就是利用记事本创建和录入源文件的画面。注意：保存时必须采用“.asm”作为源文件扩展名,还应该保存到为一个实验项目预定的子文件夹之内。

如图 5.16 所示,这里为一个实验项目做预备。所选子文件夹为“C:\ASMpic\【项目范例 5.1】循环递减实验程序”;同时定义的文件名为“EXAM5-1a.ASM”。

```
;==============================================================================
;       《8位二进制循环递减计数器》
;       项目名称：PROJ5-1.PRJ
;       源文件名：EXAM5-1a.ASM
;       设计编程：LXH, 2016/08/28
;==============================================================================
LIST    P=16F84         ;告知汇编器，你所选单片机具体型号
temp    equ     0x20    ;定义RAM的20H单元为计数器变量temp
f       equ     1       ;令f等于1，用f指定目标寄存器
        org     0x000   ;设置复位矢量
reset   goto    start   ;放置一条到主程序的跳转指令
        org     0x008   ;指定主程序在程序存贮器的起始地址
start   movlw   0x0a    ;经W预置一个非0值为temp的初值
        movwf   temp    ;初始化计数器变量temp
loop    call    delay   ;调用延时子程序
        decfsz  temp,f  ;temp递减，其结果决定是否跳一步
        goto    loop    ;结果不为0，则跳转到loop处
        goto    start   ;结果为0，则跳转到start处
;---------------延时子程序----------------------------
delay                   ;子程序名，也是子程序入口地址
        movlw   0ffh    ;将外层循环参数值FFH经过W
        movwf   22h     ;送入用作外循环变量的22H单元
lp0     movlw   0ffh    ;将内层循环参数值FFH经过
        movwf   21h     ;送入用作内循环变量的21H单元
lp1     decfsz  21h,1   ;变量21H内容递减，若为0跳跃
        goto    lp1     ;跳转到lp1处
```

图 5.15　使用记事本创建源文件

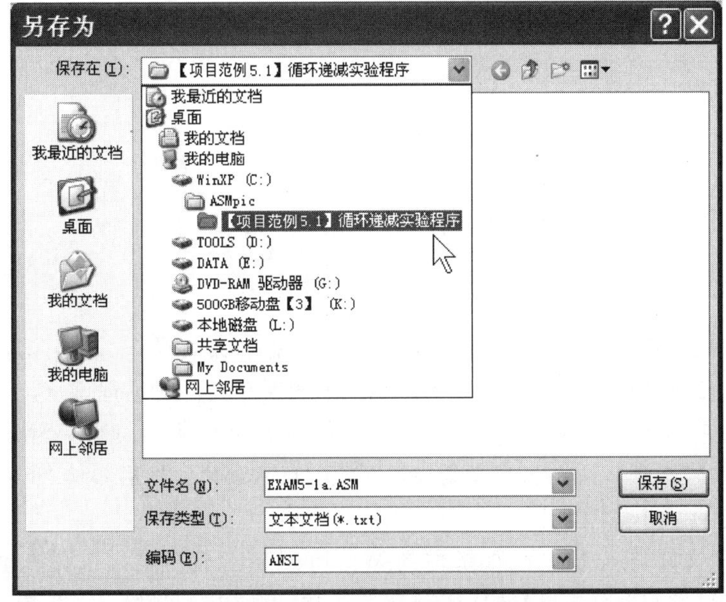

图 5.16　保存到预定文件夹

5.6.2　如何利用 WAVE6000 编辑器创建源文件

在如图 5.7 所示的 WAVE6000 工作界面中，选择菜单命令“文件”→“新建文件”或图标按钮 🗋 时，WAVE6000 将会自动调用文本编辑器。工作区内会出现一个如图 5.17 所示

的、浮动形式的文本编辑窗口，并且自动定义一个文件名“NONAME1”。

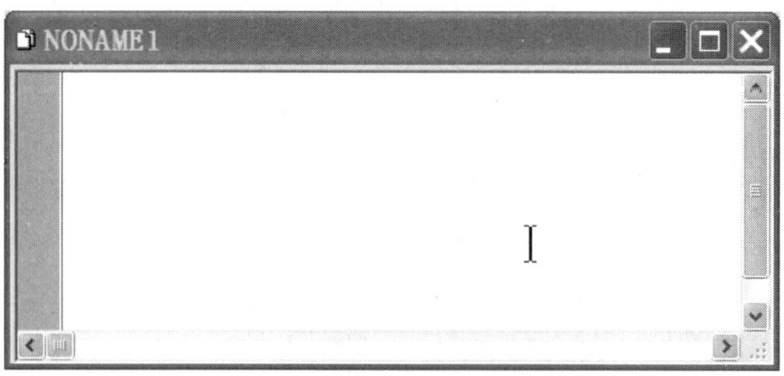

图 5.17　新创建源的文本编辑窗口

在图 5.17 窗口中，如果单击右上角的最大化按钮，可以看到该窗口呈现的样式变成了如图 5.18 所示的形式。这种形式展现出更多的信息，比如，底部拥有自己的状态栏。至此，表明 WAVE6000 编辑器为创建源文件作好了准备。此时它的标题栏中显示一个默认文件名“NONAME1”，表示你尚未给源程序文件命名。这时你必须先录入、后命名和保存。

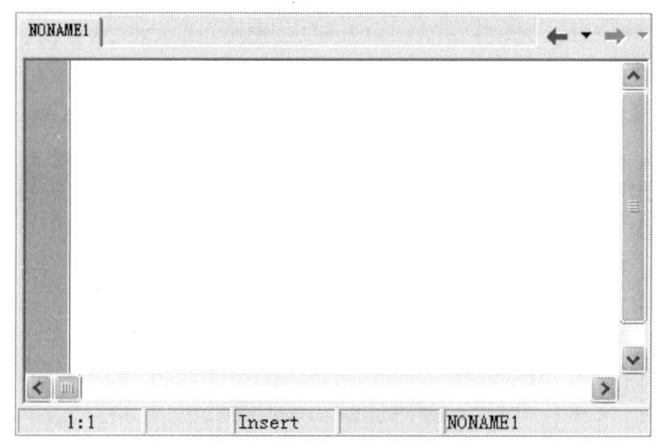

图 5.18　最大化的文本编辑窗口

在源程序的全部或部分被录入之后，即可进行保存和命名操作。这时选用菜单命令“文件”→“另存为...”，随即会出现一个如图 5.19 所示的保存文件对话框。从该对话框中，可以选定磁盘、文件夹、文件类型和定义文件名。例如，保存文件夹为“C:\ASMpic\【项目范例 5.1】循环递减实验程序”，文件名定义为“EXAM5-1b. ASM”。然后单击“保存”按钮即可关闭对话框，完成保存和命名操作。

一旦源程序文件被成功保存，如果你到 Windows 资源管理器之下去查看，还可以看到的“C:\ASMpic\【项目范例 5.1】循环递减实验程序”目录中，产生了一个新文件“EXAM5-1b. ASM”。如图 5.20 所示。

一旦源程序文件被成功保存，不仅看到标题栏中显示的新文件名 EXAM5-1b. ASM，还可以看到文本编辑窗口的内容发生了“颜色革命”，把原先的“黑一色”语句给“粉饰”成了包含黑、蓝、红、绿的“四彩缤纷”。如图 5.21 所示。这是编辑器的智能在显神通。那么，到底 WAVE6000 编辑器还有哪些智能可被我们挖掘和利用呢？

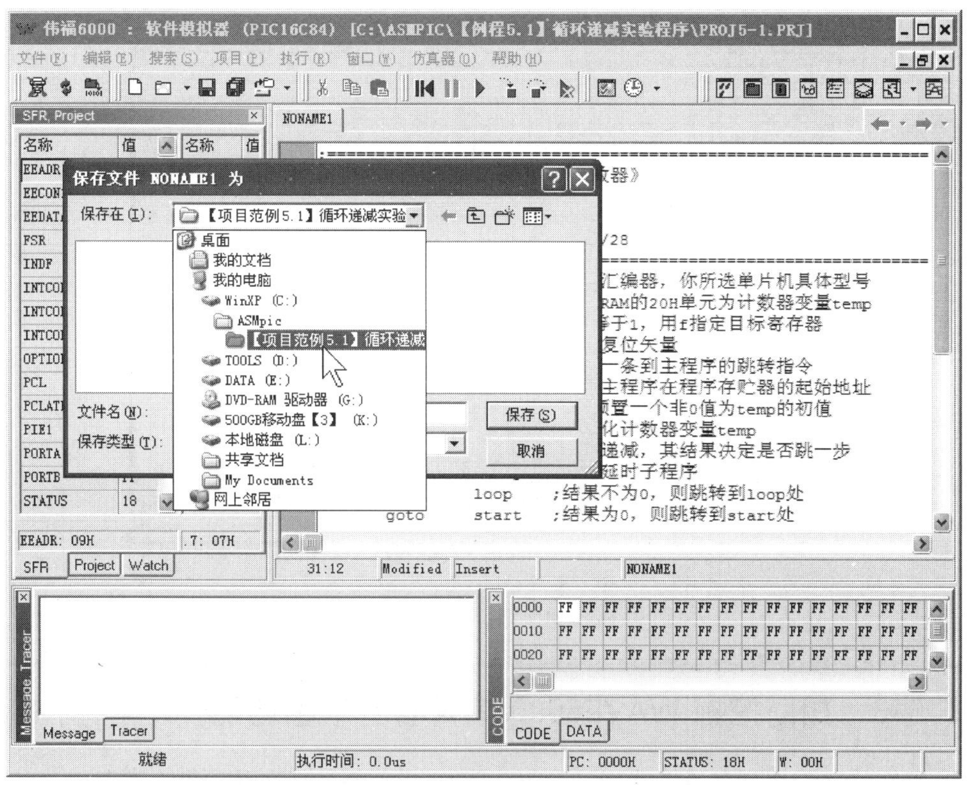

图 5.19　命名和保存文件对话框

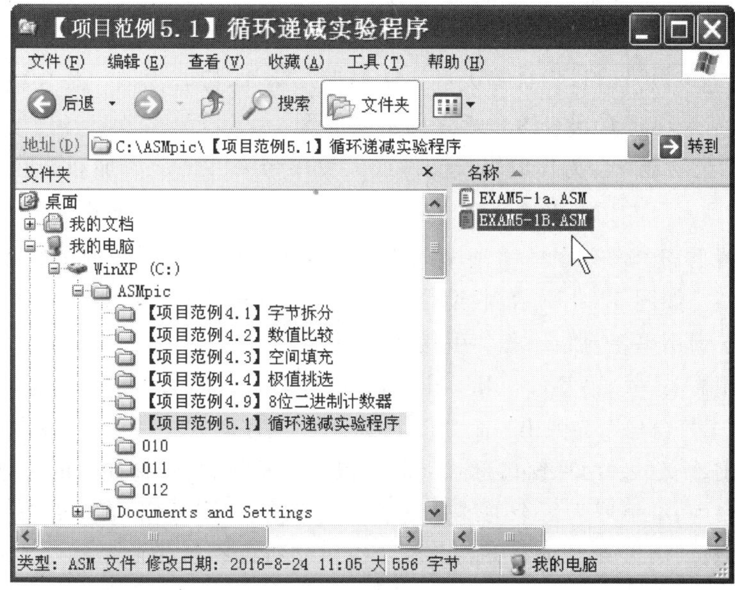

图 5.20　资源管理器中查看结果

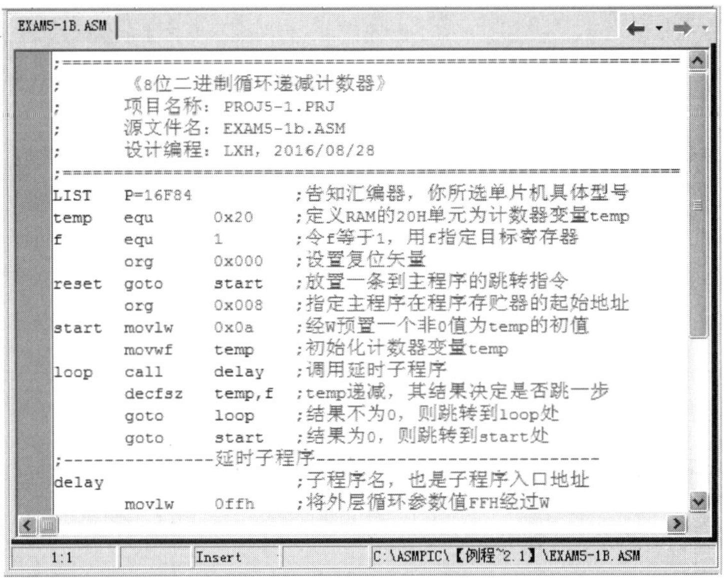

图 5.21　源文件编辑窗口

5.6.3　如何挖掘 WAVE6000 编辑器的丰富功能

WAVE6000 编辑器具有既丰富又强大功能，以下就不妨引介几项供你参考。

（1）语法识别功能：会为你输入源程序时及时发现错误提供便利。它把不同的语句成分或字段利用颜色区分开来。“黑”代表常数名、变量名、地址标号、预处理伪指令等；“蓝”代表指令和伪指令等；“红”代表数值和参数值等；“绿”色代表注释。在源程序的录入过程中，利用颜色功能可以及时辨识你敲入的语法错误。例如，假若你把一条合法指令“movwf”改成“m0vwf”，结果你将看到它的颜色立刻由蓝变黑。

（2）书签标记功能：会为你编辑长文件或大程序带来方便。添加和删除书签的操作方法是，移动鼠标到窗口左边灰色条带的右半侧，记住是右半侧，看到鼠标显示为“ ”图号，这时点击即可留下一个带有序号(0、1、2、...)书签。如果在已经存在的书签上单击鼠标，则可以删除该书签。如图 5.22 所示，假设是在我们所关注的语句上标记了 3 个书签。标记书签的目的是为了引用书签，那么，如何引用书签呢？

书签的引用需要一个书签(Bookmark)窗口的配合。打开书签窗口的方法是，利用菜单命令“窗口”→“书签窗口”，会弹出一个如图 5.23 所示的浮动式书签窗口，或者一个如图 5.24 所示的固定式书签窗口。两种窗口形式之间可以相互转换，只需拖住它的标题栏移动即可。

在书签窗口中，编辑器为每个书签建立了一条索引。“书签窗口”中的某一条索引被双击时，在“编辑窗口”中该索引所对应的书签标记语句行就会跳入眼帘。在本例中因为文件较短，你可能看不到变化，但是在文件较长或编辑窗口较小而使得书签语句行被遮住时的效果才会显著。

（3）分屏显示功能：会为你编辑、查阅、比对长文件或大程序带来便利。如果你的源程序或文本文件很长，在编辑过程中你会觉得“首尾难顾”，这时可以选用这项分屏功能。如

```
;==================================================================
LIST    P=16F84              ;告知汇编器，你所选单片机具体型号
temp    equ      0x20        ;定义RAM的20H单元为计数器变量temp
f       equ      1           ;令f等于1，用f指定目标寄存器
        org      0x000       ;设置复位矢量
reset   goto     start       ;放置一条到主程序的跳转指令
        org      0x008       ;指定主程序在程序存贮器的起始地址
start   movlw    0x0a        ;经w预置一个非0值为temp的初值
        movwf    temp        ;初始化计数器变量temp
loop    call     delay       ;调用延时子程序
        decfsz   temp,f      ;temp递减，其结果决定是否跳一步
        goto     loop        ;结果不为0，则跳转到loop处
        goto     start       ;结果为0，则跳转到start处
;---------------延时子程序---------------------------
delay                        ;子程序名，也是子程序入口地址
        movlw    0ffh        ;将外层循环参数值FFH经过W
        movwf    22h         ;送入用作外循环变量的22H单元
lp0     movlw    0ffh        ;将内层循环参数值FFH经过
        movwf    21h         ;送入用作内循环变量的21H单元
lp1     decfsz   21h,1       ;变量21H内容递减，若为0跳跃
        goto     lp1         ;跳转到lp1处
        decfsz   22h,1       ;变量22H内容递减，若为0跳跃
        goto     lp0         ;跳转到lp0处
```


图 5.22　编辑器的书签标记

Bookmark

文件名	源程序	行号	书签号	路径	状态
EXAM5-1B.ASM	delay　　　　;子程序名，也是子程序入口地	20	0	C:\ASMPIC\【例程5.1】循环测	
EXAM5-1B.ASM	LIST　P=16F84　　;告知汇编器，你所选单片机	7	1	C:\ASMPIC\【例程5.1】循环测	
EXAM5-1B.ASM	decfsz　20h,1　;变量20H内容递减，若为0跳	27	2	C:\ASMPIC\【例程5.1】循环测	

图 5.23　浮动式书签窗口

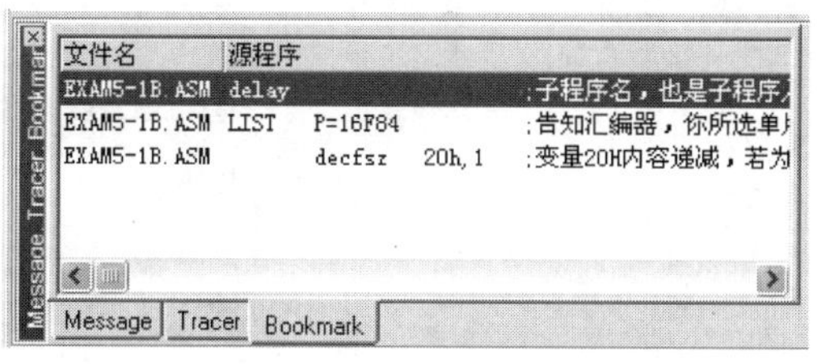

图 5.24　固定式书签窗口

图 5.25 至图 5.27 所示。分屏之后使得我们不仅可以首尾兼顾，还可以首、中、尾都能全顾。也就是，让我们可以同时查看到一篇长文的两个或者三个不同段落。具体操作方法是，移动鼠标指针到左边或者上边，并且光标变成"⟺"或者"⇕"图号时，按住并拖曳即可。如果你想取消分屏显示，方法类似，在出现上述图号时，按住并拖曳到任一侧的边界上即可。

如果源程序文件很长，则需要在输入过程中，经常性地利用菜单命令"文件"→"保存文件"，进行及时地保存操作是一种好习惯，也可避免意外电源掉电而造成前功尽弃。对于较长的源程序，如果一次不能输入完毕而需要中途退出，也应该及时保存，以便在下一次能继续前次的工作。

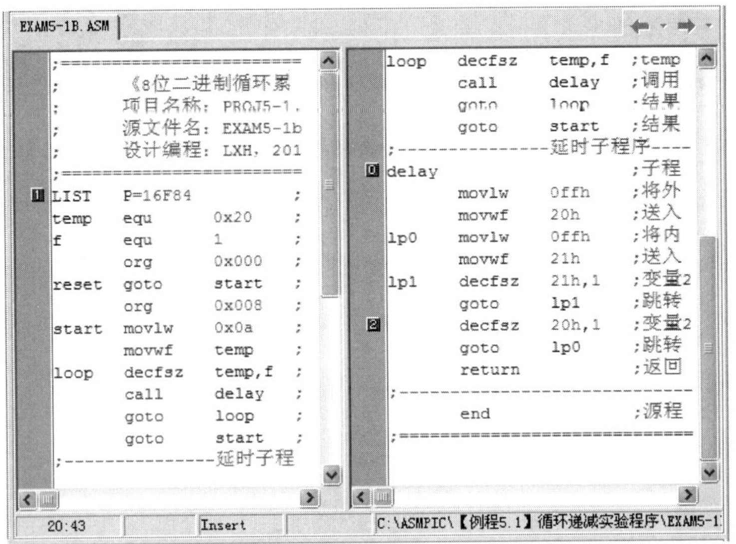

图 5.25　编辑器的分屏功能——左右分格

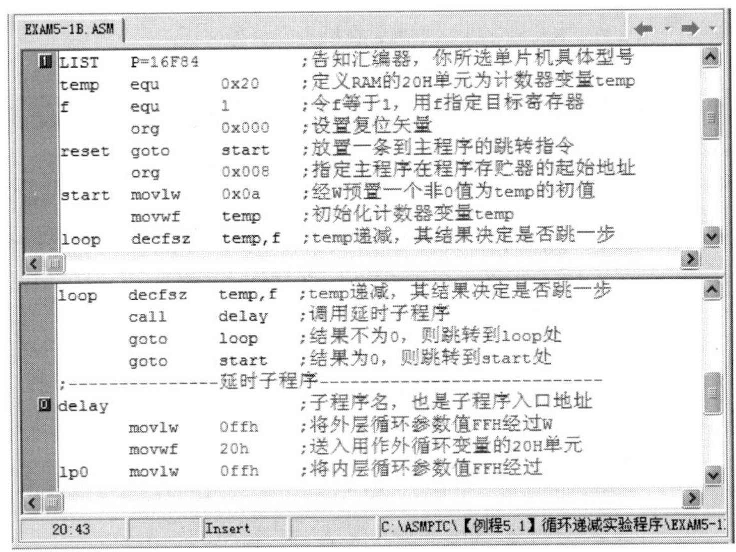

图 5.26　编辑器的分屏功能——上下分格

(4) 点屏显示功能：会为你查阅源程序中所设置的一些常数、数据和地址等参数提供便利。注意：这项功能只有在源程序被汇编之后才会显灵。如图 5.28 所示，在一行源程序语句的任何部位单击鼠标时，都会跟随鼠标弹出一个信息条。例如，W: 00H(0), [020H(32)]: 00H(0) 是在单击"movwf　temp"语句时弹出的，其中"W：00H(0)"代表当前单片机中工作寄存器 W 的内容是 00H(0)，同时用十六进制和括号内的十进制给出；"[020H(32)]：00H(0)"代表方括号内的地址码所对应的 20H(32)号寄存器单元，其中的当前值为 00H(0)。

(5) 状态栏显示功能：会为你提供及时的提示信息。如图 5.28 所示，位于底部的状态栏中列显了 5 种信息，左起依次为：光标的坐标；文件修改状态；文本编辑方式；程序寄存器 PC 值；源文件的存放路径以及文件名。其中，光标坐标代表的是编辑光标定位后的行列

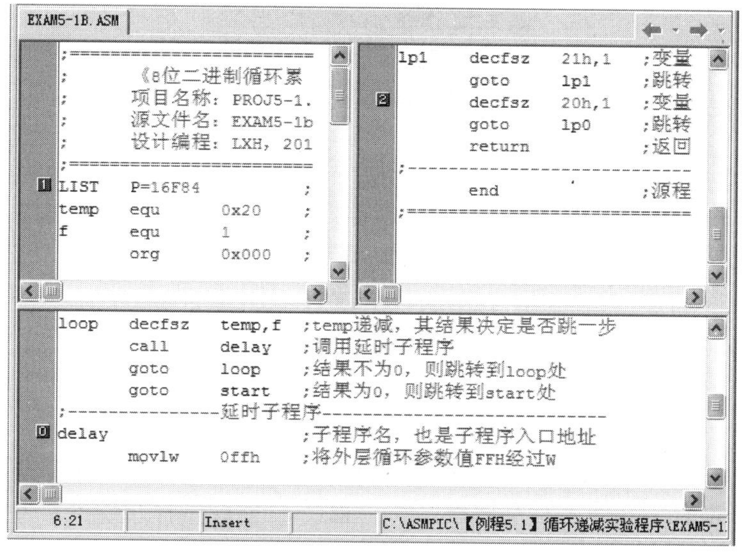

图 5.27 编辑器的分屏功能——上下左右分格

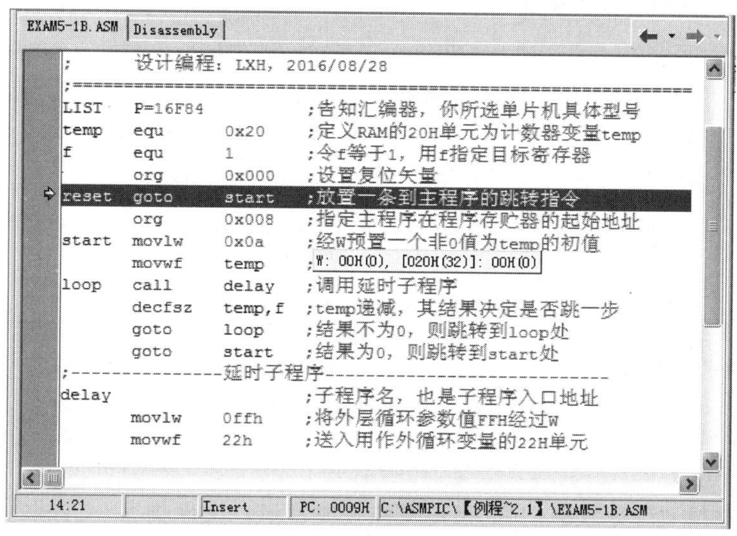

图 5.28 编辑器的点屏显示功能

位置；修改状态显示“Modified”代表文件被修改之后还没被保存或重新保存过；编辑方式显示“Insert”或“Overwrite”分别代表插入方式或覆盖方式，可用键盘上的 Insert 键来交替；PC 值分两种情况，在编辑程序状态下代表光标定位行语句在程序存储器中的存放地址，在执行程序状态下代表程序计数器当前值。

5.6.4 如何利用 WAVE6000 编辑器查看文本文件

在 WAVE6000 环境下的工作区域，可以同时创建、查看和打开多个源文件，并且可以是保存在不同路径之下的源文件，或者其他任何文本文件。

(1) 打开当前项目内的源文件：其方法是，鼠标双击项目窗口中列显的源程序文件名。如图 5.29 所示。

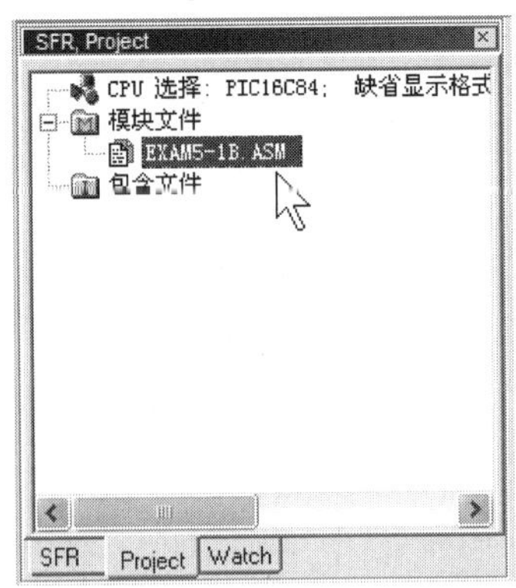

图 5.29 打开当前项目内的源文件

(2) 打开日前用过的源文件：其快捷方法是，利用菜单命令“文件”→“重新打开”，如图 5.30 所示。WAVE6000 环境为用户保留了 15 个日前曾经打开或查看过的文本文件或者项目。

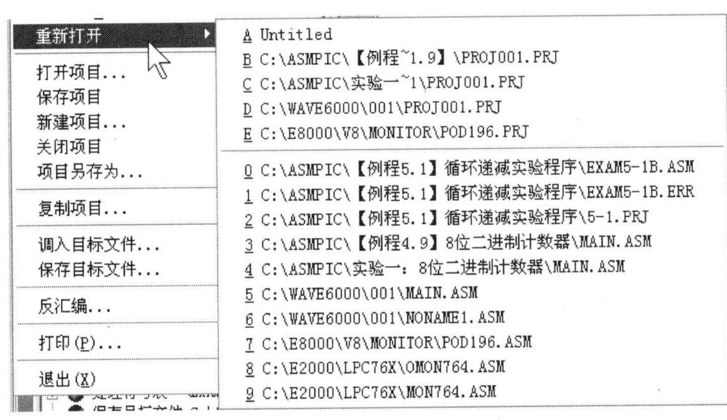

图 5.30 打开日前文件的快捷方法

(3) 打开任意文本文件：其方法是，利用菜单命令“文件”→“打开文件”，在随后弹出的对话框中可以选择文件存放路径(也就是文件夹或目录)、文件类型、文件名。如图 5.31 所示。这样可以打开存放于微机磁盘任何之处、任何类型的文本文件。例如，列表文件(.LST)、十六进制目标文件(.HEX)、包含文件(.INC)等等。

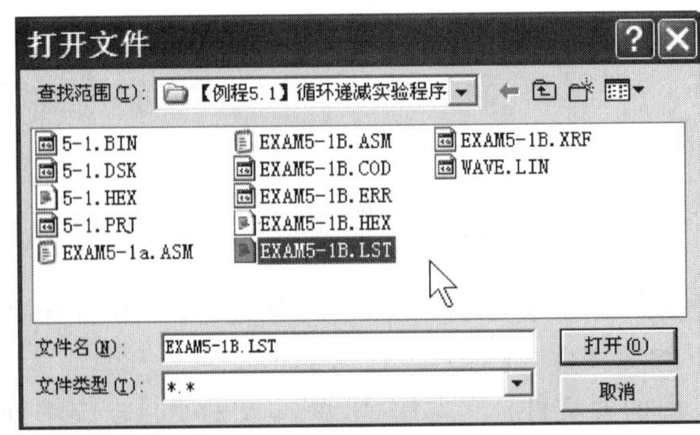

图 5.31 关闭已打开文件的快捷方法

(4) 关闭已经打开的文本文件：其方法是很简单，利用鼠标右键单击编辑窗口上边的文件名，弹出一个浮动命令菜单，然后单击其中的关闭命令即可。如图 5.32 所示。

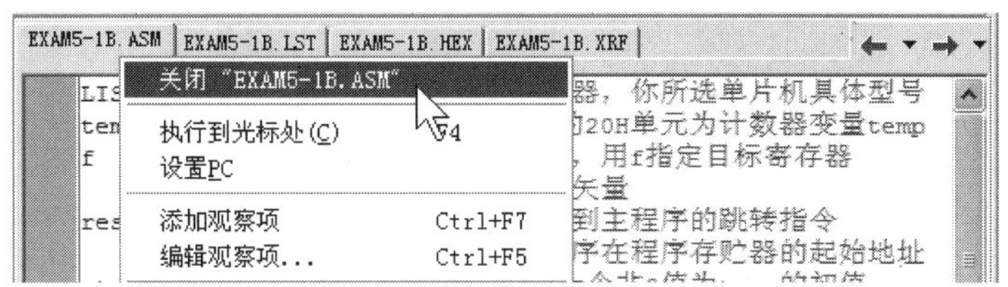

图 5.32　关闭已打开文件的快捷方法

5.7　如何在 WAVE6000 环境中创建、编辑、制作项目

这里我们以创建一个最最简单的单文件(即单模块)项目为例，来引导读者尽快进入实战阶段。

5.7.1　如何创建项目

在 WAVE6000 环境中创建一个新项目的过程，将遵循以下步骤。

(1) 预先需要完成的任务，或者说前提条件是，如前所述，利用 Windows 下的"记事本"或者 WAVE 6000 环境下文本编辑器，已经创建了一个源程序文件，比如"EXAM5-1B.ASM"，并且已经存放到了一个专设文件夹"C:\ASMpic\【项目范例 5.1】循环递减实验程序"中。

(2) 选择菜单命令"文件"→"新建项目"，会弹出一个如图 5.33 所示的加入模块文件对话框，从中选择并打开上述文件夹内一个文件类型为.ASM 的，文件名为 EXAM5-1B.ASM 的源程序。这样就把一个源文件加入到项目中，构成了一个项目模块文件。

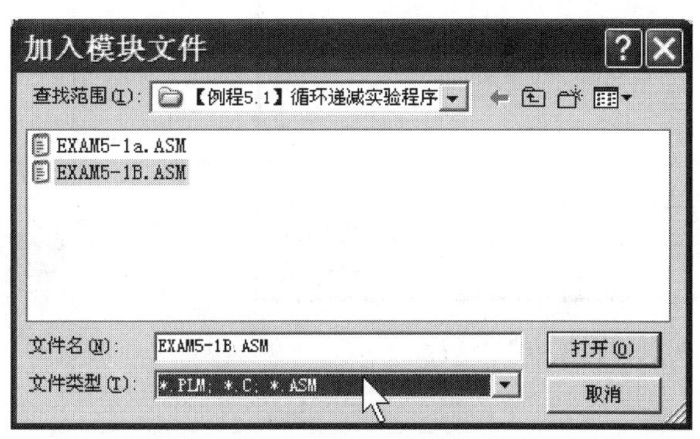

图 5.33　加入模块文件对话框

(3) 在单击图 5.33 对话框的"打开"按钮之后，接着会弹出一个如图 5.34 所示的加入包含文件对话框，从中可以选择一个包含文件加入项目。微芯公司专为每一款 PIC 单片机都分别准备了一个包含文件(后缀为.INC)，例如，专为 PIC16F84 编写的包含文件为"P16f84.inc"。这些 INC 文件可以从如图 5.34 所示的 WAVE6000 安装目录"C:\wave6000\BIN\COMPPIC"下找到。先复制包含文件 P16f84.inc 到源文件所在文件夹，然

后再作添加操作。其实，为了循序渐进的教学需要，目前我们还没有用到包含文件的功能，因此也可以直接单击该对话框的“取消”按钮。以后用到时再细讲。

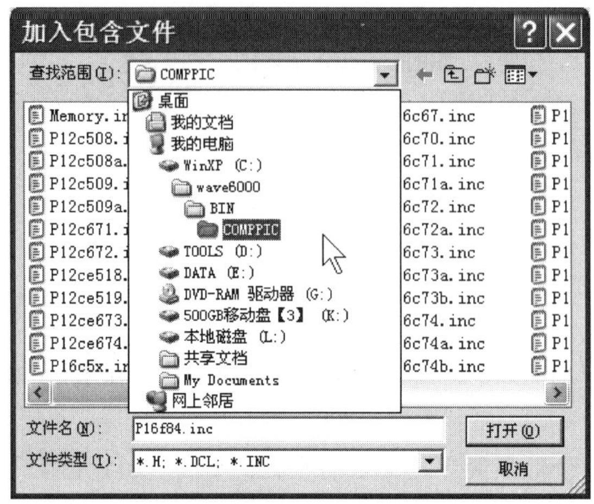

图 5.34 “加入包含文件”对话框

(4) 在单击图 5.34 对话框的“取消”按钮之后，接着又会弹出一个如图 5.35 所示的保存项目对话框，从中可以为新项目取名，比如“PROJ5-1. PRJ”，还可指定用来保存该项目的文件夹。尽管系统允许项目文件夹不同于源文件的文件夹，但是我们不建议这样做。

到此一个新项目就建立起来了。这时查看 WAVE6000 环境的项目窗口，可以见到如图 5.36 所示的结果。

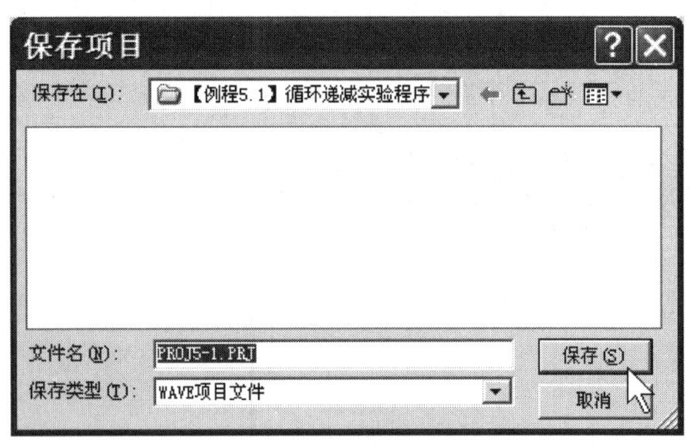

图 5.35 “保存项目”对话框

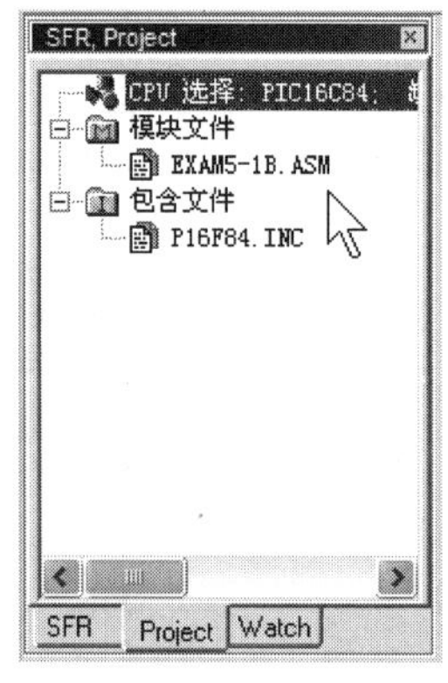

图 5.36 项目窗口查看结果

5.7.2 如何编辑项目

在 WAVE6000 环境中所能实现的编辑项目，就是指修改项目(对于其中的各种文件作添加或删除)、复制项目、保存项目、更名另存等操作。

编辑一个处于开启状态的项目，其方法是在如图 5.36 所示的项目窗口中，利用右键单击，会弹出一个如图 5.37 所示的命令菜单。如果在某一文件名上单击，则“察看源文件”和“从项目中删除”两条命令是可用的，显示黑色，否则，显示灰色。

图 5.37　项目窗口浮动菜单

请读者注意搞清几个关系：①在 WAVE6000 集成开发环境中打开或编辑的文件，不等于是项目之内的文件；②资源管理器之下所看到的项目文件夹之内的文件，也不等于是项目之内的文件；③只有在 WAVE6000 环境中的项目窗口里所看到的文件，才属于项目之内的文件；④即便是项目之内的文件，也并不一定对于形成最终目标文件都有贡献。

5.7.3　如何制作项目

在完成项目创建或编辑之后，接下来需要启用汇编器(甚至还有连接器)对汇编语言源程序进行汇编处理(对于含多模块的复杂项目，甚至还包含连接处理)，得到一个最终目标文件(.HEX 文件)，就是将要被烧写的单片机芯片内部的 Flash 程序存储器中的目标文件。这一操作过程通常被叫做“制作(make)”或“建造(build)”项目。

对于一个简单的单文件、单模块项目的制作过程，实际就是按照如图 5.38 所示的处理流程，把一个汇编语言源程序(.ASM)加工成一个适合烧写器接受的最终目标程序(.HEX 或.BIN)。

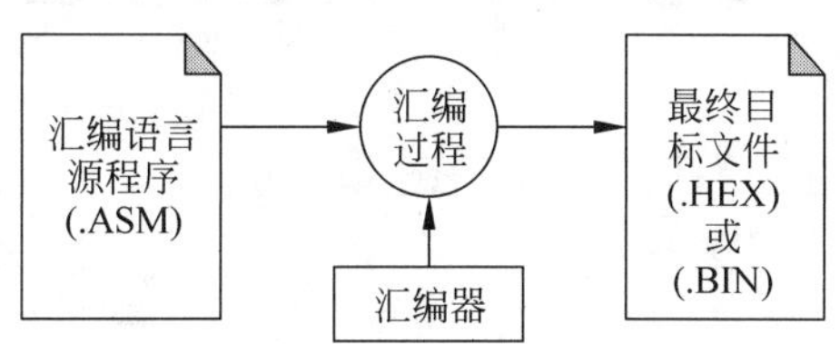

图 5.38　早期汇编器的功能

其操作方法是，可以选择菜单命令“项目”→“编译”，或者直接单击工具栏的“ ”图标按钮，WAVE6000 将自动调用汇编器 MPASM，将项目文件 PROJ5-1. PRJ 管理下的源文件 EXAM5-1B. ASM，给汇编成一个与项目同名的(16 进制的)目标文件 PROJ5-1. HEX。

同时，WAVE6000 环境会在信息输出窗口中，显示一系列反馈信息来提示我们。如图 5.39 所示，显示的是已经成功！并已产生了 HEX 文件。只有制作成功，才会生成 HEX 文件。输出窗口中没有显示“×”号，表明源程序中没有关键性错误；显示“!”号代表提示性信息，表明源程序中存在不规范之处，但不影响成功通过。

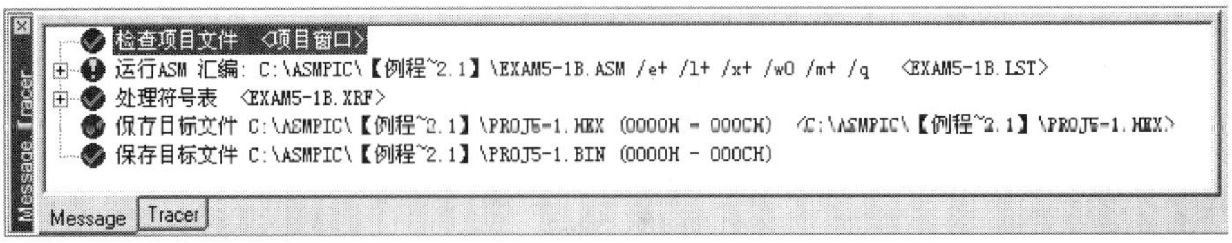

检查项目文件 <项目窗口>
运行ASM 汇编: C:\ASMPIC\【例程~2.1】\EXAM5-1B.ASM /e+ /l+ /x+ /w0 /m+ /q <EXAM5-1B.LST>
处理符号表 <EXAM5-1B.XRF>
保存目标文件 C:\ASMPIC\【例程~2.1】\PROJ5-1.HEX (0000H - 000CH) <C:\ASMPIC\【例程~2.1】\PROJ5-1.HEX>
保存目标文件 C:\ASMPIC\【例程~2.1】\PROJ5-1.BIN (0000H - 000CH)
Message Tracer

图 5.39 信息窗口的反馈信息：成功

为了教学需要，我们还可以看看制作不成功的情况。不妨给源程序人为添加一处错误(Bug)，例如，在源程序的第 10 行中把“start”改为“stat”，然后再进行制作。结果显示的是不成功！如图 5.40 所示(存在“×”号)，其中包含出错警告信息“Error[113] ：Symbol not previously defined (stat)”。其意思是，符号(stat)没有被预先定义。其中[113]代表故障类型号，可依次查阅故障字典。通常，一个“×”号代表一条警告性信息，表明源程序中存在一处关键性错误。

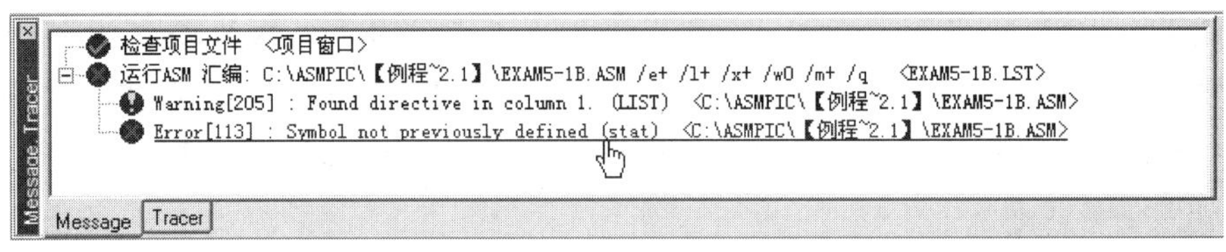

图 5.40 信息窗口的反馈信息：不成功

如果你想查找和定位故障所在源程序中的具体位置，可以双击该提示行“Error[113]”，随即在文本编辑窗口中就会发现，光标将自动停留在故障行上，并且反白显示该行。此外还有一招就是，在编辑窗口中打开一个由汇编器自动产生的列表文件“EXAM5-1b. LST”，从中也能看到故障所在行。

在制作项目完成之后，如果到资源管理器里的项目目录下去查看，则会发现多出许多的文件。如图 5.41 所示。

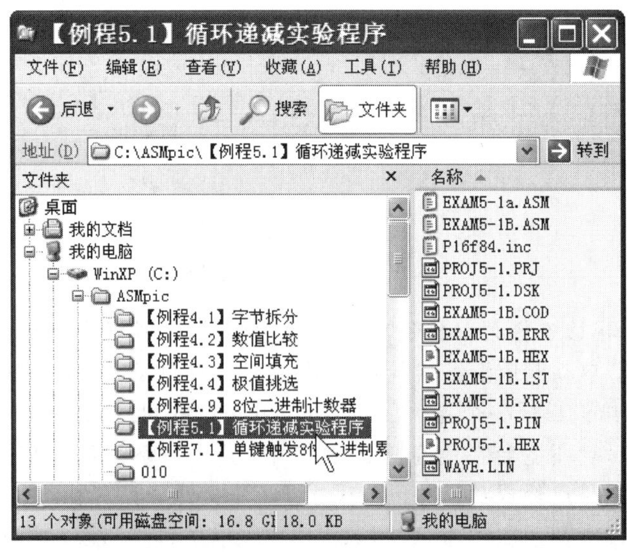

图 5.41 制作项目完成后产生的诸多新文件

5.8　如何利用软件模拟器调试项目

程序调试就是检验我们所设计的程序，是否能够正常运行，是否产生正确的结果，是否存在设计漏洞(Bug)，算法(可以通俗地理解为，用计算机的思想解决实际问题的方法)设计是否合理，是否能够准确地控制各种硬件资源，是否能够实现预期的功能等。

在开发项目的整个流程中，调试项目是其中的重要一环，如图5.42所示。从该图中还可以看出，调试项目环节在流程中的位置，明确地说，要想开始一个项目的调试，其前提或背景是在这个项目制作完成之后。

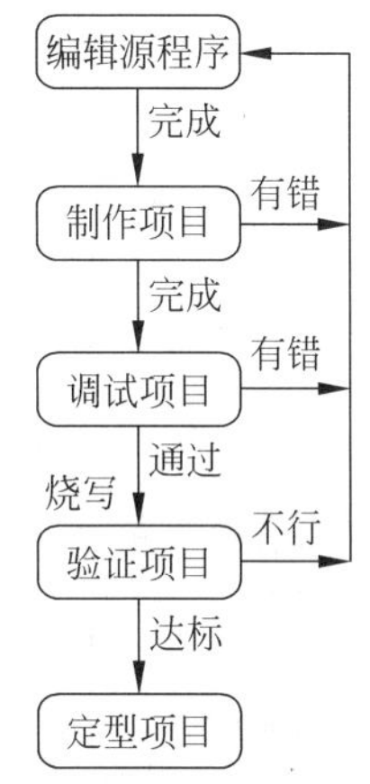

图5.42　开发项目流程

WAVE6000环境中的软件模拟器提供了多种调试程序的手段或执行程序的方式，比较常用的有以下几种：连续执行、单步执行、自动单步执行、设置断点执行、忽略断点执行、从指定行执行、执行到光标以及修改寄存器，等等。

下面就结合前面给定的【项目范例5.1】为调试对象，分别介绍几种常用调试手段的使用方法。更多的调试方法、调试技巧或调试策略将分散到以后各个章节中，在恰当的场合结合相应的具体的应用示例再分别讲解。

5.8.1　如何进行复位操作

在用WAVE6000软件模拟器运行一个项目时，首先应该使得(虚拟的)"目标单片机"进入复位状态，也就是处于准备就绪状态。这就像一个赛场上的跑步运动员，在发令枪响之前，即开跑之前，必须身处或归位到起跑点并做好起跑姿态。万里长征始于足下，这里则是，万里长跑始于原点。

其实，任何一个以单片机为控制核心的应用项目，在每次初始加电开机运行或者半途而废从头再来时，单片机都是从同一个原点开始出发的。对于一个还处于调试过程中的单片机应用项目，令其返回原点重新再来，是非常频繁要做的动作。对于一个单片机初学者、一个新手在学习和操练单片机实验的过程中，就更是需要频繁地给单片机做复位动作。

在WAVE6000环境中，令单片机复位的操作方法是，选择菜单命令"执行"→"复位"或者单击工具栏上的"▮◀"图标按钮或者按键盘上的Ctrl+F2组合键均可。这时如图5.43所示的WAVE6000环境会呈现出诸多信息，它究竟传达给我们哪些信息呢？以下就来解读几条，意在抛砖引玉启发读者。

(1) 观察源程序窗口可以看到，一个专用箭头光标停留在源程序的第1条可执行语句(即指令性语句，也就是非伪指令语句)上，并使该行语句反白显示；窗口底边栏中的程序计数器PC值被归0。

(2) 观察SFR窗口可以看到，各个特殊功能寄存器名称，及其复位值(默认以十六进制数显示)。如果单击某个寄存器名，比如状态寄存器STATUS，还可进一步看到其内部各个比特的名称及其复位值。其实，这些SFR的复位值(或当前值)从数据存储器DATA窗口

图 5.43 复位之后的 WAVE6000 环境

也是可见的，原因是，所有 SFR 都位于数据存储器（又叫文件寄存器）的空间之内，也就是所有 SFR 都是数据存储器的构成部分。例如，STATUS 寄存器的值，从 SFR 窗口中看到的是 18H，从 DATA 窗口中的 03H 号和 83H 号单元看到的也都是 18H。

（3）观察程序 CODE 窗口可以看到，汇编成功的目标程序已经被装载到单片机的程序存储器空间。例如，汇编指令“GOTO　0008H”的机器码就是“2808H”，只不过是在 CODE 窗口中呈现为两个字节，并且低字节 08H 在前、高字节 28H 在后。如图 5.44 所示。

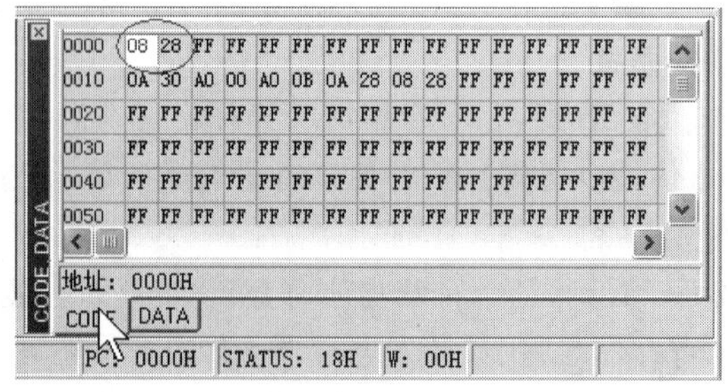

图 5.44 复位之后的程序 CODE 窗口

为了印证“2808H”就是“GOTO　0008H”的机器码，不妨再开启一个反汇编(Disassembly)窗口，方法是利用菜单命令“窗口”→CPU“窗口”或单击“ ”按钮。打开一个如图 5.45 所示的窗口，从中第一行可以读出的信息依次是：“0000H”为指令码在程序存储器内的地址(即复位矢量)；“2808H”为指令的机器码；“GOTO　0008H”是以 2808H 为依据反汇编得到的汇编指令；分号之后才是用户自己书写的源程序语句。

```
EXAM5-1B.ASM  Disassembly
0000H 2808  GOTO   0008H      ; reset goto   start    ;放
0001H FFFF  ADDLW  FFH
0002H FFFF  ADDLW  FFH
0003H FFFF  ADDLW  FFH
0004H FFFF  ADDLW  FFH
0005H FFFF  ADDLW  FFH
0006H FFFF  ADDLW  FFH
0007H FFFF  ADDLW  FFH
0008H 300A  MOVLW  0AH        ; start movlw  0x0a     ;经
0009H 00A0  MOVWF  20H        ;       movwf  temp     ;初
000AH 200E  CALL   000EH      ; loop  call   delay    ;调
000BH 0BA0  DECFSZ 20H, 1     ;       decfsz temp,f   ;te
000CH 280A  GOTO   000AH      ;       goto   loop     ;结
000DH 2808  GOTO   0008H      ;       goto   start    ;结
000EH 30FF  MOVLW  FFH        ;       movlw  0ffh     ;将
000FH 00A2  MOVWF  22H        ;       movwf  22h      ;送
0010H 30FF  MOVLW  FFH        ; lp0   movlw  0ffh     ;将
0011H 00A1  MOVWF  21H        ;       movwf  21h      ;送
0012H 0BA1  DECFSZ 21H, 1     ; lp1   decfsz 21h,1    ;变
11:1    Insert    PC: 0000H  C:\ASMPIC\【例程~2.1】\EXAM5-1B.ASM
```

图 5.45　复位之后的反汇编(Disassembly)窗口

从反汇编窗口中还可以查看：用户程序在程序存储器(即 Flash 存储器)内的布局；每条指令的存放地址；该指令的机器码；该指令的汇编形式；以及它所对应的用户程序中的那条语句。Flash 存储器的空白单元，其默认值为“FFFFH”，对应的汇编指令为“ADDLW　FFH”，没有源程序与之对应。由于源程序中的伪指令不产生机器码，因此不会有存储单元与之对应。

(4) 观察 WAVE6000 环境主窗口可以看到的状态栏如图 5.46 所示，从中可以解读出的信息依次是：“就绪”代表软件模拟器已做好准备执行用户程序；“执行时间”代表执行程序所占用的单片机 CPU 时间，以微秒(显示为 us)为单位；“PC”代表程序计数器当前值；“STATUS”代表状态寄存器的当前值；“W”代表工作寄存器的当前值。

图 5.46　复位之后的主窗口状态栏

5.8.2　如何进行连续执行(全速执行)

在完成单片机的复位操作之后，若想利用连续执行方式来调试你的程序，并且看不出什么结果，那就选择菜单命令“执行”→“全速执行”，或者按 Ctrl+F9 组合键，或者直接单击工具栏上的“ ”图标按钮，均可令用户程序进入连续执行状态。

可是在输入上述命令后，我们发现似乎用户程序没有任何反应，也看不到执行结果。其实，用户程序正在后台被马不停蹄地执行着。这可以通过观察状态栏就能发现，一是“就绪”

变成“正在执行”，二是颜色由灰变蓝，三是执行时间不断累进，四是 PC 值不断变化。

可能读者会产生这样一个疑问，那为什么程序不能结束呢？理由是，单片机的指令集中压根儿就没有停机指令，单片机的用户程序都是一个“无限循环”结构。要中止程序的执行，不妨单击一下工具栏上的“II”暂停按钮(等效于菜单命令“执行”→“暂停”)。随即，状态栏的颜色复原，表明程序停止执行，并随机地停留在程序的某一行上。无论是在源程序窗口中，还是在反汇编(Disassembly)窗口中(如图 5.45 所示)，都可以看见指示程序执行的光标被随机地停留在某一行上。

在程序连续执行过程中，我们看不到执行程序所产生的结果(或者临时性结果)，但并不等于没有产生结果，只是显示信息没有得到及时更新而已。只有当程序停下来之后，显示信息才被更新一次，程序执行结果才被显现出来。

可见，采用这种调试手段，既不便于及时了解程序的执行结果，也不便于控制程序的执行过程。不过，对于调试非循环结构的程序，比如算术运算程序，连续执行方式效率较高，可以很快将全部程序执行一遍，并能立刻得到程序处理的最终结果。而对于调试我们这里编写的这个循环结构的例程，连续执行方式就不是一种很有效的手段。因此，需要我们进一步探讨和选择其他的调试手段。

5.8.3 如何追查程序执行结果

通过第 2 章的学习，大家知道 PIC16F84 单片机内部的存储空间有多种，如特殊功能寄存器、通用寄存器、程序存储器、EEPROM 数据存储器、堆栈等。程序在执行过程中总要读出、写入或修改这些存储空间当中的内容。在执行某一段具体程序时，只要改写了某个或某几个存储单元的值，就会产生一些“临时结果”。因此，我们可以通过观察某些存储空间中的内容随着程序的执行而发生的变化，追查所留下的一些“蛛丝马迹”，来了解程序的执行状况，辅助实现调试程序的目的。

我们用 WAVE6000 进行单片机程序编写与调试时，通过观察 WAVE6000 环境中所能见到的某些特殊功能寄存器和通用寄存器单元的内容变化，使开发者更直观地了解程序的执行结果，来辅助分析程序的逻辑功能是否符合预期。在 WAVE6000 环境中，究竟应该锁定哪个或哪几个寄存器单元作为观察对象呢？这里就以【项目范例 5.1】的程序为模型，给大家做个示范。

1. 如何观察特殊功能(FSR)寄存器单元——PC、STATUS 和 W

尽管我们所调试的这个范例程序很简单，不过再简单的程序，在其执行过程中也必然用到这 3 个最重要最关键并且地位特殊的寄存器 PC、STATUS 和 W。因此，必须将其作为重点观察对象，于是在 WAVE6000 开发环境中，它们就被安排到了底部状态栏上以便于观察，也便于直观地提醒开发者应随时留意它的内容变化。如图 5.47 所示。

除此以外，STATUS 和 PC 还可以在 SRF 窗口中查看(提示：SRF 窗口在菜单命令“窗口”下拉菜单中对应的是“CPU 窗口”)，甚至可以看到 STATUS 内部的具体比特位。在 SRF 窗口内还能看到颜色变化，“变红”的数值代表程序执行时受到了改变，其余维持“黑色”的代表没有受到程序改变。其实，SRF 窗口中的 PCL 就是程序计数寄存器 PC 的低字节，就是 PC 的核心部分。

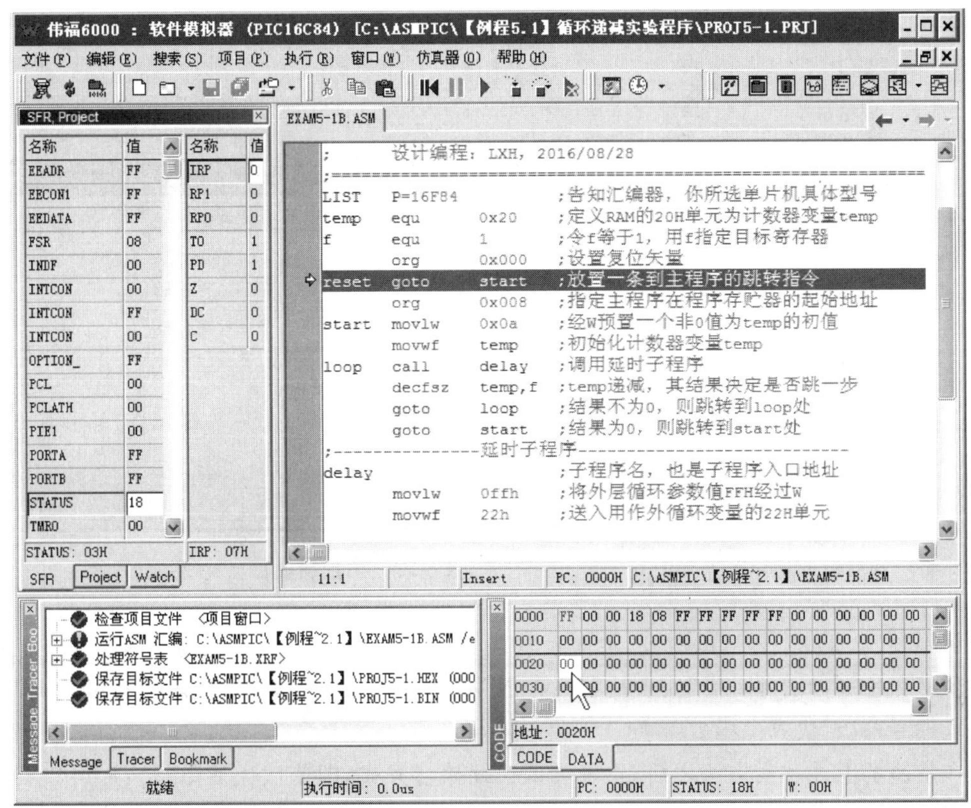

图 5.47　在 WAVE6000 环境中寻找观察对象

2. 如何观察通用(DATA)寄存器单元

对于本例程序，观察通用寄存器单元就是观察在源程序中由用户自定义的一个寄存器变量“temp”，位于通用寄存器区域的 20H 单元，并且在程序执行过程中不停地改写该变量。令变量 temp 的内值(按 10→00)循环递减，这也是该程序的设计目标，理所当然，我们就应该把注意力聚焦到变量名 temp 所在的 20H 号单元上。

观察这个用户变量 temp 内值变化的方法有两种：①到 DATA 窗口中查看 20H 号单元。方法是，将 20H 号单元所在行纳入视野，还可以单击它，这时其底色变白，被凸显出来，同时其单元地址被显示在该窗口的状态栏“地址：0020H”。从该窗口中看到的单元内值按十六进制显示。当然，利用本法还可以同时观察“延时子程序”中的内循环和外循环的控制变量 21H 和 22H 单元。②到 Watch 窗口中查看 temp 观察项。方法是，打开 Watch 窗口，在内部右击鼠标，弹出浮动菜单(如图 5.48 所示)；选择其中的“添加观察项”命令，然后弹出一个如图 5.49 所示的编辑观察项对话框；按图中填写和编辑后，就会看到新添了一个观察项“ temp: 00H(0) ”。其中，“V”代表是一个变量(当变量值有变时显为红底色，否则显为蓝底色)，“temp”代表变量名，“00H(0)”代表变量当前值，同时显示为十六进制和十进制数(后者位于括号内)。利用本法将无法观察“延时子程序”中的内循环和外循环的控制变量 21H 和 22H 单元，因为在源程序中没有给它俩定义变量名。

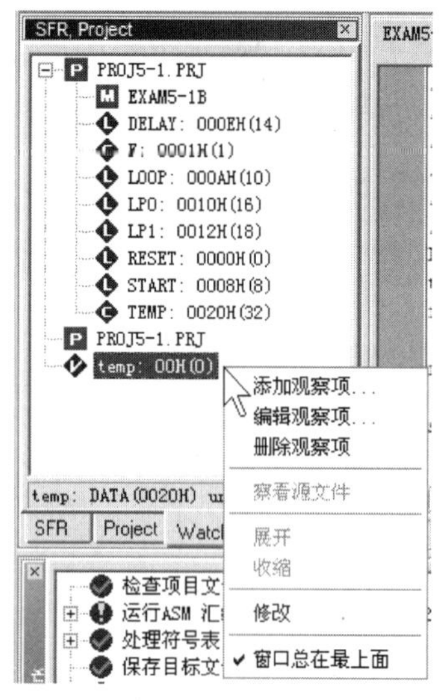

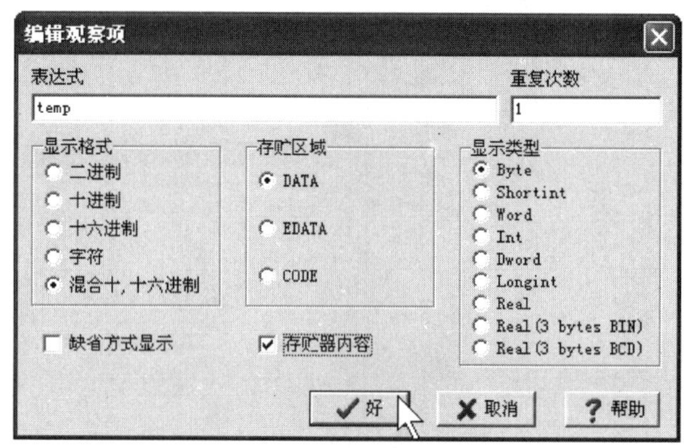

图 5.48 观察窗口及其浮动菜单　　　　图 5.49 添加和编辑观察项对话框

从 Watch 窗口中还可以看到，本项目默认的 11 个观察项，其中分为 5 种类型，分别利用 5 个带底色字母引导："P"代表是项目；"M"代表是模块文件；"C"代表是常量；"L"代表是地址标号；"F"代表是函数。

在掌握了上述观察方法之后，再来尝试连续执行方式，即依次先后单击"▶"和"‖"按钮，并且不断重复这个组合动作，其间重点查看"temp"变量值或"20H"单元内值。可以发现，每次组合动作之后所看到的值几乎都不同。理由是，该执行方式对于高速运行的计算机所执行的指令条数无法预知和控制。

5.8.4 如何进行单步执行

单步执行是一种控制程序执行过程的有效方法，而且能够及时观察到每一条指令的执行结果或执行状态。每输入一次控制命令，就会仅仅执行一条指令，并且立刻更新 WAVE6000 环境下有关窗口中的观察信息，也就是及时显示该指令的执行结果。单步执行方式又可以细分为"单步进入"和"单步跨越"2 种执行方式。

1. 单步进入执行方式（"跟踪"执行方式）

单步进入执行方式对应 WAVE6000 环境下的"跟踪"执行方式，又可以简称"步入"。这种单步执行方式，在遇到子程序调用指令"CALL"时，会进入子程序仍然以单步方式执行。其具体操作方法如下：在 WAVE6000 环境下，可以首先单击工具栏上的"⏮"图标按钮，使"单片机"复位。然后选择菜单命令"执行"→"跟踪"或者单击工具栏上的"↓"按钮或者按 F7 键，均可启动一次单步进入执行方式。在一次次地输入该控制命令的同时，可以看到某些寄存器内容变红，表明指令的执行使得该寄存器内值被更新。

步入执行方式可以看到包括子程序指令在内每一条指令的执行结果，但是，如果不想再调试已经成熟了的子程序，子程序的执行会成为累赘。那么，有其他好方式吗？接着往下看。

2. 单步跨越执行方式("单步"执行方式)

单步跨越执行方式对应 WAVE6000 环境下的"单步"执行方式,又可以简称"步越"。这种单步执行方式,与单步进入执行方式相比大同小异,只是在遇到子程序调用指令"CALL"时,会以跨越方式把子程序当作一条指令一口气执行完毕。对于包含延时子程序的情况,该方式会给调试过程带来便利。其具体操作方法如下:在 WAVE6000 环境下,可以首先单击工具栏上的"⏮"图标按钮,使"单片机"复位。然后选择菜单命令"执行"→"单步"或者单击工具栏上的" "按钮或者按 F8 键,均可启动一次单步跨越执行方式。在一次次地输入该控制命令的同时,可以看到某些寄存器内容变红,表明指令的执行使得该寄存器内值被更新。

可见,采用上述 2 种单步执行调试手段,不仅可以及时地了解程序的执行状态,而且还能很好地控制程序的执行过程。程序的单步执行方式与连续执行方式相比,两者具有很强的互补性。但是,单步执行方式也有其自身固有的弱点,那就是调试效率较低,对于调试长程序和循环程序而言更是如此。

5.8.5 如何进行自动和连续单步执行

连续单步运行方式既像连续运行方式那样自动控制程序的运行过程,又像单步运行方式那样在每条指令执行过后刷新屏幕显示。程序不停,刷新不止,显示效果类似于播放动画片(Animation)。

1. 如何进行自动单步执行

在 WAVE6000 环境下,首先单击工具栏上的"⏮"图标按钮,使"单片机"复位。然后选择菜单命令"执行"→"自动跟踪"/"单步",令程序进入自动单步执行状态。同时应注意观察寄存器变量"temp"的变化规律,是否符合我们的设计预期。若想让程序停止,单击一下工具栏上的"⏸"暂停按钮即可。

2. 如何进行连续单步执行

其具体操作方法可以采用如下两种:

(1) 按住 F7 功能键不松手,可以令程序进入连续单步执行的状态。这相当于将一系列"单步进入"操作步骤连接在了一起。

(2) 按住 F8 功能键不松手,可以令程序进入连续单步跨越执行的状态。这相当于将一系列"单步跨越"操作步骤连接在了一起。

连续单步运行方式更加方便运行过程的控制。在连续单步运行期间,同时注意观察寄存器变量"temp"变化规律,以便判断程序是否符合要求。若想中止程序的运行,只需松开功能键 F7 或 F8 即可。

5.8.6 如何设置断点或忽略断点执行

在调试长程序的过程中,我们可以控制连续执行那些简单的或者已调通的程序片段,而控制单步执行那些复杂的或者待调的程序片段。这样就可以将连续执行方式和单步执行方式的优势结合起来交替使用。还有的时候,希望执行一个程序片段之后暂停下来,观察各寄存器变量的值,以便分析中间结果。这些均可以通过在程序的预定行上设置断点(Break

Point)的方式来实现。可以说,设置断点是控制程序执行过程的另一种有效方法。在该过程中需要 3 种操作:设置断点、执行程序和取消断点。

1. 如何设置断点

设置断点的操作方法有 2 种:①移动鼠标到窗口左边灰色条带的左半侧,记住是左半侧,看到鼠标显示为“ ”图号,这时单击即可设置一个断点。②把光标停留在指定语句上,然后利用菜单命令“执行”→“设置”/“取消断点”。如图 5.50 所示,假设是在恰当的语句上设置了 2 个断点。

提醒:设置断点只能设在可执行语句上,就是真指令而不是伪指令上,也就是在窗口左边灰色条带中有“蓝点”的行。从图 5.50 中可以看到。这一点不同于书签的设置,书签可以设在任意行上。

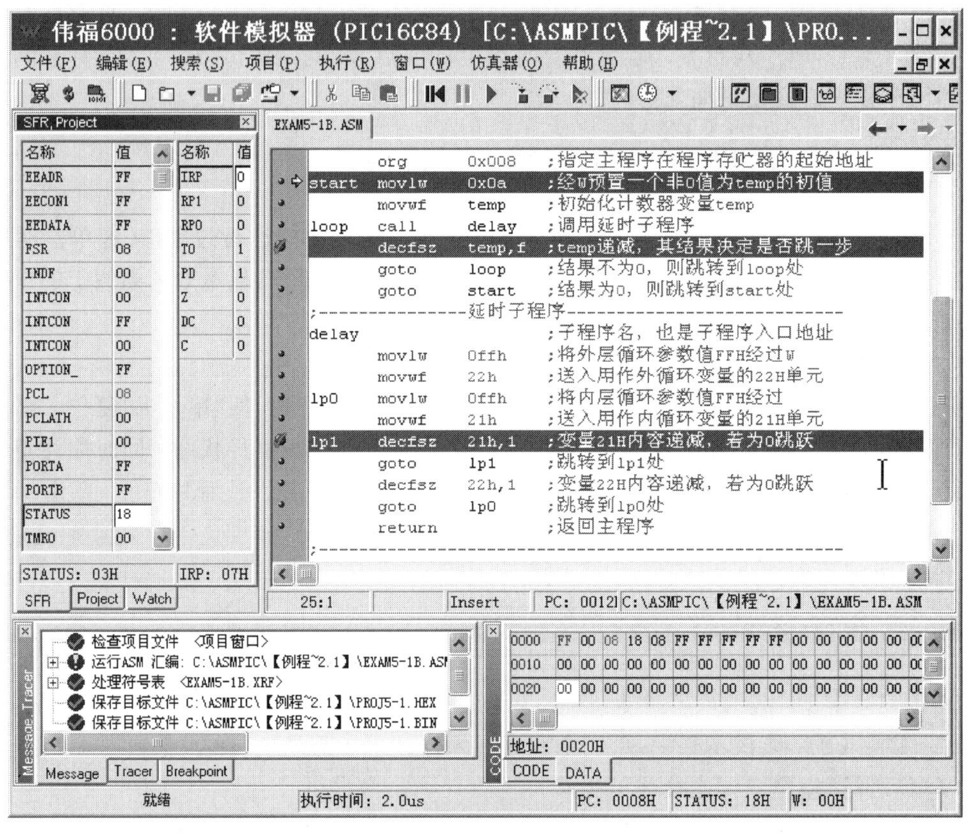

图 5.50 给源程序设置断点

断点的集中管理和查看会用到一个断点窗口的配合。打开断点窗口的方法是,利用菜单命令“窗口”→“断点窗口”,会弹出一个如图 5.51 所示的浮动式书签窗口,或者一个如图 5.52 所示的固定式书签窗口。两种窗口形式之间可以相互转换,只需拖住它的标题栏移动即可。

在断点窗口中,编辑器为每个断点建立了一条索引。“断点窗口”中的某一条索引被双击时,在“编辑窗口”中该索引所对应的断点语句行就会跳入眼帘,并且光标自动停留在该语句。

图 5.51　浮动式断点窗口

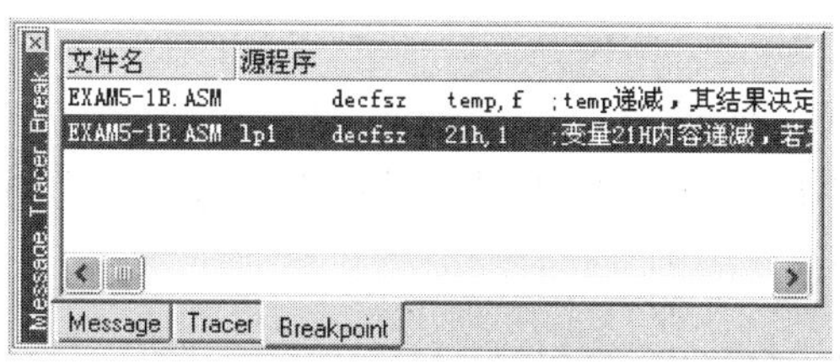

图 5.52　固定式断点窗口

2. 如何执行设有断点的程序

对已设置断点的程序进行调试时，一般采用连续执行方式。先让程序回到原点，即先让“单片机”复位，然后单击“ ”按钮使程序连续执行，直到遇上第一个断点(或者第一次遇上断点，对于只设了单个断点的情况)才会暂停；对于执行结果完成观察之后，再次单击“ ”按钮使程序连续执行，直到遇上第二个断点(或者第二次遇上断点)又会暂停。以此类推。

3. 如何忽略断点执行程序

对于已经设置了断点的程序，如果单击工具栏中的按钮命令“ ”，则可以禁止断点的作用而使得程序得到连续执行。这相当于是“自由执行”方式，不再受断点的约束。

4. 如何取消断点

删除断点的操作方法有 3 种：①在已经存在的断点标记上再单击鼠标，则可以删除该断点。②把光标停留在有断点的语句上，然后利用菜单命令“执行”→“设置”/“取消断点”。③利用菜单命令“执行”→“清除全部断点”，一下子就删除了所有断点。

5.8.7　如何执行到光标就停

清除所有断点的情况下，将光标预先停留在指定行上，然后选用菜单命令“执行”→“执行到光标行”或者利用功能键 F4，即可执行到光标所在语句行，然后自动停止并且更新显示观察项。这时的光标就等效于一个临时断点。在此运行过程中，如果遇到断点的话，将会停留在断点上。

在此结合【项目范例 5.1】的源程序，在 WAVE6000 环境中按以下步骤操作：①单击“ ”图标按钮，复位单片机；②将光标停留在“decfsz temp,f”行上，按一下 F4 键，观察寄存器变量“temp”变化规律；③循环重复第 2 步。

可以看出，利用这种运行方式，不仅可以实现断点运行的效果，而且可以更加灵活方便。另外，作为一个很有实用价值的应用示例，我们可以利用该方式来查看【项目范例 5.1】中延时子程序“delay”的精确延时时长。可以看到，比利用“第 4 章汇编语言和汇编程序设计”部分介绍的计算方法来获取延时程序的时长，要方便得多。在 WAVE6000 环境中的具体操作步骤如下：

（1）单击“ ”图标按钮，复位单片机，之后在底部状态栏中可以看到程序执行所占时长累计值为“执行时间：0.0us”。

（2）把光标停留在“call delay”行上，然后按一下 F4 键，可以看到时长累计值变为“执行时间：0.0us”。把该值记录下来。

（3）再把光标停留在 call 行之后的“decfsz temp,f”行上，再次按一下 F4 键，即可看到时长累计值更新显示为“执行时间：196,100.0us”。

说明执行子程序 delay 的过程占用了(196,100.0－4.0)μs＝196.096ms，即约等于 200ms。这是在当初选择目标单片机为 PIC16F84 时，人为设置晶振频率为 4000000Hz 的前提下计算出来的。

5.8.8 如何从指定行开始执行

在调试程序的实际过程中，常常遇到这种情况，就是希望在一个很庞大也很复杂的用户程序中，挑选出来某一段程序或者某一个子程序，单独进行调试，以便达到化繁为简、“各个击破”的目的。实现这一目的的具体方法可以有几种，在【项目范例 5.1】程序调试期间可以采用一种修改程序计数器 PC 值的方法。下面先介绍如何实现对当前的 PC 值进行修改。

在 WAVE6000 环境界面中，单击“ ”复位按钮后，源程序窗口中的光标自动停留在主程序的第一行可执行语句上，也就是即将被执行的第一条指令上。此时从状态栏中看到的 PC＝0000H。

若想让单片机一开始就执行“延时子程序 delay”，则需要更改程序计数器 PC 值，并且修改为子程序入口地址。这需要先查明、后修改。

查明子程序 delay 入口地址的具体方法至少有 4 种可选：①在子程序首条可执行语句“movlw 0ffh”上单击，也就是把光标抛锚到该行，然后从本窗口的状态栏中可以看到“PC: 000EH”；②从反汇编窗口中也可查到“movlw 0ffh”语句所对应的存储器地址为 000EH，即查阅“000EH 30FF MOVLW FFH; movlw offh;”。这就是该语句的 PC 值；③利用“点屏显示”功能也行，就是当单击地址标号“delay”时，会弹出提示信息条“delay: 000EH(14)”；④利用 Watch 窗口的观察项，也可以得到“DELAY: 000EH(14)”。

修改 PC 值的具体方法有 2 种可选：①单击“movlw 0ffh”语句，后利用菜单命令“执行”→“设置 PC”；或者直接右击“movlw 0ffh”语句，在弹出的菜单中选择命令“设置 PC”。②单击 SFR 寄存器窗口中 PCL，之后再右击，在弹出的菜单中选择“修改”命令，则会弹出一个修改 PCL 对话框，如图 5.53 所示。在其中填入 0eh 后返回即可。

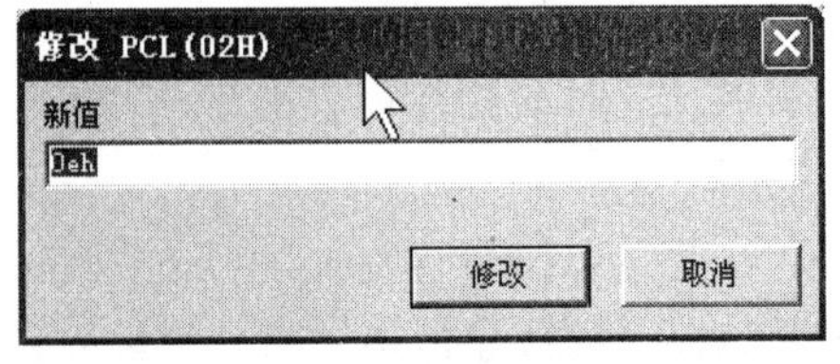

图 5.53 “修改 PCL”对话框

一旦 PC 值修改成功，随即执行光标（即一个金色箭头）就自动停留到该行上，也就是子程序的第一条指令性语句上。

接下来可以将光标定位在“return”行上，然后按一下 F4 键，完整地执行一遍子程序，并且停止在子程序末尾。这时可以看到时长累计值为"执行时间: 196,096.0us"。这就是直接得到的子程序延时长度,和前面算得的结果一样。于是,就连简单的减法计算过程也给省掉了。显而易见,我们的工作效率进一步得到提高。

5.8.9 如何修改寄存器内容

几乎任何一个具有一定实用价值的单片机应用项目,大都具有人机交互界面,因此其中的用户程序也具有人机对话处理功能。例如,一只简单的计算器,人机交互界面齐备,人机双向对话畅通,"人向机"发布命令的渠道是键盘,"机向人"反馈信息的渠道是显示屏和喇叭(传递的是视觉和听觉信号)。

可以说,前面讲解的各种观察程序执行结果或中间结果的途径,都是为了解决人机交互中的"机向人"传信。那么,本小节介绍的手段所解决的是在程序执行过程中的"人向机"传信,从而完善人机之间的双向对话。

WAVE6000 提供了可以直接修改寄存器内容的途径,这可以作为调试程序的有效手段,给调试过程带来了一些便利。特殊寄存器变量和通用寄存器单元内容的修改,也可以人为地模拟程序运行过程中的单片机引脚激励信号输入、中途输入数据、子程序模块的入口参数等输入类信息。

以下分不同情况来介绍,修改特殊寄存器单元、修改特殊寄存器比特位和修改通用寄存器单元的方法。

1. 修改 SFR 寄存器单元

由于 SFR 寄存器在 SFR 窗口和 DATA 窗口中都是可见的,因此修改这部分寄存器可以选用 2 种途径。下面就以修改 PORTA 寄存器单元的内值为例,提供 2 种方法供选。

(1) 在 SFR 窗口中修改的操作步骤:①先单击选中 PORTA;②然后右击,弹出浮动菜单;③在菜单中选择"修改"命令;④在弹出的对话框中填入新值;⑤返回即可。如图 5.54 所示。实际上,如果直接在 PORTA 名称或值上双击也可以弹出修改对话框。

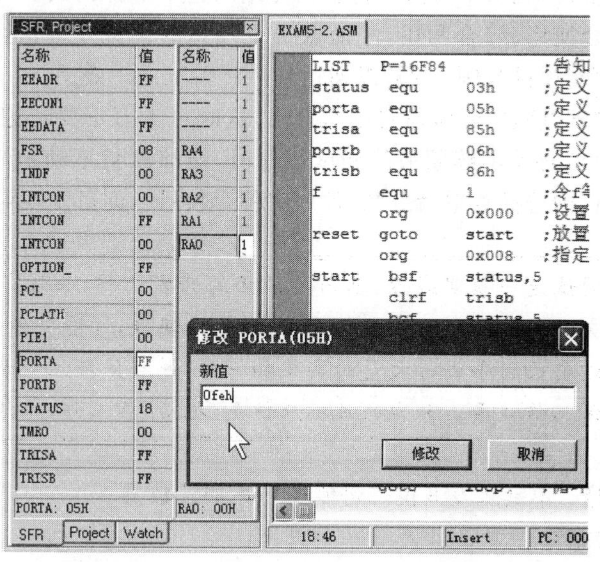

图 5.54 修改 PORTA 寄存器单元

(2) 在 DATA 窗口中修改的操作步骤：①先单击选中 05H 号单元(即为 PORTA)；②然后右击，弹出浮动菜单；③在菜单中选择“修改”命令；④在弹出的对话框中填入新值；⑤返回即可。如图 5.55 所示。实际上，如果直接在 05H 号单元上双击也可以弹出修改对话框。

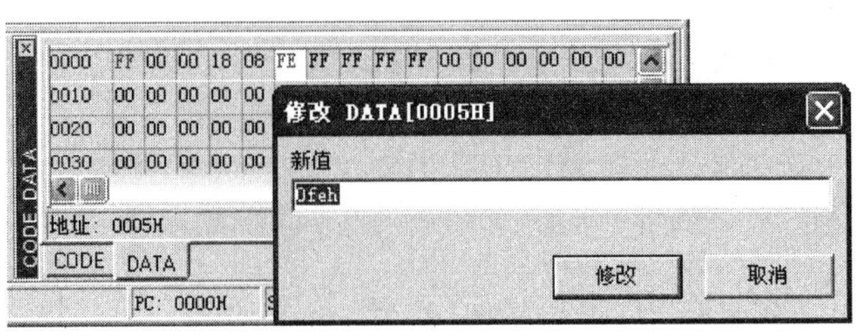

图 5.55 修改 05H 号寄存器单元

注意两点：①在填入新值时要用十六进制数格式；②在填写的十六进制数字中，如果首位是非阿拉伯数字(即 A～F)，则需前面加一个阿拉伯数字 0。如图 5.55 所示。

2. 修改 SFR 寄存器的比特位

只能在 SFR 窗口中修改，以修改 PORTA 寄存器单元的比特位 RA0 为例，其操作步骤如下：①先单击选中 PORTA；②然后双击即可改变该比特值，由 0 变 1，或由 1 变 0。如果直接双击 RA0 的名称或值，也可以完成修改。

3. 修改通用寄存器单元

只能在 DATA 窗口中修改，以修改 20H 号寄存器单元的内值为例，其操作步骤如下：①直接双击 20H 号寄存器单元；②在弹出的修改对话框中填入新值；③返回即可。其实，与在 DATA 窗口中修改 SFR 寄存器的方法无差异。

5.8.10 如何综合利用灵活运用各种调试手段

实际上，不同的单片机应用项目往往需要不同的调试策略，没有哪一种调试程式可以包打天下。实践经验告诉我们，常常需要将上面介绍的这十来种调试手段，进行有选择的组合应用、灵活运用、混合使用、综合利用，才能取得更理想的调试效果、达到更高的调试效率。后面专门设计了一个【项目范例 5.2】，以期达到抛砖引玉之功效。

另外，在项目调试过程中经常需要中途退出，这时可千万不要忘记保存项目文件，以便再次打开 WAVE6000 环境继续原来的调试工作时，能够原封不动地恢复自己设定的调试开发环境。从菜单栏中选择菜单命令“文件”→“保存项目”，即可实现对于项目文件的保存。

经验谈：项目调试是一项实践性、创造性很强的开发工作，如果光是纸上谈兵、坐而论道是学习不到真功夫的。只有先动脑后动手、先理论后实践，才能将所学理论知识升华为实际能力。也只有通过自己动手进行大量的实战和探索，并且倍加注重亲身体验和经验积累，才能够逐步提高调试工作效率。努力的目标应该是“把活(指工作)干活(指灵活)了”。

【项目范例 5.2】 单键触发 8 位二进制循环累加计数器

★ 项目实现功能

该程序是一个典型的实现人机交互功能的教学范例。其硬件电路设计了人机对话的界面(即手动开关和视觉显示)；其程序也相应设计了(开关)输入量检测和(LED)输出量显示。每当人为按动一次开关，8 位二进制计数器就加 1，并且显示于 8 只 LED 之上。从 00H 开始，当计数值累加到 FFH(即从 0 累加到 255)，之后再加 1 就会返回到 00H。以此循环往复。

★ 硬件电路规划

电路如图 5.56 所示。以 PIC16F84 单片机为核心，既有输入电路，又有输出电路，从而构成一个简易的具有人机交互(或叫人机对话)功能的典型项目。输入电路由一只按钮开关 SW1 和一只上拉电阻 R4 组成，连接单片机端口 A 的一条引脚。当 SW1 断开时，RA0 引脚电平被上拉电阻拉高；当人工按下 SW1 时，RA0 引脚电平被拉低。输出电路由 8 只带有限流保护电阻的发光二极管 LED 组成，连接单片机的端口 B 的 8 条引脚。在端口 B 的引脚上，当输出低电平时，LED 不亮；当输出高电平时，LED 点亮。

★ 汇编程序流程

汇编语言程序的流程图，如图 5.57 所示。

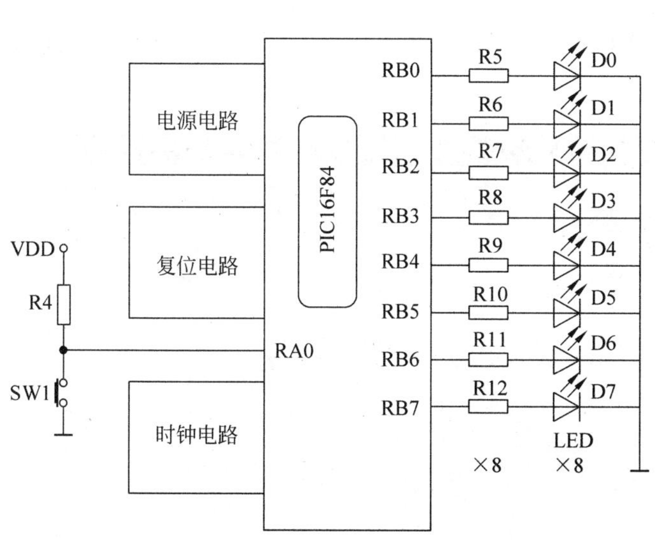

图 5.56　PIC16F84 单片机应用电路

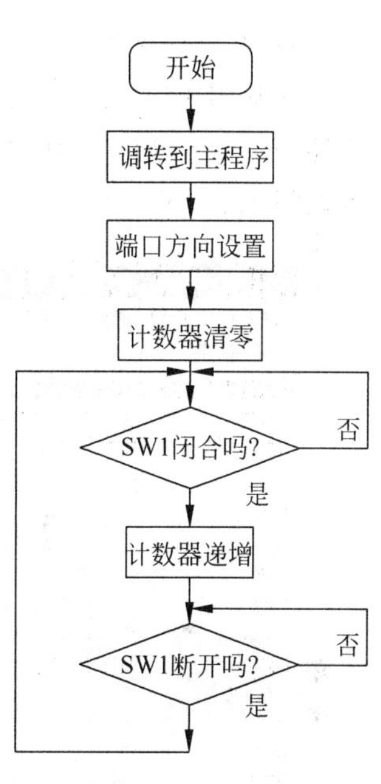

图 5.57　程序流程图

★ 汇编程序清单

```
;=====================================================================
;     单键触发 8 位二进制循环累加计数器
;     项目名称：PROJ5 - 2.PRJ
;     源文件名：EXAM5 - 2.ASM
;     设计编程：LXH,2016/08/28
;=====================================================================
LIST      P = 16F84          ;告知汇编器,你所选单片机具体型号
status    equ     03h        ;定义状态寄存器地址
porta     equ     05h        ;定义端口 A 的数据寄存器地址
trisa     equ     85h        ;定义端口 A 的方向控制寄存器地址
portb     equ     06h        ;定义端口 B 的数据寄存器地址
trisb     equ     86h        ;定义端口 B 的方向控制寄存器地址
f         equ     1          ;令 f 等于 1,用 f 指定目标寄存器
```

```
         org     0x000        ;设置复位矢量
reset    goto    start        ;放置一条到主程序的跳转指令
         org     0x008        ;指定主程序在程序存储器的起始地址
start    bsf     status,5     ;设置文件寄存器的体 1
         clrf    trisb        ;设置 B 端口为输出;A 端口默认为输入
         bcf     status,5     ;恢复到文件寄存器的体 0
         clrf    portb        ;初始化计数器变量 = 0
loop
check0   btfsc   porta,0      ;测试 SW1 按下否?是!跳过下条指令
         goto    check0       ;否!则循环检测
         incf    portb        ;端口 B 数据寄存器加 1,并送 LED 显示
check1   btfss   porta,0      ;测试 SW1 断开否?是!跳过下条指令
         goto    check1       ;否!则循环检测
         goto    loop         ;循环跳转到 loop 处
         end                  ;源程序结束
;==================================================================
```

★ 程序调试方法

在利用 WAVE6000 环境中的“软件模拟器”来调试具有人机交互的用户程序时,需要格外费一番心思来巧妙安排,类似于弹钢琴。下面介绍两种调试方法,以启发读者。调试环境如图 5.58 所示。

图 5.58 程序调试环境

(1) 单步执行+修改寄存器比特值。方法和步骤：①一次次地单击“ ”跟踪按钮或按F7键，同时观察SFR窗口中相关寄存器的变化；②当运行光标在“check0 btfsc porta，0”和“goto check0”两行之间循环时，是等待开关SW1被按下；③这时双击一下SFR窗口中的“RA0”使其变为0，来模拟SW1按下；④继续单步执行，当运行光标在“check1 btfss porta，0”和“goto check1”两行之间循环时，是等待开关SW1被松开；⑤这时再双击一下SFR窗口中的“RA0”使其变为1，来模拟SW1松开；⑥其后将在②～⑤之间循环，并且每执行一遍，可以看到PORTB寄存器单元的内容加1。其实，PORTB扮演着计数器和输出端口的两个角色。PORTB中的每一位对应一只外接LED的亮灭状态。比如，当PORTB=07H=0000 0111B时，对应图5.56电路中的D7～D3灭、D2～D0亮。

(2) 连续执行+修改寄存器比特值。方法和步骤：①单击“ ”连续执行按钮或按下Ctrl+F7组合键，程序被全速执行；②一次次地双击SFR窗口中的“RA0”，使其由1变0再由0变1，每反复一次就模仿开关SW1被按下又松开一次，每一次反复都可以看到PORTB寄存器单元的内容加1。

第6章

硬件综合开发工具和硬件烧试开发技术

学习单片机的出发点和落脚点，就是会用单片机、善用单片机和巧用单片机。今天的单片机原理学习者，应该是明天的单片机应用开发者。而单片机原理及应用的学习是一个实践性很强、环节非常多的复杂过程，基于单片机的项目开发则是一项极富挑战性、创造性和开拓性的趣味工作。单靠读书是学不到真本领和硬功夫的。只有既动脑又动手、既读书又实战、边学边练、学练结合，并且是实验、实践加实战，使用、运用加应用，才能将所学理论知识升华为实际能力。也只有通过亲自动手进行大量的磨练与摸索，并且重视亲身经验的积累，才能够逐步提高自身素质和单片机应用水平。

6.1 硬件开发工具三件套

在单片机的学习和应用过程中，除了需要掌握一些“软件工具”之外，还需要掌握必要的“硬件工具”。换言之，为了低门槛、低成本、高效率地起步入门学习一款最经典、最好用的PIC单片机基本原理和PIC单片机应用开发技术，除了学会运用一种集成开发环境及其软件工具链所包含的各种软件工具之外，还需要学习硬件工具链及其所包含的3种硬件装备。可以通俗地称其为“三件套”，按它们的重要程度排列如下：①单片机目标板；②程序烧写器；③程序仿真器。

6.1.1 单片机学习板、实验板、演示板、开发板或目标板

单片机应用开发目标板，或简称目标板，就是学习板、实验板、演示板、DEMO板、评估板或用户板的统称或泛称。其实，目标板在单片机项目开发过程中，所扮演的角色就是“原型机”。下面对于几种常见的单片机目标板的特点进行梳理和简介，以便于读者挑选方案或制定目标。

(1) 单片机演示板或评估板：售价一般在几百元到上千元。演示板也叫DEMO板。

一般是由单片机器件制造商(例如 MicroChip 公司)专门为了向特定用户展示和推荐其单片机新性能,以及便于其单片机新用户快速上手,或进行开发项目的前期评估,而设计生产的一种半通用性电路成品板或半成品板。一般这种电路板,保留一块布满焊孔的空白区,具备再次被开发利用的余地。适合专业电子工程师们购买。

(2) 单片机学习板或实验板:售价在几十元到几百元。一般是由生产教学实验设备的供应商,或经销电子器材的淘宝店主,提供的一种用于单片机学习和实验的电路板成品,能够进行的实验种类和数量比较固定。一旦学习过程结束,这种电路板也就失去了再利用价值,因此,不太适合节约开支的初学者购买。

(3) 自制单片机用户板:一般是指由普通的单片机爱好者、应用者或开发者,根据某一具体课题需要而自行设计制作的电路板,用于独立研制以单片机为核心控制器件的电子产品、科研项目、毕业设计或电子制作。这种电路板往往是一种针对具体项目的专用电路板,上边焊装了除单片机之外的所有电子元器件。如果你想自己制作个性化的用户电路板,需要专门去学习印刷电路板(Print Circuit Board,PCB)规划设计工具软件(例如 PROTEL、PROTEUS、EAGLE、PADS、OrCAD、PowerPCB 等)。一个好的 PCB 板的布局和布线常常需要一定的经验积累,并且需要考虑许多因素,从而需要较宽的知识面和丰富的工程实践。设计好自己的版图文件后,连同定金一起交给 PCB 专业生产厂家去定制,需要一周到几周的生产周期。应当告诫读者的是,初次设计和制作自己的 PCB,不仅会付出很大的精力,也不可避免地会存在一定的风险,返工应该说是很常见的事。自制电路板所需耗费的工作量很多、麻烦颇多,但也是初学者得到锻炼与成长的好机会。

上述这 3 种目标板,除了具有成本高、门槛高、专业程度高的特点:还应该具备以下共同特征,通常在单片机的位置上焊装一个双列直插集成电路插座(比如 18 脚、28 脚或 40 脚),或者活动插座(又称为 ZIF 插座,即零插拔力插座),以便于仿真器仿真头的插拔,或者单片机芯片的插拔和更换。针对仿真、调试或灌烧 PIC 单片机的特殊需要,往往还焊装一个 6 芯插口,可以是便于对接 PICkit 系列编程器的 6 芯排针,也可以是便于对接 ICD 系列调试器的 6 芯水晶头插口 RJ-11。

(4) 单片机最小系统板+通用洞洞板:一般前者只有几十元,后者只花几角到几元。针对你目前将要学习和实验的目标单片机的具体型号,可以到淘宝上搜寻和网购一款单片机最小系统板(当然也可以自制)。这种板子通常焊装了单片机运转起来所需的基本外接电路元件,一般必配的有这几种单片机外接电路:电源单排电路、复位电路、时钟电路和编程接口。这种电路板还必须配置排针插口,以便于把单片机全部引脚信号,跨线延伸连接到洞洞板。然后再到淘宝挑选一款尺寸合适的洞洞板,有单面的或双面的可选。洞洞板的使用特点是:成本低廉;需要烙铁焊接元件和布线;一般为一次性利用;不仅能用于试验过程,还能当做最终产品。

(5) 单片机最小系统板+通用面包板:一般前者只有几十元,后者只花几元到几十元。按照与上述同样的方法,选择或者自制一款合适的单片机最小系统板。然后再到淘宝挑选一款尺寸合适的面包板。面包板的使用特点是:元器件直接插接,免焊接、免用烙铁;可重复性利用;不能当做最终产品,只能用于试验过程。

6.1.2 程序烧写器、下载器或编程器

程序烧写器(Writer)或简称烧写器或烧录器,外国人称其为编程器(Programmer)。主要用来把在仿真器中调试好的最终目标程序(.HEX或.BIN或.S19格式),固化到单片机内部的Flash(或EPROM)程序存储器中的一种专用硬件装备。把HEX文件固化到程序存储器的过程称为烧写、烧录或编程(Programming)。为了避免概念混淆,在本书的叙述中,作者认为采用"烧写"一词更为准确。理由是,在学习和应用单片机进行软件设计时,利用汇编语言(或高级语言)一条一条地编写程序的过程,人们也总是习惯地称之为"编程"。显然,与这里所说的"编程"在概念上和操作内容上截然不同。

烧写器的工作往往也需要微机系统的配合和支撑,并且也需要运行于Windows操作系统之下的专用驱动软件的支持才能实现其功能。若想学习烧写器的使用方法,也需要学习其硬件安装、软件安装、软件界面的操作方法。不过,一般要比学习仿真器的用法简单许多。通常,一台专业级的通用型烧写器(或叫作商用烧写器),其售价少则几百元,多则几千元。

如果说在业余条件下或者初学阶段,借助于当今丰富多彩的软件模拟器,作为替代手段和变通工具来学习入门级开发技术,还是可以回避为仿真器掏腰包的。但是,无论如何程序烧写器是简化不掉的,原因是要想把目标程序固化到单片机的程序存储器中,如果没有硬件工具支持,将是无法办到的。

实现单片机程序烧写的技术途径,目前有并行编程技术、串行编程技术、在系统内编程(In-System Programming,ISP)技术、在应用中编程(In-Application Programming,IAP)技术等4种。利用并行(或串行)编程技术可以在通用烧写器上烧写单片机;利用ISP技术可以借助于一条下载线(或下载器),把目标程序烧写到已焊装到电路板内的单片机中;利用IAP技术可以实现以远程遥控方式,所进行的单片机软件升级或软件修改。

本书中精选一款售价低廉的(售价仅24元)、性能可靠的、体积小巧的、适合仿制的、下载烧写两用的、带USB接口的、有中文操作界面的、驱动软件有人维护的、有多家电商同时竞价销售的程序烧写器K150。

6.1.3 程序仿真器、调试器或模拟器

借助于实时在线仿真器(In Circuit Emulator,ICE),用户可以完成两项核心任务:用户程序调试——在自行设计的单片机应用电路板中实时运行和调试自编程序;自建电路调试——用自编程序来调试和验证自制电路板上的电路和器件功能。

所谓"在线、实时、仿真"的概念就是,将仿真器的仿真头直接插入到目标电路板内预装的单片机插座上(即"在线"),以指定的单片机晶振所确定的真实运行速度(即"实时"),由仿真器来暂时顶替单片机执行用户程序(即"仿真"),如同将一片目标单片机真正插入到目标板去执行用户程序,所产生的检测和控制效果与实际情况是一模一样的。

仿真器往往需要与微机系统配合才能工作,并且需要运行于Windows操作系统之下的专用驱动软件的支持才能实现其功能。若想学习仿真器的使用方法,就需要学习其硬件安装、软件安装、软件界面的交互方法。通常,一台专业级别的仿真器,其售价从数百元到数千元,个别品种高达近万元。

虽然实时在线仿真器确实好，但是如此昂贵的售价，似乎只有那些供职于大院大所或大企业的专业工程师，在由单位出资买单的条件下才能用得起、摸得上。对于广大非专业人士尤其是初学者，这无疑是一道横亘在面前难以逾越的高大门槛，无情地阻挡着他们继续前行、深入学习的步伐，残酷地击碎了许多人成为单片机应用工程师的梦想。尤其是单片机刚进入我国的早期更是这样，因为那时还没有像目前这样便于普及的，并且大都是免费提供的软件模拟器之类的替代调试工具或变通调试手段。

可以说，实时在线仿真器虽然好，但是并非必不可少。对于那些仅仅想了解单片机基本概念、学习单片机基本原理的初学者、在校生，不用花钱，光利用第 5 章中介绍的 WAVE6000 软件模拟器及其软件模拟调试方式，也能达到单片机入门的基本需求。

因此，本书就选中这款可免费获取的、由国人开发的、带中文界面的、易学好用的、入门高效的软件模拟器，作为 PIC 单片机初学者入门阶段的程序调试工具。

6.2　介绍一款学习实验开发板 PICbasic84

本节将详细介绍一款专门为本书配套设计的学习、实验、开发板，适合于书中的一些实验项目或项目范例，以供读者在阅读本书、动手演练，或验证和仿作实验项目时参考。其中的电路原理图、单元电路及其功能说明等翔实资料，可参考附录 H。

6.2.1　学习实验开发板的电路布局

PICbasic84 学习实验开发板的电路功能比较丰富，电路布局比较紧凑。其实物布局导引图如图 6.1 所示，从中可以看出用于插接连线的插孔和插针的位置和布局。

图 6.1　PICbasic84 学习实验开发板实物布局导引图

6.2.2 学习实验开发板的规划特色

借助于这款“PICbasic84 学习实验开发板”，读者可以学习 PIC 系列单片机的原理和应用方法，开发以 PIC 系列单片机为控制核心的电子产品或研发项目，以及用于电子制作、毕业设计、设计大赛等活动之中。其中各个模块电路与单片机之间可以利用“杜邦线”插线连接，使用起来方便、灵活、高效、趣味性强。

为了进一步提高实用价值，该板还设计了逻辑笔、水银开关、光敏电阻，以及多种供电途径(9V 层叠电池、12V 电源适配器、手机充电器、电脑 USB 口等)；还预留了(双列直插) DIP18、20、28、40 脚的单片机插座，可以插接 8、14、20、18、28、40 脚 DIP 封装的各种型号的 PIC 系列单片机(甚至还可以学习开发 EM78P156、80C51、AVR 等其他系列的单片机)；还设计了一个 6 芯的在线调试器(ICD)标准接口和一个 6 芯的下载编程器(PICkit)标准接口；还设计了自由焊接区，以便为读者预留出更大的创作空间和发挥余地，也便于与校园制作、课程设计、毕业设计、电子竞赛、项目开发等实践活动接轨。

在规划设计 PICbasic84 学习实验开发板的电路时，尽量选择那些市场上最常见，或工程上最常用，或功能上最基本，或用途上适合搭配 PIC 单片机内部模块来进行实验，或补充 PIC 单片机片内不具备的功能电路的一些器件。例如：

- 配备单片机插座 4 种：18、20、28、40 脚，可以插接 8、14、20、18、28、40 脚 DIP(双列直插)封装的各种型号的 PIC 单片机；
- 稳压电源器件：LM7805，可以方便地选择多种电源，例如 9V 层叠电池、9～18V 电源适配器、5V 手机充电器、5V 微机 USB 口供电等；
- 模拟类器件：LM339，内含 4 只模拟电压比较器，其中 2 只被用作逻辑笔，另外 2 只供用户选用；
- 数字类器件：74HC164×4 片，用于串行驱动 4 位共阳极 7 段 LED 数码管；
- 通信接口器件：MAX232，用于同 PC 等其他系统之间的异步串行通信；
- 电/声转换器件：有源蜂鸣器，也可以插接压电陶瓷喇叭或者小功率 8Ω 喇叭；
- 电/光转换器件：9 只直径 3mm 的 LED、1 只双色 LED，用于输出显示；
- 开关输入器件：8 只按钮开关，可以输入逻辑信号或开关信号；
- 传感器类器件：光敏电阻、水银开关，用于检测光强、振动或姿态等物理信号；
- 功率驱动电路：有 4 路，可以驱动步进电机、直流电机、继电器和小喇叭等；
- 串行接口 EEPROM 存储器：有 I^2C 和 SPI 接口两种 24C02 和 93C46，可以外存那类既要随机写入、又要断电后不丢失的数据；
- 液晶显示器插口：16 针排孔，可以插接常用的 16×2 字符式 LCD 显示器模块；
- 2 位共阳极 7 段 LED 数码管：以并行方式动态驱动；
- 4 位共阳极 7 段 LED 数码管：以串行方式静态驱动；
- 自由焊接区：并备有便于引接 5V 电源正、负极的焊孔排。

6.2.3 学习实验开发板能帮我们做什么

借助于“PICbasic84 学习实验开发板”一些独特的功能特点，使用户可以达到的基本目标、完成的核心任务和实现的主要实验，大致归纳为以下几个方面：

(1) 利用开放性、延展性、扩充性和积木化特点，来规划、组合、搭建或扩展自己的单片机外围电路——硬件设计；

(2) 利用在线编程技术(ICSP)，将自己制作的目标程序下载烧写到目标板内的目标单片机(PIC16F84 或其他型号的 PIC 单片机)中——程序固化；

(3) 利用在线调试技术(ICD)，在自己独立设计的单片机应用电路中实时运行和调试自编的源程序——软件调试；

(4) 利用免焊接线的特点，借助于插接连线方式，可以用自己编写的程序来调试和检测自己搭建的电路——硬件调试；

(5) 利用学习实验开发板上预留的鱼目孔自由焊接区间(即为洞洞区)，可以焊接 8 针至 40 针的集成电路插座，以便评估一些新型或特型器件与单片机对接试验——器件评估。

另外，利用这套学习实验开发板，读者还可以学习、实验和验证关于模拟电子技术、数字电子技术、微机接口技术、传感器技术、计算机硬件原理、汇编语言程序设计、BASIC 编程、C 语言编程、集成开发环境(IDE)应用、在线编程技术、在线调试技术等内容的一些知识和技术。

最终还可以把该板作为电子制作、毕业设计、技能大赛、项目开发、产品设计的原型机去提交或呈现。

6.3　推荐一款普及型 PIC 程序烧写器/下载器 K150

K150 是一款市场上广泛销售的，低价位、高性能的 PIC 系列单片机烧写器/下载器。售价只有二三十元。也就是说，既可以用作烧写器，又可以当做下载器。它能支持大部分流行的 PIC 单片机型号的烧写、读出、擦除、查空、加密等功能；使用便捷高速 USB 通信方式，烧写速度极快，烧写质量稳定可靠；支持全自动烧写校验；配备 40 脚的 ZIF(零插拔力)活动插座，能直接烧写 8～40 脚的双列直插封装(DIP)的单片机型号；其他封装的单片机型号可通过目标板上的 6 针板载 ICSP 接口实现在线下载；微机端软件界面友好，有中、英文版本供选，还能兼容 Windows98、Windows2000、WindowsNT、WindowsXP、Windows7 等多种操作系统版本；随着 PIC 系列单片机的新品推出，以及随着微机操作系统的版本升级，微机端软件还能得到不断更新维护。K150 烧写器/下载器的实物照片如图 6.2 所示。

图 6.2　K150 烧写器/下载器的实物照片

如图 6.3 所示，为 K150 烧写器/下载器的接口连接关系。作者之所以称其为一款烧写器/下载器，是因为它支持两种使用方法：①如果把一款 DIP 封装的 PIC 单片机插入 ZIF 插座实现 HEX 程序的烧写，这时的 K150 就是一款 PIC 烧写器；②如果用一条 6 芯排线跨接于 K150 和目标板之间，并按正确顺序对接两者的 ICSP 插座排针，实现把 HEX 程序下载烧写到板载的目标单片机中，这时的 K150 就是一款 PIC 下载器。

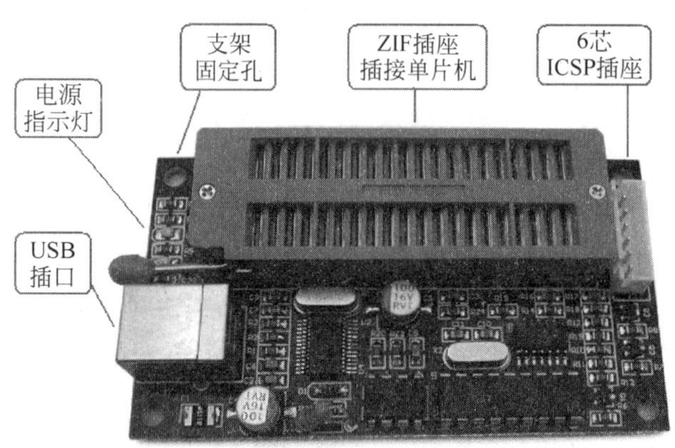

图 6.3　K150 烧写器/下载器的接口连接关系

作者选择 K150 所看中的几大优势：

(1) K150 编程器是软、硬件开源技术支撑下的仿制品。同时供应 K150 的淘宝店铺有几十家。其实，都是来自一家外国网站(http://www.kitsrus.com/pic.html)的软、硬件开源技术资料，卖家没有开发投入，自然成本很低。

(2) 同一款产品有多家仿制，并且是竞价销售，因此，价格低廉，性价比高，不受垄断，容易规范化，硬件产品货源稳定，微机端软件还有开源网站的维护和更新。于是，非常适合推荐介绍给广大初学者和 PIC 爱好者。

(3) 连接 PC 微机的上游接口采用 USB 接口。其好处是：①USB 可同时汇集通信信号和 5V 电源于一身，操作便捷；②适合连接包含笔记本在内的各种电脑，不像有些烧写器需用 9 针串口，而笔记本电脑几乎都不具备。

(4) K150 支持烧写器/下载器两种使用方法。下游接口是微芯标准的 ICSP 接口，兼容官方 PICkit 系列编程器，可以直接对接原厂推出的多款 PIC 演示板，以及许多供应商生产销售的多种 PIC 学习实验板。

(5) 微机端软件的操作界面有中文版供选，比较友好并且易学好用。

6.3.1 如何安装 K150 软件

若想玩转 K150，至少需要安装 2 个 PC 端软件：K150 驱动软件和 USB 驱动软件。

1. 安装 K150 驱动软件。中文版和英文版的装法不同

(1) 中文版的安装方法。可以通过各种途径下载并解压，之后得到一个可执行文件“PICPRO(K150).exe”。执行该文件可以看到如图 6.4 所示的对话框，按照提示一路单击下去，或者步步回车均可安装成功。

K150 驱动软件中文版软件的操作界面，很简洁，如图 6.5 所示。

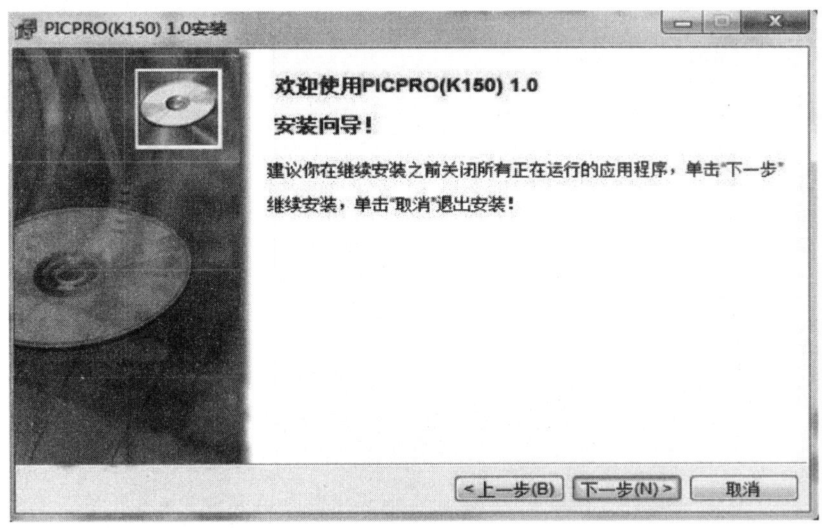

图 6.4　K150 中文版软件的安装

图 6.5　K150 中文版软件的界面

(2) 英文版的安装方法。这是一个免安装的绿色软件。把下载得来的压缩文件解压后即可看到如图 6.6 所示的 5 个文件，其中有一个可执行文件"microbrn. exe"，直接运行它即可。

图 6.6　英文版免安装文件

K150 驱动软件英文版软件的操作界面，如图 6.7 所示。

2. 安装 USB 驱动软件

原本 K150 和 PC 机两侧的控制核心 CPU 是利用串口协议(COM)进行通信的，可是为了充分利用 USB 通信方式的优越性和便利性，就在 K150 一侧配置了一片 USB/COM 桥接

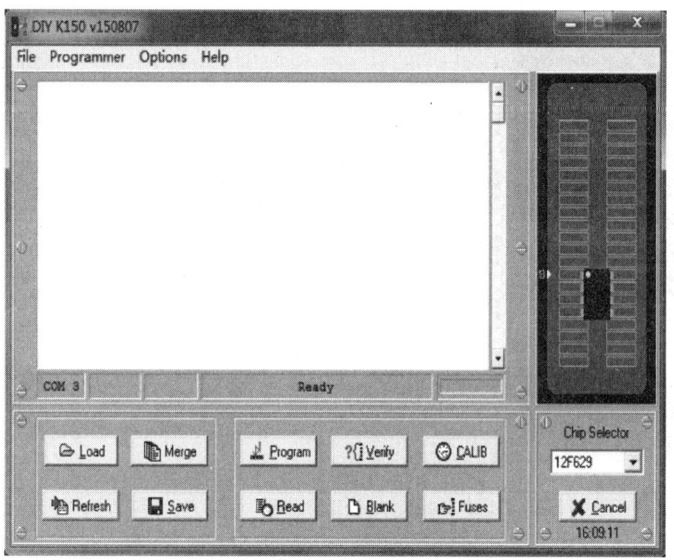

图 6.7 K150 英文版软件的界面

芯片 PL2303,那么在 PC 一侧就需安装一个与 PL2303 对应的驱动软件,实现 COM/USB 转换功能,来模拟一个虚拟串口。K150 和 PC 之间通信的示意图,如图 6.8 所示。

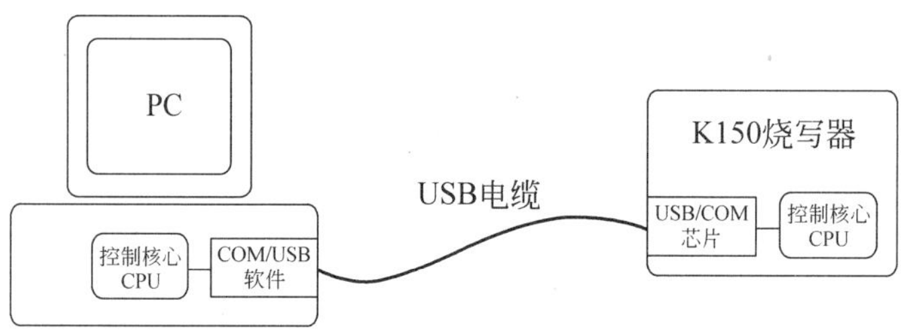

图 6.8 K150 和 PC 之间通信示意图

USB/COM 桥接芯片 PL2303 的生产厂家是一家台湾公司(Prolific Technology Inc. 网址为 http://www.prolific.com.tw),其驱动软件的下载源头也应该是来自原厂,“PL2303_Prolific_DriverInstaller_v1210.exe”或者“PL2303 XP WIN7 Vista DriverInstaller_v1.5.0.exe”。当双击执行该软件时,将出现如图 6.9 所示的对话框,按提示操作即可完成安装。

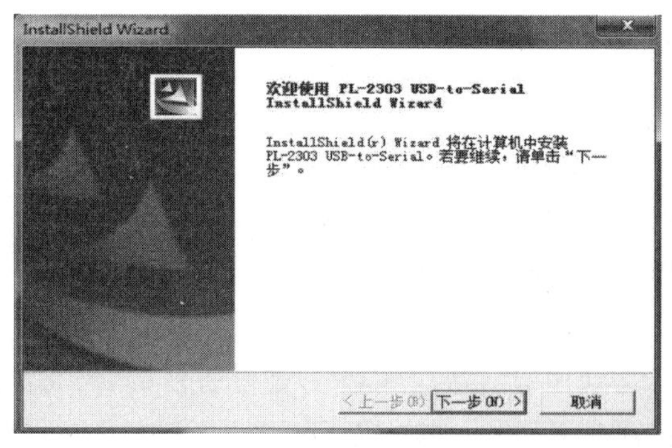

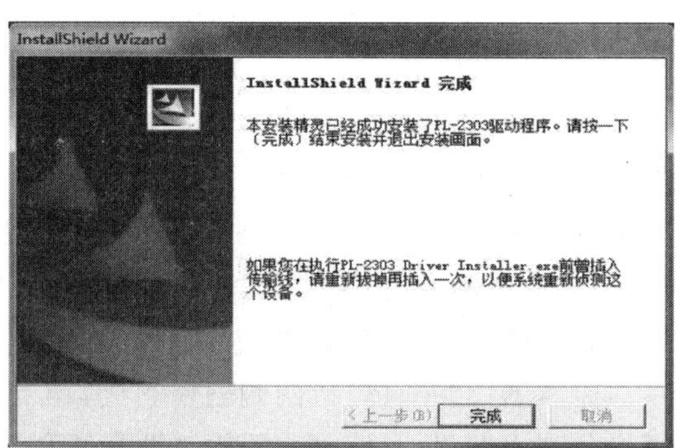

图 6.9 PL2303 驱动软件的安装

在安装完成后，把 K150 经过 USB 数据线插到电脑上。计算机"设备管理器"里面会识别一个虚拟串口 COM，如图 6.10 所示(比如识别为 COM1 口)，若没有识别到，请检查计算机的 USB 口或者 USB 线。

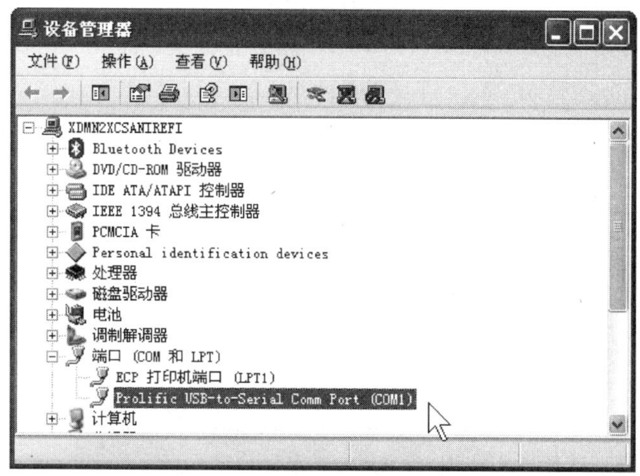

图 6.10　在"设备管理器"里查看虚拟串口

请注意，有的计算机识别的端口号可能大于 6，这种情况可能会影响联机，会联不上，请换一个 USB 口再试一下，直到识别的 COM 口在 6 以下。通常当虚拟 COM 端口号较小时，运行更加稳定快捷。

在设备管理器窗口中不仅可以确认 COM 的端口号，还可以人为修改 COM 的端口号，方法如下。在如图 6.10 所示的设备管理器窗口中，右击虚拟串口时会弹出一个浮动菜单，如图 6.11 所示。

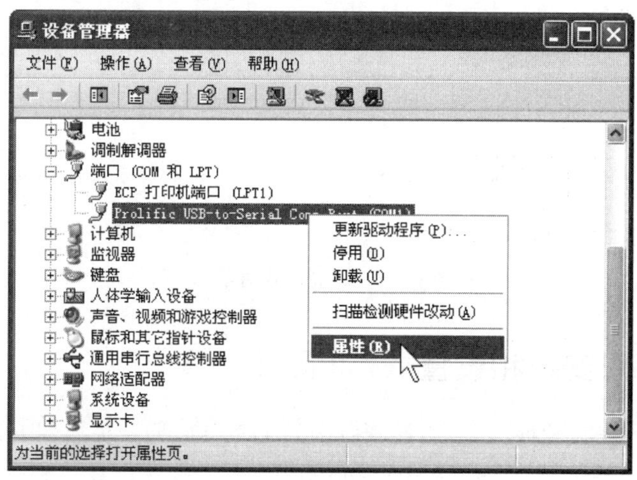

图 6.11　设备管理器窗口和浮动菜单

单击图 6.11 浮动菜单中的"属性"命令，会弹出一个"属性"对话框，如图 6.12 所示。

单击图 6.12 对话框中的"高级"按钮，又会弹出一个"高级设置"对话框，如图 6.13 所示。在其中的"COM 端口号"下拉列表中，可以修改设置新的端口号。

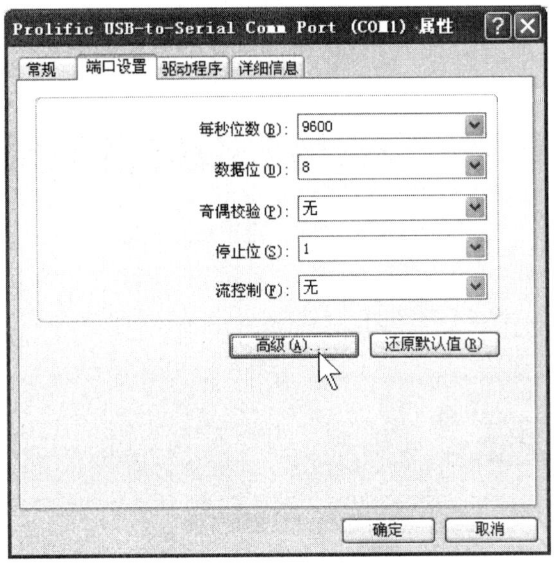

图 6.12 虚拟串口属性对话框

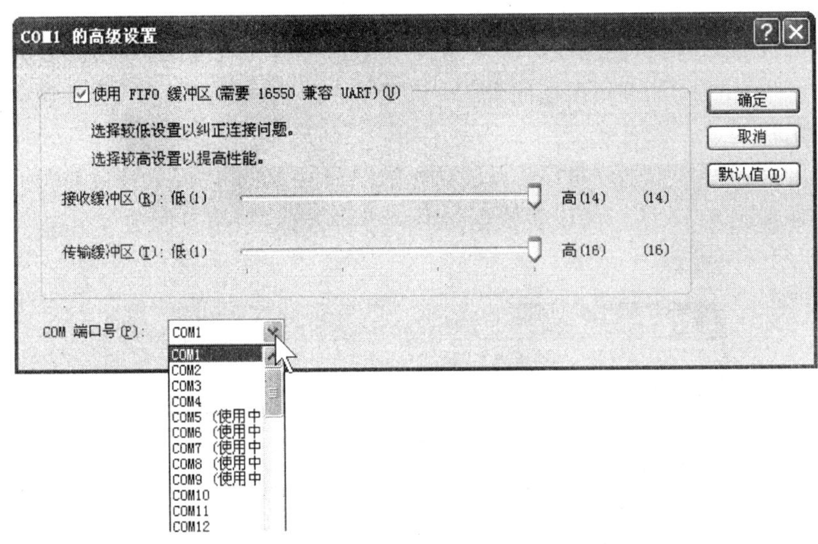

图 6.13 高级设置对话框

6.3.2 如何安装和设置 K150 硬件

用随机配送的 USB 数据线，一头插到电脑的 USB 口，另一头插到 K150 烧写器的 USB 口上，硬件安装即可完成，此时 K150 上的电源指示灯应该被点亮。硬件安装后，电脑会自动发现新硬件。这时还需要对 K150 进行如下两项设置。

(1) 设置 K150 烧写器硬件的具体型号。在 K150 软件界面中，单击菜单命令“文件”→“选择编程器硬件”，在弹出的子菜单中选择 K150 即可。如图 6.14 所示。从中也可以查看到，原始开发者曾经研制了一系列的同类烧写器，K150 只是其中的一款。

(2) 设置 K150 软件界面中的端口号。事先需要按上述方法确认虚拟 COM 的端口号；然后在 K150 软件界面中，单击菜单命令"文件"→"选择端口"，在弹出的对话框中把虚拟串口改成上面确认过的 COM1，单击 OK 按钮即可。如图 6.15 所示。

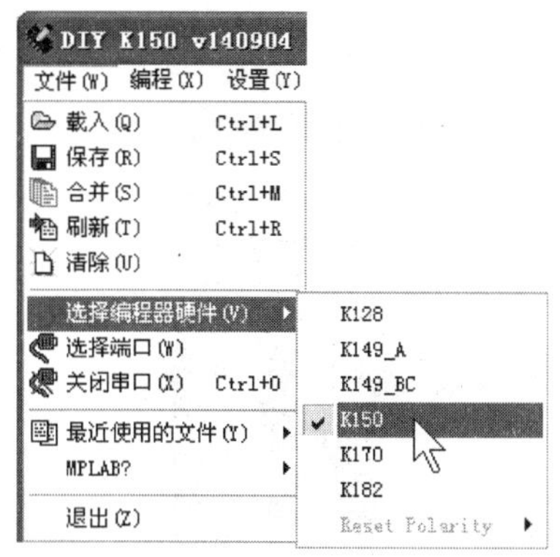

图 6.14　设置 K150 的硬件型号

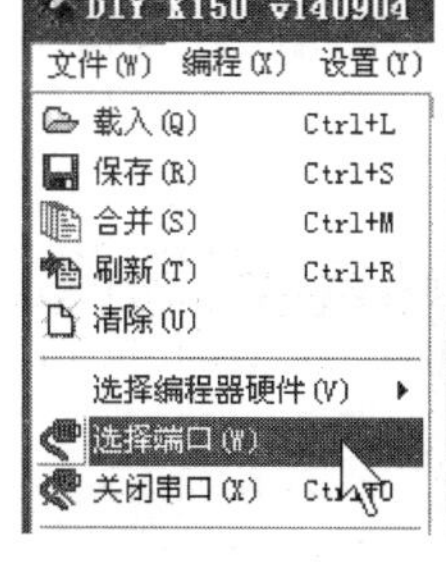

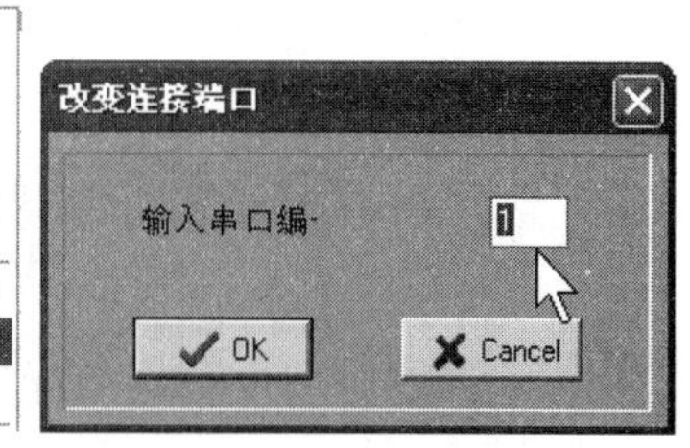

图 6.15　设置 K150 连接 PC 的虚拟端口号

(3) 选定和插接一款型号的单片机芯片。从操作界面的右下角看到"芯片选择"，单击和展开其下拉列表，列显 K150 支持烧写的一些 PIC 单片机型号。从中选择一款，这里以选择 PIC16F84A 为例。如图 6.16 所示。一旦选定型号，从界面的提示区内即刻呈现 18 脚的 PIC16F84A 单片机在 40 脚的 ZIF 插座中的插接位置。按照该提示操作，把一片 PIC16F84A 插入 K150 烧写器的 ZIF 插座中的指定位置，然后锁紧即可。

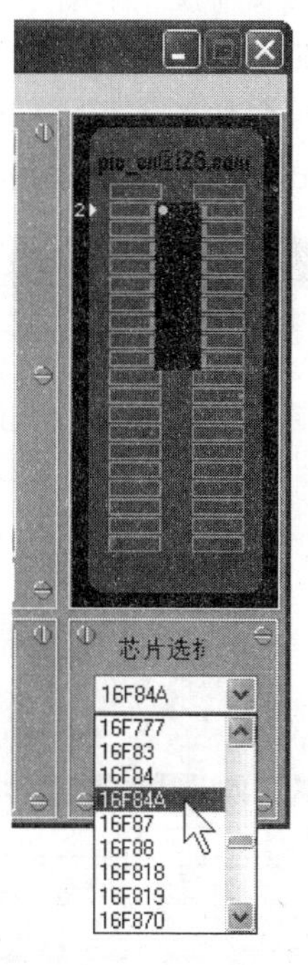

图 6.16　选定型号为 PIC16F84A 的单片机

6.3.3 如何疏通 K150 与微机之间的通信

在图 6.15 中设置好端口号之后单击 OK 时，可能会出现一个如图 6.17 所示的 Error 对话框，这表示 K150 与 PC 之间建立的通信不成功。

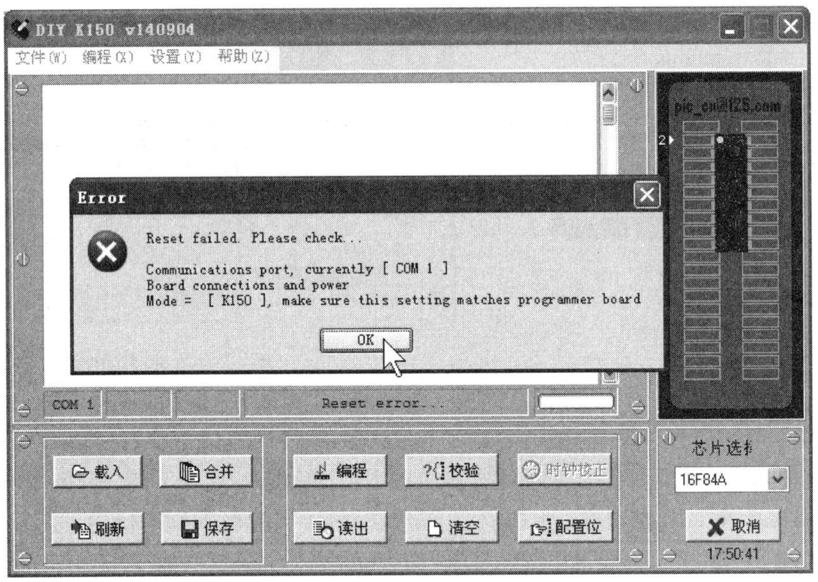

图 6.17 显示 Error(出错)对话框

这时单击其中的 OK 按钮关闭该对话框，然后到“文件”菜单里面再次选择端口号(例如这里是 1)，再单击 OK 按钮确认端口，假如还不行，再选择端口、再单击 OK 按钮确认，直到状态栏中出现“K150 board connected”，表示联机成功(如图 6.18 所示)。

图 6.18 显示联机成功

只有在联机成功的前提下，才能进行和实现程序的烧写（Program）、读出（Read）、校验（Verify）、查空（Blank）等操作和功能。

6.3.4　如何解析 K150 软件的操作界面

如图 6.19 所示，为 K150 中文版软件的操作界面，也就是人机交互界面。从上到下依次布局着标题栏、菜单栏、编辑区、提示区、状态栏和工具栏。

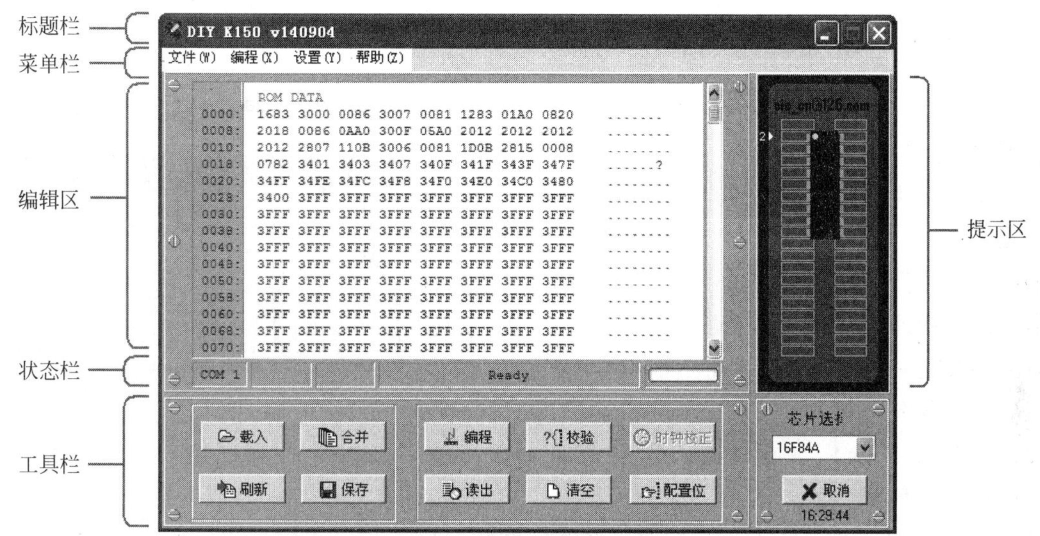

图 6.19　K150 中文版软件的界面

（1）标题栏：从左到右依次为系统按钮、当前烧写器硬件型号（K150）、当前烧写器软件版本（v140904）、窗口控制按钮。

（2）菜单栏：包含所有的菜单命令。分为文件类、编程类、设置类和帮助类。

（3）编辑区：显示的是“烧写缓冲区”的内容。该存储区是由 K150 驱动软件在 PC 内存中专门开辟的一块暂存区域，用于暂存所有的烧写内容。如果滑动右侧滑标，可以看到“RCM DATA”和“EEPROM DATA”，分别代表程序存储器内容和不挥发数据存储区的内容；每行排列 8 个单元内容，左侧为该行中首单元的地址。如果在编辑区双击，还可以实现单元内容的编辑和修改。

（4）提示区：一般用于提示不同引脚封装的单片机芯片在 K150 配置的 40 脚 ZIF 插座中的插装位置。如果选择菜单命令“设置”→“ICSP 模式”，还可以显示 ICSP 接口的信号排序。

（5）状态栏：显示的信息有，当前连接的虚拟端口号（COM1）、烧写器工作状态（Ready）、进度条等。

（6）工具栏：把一些常用的菜单命令提炼出来，利用图标按钮形式集中起来、呈现出来，以方便操作、提高效率。

6.4 如何操作K150烧写器/下载器

本节试图让读者感受一下比较完整、也比较专业的“程序烧写器”或称“编程器”的用法，以及烧写器在硬件工具链中的地位。下面就以一款程序烧写器的几项典型功能的实现和操作方法为主线，来分别进行讲解。

6.4.1 芯片空白检查(查空)

空白检查有时也简称“查空”，就是检查单片机芯片的内部Flash存储器、EEPROM存储器等空间是否为空白状态。

操作方法是选取菜单命令“编程”→“清空”，或单击图标按钮 清空 ，或直接按下F12键，会弹出一个如图6.20所示的对话框，选中其中的“查空”选项，单击OK按钮即可令K150启动一次空白检查操作。这时会存在“空白”和“不空”两种可能，以下分别说明。

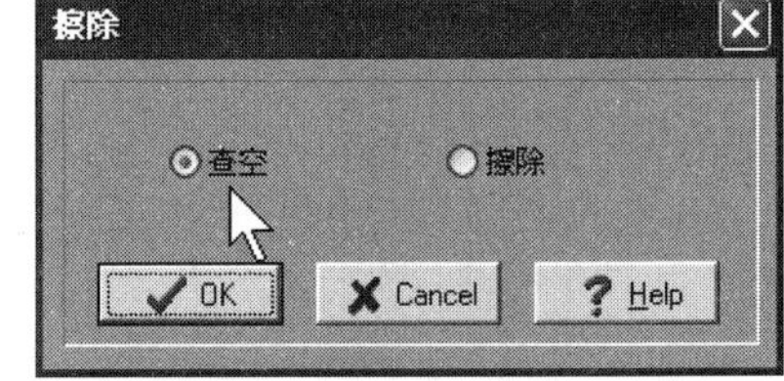

图6.20 清空命令对话框

(1) 芯片空白的情况。如果单片机芯片空白，则弹出如图6.21所示的对话框。其中显示4条反应单片机4种存储空间的状态信息：①Flash程序存储器空间(这里记作ROM，只读存储器)是空白的或是被擦除干净的(Erased)；②EEPROM不挥发数据存储器空间也是空白的；③用户识别码(ID)存储空间也为空；④系统配置字(这里记作Fuse，熔丝)存储空间也是空白的。

(2) 芯片不空的情况。如果单片机芯片不是空白，则弹出如图6.22所示的对话框。其中也显示4条反应单片机4种存储空间的状态信息：①Flash程序存储器空间不是空白的或说成没被擦净(Not Erased)；②EEPROM不挥发数据存储器空间仍然是空白的；③用户识别码(ID)存储空间不空；④系统配置字(这里记作Fuse，熔丝)存储空间也不空。

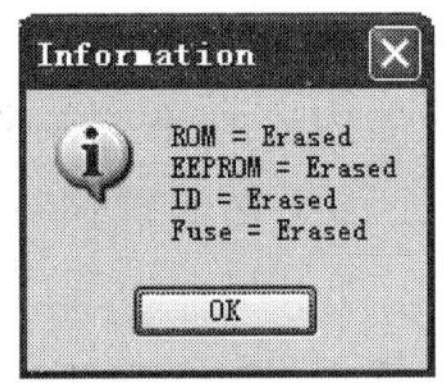

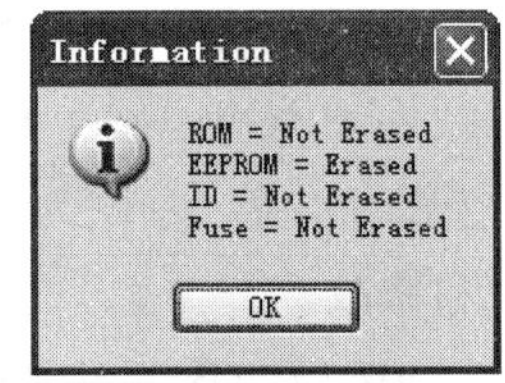

图6.21 空白检查反馈信息(空白)　　图6.22 空白检查反馈信息(不空)

6.4.2 芯片内容读回(上传)

内容读回有时也简称“上传”，就是把单片机芯片内部Flash存储器等空间内事先已经烧写的内容，读取并且上传到“烧写缓冲区”里。成功读回的前提是该芯片没有被施加保护措施。

当单击图标按钮 读出 时，K150将启动一次芯片内容的读取操作，并且读回内容暂存上传到烧写内容缓冲区内。这一读取过程需要几秒的时间，期间可以看到一个进度条的变化。

一旦上传完毕之后，即可查看上次给单片机芯片内的 4 种存储空间所烧写的具体内容是什么。

(1) 查看 Flash 空间和 EEPROM 空间的方法。在编辑区中滚动鼠标滑轮或拖动滑标，即可查看到 Flash 空间和 EEPROM 空间的内容。该区域的内容既可看，又可改。

(2) 查看配置字内容的方法。利用菜单命令“设置”→“Fuse Value”，即可弹出如图 6.23 所示的对话框，其中“3FF1”就是配置字内容。该对话框的内容只能看、不能改。

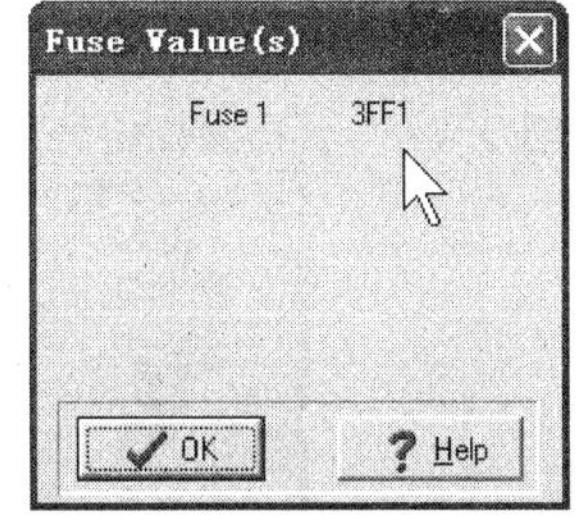

图 6.23 查看系统配置字内容

(3) 查看用户识别码的方法。单击 配置位 按钮命令，可以打开如图 6.24 所示的对话框，其中 ID 后面的“1959”即是用户识别码。该对话框的内容既可看、又可改，而且重要的是还可以修改配置字的内容。做法是，单击 4 个选项的下拉列表即可分别改动：看门狗启用否；上电定时器启用否；时钟振荡器选哪种；加不加写保护。例如，图 6.24 中的 4 项设置，所对应的配置字内容就是图 6.23 中的“3FF1”。

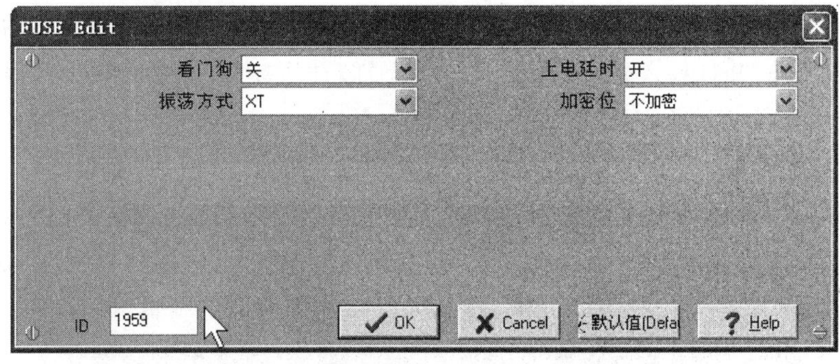

图 6.24 查看用户识别码 ID 内容

6.4.3 导出 HEX 文件(保存)

把烧写缓冲区中的内容，也就是软件界面的编辑区中经过编辑的内容，也可以是上面从芯片读回的内容，以 HEX 文件的格式保存为一个磁盘文件，以备后用。经过证实，在保存的 HEX 文件中，记录了 Flash、EEPROM、系统配置字 3 部分内容，而用户识别码部分没有记录下来。

方法是选择菜单命令“文件”→“保存”，或者单击 保存 按钮，将弹出一个如图 6.25 所示的对话框。从该对话框中可以指定存放的磁盘、路径、文件名和扩展名(.HEX)等。最后单击“保存”即可得到一个 HEX 文件。例如，这里所选定保存的路径和文件名称为“C:\asmpic\010.hex”。

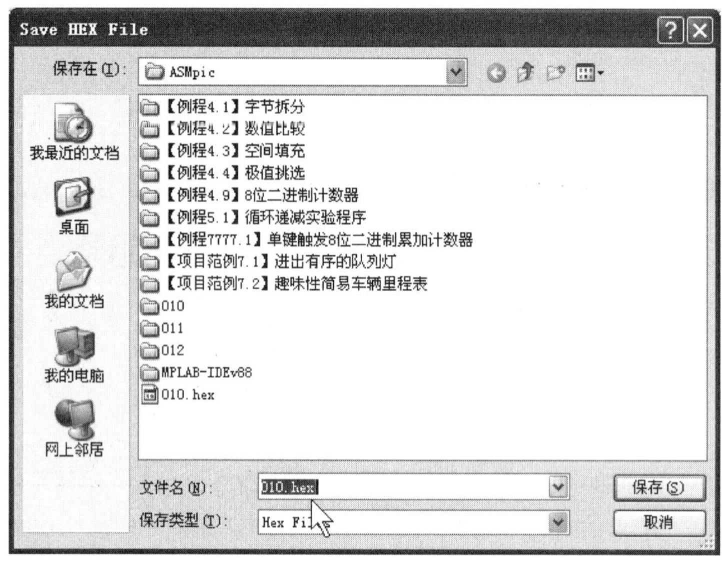

图 6.25 保存为 HEX 文件

6.4.4 导入 HEX 文件(载入)

该功能可以打开在 WAVE6000 环境中生成的 HEX 文件,或者利用上述的读回和保存获得的 HEX 文件,并且导入(载入或复制)到烧写缓冲区中。这时如果开启程序存储器窗口,则可以查看导入内容。

方法是选择菜单命令"文件"→"载入",或者单击 载入 按钮,则会出现一个图 6.26 所示的对话框;从中选择一个保存着 HEX 文件的路径,以及一个 HEX 文件名。例如,这里就选定上述刚刚保存的路径和文件"C:\asmpic\010.hex"。也可以打开和导入一个在某项目中生成的 HEX 文件。一旦导入完成,即刻呈现在软件界面的编辑区中。

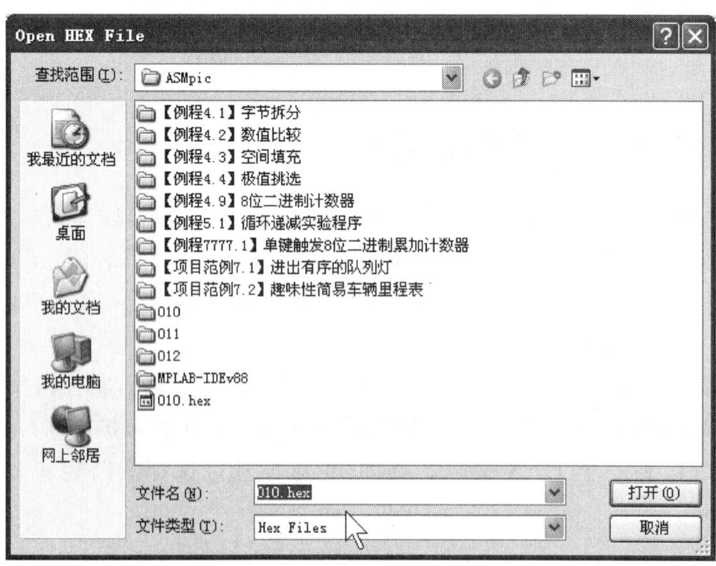

图 6.26 导入 HEX 文件对话框

如果在导入 HEX 新文件之前，烧写缓冲区已经存在内容，这时可能会弹出一个如图 6.27 所示的提示对话框，这是问新载和现存文件不同，是否保存缓冲区内容。一般单击 No 按钮即可。

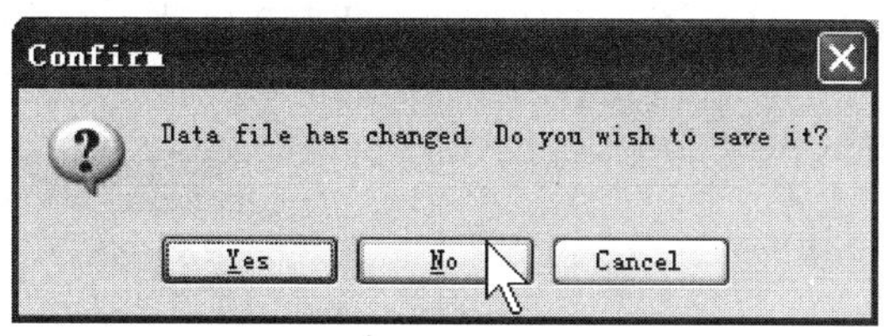

图 6.27　导入 HEX 文件对话框

6.4.5　芯片烧写编程(固化)

该功能就是把烧写缓冲区中的内容，借助于 K150 硬件给烧写到单片机芯片内部程序存储器等空间里。

方法是选择菜单命令“编程”→“编程”，或者单击图标按钮 编程 ，或直接按下 F9 键，K150 将启动一次烧写(固化)活动，把烧写缓冲区中的内容烧写到单片机内部。烧写过程中可以看到进度条的变化。一旦烧写成功则会弹出如图 6.28 所示的对话框，表示烧写完成。

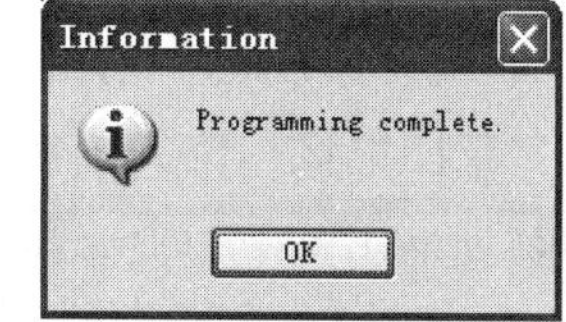

图 6.28　烧写完成

6.4.6　读取芯片校验(对比)

该功能就是把烧写到单片机芯片内部程序存储器等空间里的内容，逐个单元地读取回来，与烧写缓冲区中的内容进行逐字对比(核对或校验)。

方法是选择菜单命令“编程”→“校验”，或者单击图标按钮 校验 ，或直接按下 F11 键，K150 将开始一次核对活动。如果核对通过，则显示一个如图 6.29 所示的提示信息对话框，其中显示内容已被校验。

如果校验没有成功，则显示一个如图 6.30 所示的出错信息对话框。其中有 3 行信息：第 1 行是首个差错单元所在地址；第 2 行是缓冲区中的内容；第 3 行是芯片中的内容。其实，校验过程一旦发现失配，则立刻停止。

图 6.29　内容已被校验

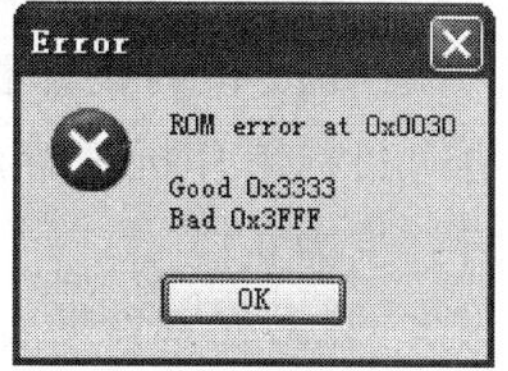

图 6.30　校验出错

6.4.7　芯片清空擦除

该功能就是把烧写到单片机芯片内部程序存储器等空间里的内容，全部擦除(或者叫整片擦除)。

方法是选取菜单命令"编程"→"清空",或单击图标按钮 清空 ,或直接按下 F12 键,会弹出一个如图 6.31 所示的对话框,选中其中的"擦除"选项,单击 OK 按钮,又会弹出一个如图 6.32 所示的确认对话框,单击 Yes 按钮即可令 K150 启动一次擦除操作。

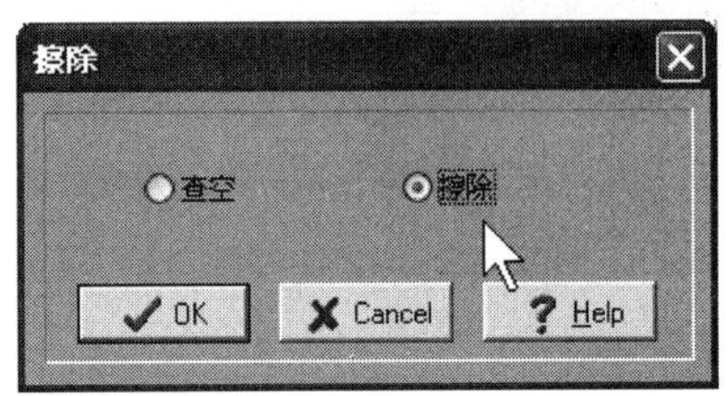

图 6.31 擦除命令对话框

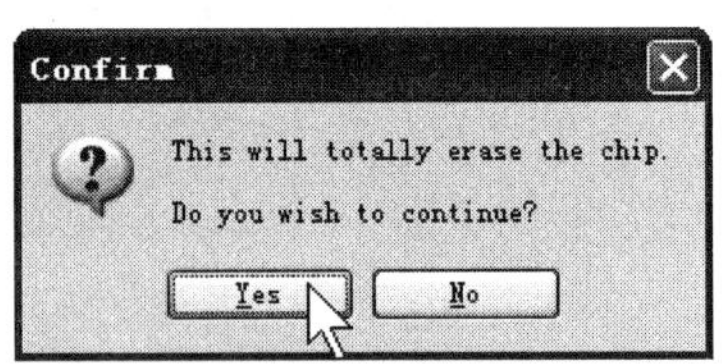

图 6.32 确认擦除对话框

一旦擦除完毕之后,可以看到一个如图 6.33 所示的信息对话框,表示芯片已经完成了擦除。擦除后的芯片内部的存储记忆空间,被还原成出厂前的原始状态,也就是所有位元恢复为"1"态。仅能记忆一位二进制信息(0 或 1,即一个比特,bit)的最小的物理单元就是一个位元。

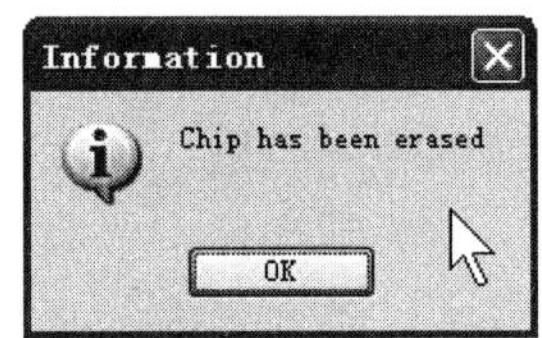

图 6.33 擦除完成对话框

6.5 选用软硬件开发工具开发用户项目

项目开发通常包含软件开发和硬件开发,项目调试主要包含软件调试和硬件调试。由于将 PICbasic84 开发板用作"下载编程实验仪"时,不具备程序调试功能,因此需要利用其他思路来解决调试问题。例如,程序烧试法或软件模拟法等,以下分别介绍。

6.5.1 烧试法单片机应用项目的开发思路

所谓"烧试法",就是免用调试工具、省略调试环节,而仅仅利用串行(或并行)烧写器,直接将不成熟的 HEX 目标程序——"毛坯代码"烧写到目标板的目标单片机中,然后直接执行用户程序,同时借助于 LED 显示等输出器件观察执行结果,来判断程序的故障或验证程序的可行性和有效性。如果发现结果不理想,则需要回过头来耐心分析和精心推敲源程序,判断问题之所在,并且修改和调整源程序,这时需要重新经过汇编、连接等处理后再生成 HEX 文件,然后再对目标单片机进行清空和重新烧写 HEX 文件。反复进行这一过程,直到得到理想的执行结果为止。

烧试法也叫做盲调法,就是在手头不具备硬件仿真器或调试器,甚至就连软件模拟器也没有,或者也不会使用的情况下,仍然可以开发单片机应用项目。也就是说,在省略各种程序调试工具的条件下也能够实现单片机应用项目的开发。不过,这时调试过程的直观性、透明度会大大降低,并且需要开发者具有一定的实践经验。

在业余条件下,虽然利用烧试法可以省略仿真器、调试器或其他调试工具,但是烧写器或下载器,无论如何都是不可缺省的。因为,在没有任何专用硬件工具支持的情况下,无论用什么手段也不能把程序代码烧写到单片机芯片内部去。

烧试法尽管简单,但有时也实用。它适合于初学者利用"验证"的方法来查看其他人提供的、已经调通的现有程序的执行效果。烧试法也比较适合于调试那些比较短小的单模块程序,因此可以采用"化整为零"的手段,把规模较大的用户程序经过"模块化"处理之后,给拆分成一系列短小程序模块,然后进行单独调试,最后再拼装到一起,进行整体统调。

这里利用流程图的方式,把利用各种软、硬件工具开发和调试用户程序和用户电路的整个开发过程进行一个全貌概括,如图 6.34 所示。

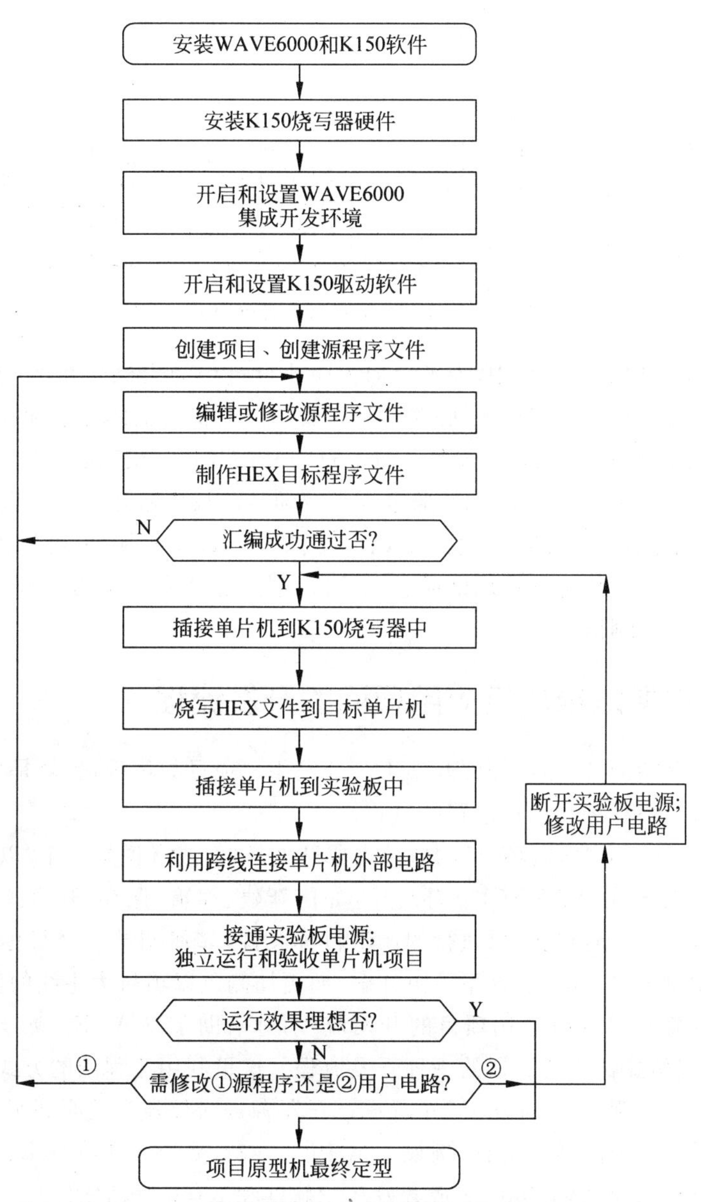

图 6.34 程序烧试法单片机应用项目的开发流程

以下对图 6.34 流程中的主要步骤进行几点必要的说明:

(1) 安装 WAVE6000 软件和 K150 软件。可以分别遵循"5.3 节"和"6.3 节"介绍的方法来完成安装。

(2) 安装 K150 烧写器硬件的方法,也参照“6.3 节”即可。

(3) 值得注意的是,这里的 K150 是作为烧写器的方式来应用的。如图 6.35 所示。当需要烧写或者重烧目标程序时,就把单片机插接到 K150 中;当需要独立运行验证时,就把单片机从 K150 中拔出,插接到实验板中,然后再接通实验板的电源。

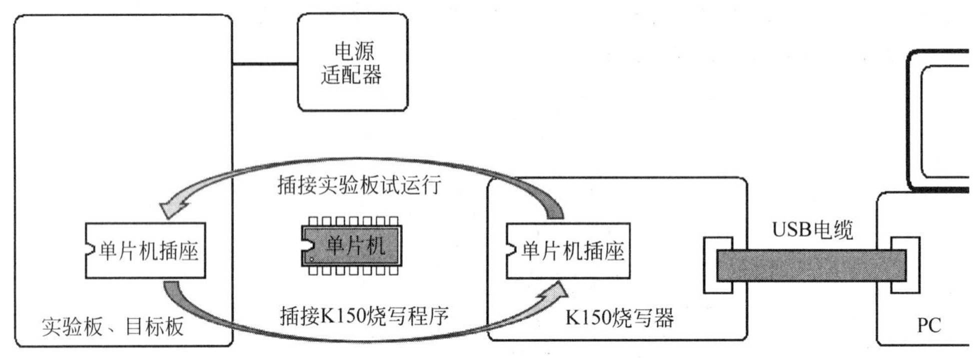

图 6.35 K150 烧写器方式使用方法

另外,在采用烧试法的过程中,为了增加程序执行过程的人机交互性,还可以有针对性的在一些调试段落或程序关键点上,临时性地设置一些人机对话的显示和控制手段。例如,在程序段 A 执行成功之后,通过点亮某一只 LED 来向人们“汇报”执行状态,并且暂停下来等待人们观察和验证;在验证无误后,通过人为按动某一只按钮开关来向机器发布一个“命令”,然后才会继续执行后续的程序段 B;以此类推……如法炮制,就可以把一个比较长的程序来完成分段测试。待各段均调试通过之后,再剔除那些专门是为了调试目的而临时夹杂混入的人机对话控制语句。

6.5.2 模拟法单片机应用项目的开发流程

利用此前所介绍的各种软、硬件开发工具开发用户项目的过程,也就是借助于这种简易开发工具来统调用户程序和用户电路的过程。

WAVE6000 是一个“面向项目”的软件集成开发环境,或者说是一个“以项目为导向”的集成开发环境。关于在 WAVE6000 环境中,如何新建、编辑、保存、开启源程序文件、如何新建、编辑、制作项目,如何建立可执行的调试目标文件,如何调试一个目标文件等,各种操作都在第 5 章中讲解过。因此,这里不再详解,而更加侧重以项目为主线的实用训练。

所谓软件模拟法单片机应用项目的开发流程,是借助于 WAVE6000 环境中现有的软件模拟器,来充当仿真器或调试器的一种开发流程。这里利用流程图的方式把整个软、硬件开发过程进行一个宏观描绘,如图 6.36 所示。开发者进入该流程之前的背景条件是,假设手头已经同时具备必要的硬件工具(例如一款 PIC16F84 实验板和一款 K150 烧写器/下载器)和软件工具(例如 WAVE6000 集成开发环境软件和 K150 驱动软件)。

对于图 6.36 流程中的关键步骤做几点补充说明:

(1) 这里的 K150 是作为下载器的方式来连接和应用的。如图 6.37 所示。

(2) 单片机插接到实验板中,并且固定下来不必反复插拔。

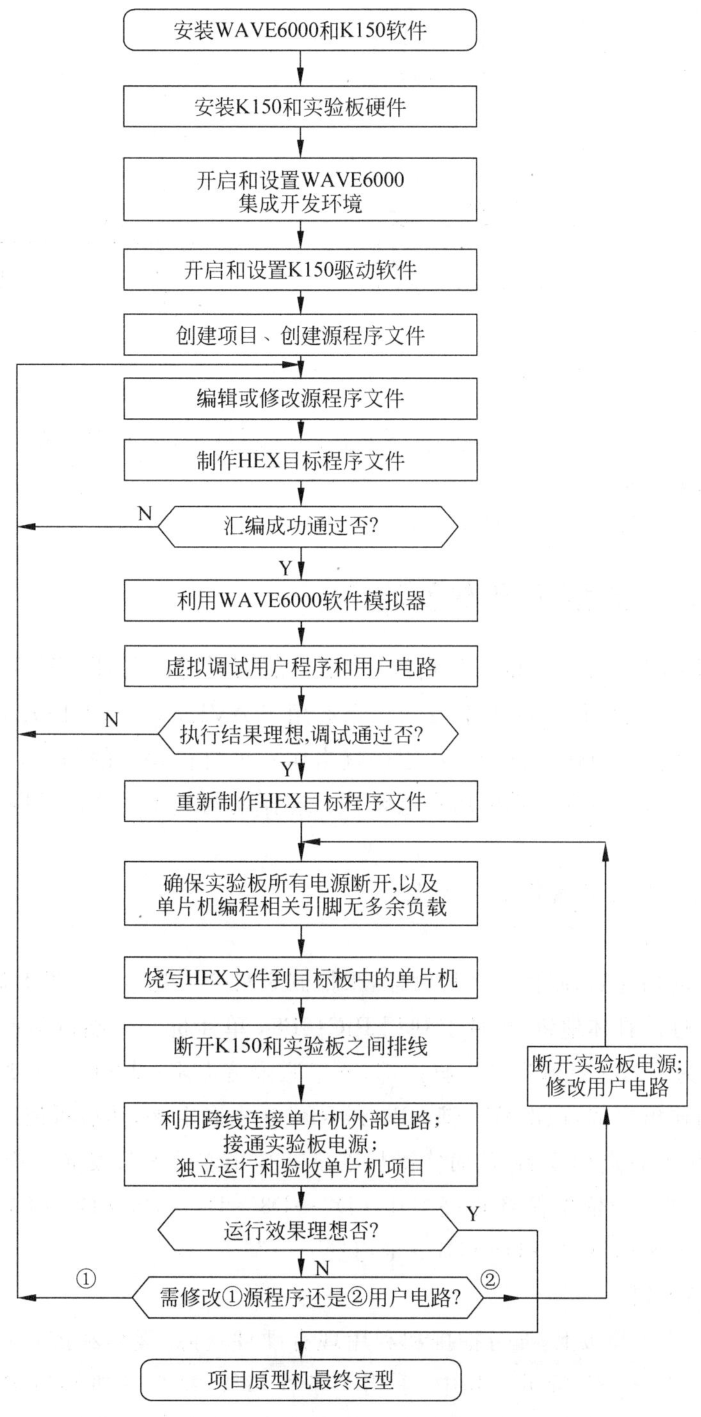

图 6.36 软件模拟法单片机应用项目的开发流程

(3) 单片机存在 2 种应用状态：烧写程序状态和独立运行状态。

(4) 当单片机处于烧写程序状态时，需要断开实验板电源，接通 6 芯排线，这时的单片机电源由 K150 提供。

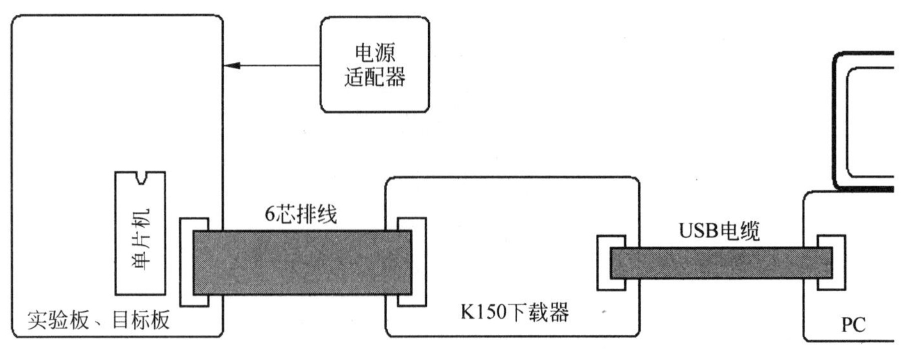

图 6.37 K150 下载器方式安装方法

(5) 当单片机处于独立运行状态时，需要断开 6 芯排线，接通实验板电源，这时的单片机电源由电源适配器提供。

切记：单片机电源不能有两路同时供电！

6.5.3 项目原型机开发示范

针对实验板 PICbasic84 上的硬件资源，并结合前面讲过的各种工具和开发思路，在此我们设计了一个小项目，作为深入学习和综合运用 WAVE6000 和 K150，进行项目的软件和硬件联合调试的实验范例。其中的小程序就当作一个自行编写的用户程序实例，而实验板暂时就充当一块自行设计制作的用户电路板。这样就构成了一个软、硬件齐全的自制项目的开发和评估平台。

【项目范例 6.1】 8 珠霹雳灯控制器

★ 项目实现功能

本项目实现的功能是，制作一个控制器，来控制 8 只灯。其显示效果类似于一个简单的包含 8 灯的霹雳灯。具体地讲，硬件上利用 PIC16F84 单片机一个端口 RB 的 8 条引脚，来连接 8 只 LED，为了防止过流损坏引脚内部，要串联限流电阻；软件上通过编程把端口 RB 全部引脚设置为输出模式，依次从引脚 RB0 到 RB7 送出高电平，然后再依次从引脚 RB7 到 RB0 送出高电平，并且周而复始，从而使得与该端口 B 相连的 8 只发光二极管 LED 循环往复依次被单独点亮。即依次循环点亮“D1→D2→D3→D4→D5→D6→D7→D8→全熄→D8→D7→D6→D5→D4→D3→D2→D1→全熄→……”

★ 硬件电路规划

在 PICbasic84 实验板上，充分挖掘和利用现有硬件资源，规划和搭建一个支撑本例项目功能的电路，如图 6.38 所示。其中，采用 8 条杜邦线，把单片机端口 B 的引脚与 8 只 LED 的排针接口依序对应连接；利用短路子接通单片机的复位电路和时钟电路；配置好电源回路和预备好电源，但暂不接通。

该电路图中各个元器件的标号，与附录 H 所提供的电路图中各元器件标号保持一致。关于单片机 PIC16F84 的各个端口的结构和用法等详细情况，在第 2 章中已经作了专题讲解。

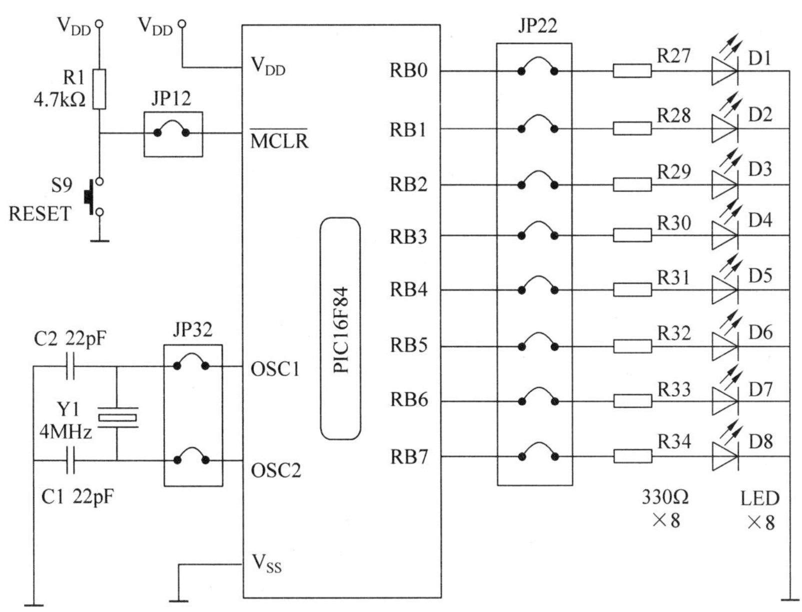

图 6.38 端口 RB 的外接电路

★ 软件设计思路

需要说明的有以下几点：

(1) 关于延时子程序，这里没必要重新编写，可以拷贝以前实验成功的程序段。充分利用自己以前的成果积累，也充分利用计算机的复制能力。这样的做法值得提倡，这也是软件工程师惯用做法。

(2) 用于控制 LED 移动方向的左右移标志寄存器 flag，其实只用到它的一个比特位 bit0，表示为 flag <0>。当 flag<0>= 0 时，LED 进行右移；当 flag<0>= 1 时，LED 进行左移。

(3) 修改左右移标志位的方法有多种，在本例中采用了一条取反指令"comf flag,1"；也可以利用加 1 指令"incf flag,1"；或者利用减 1 指令"decf flag,1"；或者利用异或指令"movlw 00000001b 和 xorwf flag,1"，等等，均可达到同样的目的。由此可见，程序的编写和算法的设计不是唯一的，存在很大的灵活性和思想性。

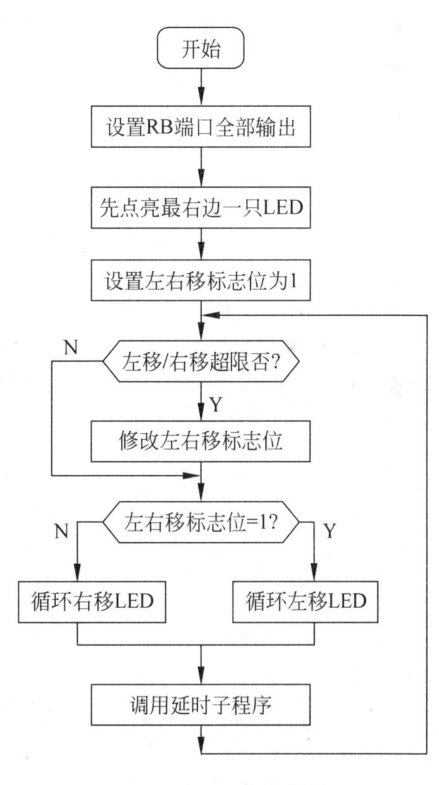

图 6.39 程序流程图

★ 汇编程序流程

如图 6.39 所示是本例程序的流程图，以便于读者分析算法和阅读程序。

★ 汇编程序清单

```
;==================================================================
;        8 珠霹雳灯控制器
```

```
;      项目名称: PROJ6 - 1.PRJ
;      源文件名: EXAM6 - 1.ASM
;      设计编程: LXH,2016/09/15
;==============================================================================
LIST       P = 16F84              ;告知汇编器,你所选单片机具体型号
status     equ     3h             ;定义状态寄存器地址
portb      equ     06h            ;定义端口 B 的数据寄存器地址
trisb      equ     86h            ;定义端口 B 的方向控制寄存器地址
flag       equ     20h            ;定义一个控制左移/右移的标志寄存器
           org     000h           ;定义程序存放区域的起始地址
           bsf     status,5       ;设置文件寄存器的体 1
           movlw   00h            ;将端口 B 的方向控制码 00H 先送 W
           movwf   trisb          ;再由 W 转移到方向控制寄存器
           bcf     status,5       ;恢复到文件寄存器的体 0
           movlw   01h            ;将 00000001B 先送 W
           movwf   portb          ;再由 W 转移到数据寄存器
           bsf     flag,0         ;将左右移标志位 bit0 置 1,先左移
loop       btfss   status,0       ;测试进位/借位位,是 1 则修改标志
           goto    loop1          ;是 0 则不修改标志
           comf    flag,1         ;flag 的 bit0 作为标志位,把它取反
loop1      btfss   flag,0         ;判断标志位,是 1 则跳到循环左移
           goto    loop2          ;是 0 则跳到循环右移
           rlf     portb,0        ;循环左移端口 B 数据寄存器,结果送 W
           movwf   portb          ;将结果再送回端口 B 的数据寄存器
           goto    loop3          ;跳过下面两条指令
loop2      rrf     portb,0        ;循环右移端口 B 数据寄存器,结果送 W
           movwf   portb          ;将结果再送回端口 B 的数据寄存器
loop3      call    delay          ;调用延时子程序
           goto    loop           ;返回
;--------------- 延时子程序 ----------------------------
delay                             ;子程序名,也是子程序入口地址
           movlw   0ffh           ;将外层循环参数值 FFH 经过 W
           movwf   22h            ;送入用作外循环变量的 22H 单元
lp0        movlw   0ffh           ;将内层循环参数值 FFH 经过
           movwf   21h            ;送入用作内循环变量的 21H 单元
lp1        decfsz  21h,1          ;变量 21H 内容递减,若为 0 跳跃
           goto    lp1            ;跳转到 lp1 处
           decfsz  22h,1          ;变量 22H 内容递减,若为 0 跳跃
           goto    lp0            ;跳转到 lp0 处
           return                 ;返回主程序
;---------------------------------------------------------
           end                    ;源程序结束
;==============================================================================
```

★ 模拟调试方法

WAVE6000 操作界面的布局和安排如图 6.40 所示。源程序创建、录入、保存和命名,项目的创建、命名、编辑、制作和保存,这里不再赘述。在这同一工作界面中,还可以完成项目的模拟调试。可以先后分别采用“单步执行”和“连续执行”两种调试方法,来观察程序的执行结果是否符合我们的想象。

为了加快学习、加深理解、加大训练，对待每一个项目的调试实训，都应该首先把源程序利用“单步执行”遍历一遍，尤其对于初学者更应如此。要本着“先动脑，后动手”的行为原则，在执行每一单步之前都应该预想一下，该步（该语句）执行过后会产生什么影响，并且预先把自己的目光聚焦于此。

（1）单步执行方式。操作步骤：①单击“ ”按钮，令“单片机”复位，执行光标“ ”指向首条可执行语句上，各个寄存器内容保持“复位值”；应该留意的是，程序计数器值回到原点PC=0000H，端口B的数据寄存器PORTB的内容为FFH。②在执行“bsf　status,5”语句之前，预先应聚焦关注点于“RP0”，那就依次点选SFR窗口中的STATUS寄存器，以及其内部的RP0比特；然后才该执行，那就单击“ ”图标按钮（或按F8键），看到RP0由0变成了1；同时还可看见PC由0000H变成了0001H，执行光标指向“movlw　00h”语句。此时的操作界面如图6.40所示。③在执行下一步之前，应把注意点锁定在工作寄存器“W”上；不过，过后也不会看到W变化，理由是，语句movlw　00h功能是传00H给W，而W内容原本就是00H。④一次次地单击“ ”下去，并注意PORTB的内容变化；可以看到PORTB内容的变化规律为，00H→01H→02H→04H→08H→10H→20H→40H→80H→00H→80H→40H→20H→10H→80H→04H→02H→01H→00H→……在18个不同状态之间顺序变换并且循环。

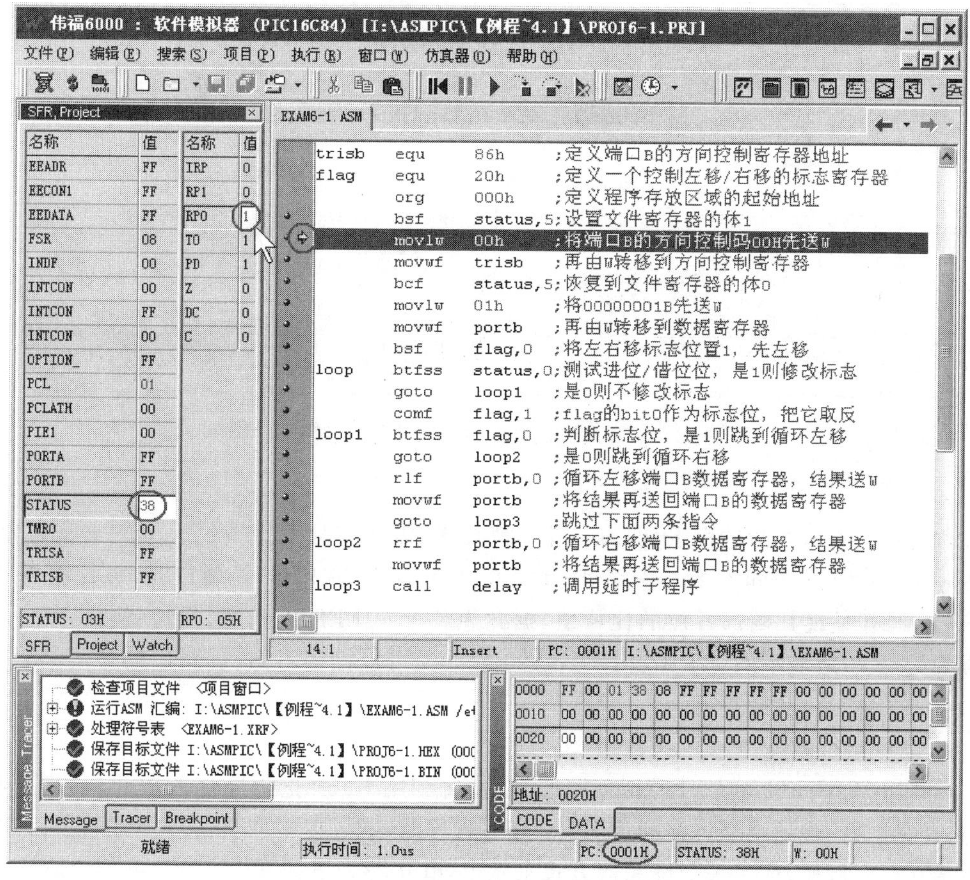

图6.40　程序调试界面（在单步执行首句之后）

(2) 连续执行方式。操作步骤：①单击“ ”按钮，令“单片机”复位，看到 PORTB 的内容为 FFH。②点选 SFR 窗口中的端口寄存器 PORTB，作为预先锁定的关注焦点。③选定一条主循环中的语句，安置一个断点。可参考着程序流程图来选，例如这里选“call　delay”。④一次次地单击“ ”按钮，令程序全速执行，然后暂停在 call 处，这时可以看到 PORTB 内容的变化规律，与上述相同。调试界面如图 6.41 所示。

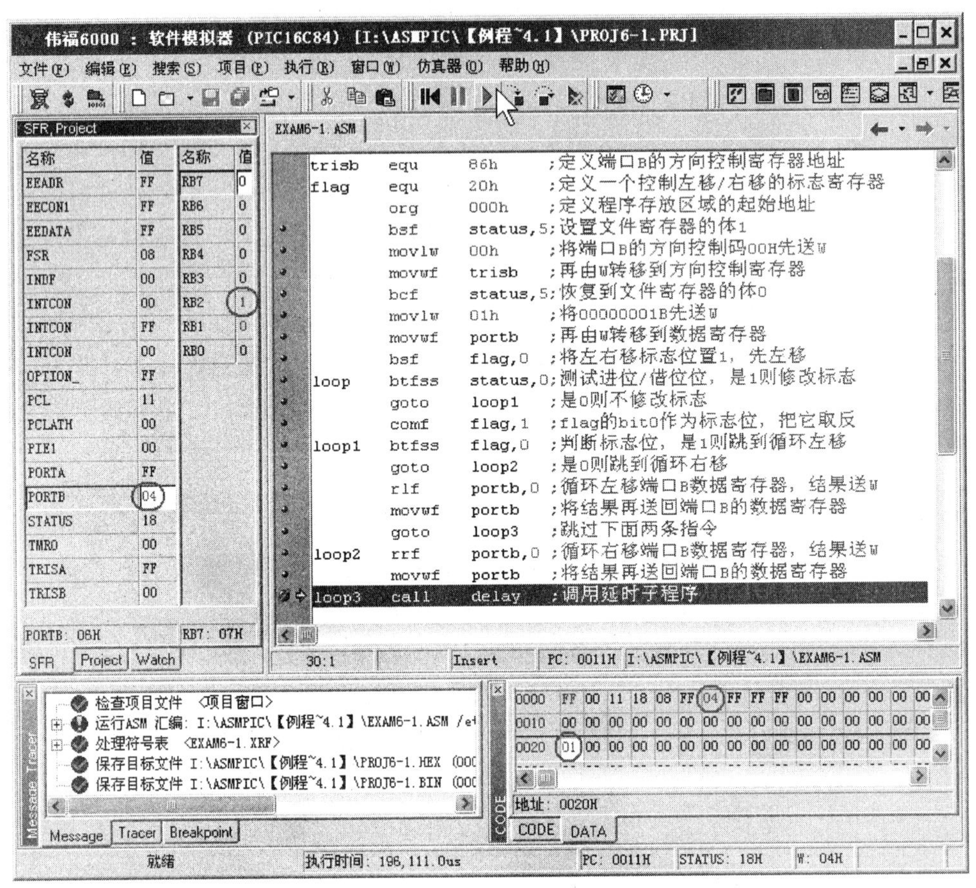

图 6.41　程序调试界面(在设置断点连续执行)

★ 程序调试技巧

利用软件模拟器调试程序，即为一种虚拟技术，需要充分发挥我们大脑的丰富想象力。具体地说，在调试期间查看“霹雳灯”时，可以在 SFR 窗口选中端口 B 的数据寄存器 PORTB，展开呈现其内部各位的比特值，据此想象 8 只 LED 的亮灭状态。例如，某一刻看到的图 6.42 中所显示的是 RB7～RB0＝0000 1000，可以推测得出，其对应的显示结果应该是，只有 LED4 亮、其余都灭。

★ 烧写运行验证

在利用 WAVE6000 软件模拟器调通之后，将利用 K150 把程序烧入单片机，进行独立加电、真实运行、验证结果。在利用 K150 烧写程序时，既可以采取烧写器方式，也可以采取下载器方式。例如，这里采取烧写器方式来示范，其步骤如下：

(1) 连接 K150 硬件到微机 USB 接口。到“设备管理器”内检查甚至改动虚拟 COM 端

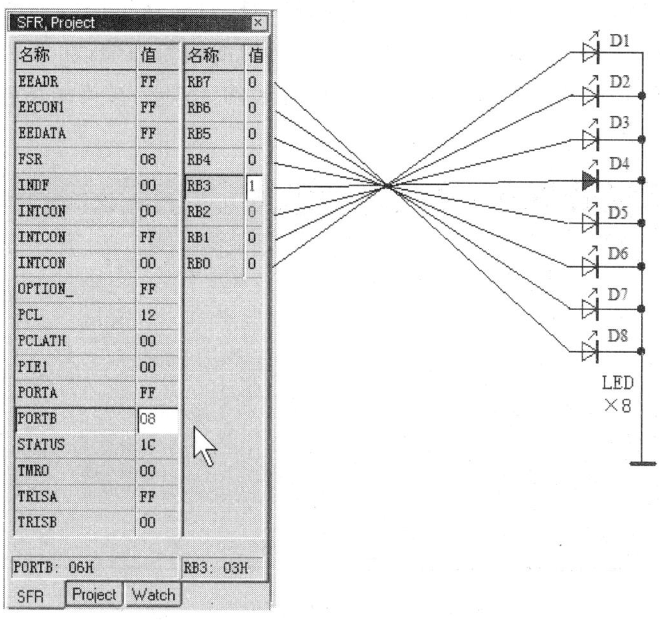

图 6.42 寄存器 PORTB 内容和 LED 对应关系

口号，这里确认为 COM1。

(2) 打开 K150 驱动软件，并设置端口号和 K150 型号，选择单片机 PIC16F84A，疏通 K150 与 PC 之间的通信。

(3) 按照 K150 软件界面的提示，把一片单片机 PIC16F84A 插入 ZIF 插座并锁紧。

(4) 查空单片机芯片，或通过清空操作，确保芯片是空白的。

(5) 导入在 WAVE6000 环境中调通和生成的目标程序 HEX 文件。如图 6.43 所示。

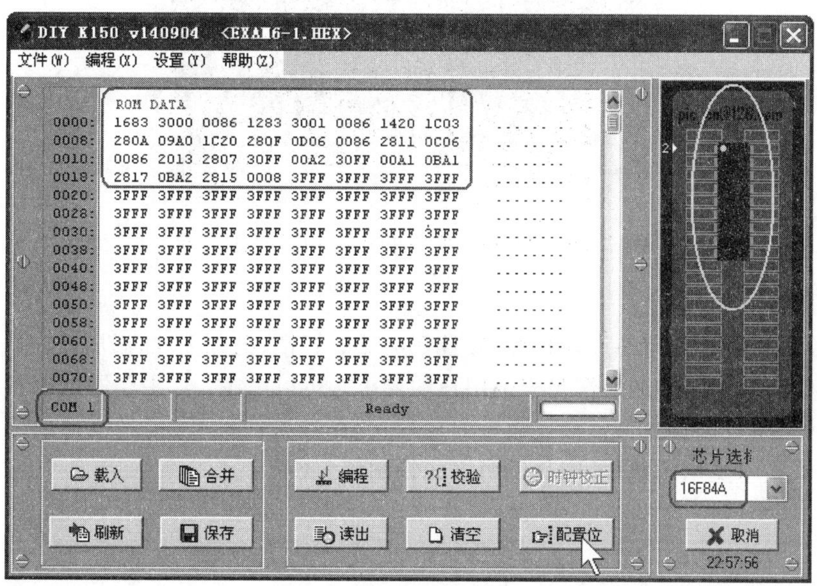

图 6.43 K150 驱动软件界面

(6) 单击"配置位"按钮，打开一个配置位编辑对话框，从中修改和设置配置字的配置位，以及用户识别码。注意，应该按照如图 6.44 所示的结果去修改，特别是"看门狗"必须"关闭"，时钟"振荡方式"必须选择与实验板上所焊装的 4MHz 石英晶体相吻合的"XT"，否则单片机不能正常运行。

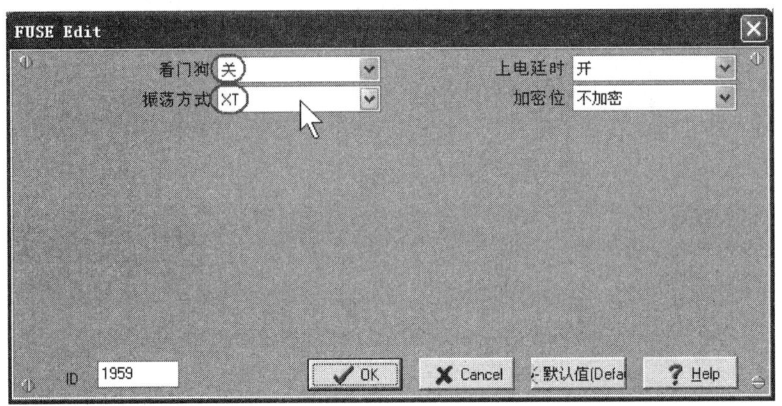

图 6.44 配置位和 ID 的设置和修改

(7) 单击"编程"按钮，完成程序烧写。

(8) 把单片机转移到实验板上，然后接通实验板的电源，开始独立运行，之后可以仔细观察和验证结果。如图 6.45 所示。

图 6.45 单片机在实验板上独立运行验证结果

★ 产品定型考虑

一旦原型机达到预期的设计目标，并且在电磁兼容性、电源消耗、温度适应性等方面，也均取得满意结果之后(即能够满足末端用户的要求)，可以考虑：自主印刷电路板的设计、电子元器件的选型、机壳的定型、操作面板的规划、产品造价的估算、批量生产的优化、生产流水线的设计、技术文档的整理、产品说明书的编制等工作。

第7章

定时器/计数器TMR0及其应用实例和开发技巧

在许多世界著名的半导体制造公司开发的型号繁多的单片机芯片内部,定时器/计数器模块是一种基本上普遍配置的常用外围设备模块,只是配备的数量和规格不同而已。其中,规格的不同指的是:宽度的不同、是否附带着预分频器、是否附带着后分频器、是否同时附带着预分频器和后分频器,以及预分频器或后分频器的分频比的不同,等等。

7.1 定时器/计数器模块的基本用途

在对一些电子应用项目的单片机进行编程时,需要在程序的执行过程中,插入一定时长的延时。对此有两种方案可供选择,一是利用芯片内部现成的硬件资源——可编程定时器;二是采用软件手段——插入一段延时程序。关于软件手段延时,在“汇编程序设计基础”章节中已经作过介绍,其缺点是需要占用“机时”,也就是耗费 CPU 的“精力”。在此仅对第一种方法中用到的硬件资源进行讲解。

在单片机芯片内部配置的各种外围模块中,定时器/计数器模块是一种应用比较灵活的外围模块。那么,定时器/计数器模块究竟有什么用途呢?经过初步分析和归纳,此类模块大致上可以适用于以下 4 类不同的应用场合:

(1) 在一些单片机的应用项目中,有时要求单片机在其端口引脚上,从指定的起、止时刻,向外部电路“送出”一个单脉冲方波信号。例如,照相机快门控制、遥控器编码信号的波形合成等。这类应用程序的编写,会用定时器来精确提供“事先预定”的起点时刻和持续时长。

(2) 在另外一些单片机的应用项目中,经常要求单片机在其引脚上,检测外部电路“送来”的一系列方波信号的脉宽、周期或频率,以便单片机接收外部电路的输入信号或通信信号。例如,遥控电器中的红外遥控信号的接收、速度里程表中的转速检测、超声波测距仪中发射波与反射波之间的时间间隔的精确测量等。这类应用程序的编写,会用定时器来对“事先未知”的时间间隔进行精确计时。

(3) 也有一些单片机应用项目中，要求每隔一个预定的周期产生一次提示信号（例如中断请求）给 CPU，提醒 CPU 定时处理那些周期性的任务。例如，产生周期方波信号、产生脉宽调制信号、提供 LED 数码管动态驱动信号、形成步进电机驱动信号等。这里把定时器用作一种循环往复滚动运行的“时基中断发生器”。如果说上述两种用法所需要的是一种类似于运动跑表（也叫马表）的功能，强调它可以被随时回零或者随时暂停。那么本条介绍的这种用法则需要一种类似于生活中常见的，具有周期打点（例如正时打点）功能的普通钟表。它不能随时被清零或暂停，这里强调的是等间隔时间刻度的概念。

(4) 还有一些单片机应用项目中，需要单片机对其端口引脚上输入的由外部事件产生的“触发信号”进行准确地计数，依据计数结果来控制完成相应的动作。例如，在饮料的生产和包装车间里，传送带上的易拉罐在移动时，可以借助于红外线透射或者反射方式，获得触发信号并且送入单片机的相应引脚，由单片机内部的可编程计数器来对移过红外探头的易拉罐数量进行计数。每当计数器的累加值达到 24 时，就控制相应装置完成封箱操作（在此假设每箱易拉罐包装 24 听）。

7.2 PIC 单片机定时器/计数器 TMR0 的特性

微芯公司产生的 PIC 系列单片机也不例外，各款产品片内全部配备有定时器/计数器模块，并且配备的数量也不尽相同。早期研制的 PIC 单片机产品系列，例如 PIC12CXXX 系列、PIC16C5X/5XX 系列、PIC16C8X/F8X 系列中的全部型号，只配置了一个定时器/计数器模块。除了在最早的 PIC16C5X 系列单片机中，把该模块叫做 RTCC 模块之外，在其余所有 PIC 单片机中都把该模块叫做 TMR0 模块。近期新研制的 PIC 单片机产品系列中，大都配置了多个定时器/计数器模块，例如 PIC16F87X 系列单片机就配置了 3 个定时器/计数器模块。在本书中当作样板讲解的 PIC16F84 单片机只配置了 1 个定时器/计数器模块（记为 TMR0）。

定时器/计数器 TMR0 具有以下特性：

(1) 核心是一个 8 位宽的由时钟信号上升沿触发的循环累加计数寄存器 TMR0；

(2) TMR0 也是一个在文件寄存器区域内统一编址的寄存器，地址为 01H 或 101H；

(3) 用户用软件方式可直接读出或写入计数器的内容；

(4) 具有一个可选用的 8 位可编程预分频器；

(5) 用于累加计数的信号源可选择内部或外部时钟信号源，也就是既可工作于定时器模式，又可工作于计数器模式；

(6) 当使用外部触发信号作为时钟信号源时可由程序定义上升或下降沿触发有效；

(7) 具有溢出中断功能（关于中断功能在后面的章节中将作专题介绍）。

7.3 TMR0 模块相关的寄存器

现在让我们作一下总结归纳，在 PIC16F84 单片机的 RAM 数据存储器区域，与定时器/计数器 TMR0 模块有关的特殊功能寄存器共有 4 个，分别是 8 位宽的累加计数寄存器

TMR0、中断控制寄存器 INTCON、选项寄存器 OPTION_REG 和端口 RA 方向控制寄存器 TRISA。如表 7.1 所示。这 4 个寄存器都具有在 RAM 数据存储器中统一编码的地址，也就是说，PIC 单片机可以把它们当作普通寄存器单元来访问（即读出或写入）。这样有利于减少指令集的指令类型和指令数量，也便于用户的学习、记忆和编程。

表 7.1 与 TMR0 模块相关的寄存器

寄存器名称	寄存器符号	寄存器地址	寄存器内容							
			Bit7	Bit6	Bit5	Bit4	Bit3	Bit2	Bit1	Bit0
定时器/计数器 0	TMR0	01H/101H	8 位累加计数寄存器							
选项寄存器	POTION_REG	81H/181H	/RBPU	INTEDG	T0CS	T0SE	PSA	PS2	PS1	PS0
中断控制寄存器	INTCON	0BH/8BH/10BH/18BH	GIE	PEIE	T0IE	INTE	RBIE	T0IF	INTF	RBIF
A 口方向寄存器	TRISA	85H	-	-	TRISA5	TRISA4	TRISA3	TRISA2	TRISA1	TRISA0

我们有必要对几个起控制作用的相关寄存器中相关比特位的含义详解如下，以便于读者在用到时查对。关于累加计数寄存器 TMR0，将在后面作介绍：

1. 选项寄存器 OPTION_REG

bit7	bit6	bit5	bit4	bit3	bit2	bit1	bit0
/RBPU	INTEDG	T0CS	T0SE	PSA	PS2	PS1	PS0

选项寄存器是一个可读/可写的寄存器，与 TMR0 有关各位的含义如下：

- PS2～PS0：分频器分频比选择位。如表 7.2 所列。

表 7.2 分频器分频比

PS2～PS0	TMR0 比率	WDT 比率
0 0 0	1 : 2	1 : 1
0 0 1	1 : 4	1 : 2
0 1 0	1 : 8	1 : 4
0 1 1	1 : 16	1 : 8
1 0 0	1 : 32	1 : 16
1 0 1	1 : 64	1 : 32
1 1 0	1 : 128	1 : 64
1 1 1	1 : 256	1 : 128

- PSA：分频器分配位。
  - 1＝把分频器分配给 WDT；
  - 0＝把分频器分配给 TMR0。
- T0SE：TMR0 的时钟源触发边沿选择位。只有当 TMR0 工作于计数器模式时，该位才发挥作用。

- 1＝选用外部时钟 T0CKI 的下降沿，来触发 TMR0 递增；
- 0＝选用外部时钟 T0CKI 的上升沿，来触发 TMR0 递增。

• T0CS：TMR0 的时钟源选择位。
- 1＝由 T0CKI 外部引脚输入的脉冲信号作为计数器 TMR0 时钟源；
- 0＝由内部提供的指令周期信号作为定时器 TMR0 时钟源。

2. 中断控制寄存器 INTCON

bit7	bit6	bit5	bit4	bit3	bit2	bit1	bit0
GIE	EEIE	T0IE	INTE	RBIF	T0IF	INTF	RBIF

中断控制寄存器也是一个可读/可写的寄存器，与 TMR0 有关的 3 位的含义如下：

• T0IF：TMR0 溢出标志位(也就是溢出中断标志)。
- 1＝TMR0 发生溢出；
- 0＝TMR0 未发生溢出。

• T0IE：TMR0 溢出中断使能位。
- 1＝允许 TMR0 溢出后产生中断；
- 0＝屏蔽 TMR0 溢出后产生中断。

• GIE：全局中断总使能位。
- 1＝允许 CPU 响应所有外围设备模块产生的中断请求；
- 0＝禁止 CPU 响应所有外围设备模块产生的中断请求。

3. 端口 RA 方向控制寄存器 TRISA

bit7	bit6	bit5	bit4	bit3	bit2	bit1	bit0
-	-	TRISA5	TRISA4	TRISA3	TRISA2	TRISA1	TRISA0

• TRISA4：与 TMR0 有关的只有一个比特位。由于 TMR0 模块的外部输入信号 T0CKI 与端口引脚 RA4 是复合在同一条引脚上的，当 TMR0 工作于计数器模式时，要求该脚必须设定为输入方式，作为 T0CKI 信号专用输入引脚。即：

- 1＝端口引脚 RA4 设定为输入，以便从该脚送进 T0CKI 信号。

7.4 TMR0 模块的电路结构和工作原理

定时器/计数器 TMR0 模块的电路结构，以及与看门狗定时器 WDT 之间的纠缠关系。其组织方框图如图 7.1 所示。TMR0 模块与选项寄存器 OPTION_REG 之间的受控关系，如图 7.2 所示。

在剖析 TMR0 的电路时应遵循“化繁为简”的原则，不妨将整个电路按功能简化为 3 个相对独立的主要组成部分：计数寄存器 TMR0、分频器和看门狗定时器 WDT。参见如图 7.3 所示的简化方框图。其中，看门狗定时器 WDT 在以后的章节中将作专题介绍，所以不是这里讲解的重点。

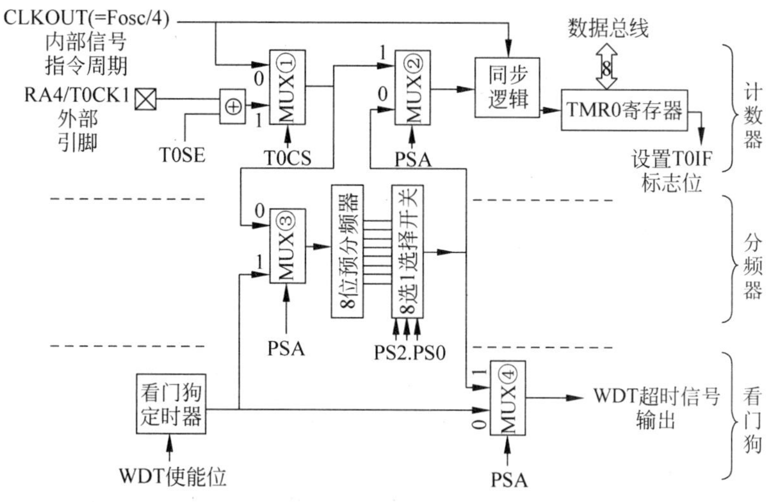

图 7.1 TMR0＋分频器＋看门狗的电路结构图

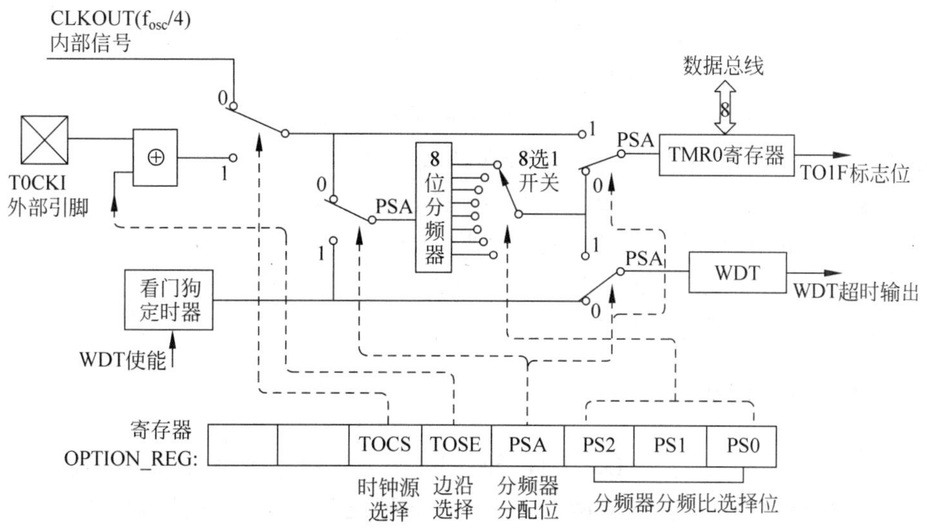

图 7.2 TMR0 模块与选项寄存器的关联

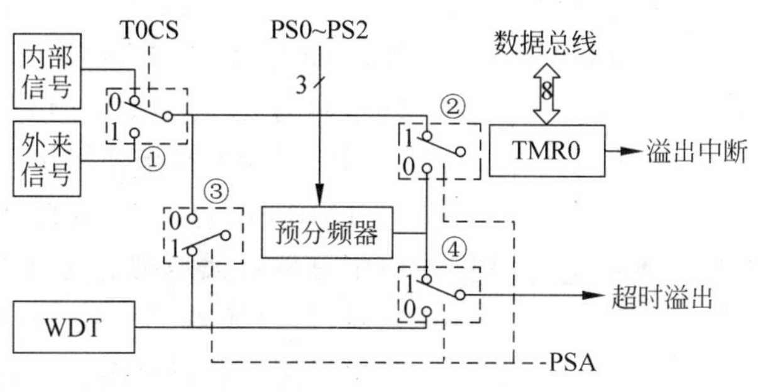

图 7.3 简化方框图

只是因为看门狗在电路上与 TMR0 之间存在一定的关联，并且与 TMR0 共同分享同一个分频器，于是两者就有了同时出现在同一张图上的理由。图 7.4 就是将看门狗定时器 WDT 剔除之后的方框图。

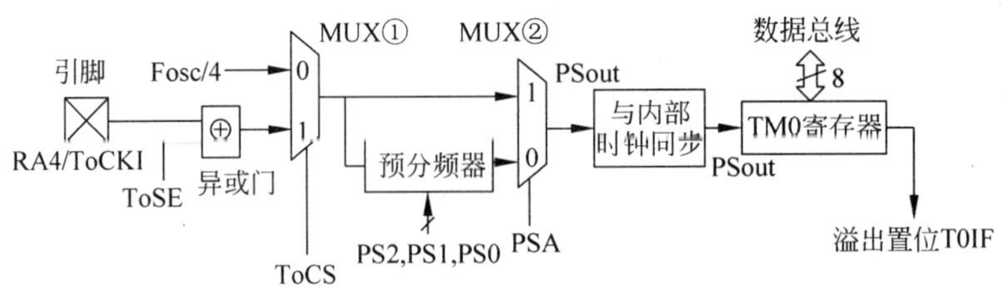

图 7.4　带有可编程预分频器的 TMR0 模块方框图

在图 7.3 的简化方框图中，3 个组成部分之间借助于 3 只由同一个 PSA 信号控制的切换开关 MUX②、MUX③和 MUX④相互连接在一起(为了便于让那些具有元器件基础知识的广大电子爱好者或单片机初学者更轻松地入门，不妨把切换开关就看成是电子制作中常用的 2 选 1 选择开关，类似于 74 系列通用 TTL 数字集成电路 74LS157 的电路结构和工作原理，也可参考 4000 系列 CMOS 通用集成电路 CD4053 的电路结构和工作原理)。MUX②、MUX③和 MUX④，3 只切换开关还可以理解为一只带有 3 组单刀双掷转换开关的继电器的 3 组触点(如图 7.5 所示)。其中缠在铁芯上的绕组构成了驱动线圈，线圈一端接地，另一端引出作为控制信号 PSA 的接入点。当 PSA 端送来低电平信号(逻辑 0)时，继电器保持静止，3 组开关靠自身弹力倒向静合触点“0”一侧；而当 PSA 端送来高电平信号(逻辑 1)时，继电器得电后吸合，3 组开关靠驱动线圈的磁力转换到动合触点“1”一侧。

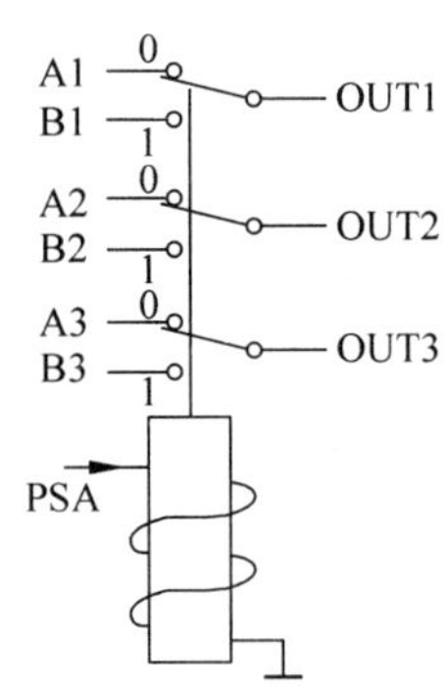

图 7.5　带有 3 组单刀双掷转换开关的继电器

7.4.1　分频器

看门狗定时器 WDT 与 TMR0 共同分享同一个分频器，但两者不能同时使用。也就是说，在某一时刻分频器只能分配给两者之一。分频器配置给 TMR0 时，它是以一个“预”分频器的角色出现在 TMR0 的输入信号路径中的；而与 WDT 配合使用时，它是以一个“后”分频器的角色出现在 WDT 的输出信号路径中的。分频器实际上也是一个 8 位累加计数器，不过它不能像 TMR0 那样通过内部数据总线用程序进行读、写操作，并且它只能配合 TMR0 或 WDT 起分频作用。由于它主要用来与 TMR0 配合工作，因此在厂家提供的产品手册中总是习惯地把它称作“预分频器”，其实把它叫作“分频器”笔者认为更确切，并且也不会产生任何误会和影响。分频器的电路结构示意图如图 7.6 所示，可以把它看作由两片 CMOS 通用集成电路构成，一片是 12 位二进制计数器 CD4040(在此仅使用低 8 位)，一片是 8 选 1 模拟开关 CD4051(或者是一片 8 选 1 数据选择器

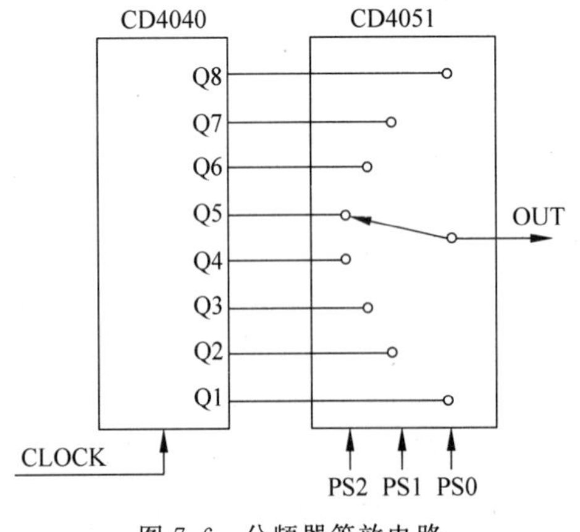

图 7.6　分频器等效电路

74LS151)。当开关切换到 Q1 点时,时钟信号 CLOCK 经过 1 级二进制分频后送到 OUT 端,分频比为 1∶2;当开关切换到 Q2 点时,时钟信号 CLOCK 经过 2 级二进制分频后送到 OUT 端,分频比为 1∶4;当开关切换到 Q3 点时,时钟信号 CLOCK 经过 3 级二进制分频后送到 OUT 端,分频比为 1∶8;……;当开关切换到 Q8 点时,时钟信号 CLOCK 经过 8 级二进制分频后送到 OUT 端,分频比为 1∶256。开关的切换位置取决于 PS2～PS0 的值,也就是由 PS2～PS0 设定分频比。

分频器的功能就是将进入 TMR0 的时钟信号(或从 WDT 出来的信号)频率除以一个指定的倍数,这个倍数就是分频比,由 OPTION_REG 寄存器中的 PS2～PS0 比特决定。

究竟将分频器配置给 WDT 还是 TMR0,这就要由控制信号 PSA 的逻辑电平来决定。当 PSA 为低电平时,分频器归 TMR0 所有,进入累加计数器 TMR0 的时钟信号,都要先经过分频器;而当 PSA 为高电平时,分频器与 TMR0 隔离,进入 TMR0 的时钟信号,不再经过分频器。

应注意,当分频器分配给 TMR0 时,任何以 TMR0 为目标的写操作指令(如 CLRF 1, MOVWF 1)都会同时将分频器清零。同理,当分频器分配给 WDT 时,一条清 WDT 的指令(如 CLRWDT)将会同时清零其分频器。这里指的是分频器清零,而分频比和分配对象并不会改变。

7.4.2 TMR0 累加计数寄存器

顾名思义,定时器/计数器 TMR0 模块既可以作为定时器使用,也可以作为计数器使用,或者说,TMR0 具有定时器和计数器两种工作模式。实际上,两种模式之间的主要差异就是送入累加计数寄存器 TMR0 的"触发信号"的来源不同而已(这里所说的触发信号指的是数字电路学科中的"时钟信号"的概念,所以也可以叫作时钟信号)。TMR0 的工作模式由 T0CS 位,即选项寄存器 OPTION_REG 比特 5(厂家提供的技术资料中记为 OPTION_REG<5>)决定。如表 7.3 所示。

表 7.3 TMR0 的工作模式

T0CS	TMR0 工作模式	触发信号的来源
0	定时器	计数器的触发信号取自内部指令周期
1	计数器	计数器的触发信号取自外部引脚 T0CKI 电平的上升沿或下降沿

1. 定时器模式

当 T0CS(OPTION_REG<5>)="0"时,TMR0 模块被设定为定时器模式,触发信号源取自于芯片内部的指令周期信号。也常被说成是,指令周期信号作为累加计数器的时钟信号源。在定时器工作模式下,一旦往计数寄存器中写入初始值后,TMR0 便启动或者重新启动一轮的累加计数(这就是定时器的启动方法)。在没有使用分频器的情况下,TMR0 会在每个指令周期信号(等于晶体振荡器产生的主时钟频率的 1/4)到来时自动加 1。在配置了分频器的情况下,TMR0 会在每次收到由分频器将指令周期信号分频一个固定倍数后所产生的脉冲信号时才自动加 1。如果 TMR0 在累加计数的过程中,CPU 执行一条往 TMR0 中写入数据的指令,则累加计数器的加 1 操作将被推迟两个指令周期,重新开始计数。这两个指令周期的偏差在用户编写时间精度要求较高的程序时应引起注意，可以通过在每次写入 TMR0 时给一个调整值的方法来解决。

2. 计数器模式

当 T0CS(OPTION_REG < 5 >)="1"时，TMR0 模块被设定为定时器模式，触发信号源取自于芯片外部引脚 RA4/T0CKI 上的输入信号。也常被说成是，外部输入信号作为累加计数器的时钟信号源。当工作在计数器模式时，T0SE(OPTION < 4 >)比特决定外部时钟信号的触发边沿：T0SE=1，下降沿触发；T0SE=0，上升沿触发。这是因为控制信号和引脚信号成逻辑"异或"关系，即经过一只异或门之后形成触发信号，见图 7.1。"1"与"1"异或后得"0"，相当于输入信号多经过一级"非门"；"0"与"1"异或得"1"，相当于输入信号被直接送入。当 TMR0 工作于计数器模式下，一旦往计数寄存器中写入初始值后，TMR0 便启动或者重新启动一轮的累加计数(这就是计数器的启动方法)。在没有使用分频器的情况下，TMR0 会在每个 T0CKI 信号的上升沿或下降沿到来时自动加 1。在此模式下，外部随机送入的触发脉冲信号和内部的工作时钟之间存在一个同步的问题。也就是说，并不是外部触发信号的跳变沿一来到，TMR0 就立即进行加 1 操作，而是要经过一个同步逻辑(见图 7.1)，该触发信号与系统时钟进行同步之后，方能进入累加计数器 TMR0，引发一次加 1 操作。

7.5 TMR0 模块的应用举例和开发技巧

由于定时器/计数器模块是一种应用比较灵活的外设模块，因此我们在本节中充分利用 ICD 配套演示板上很有限的硬件资源，通过精心安排和巧妙构思，尽可能多地设计了几个项目范例，以便充分展现定时器/计数器 TMR0 模块的各种应用方法和设计技巧。

7.5.1 TMR0 用作硬件定时器

能否以"查询"方式利用可编程定时器 TMR0 模块产生延时？这与采用软件手段产生延时的方法相比有什么好处？在下面的项目范例中将得到展现和验证。可以看到硬件方式延时，使得程序更精练。实际上，如果以"中断"方式利用 TMR0 延时还会节省 CPU 的时间。

【项目范例 7.1】 进出有序的队列灯

★ 项目实现功能

把学习板 PICbasic84 上的 8 只 LED 发光二极管，设计为轮流发光。也就是在图 7.7 所示的 16 个显示状态之间轮流切换，并且在各个状态之间切换时，插入一个 256ms 的延时。在各个显示状态之间切换时，插入的延时如果过短或者过长，给人的视觉感受都不太好，实践证明，插入 256ms 的延时，显示效果还是可以的。

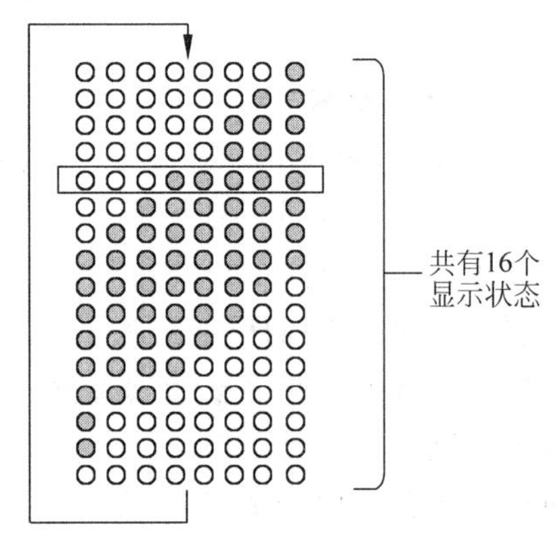

图 7.7　队列灯显示效果

我们让并列摆放的 8 只 LED 的亮灭规律符合"最

先移入队列的亮灯，最先移出队列”。这很像人们生活中购物排队一样，先进入队列的人，最先离开队列。与计算机理论中被称为“队列”的一种数据结构的操作规则“先进先出（FIFO）”也十分相似，所以我们就给它取一个雅致的名字叫“进出有序的队列灯”。

★ 硬件电路规划

队列灯电路如图 7.8 所示，是在“学习实验开发板 PICbasic84”中电路的基础之上搭建而成的。图中的电路元件标号尽量与 PICbasic84 中的电路图保持了一致，其他项目范例的电路图中元件标号的标法也是如此。

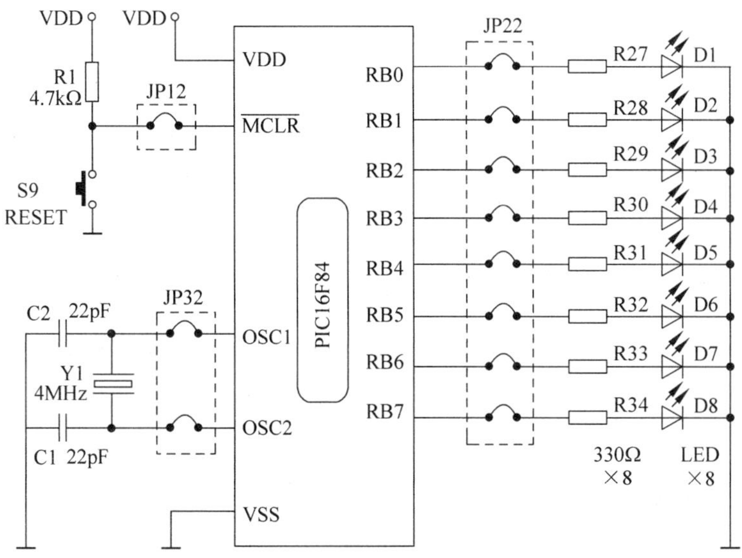

图 7.8 队列灯电路

★ 软件设计思路

设计本实验项目的宗旨，是为了练习和验证 TMR0 当做定时器的用法和效果。在“4.5 四种个性化实用程序的设计方法”一节中，已经介绍了利用软件手段，在程序执行过程中插入一段延时的方法。现在来看看利用硬件手段延时具体是如何实现的。

在本例中，为了让 TMR0 产生最大延时，将分频器配置给 TMR0，并且分频比设定为最大值（1∶256）。利用 TMR0 编制一段 64ms 的延时子程序。本来希望 TMR0 有能力，每启动一次就能够产生一个我们所需要的延时 256ms，但是 TMR0 的最大延时为 65.536ms（=256×256），本例中取整为 64ms（=256×250）。因此，为了获得 256ms（=64ms×4）的延时，我们只好启动 4 次 TMR0。

LED 显示驱动码的获取采用了查表法，在表中预先存储了设计好的，与图 7.7 显示效果对应的 16 字节编码。

★ 汇编程序流程

为了便于初学者学习、理解和模仿程序设计的具体思路，也就是算法思想，这里给出了非常详尽的程序流程图。如图 7.9 所示，包含主程序和子程序的流程图。

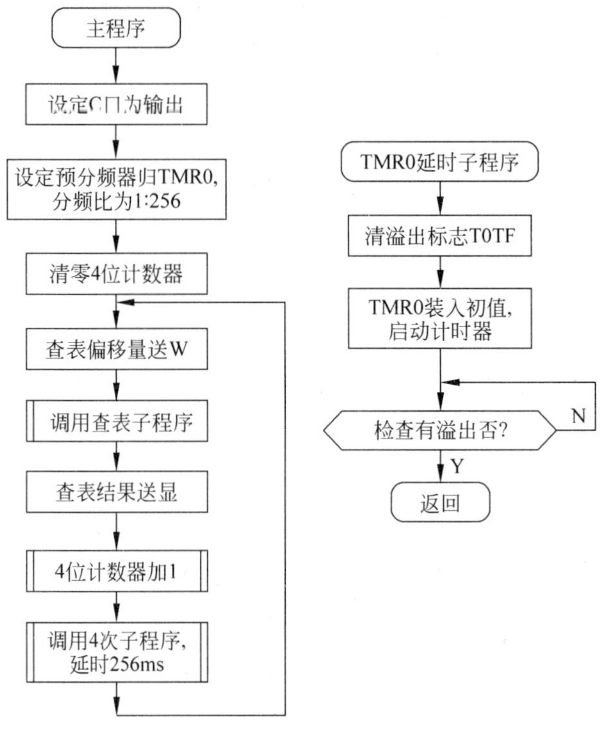

图 7.9　汇编程序流程图

★ 汇编程序清单

```
;==================================================================
;     进出有序的队列灯
;     项目名称: PROJ7 - 1.PRJ
;     源文件名: TMR0EXP1.ASM
;     设计编程: LXH,2016/09/05
;==================================================================
LIST            P = 16F84      ;告知汇编器,你所选单片机具体型号
tmr0            equ 01h        ;定义定时器/计数器 0 寄存器地址
pcl             equ 02h        ;定义程序计数器低字节寄存器地址
status          equ 3h         ;定义状态寄存器地址
option_reg      equ 81h        ;定义选项寄存器地址
intcon          equ 0bh        ;定义中断控制寄存器地址
portb           equ 06h        ;定义端口 B 的数据寄存器地址
trisb           equ 86h        ;定义端口 B 的方向控制寄存器地址
tmr0b           equ 6          ;定义 TMR0 寄存器初始值(250 = 256 - 6)
count           equ 20h        ;定义一个计数器变量寄存器
rp0             equ 5h         ;定义状态寄存器中的页选位 RP0
;------------ 主程序 ------------------------
         org    000h           ;定义程序存放区域的起始地址
main
         bsf    status, rp0    ;设置文件寄存器的体 1
         movlw  00h            ;将端口 B 的方向控制码 00h 先送 W
         movwf  trisb          ;再转到方向寄存器,RB 全部设为输出
         movlw  07h            ;设置选项寄存器内容: 分频器给 TMR0;
```

```
        movwf  option_reg   ;分频比值设为"1: 256"
        bcf    status,rp0   ;恢复到文件寄存器的体 0
        clrf   count        ;清零计数器
loop
        movf   count,0      ;count 作为查表地址偏移量送入 W
        call   read         ;调用读取显示信息子程序
        movwf  portb        ;将查表得到的驱动码送显
        incf   count,1      ;计数器加 1
        movlw  0fh          ;屏蔽掉高 4 位(count 等效为 4 位计数器),
        andwf  count,1      ;以免偏移量超出表格范围
        call   delay        ;调用延时子程序
        call   delay        ;调用延时子程序
        call   delay        ;调用延时子程序
        call   delay        ;调用延时子程序 4 次共延时 256ms
        goto   loop         ;跳转到
;-------- TMR0 延时子程序(64ms) ------------
delay
        bcf    intcon,2     ;清除 TMR0 溢出标志位
        movlw  tmr0b        ;TMR0 赋初值,
        movwf  tmr0         ;并启动或重新启动定时器的计数
loop1
        btfss  intcon,2     ;检测 TMR0 溢出标志位
        goto   loop1        ;没有溢出,循环检测
        return              ;有溢出了,则返回主程序
;-------- 读取显示信息的查表子程序 ------------
read
        addwf  pcl,1        ;地址偏移量加当前 PC 值
        retlw  b'00000001'  ;显示信息码,下同
        retlw  b'00000011'  ;
        retlw  b'00000111'  ;
        retlw  b'00001111'  ;
        retlw  b'00011111'  ;
        retlw  b'00111111'  ;
        retlw  b'01111111'  ;
        retlw  b'11111111'  ;
        retlw  b'11111110'  ;
        retlw  b'11111100'  ;
        retlw  b'11111000'  ;
        retlw  b'11110000'  ;
        retlw  b'11100000'  ;
        retlw  b'11000000'  ;
        retlw  b'10000000'  ;
        retlw  b'00000000'  ;
;-----------------------------------------------------
        end                 ;源程序结束
;==================================================================
```

★ 项目调试方法

在如图 7.10 所示的程序调试界面中,可以先后分别采用“单步执行”和“连续执行”两种调试方式或方法,来观察程序的执行效果是否符合预期。由于 WAVE6000 不能很好地支持 TMR0 的活动,我们可以采用一点人为的补充措施来达成目的。

(1) 单步执行方式。操作步骤:①单击“⏮”按钮,令“单片机”复位,看到 PORTB 的内

图 7.10 程序调试界面(在单步执行)

容为 FFH；②一次次地单击“ ”图标按钮(或按 F7 键)，直到执行光标在“btfss intcon,2”和“goto loop1”之间来回跳动，观察寄存器 PORTB 时看到呈现为 01H，表明端口 B 上点亮了 D1；③此时在 SFR 窗口中双击 INTCON 寄存器的 T0IF 位，使其由 0 变 1；④再一次次地单击“ ”图标按钮，直到执行光标在上述两语句之间来回跳动，看到 PORTB 呈现为 03H，表明端口 B 上点亮了 D1 和 D2；⑤不断重复上述第 3、第 4 两步，可以看到 PORTB 内容的变化规律为，00H→01H→03H→07H→0FH→1FH→3FH→7FH→FFH→FEH→FCH→F8H→F0H→E0H→C0H→80H→00H→……从 00H 出发又回到 00H，在 16 个不同状态之间顺序变换并且循环。

(2) 连续执行方式。操作步骤：①单击“ ”按钮，令“单片机”复位，看到 PORTB 的内容为 FFH；②依次单击“ ”和“ ”按钮各一下，令程序全速执行，然后暂停，这时可见 PORTB 变为 01H；③再单击一下“ ”按钮，令程序进入并保持全速执行状态；④在 SFR 窗口中，双击 INTCON 寄存器的 T0IF 位，看到 PORTB 的内容变为 03H；⑤不断地双击 T0IF 位，就可以看到 PORTB 内容的变化规律，与上述同样。

★ 程序调试技巧

在本例程序的调试过程中，所用到的几个小技巧归纳如下。

(1) 为了提高效率，其中 4 个 CALL 语句只保留 1 个即可，其余 3 个临时屏蔽掉，做法是在句首添加一个西文分号“;”，这样它们就被汇编器当作注释语句。待程序调通之后，再把这 3 个临时分号删除，然后重新汇编和定型用户程序。

(2) 在以上调试过程中，每次双击 INTCON 寄存器的 T0IF 位，其实模仿的就是定时器 TMR0 的一个定时周期的结束。

(3) 在以上调试过程中，应重点观察的几个对象在图 7.10 中圈出来了，供读者参考。

★ 几点补充说明

在本例中，旨在让读者学习以下主要内容：

(1) 程序中"movwftmr0"语句一旦被执行，将同时完成 3 个任务：向 TMR0 写入初始值；将分频器清零(请注意：分频比不会被改变)；启动或重新启动 TMR0 开始一轮的累加计数活动。

(2) 分频器的使用方法。

(3) 硬件方法延时同软件方法延时一样，延迟时间的计算结果与单片机的时钟振荡器的工作频率有着密切的关系。在下面的延时计算式中，前提条件是，学习板上为 PIC16F84 配置的石英晶体振荡器的频率为 4MHz。在本例中(以及在以后的许多实验中都会这样)按 4MHz 来计算。因此，一个指令周期就是一个微秒(μs)的时间。

(4) 延时时长的计算方法。延时计算式为 256×(256－6)＝64000 指令周期＝64000μs＝64ms。其中，前面的 256 是分频比；括号内的 256 是 8 位宽的 TMR0 产生溢出时累加计数的最大值；"6"是每次循环累加计数开始时需要向 TMR0 填写的初始值。也就是 TMR0 初始值应为"6"，即在"6"的基础上开始递增，直到计数到 256(＝255＋1＝FFH＋1＝1,00H)时产生溢出。

(5) 查表程序的应用方法。

(6) 常数标号的定义和引用方法。比如，程序中的"tmr0b　equ　6"为定义语句；"movlw　tmr0b"为引用语句。如果同一个常数标号，在程序中多处被引用，这种做法会给常数值的修改带来极大的方便。

7.5.2　TMR0 用作硬件计数器

如何利用 TMR0 模块作为一个硬件计数器？这种用法又有什么实用价值？在下面的项目范例中将使读者得到一些启发。

【项目范例 7.2】　趣味性简易车辆里程表

★ 项目实现功能

假设某家摩托车厂生产的摩托车，车轮直径为 43cm。那么，该车行走 1 公里需要车轮运转约 740 圈。即 740 圈/公里≈1000m/km÷(0.43m×π)。在车体上找一个能够检测车轮转动的适当位置，安装一个磁敏传感器(比如廉价易购的 3 脚霍尔器件)或者光电传感器。在与磁敏传感器位置相对的摩托车转动部件上，安装一块小磁铁。这样车轮运转时形成磁敏传感器与小磁铁之间的相对位移，从而产生一系列的电脉冲信号。将该信号作为单片机内部可编程计数器的外接引脚输入的触发信号，供计数器累加计数。充分利用现有学习板 PICbasic84 上的资源，可以进行开发产品的前期评估和模拟实验。

★ 硬件电路规划

电路如图 7.11 所示。用学习板 PICbasic84 上的 8 只发光二极管 LED，作为简易的里程累加值输出显示器件，以 8 位二进制数码形式显示公里数。

为了模仿运转车轮所产生的周期性的触发脉冲信号，额外利用一只通用 CMOS 数字集成电路——6 反相器 4069 构成的多谐振荡器来产生，振荡频率可以用一只电位器调节，模仿摩托车的调速器。频率越高就相当于摩托车跑得越快。按图中给定的电路参数，调节电位器时，模拟的摩托车速度可以在 9km/h～87km/h 之间变化。

学习板 PICbasic84 上特意保留了一块布满焊孔的，可供读者自由发挥和拓展的空白区域，也就是一块可供双面焊接元件的“洞洞区”。4069 振荡器电路可以在该洞洞区内进行布局、安装和连线。

提供给计数器 TMR0 的触发信号，从外接引脚 T0CK 送入，这是一条与端口引脚 RA4 复用的引脚。

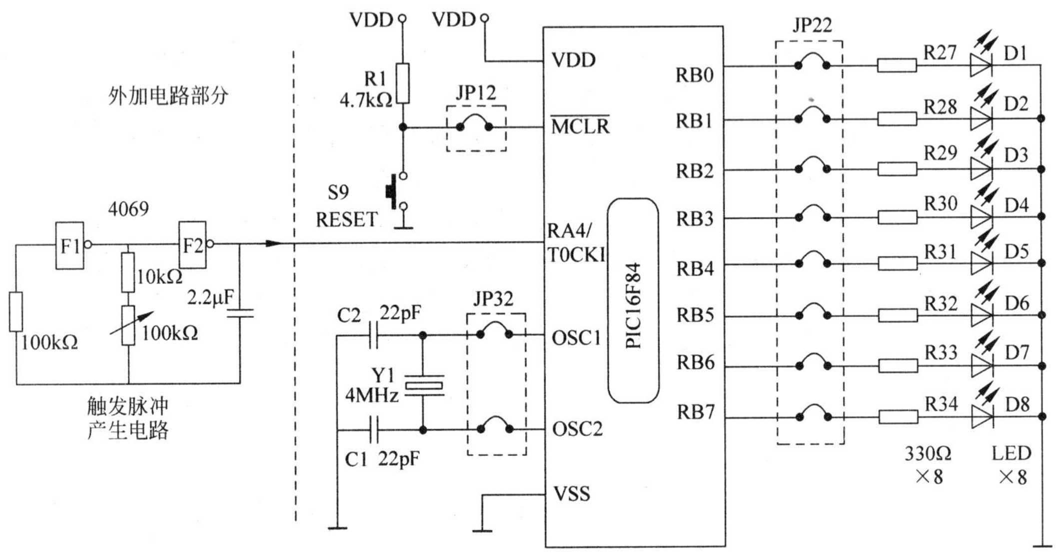

图 7.11 趣味性简易车辆里程表实验电路

★ 软件设计思路

在前面的范例中，都是将 TMR0 当作定时器使用的。在本例中，让 TMR0 工作在计数器模式。要求当送入 740 个脉冲时，计数器产生一次溢出，令里程表累加器作一次加 1 操作。可是 740 超出了 TMR0 的计数范围(0～255)，这就需要借助于分频器来帮忙。将分频器配置给 TMR0 使用，并且分频比设定为 1∶4。740 除以 4 等于 185，这样一来就落到了 TMR0 的计数范围之内了。里程表累加器由 PORTB 寄存器充当，它会将里程累加值直接映射到作为显示部件的 8 只发光二极管上，从而省去了输出送显指令。

参考图 7.2 所示的 TMR0 模块与选项寄存器的关联，来分析和规划选项寄存器的内容：①分频器配给 TMR0；②分频比设为“1∶4”；③利用下降沿触发；④触发信号来自引脚 T0CKI，即工作于计数器模式。于是，设置 option_reg＝31H。

★ 汇编程序流程

为本项目设计的汇编程序的流程图，如图 7.12 所示。

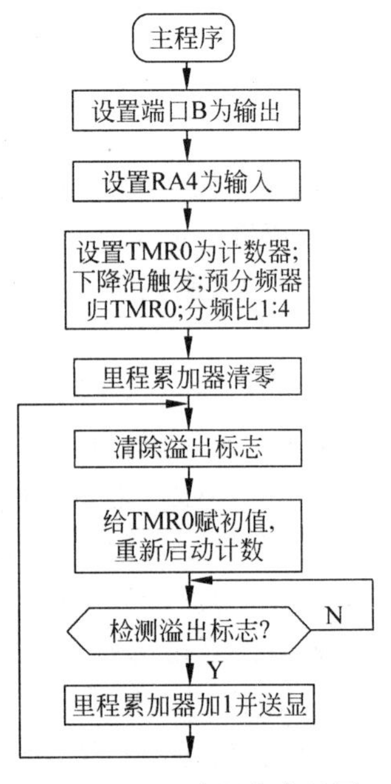

图 7.12 汇编程序流程图

★ 汇编程序清单

```
;=====================================================================
;    趣味性简易车辆里程表
;    项目名称: PROJ7 - 2.PRJ
;    源文件名: TMR0EXP2.ASM
;    设计编程: LXH,2016/09/08
;=====================================================================
LIST            P = 16F84       ;告知汇编器,你所选单片机具体型号
tmr0            equ 01h         ;定义定时器/计数器 0 寄存器地址
status          equ 3h          ;定义状态寄存器地址
option_reg      equ 81h         ;定义选项寄存器地址
intcon          equ 0bh         ;定义中断控制寄存器地址
portb           equ 06h         ;定义端口 B 的数据寄存器地址
trisb           equ 86h         ;定义端口 B 的方向控制寄存器地址
trisa           equ 85h         ;定义端口 A 的方向控制寄存器地址
tmr0b           equ d'71'       ;定义 TMR0 寄存器初始值(71 = 256 - 740/4)
rp0             equ 5h          ;定义状态寄存器中的页选位 RP0
t0if            equ 2           ;定义 TMR0 溢出标志位的位地址
f               equ 1           ;定义目标寄存器指示标号
;------------ 主程序 ------------------------
        org     000h            ;定义程序存放区域的起始地址
main
        bsf     status,rp0      ;设置文件寄存器的体 1
        movlw   00h             ;将端口 B 的方向控制码 00h 先送 W
        movwf   trisb           ;再转到方向寄存器,RB 全部设为输出
        movlw   0ffh            ;将端口 A 的方向控制码 FFH 先送 W
        movwf   trisa           ;再转到方向寄存器,主要设 RA4 为输入
        movlw   31h             ;设置选项寄存器内容: ①分频器给 TMR0;
                                ;②分频比值设为"1 : 4"; ③下降沿触发;
        movwf   option_reg      ;④工作于计数器模式,即触发信号来自引脚
        bcf     status, rp0     ;恢复到文件寄存器的体 0
        clrf    portb           ;将里程累加器也是显示缓冲区清零
loop
        bcf     intcon,t0if     ;清楚 TMR0 溢出标志位
        movlw   tmr0b           ;给 TMR0 赋初值,
        movwf   tmr0            ;并启动 TMR0 开始计数
test
        btfss   intcon,t0if     ;检测 TMR0 溢出标志位?
        goto    test            ;没有溢出,则循环检测
        incf    portb,f         ;有溢出,则里程值加 1,并送显
        goto    loop            ;跳回,开始累计下一公里
;----------------------------------------------------
        end                     ;通知汇编器源程序结束
;=====================================================================
```

★ 项目调试方法

在如图 7.13 所示的程序调试界面中,也可以先后分别采用"单步执行"和"连续执行"两种调试方式或方法,来观察程序的执行效果是否符合预期。

(1) 单步执行方式。操作步骤:①单击"⏮"按钮,令"单片机"复位,看到 PORTB 的内

图 7.13 程序调试界面

容为 FFH；②一次次地单击“ ”图标按钮(或按 F7 键)，直到执行光标在“btfss intcon，t0if”和“goto test”之间来回跳动，看到 PORTB 清零为 00H；③此时在 SFR 窗口中双击 INTCON 寄存器的 T0IF 位，使其由 0 变 1；④再一次次地单击“ ”图标按钮，直到执行光标在上述两语句之间来回跳动，看到 PORTB 已经递增为 01H，表明端口 B 上点亮了 D1；⑤不断重复上述第 3、第 4 两步，可以看到 PORTB 内容的递增规律为，00H→01H→02H→03H→04H→……→FFH→00H→……直到最大数 FFH，之后才会返回 00H，在 256 个不同状态之间顺序变换并且循环。

(2) 连续执行方式。操作步骤：①单击“ ”按钮，令“单片机”复位，看到 PORTB 的内容为 FFH；②依次单击“ ”和“ ”按钮各一下，令程序全速执行，然后暂停，这时可见 PORTB 清零为 00H；(3)再单击一下“ ”按钮，令程序进入并保持全速执行状态；(4)双击 SFR 窗口中的 INTCON 寄存器的 T0IF 位，看到 PORTB 的内容递增为 01H；(5)不断地双击 T0IF 位，就可以看到 PORTB 内容的递增规律，与上述同样。

★ 程序调试技巧

在本例程序的调试过程中，所用到的几个小技巧归纳如下。

(1) 在本例调试过程中，每次双击 INTCON 寄存器的 T0IF 位，来模仿计数器 TMR0 的一个计数周期的终了，其实模仿的就是车辆行驶了 1 公里。

(2) 在以上调试过程中，应重点观察的几个对象在图 7.13 中圈出来了，供实验者参考。

(3) 利用软件模拟器调试程序，即为一种虚拟技术，需要充分发挥我们大脑的丰富想象力。具体地说，在调试期间查看“里程值”时，可以在 SFR 窗口临时选中端口 B 的数据寄存器 PORTB，展开呈现其内部各位的比特值，据此想象 8 只 LED 的亮灭状态。譬如，图 7.14 中显示的是 RB7～RB0＝0000 1111，可以想得出，其对应的显示结果应该是 LED8～LED5 灭、LED4～LED1 亮。这表示当前的里程值为 15km。

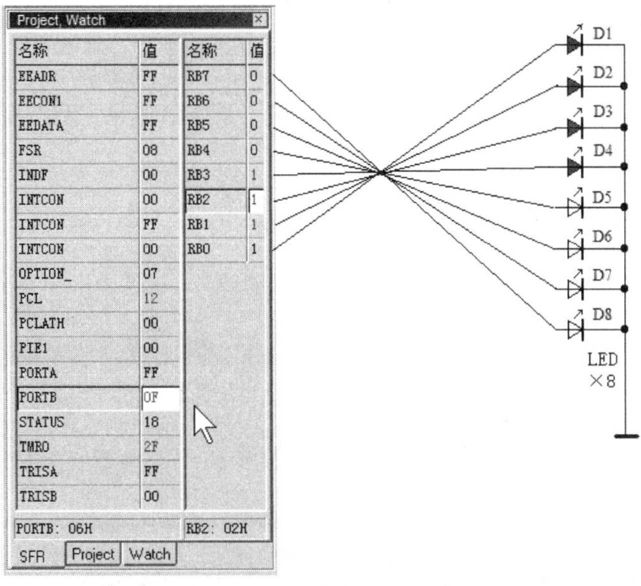

图 7.14　寄存器 PORTB 内容和 LED 对应关系

★ 烧写运行验证

在 WAVE6000 软件模拟器调通之后，再用 K150 烧录程序到 PIC16F84A 单片机芯片内，然后进行独立加电、实际运行、查看结果。如图 7.15 所示的界面中，设置了烧写器型号、端口号、单片机型号，并且导入在 WAVE6000 环境中调通和生成的目标程序文件“TMR0EXP2.HEX”。

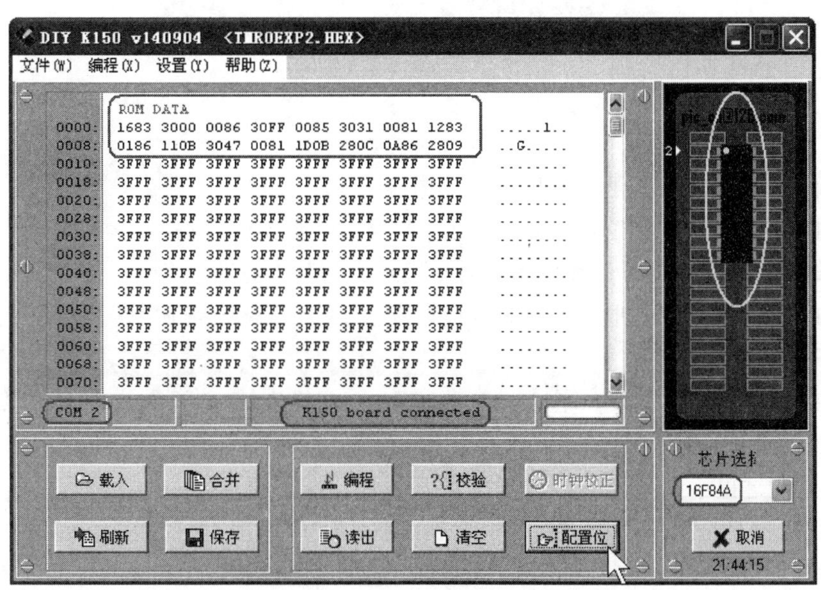

图 7.15　K150 驱动软件界面

单击“配置位”按钮，打开配置位编辑对话框，修改默认值，应该达到如图 7.16 所示的结果。

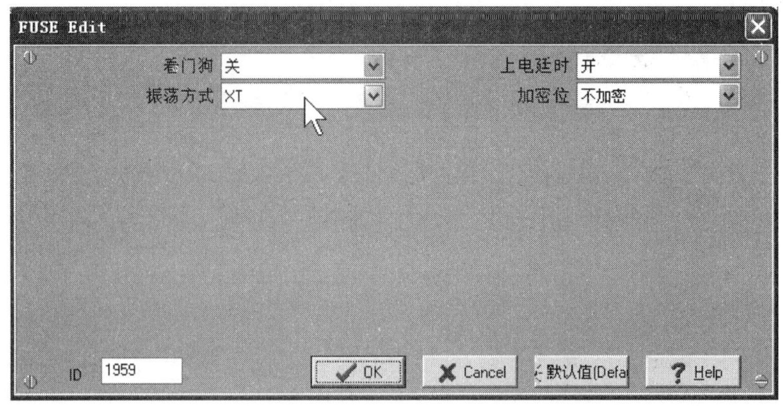

图 7.16　配置位和 ID 的设置和修改

单击“编程”按钮，完成程序烧写。把单片机转移到实验板上，然后接通实验板的电源，开始独立运行和验证结果。如图 7.17 所示。

图 7.17　单片机在实验板上独立运行验证结果

★ 几点补充说明

借助于本例，读者可以学习到以下主要内容：

(1) 如何利用 TMR0 模块当作一个可定制累加计数器的方法。

(2) 设计一个可以用作各种机动车简易里程表的基本思路。

(3) 如何挖掘和充分利用一款学习板或实验板上的有限资源，达成自己的项目开发目标。

(4) 如何利用 WAVE6000 软件模拟器，融合一些操作技巧，再结合大脑的想象力，来完成本例项目的调试任务。

★ 几点改进提示

本项目范例只是简单模仿了一个里程表的基本工作原理，仅仅是为了满足通俗易懂的教学目的而设计的。因此，它与实用产品之间还有相当的距离，比如还存在以下有待解决的问题：

(1) 所累加的里程值在里程表断电后也不应丢失。这可以利用 PIC16F84 内部现有的，掉电后内容不挥发的 EEPROM 数据存储器，就能很容易地实现这项要求。只是我们还没有讲到 EEPROM 数据存储器的使用方法。

(2) 显示方式应该以人们习惯的十进制形式表示。这需要增加硬件电路，将显示方式改进为多位 7 段 LED 数码管或 LCD 液晶显示器；软件方面需要将累加结果调整成二进制表示的十进制码(计算机理论中称为 BCD 码)，然后再经过译码才能输出显示。

(3) 通常，摩托车的里程表至少能够记录十万公里的累计值。本例中的里程表累加器，也是显示缓冲区，容量太小，不能满足实际需要。这需要随着显示器件位数的加宽而加大。这一点利用单片机内部现有的 RAM 数据存储器很容易实现。

第8章

中断概念和中断逻辑及其应用实例和开发技巧

中断(Interrupt)是计算机理论和计算机技术中很重要的一个概念,是提高计算机工作效率的一项重要功能,以至于中断功能是所有的微处理器(CPU 或 MPU)和微控制器(MCU、μC 或单片机)几乎都会配置的一项基本功能。中断功能的强弱已经成了衡量一种微处理器和微控制器的功能是否强大的重要指标之一。

8.1 中断的基本概念

当计算机系统正在执行程序时,出现了某种特殊状况,比如定时时间到、有键盘信号输入等,此时 CPU 需要暂时停止当前的程序,转去执行处理定时时间到或键盘信号输入等情况的某段特定程序,待这段特定的程序执行完毕之后,再回到原先的程序去执行,这就形成了一次中断过程。中断功能就是为了增强计算机处理各种突发事件的能力而设计的。如果计算机系统缺乏中断功能,则对某些特殊状况的处理就必须采用周期性查询的方式,也就是对于那些可以预料肯定会发生但又不能预料何时将会发生的随机事件采取定期检测的手段。如此一来就会大量浪费 CPU 的精力(即消耗许多 CPU 的时间去执行实现查询的指令),降低 CPU 的工作效率。

一种型号单片机的中断源的种类和数量,与这种型号单片机的片内包含的外围设备模块的种类和数量存在着很大程度的关联性。所谓"中断源"就是引起中断的原因或根源,就是中断请求的来源。在 PIC 系列单片机内部,中断是作为一个功能部件而不是作为一个外围设备模块配置的。

PIC16F84 单片机的芯片内部集成了 4 个外围设备模块,这些外围设备模块在投入工作时以及在工作过程中,都或多或少需要 CPU 参与控制、协调或交换数据等各种服务工作。外围设备模块的数量和种类如此之多,而 CPU 只有一个。各个外围设备模块不仅工作速度不同,而且对于时间上轻重缓急程度要求也不同,它们在工作过程中需要 CPU 参与的程度也不同。那么，一个 CPU 如何“照顾”得过来这样多的外围设备模块呢？怎样才能保障单片机内部的各个部分运行得协调和高效呢？在实际工作中这两个问题都得到了很好的解决。解决这些问题基于两个条件：一个是 CPU 的运行速度非常高，而各个外围设备模块的工作速度却非常低，况且这些外围设备模块也不都是频繁地要求 CPU 对其服务；二是采取一种让众多外围设备模块分享一个 CPU，并且能够及时得到 CPU 服务的调度方法——中断。

在此结合 PIC 单片机的固有特点，对于一次中断处理的全过程及其相关术语作一简述：当某一中断源发出中断请求时，CPU 能够决定是否响应这个中断请求，假如 CPU 目前正在执行更紧急、更主要的任务，可以采用一种中断控制方法（称为中断屏蔽）暂时不响应这次中断请求；如果允许响应这次中断请求，CPU 必须在现行的指令执行完毕之后，把断点处的程序计数器 PC 值，也就是下一条即将被执行的指令的地址压入堆栈保留起来（称为保护断点）、把此时各重要寄存器的内容和状态标志位也保留起来（称为保护现场）。然后才能转到需要处理的中断服务子程序的入口地址，在子程序中首先应该查清发出中断请求的具体中断源，然后清除该中断源对应的中断标志位以避免 CPU 对同一个中断重复响应多次，接下来就跳转到与该中断源对应的程序分支去执行。当中断处理完毕之后，再恢复事先被保留下来的各个寄存器的内容和状态标志位（称为恢复现场）、再恢复程序计数器 PC 的值（称为恢复断点），使 CPU 能够返回断点处，继续执行被打断的主程序。

由此可见，对于 PIC 单片机来说，一次中断活动的全过程大致可以归纳成以下 9 个阶段：

（1）中断请求：中断事件一旦发生或者中断条件一旦构成，中断源就提交“申请报告”（将中断标志位置 1），欲请求 CPU 暂时放下目前的工作而转向为该中断源作专项服务；

（2）中断屏蔽：虽然中断源提交了“申请报告”，但是，是否得到 CPU 的响应，还要取决于“申请报告”是否能够通过两道或者 3 道“关卡”送达 CPU（相应的“中断屏蔽位”等于 1，为关卡放行；反之相应的“中断屏蔽位”等于 0，为关卡禁止通行）；

（3）中断响应：如果一路放行，则 CPU 响应中断后，将被打断的工作断点记录下来（把断点地址保护到堆栈），挂起“不再受理其他报告牌”（清除全局中断标志位），跳转到中断服务子程序；

（4）保护现场：在处理新任务时可能破坏原有工作现场，所以需要对工作现场和工作环境进行适当保护；

（5）调查中断源：检查“申请报告”是由哪个中断源提交的，以便作出有针对性的服务；

（6）中断处理：开始对查明的中断源进行有针对性的中断服务；

（7）清除标志：在处理完毕相应的任务之后，需要进行撤销登记（清除中断标志），以避免造成重复响应；

（8）恢复现场：恢复前面曾经被保护起来的工作现场，以便继续执行被中断的工作；

（9）中断返回：将被打断的工作断点找回来（从堆栈中恢复断点地址），并摘下“不再受理申请报告牌”（将全局中断标志位置 1），继续执行原先被打断的工作。

在上述的 9 个阶段中，第 1、2、3 和 9 阶段是由硬件自动实现的，而第 4、5、6、7、8 阶段则是由用户软件完成的。

CPU 响应中断后转入中断服务子程序的处理方法，与“PIC 汇编语言程序设计基础”部分中讲到的子程序调用的处理过程有类似之处，都需要在跳转时保护现场和在返回时恢复现场。但是，应该说中断转子程序的情况更为复杂一些。原因分析如下：调用子程序的指令是程序设计者预先安排的，也就是说，主程序执行到何处发生到子程序的跳转是可以预知的。于是，保护现场和恢复现场的工作，既可以安排在主程序内，也可以放到子程序中去完成。并且需要保护的寄存器的数量也可以视转子的时机而进行适当地减少。而在主程序执行过程中何时发生中断，或者说，主程序执行到何处会发生到中断服务子程序的跳转完全是随机的。于是，保护现场和恢复现场的任务，只能放到中断服务子程序中去实现。并且由于转子的时机不可预料，因此凡是主程序中用到过的和子程序中也将会用到（或影响到）的寄存器，原则上都需要保护。

8.2 PIC16F84 的中断源

PIC 系列单片机是当今世界上很有影响力的精简指令集微控制器，具有丰富的中断功能。不过它们也存在着一定的局限性，比如，中断矢量只有一个，并且各个中断源之间也没有优先级别之分，不具备非屏蔽中断。

表 8.1 PIC16F84 单片机的中断源

中断源种类	中断源标志位	中断源屏蔽位	16F83	16F84	16F84A
外部触发中断 INT	INTF	INTE	√	√	√
TMR0 溢出中断	T0IF	T0IE	√	√	√
RB 端口电平变化中断	RBIF	RBIE	√	√	√
EEPROM 中断	EEIF	EEIE	√	√	√
中断源的数量			4 种	4 种	4 种

从表 8.1 中可以看出，各中断源基本上都是与各个外围设备模块相对应的。其中，多数外围设备模块对应着一个中断源（比如定时器/计数器 TMR0 模块），也有的外围设备模块没有中断源与之对应（比如输入/输出端口 RA 模块），还有的中断源没有外围设备模块与之对应（比如外部触发中断源 INT）。

8.3 PIC16F84 中断的硬件逻辑

PIC16F84 单片机的中断系统的逻辑电路如图 8.1 所示。每一种中断源对应着一个中断标志位（记为 XXXF，F 是旗帜或旗标 flag 的第一个英文字母），和一个中断屏蔽位或者叫中断使能位（记为 XXXE，E 是使能或致能 enable 的第一英文字母）。中断源产生的中断标志信号是否得以向前传递，将受控于对应的中断屏蔽位。每一个中断标志位都对应着一个触发器，当中断源申请 CPU 中断手头工作时，与之对应的触发器就由硬件自动置位（成逻辑 1），而该触发器的清位（成逻辑 0）是由用户安排程序来实现的；每一个中断屏蔽位也对应着一个触发器，该触发器的置位和清位均是由用户程序完成的。

图 8.1 中描绘的逻辑电路是一个由简单的门电路构成的组合逻辑电路。所有的 4 个中

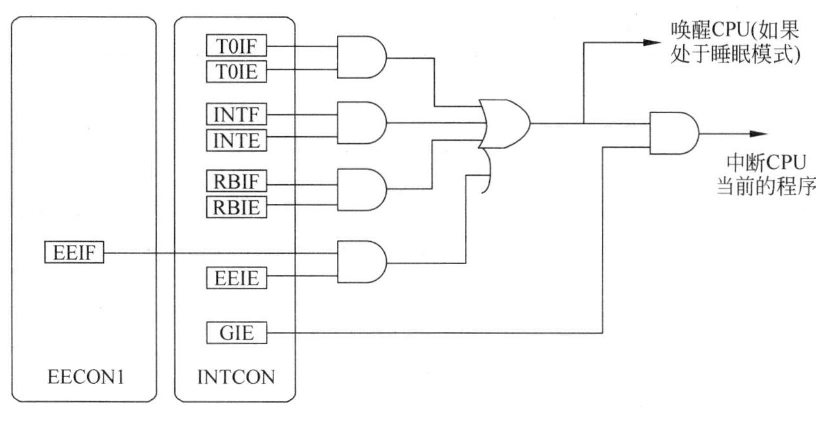

图 8.1　PIC16F84 中断逻辑

断源都受全局中断屏蔽位(也可以称为总屏蔽位)GIE 的控制；每个中断源不仅受全局中断屏蔽位的控制，还要受各自中断屏蔽位的控制。按照图 8.1 中描绘的逻辑电路，我们不难写出它的逻辑表达式：

$$GIE \cdot (T0IF \cdot T0IE + INTF \cdot INTE + RBIF \cdot RBIE + EEIF \cdot EEIE) = 1$$

当该逻辑表达式计算结果为“1”时，表明至少有一个中断源向 CPU 发出了中断请求信号，并且请求信号传递途径中的各道关隘全部放行，使该中断请求信号一路畅通无阻地被传递到 CPU，于是该中断请求就得到了 CPU 的响应。如果该逻辑表达式计算结果为“0”时，则表明，或者是所有的中断源都没有中断请求信号发出，或者是各个中断源对应的中断屏蔽位都被关掉，或者被开放的部分中断源又没有发出中断请求，或者是全局中断屏蔽位 GIE 被关掉。

8.4　中断相关的寄存器

与中断功能有关的特殊功能寄存器共有 3 个，分别是选项寄存器 POTION_REG、中断控制寄存器 INTCON 和第一 EEPROM 控制寄存器 EECON1。如表 8.2 所示。这 3 个寄存器都具有在 RAM 数据存储器中统一编码的地址。也就是说，PIC 单片机可以把这 3 个特殊寄存器当作普通寄存器单元来访问(即读出或写入操作)，这样有利于减少指令集的指令类型和指令数量，也便于用户的学习、记忆和编程。

表 8.2　与中断功能相关的寄存器

寄存器名称	寄存器符号	寄存器地址	寄存器内容							
			Bit7	Bit6	Bit5	Bit4	Bit3	Bit2	Bit1	Bit0
选项寄存器	POTION_REG	81H/	/RBPU	INTEDG	T0CS	T0SE	PSA	PS2	PS1	PS0
中断控制寄存器	INTCON	0BH/8BH	GIE	EEIE	T0IE	INTE	RBIE	T0IF	INTF	RBIF
EEPROM 控制寄存器 1	EECON1	88H	—	—	—	EEIF	WRERR	WREN	WR	RD

1. 选项寄存器 POTION_REG

bit7	bit6	bit5	bit4	bit3	bit2	bit1	bit0
/RBPU	INTEDG	T0CS	T0SE	PSA	PS2	PS1	PS0

POTION_REG 选项寄存器也是一个可读/可写的寄存器。该寄存器包含着与定时器/计数器 TMR0、分频器和端口 RB 有关的控制位。端口引脚 RB0 和外部中断 INT 共用一脚，与该脚有关的控制位仅有一个，其含义如下：

- INTEDG：外部中断 INT 触发信号边沿选择位。
  - 1＝选择 RB0/INT 上升沿触发有效；
  - 0＝选择 RB0/INT 下降沿触发有效。

2. 中断控制寄存器 INTCON

bit7	bit6	bit5	bit4	bit3	bit2	bit1	bit0
GIE	EEIE	T0IE	INTE	RBIF	T0IF	INTF	RBIF

中断控制寄存器也是一个可读/可写的寄存器，它将第一梯队中的 3 个中断源的标志位和屏蔽位(也可称为使能位)，以及 PEIE 和 GIE 囊括其中：

- RBIF：端口 RB 的引脚 RB4～RB7 电平变化中断标志位。
  - 1＝RB4～RB7 已经发生电平变化(必须用软件清 0)；
  - 0＝RB4～RB7 尚未发生电平变化。
- RBIE：端口 RB 的引脚 RB4～RB7 电平变化中断屏蔽位。
  - 1＝允许端口 RB 产生的中断；
  - 0＝屏蔽端口 RB 产生的中断。
- INTF：外部 INT 引脚中断标志位。
  - 1＝外部 INT 引脚有中断触发信号(必须用软件清 0)；
  - 0＝外部 INT 引脚无中断触发信号。
- INTE：外部 INT 引脚中断屏蔽位。
  - 1＝允许外部 INT 引脚产生的中断；
  - 0＝屏蔽外部 INT 引脚产生的中断。
- T0IF：TMR0 溢出中断标志位。
  - 1＝TMR0 已经发生溢出(必须用软件清 0)；
  - 0＝TMR0 尚未发生溢出。
- T0IE：TMR0 溢出中断屏蔽位。
  - 1＝允许 TMR0 溢出后产生的中断；
  - 0＝屏蔽 TMR0 溢出后产生的中断。
- EEIE：EEPROM 数据存储器写完毕使能位。
  - 1＝允许 EEPROM 数据存储器写完毕中断请求；
  - 0＝禁止 EEPROM 数据存储器写完毕中断请求。
- GIE：全局中断屏蔽位(也可以叫作总屏蔽位或总使能位)。
  - 1＝允许 CPU 响应所有中断源产生的中断请求；

- 0=禁止 CPU 响应所有中断源产生的中断请求。

3. 第一 EEPROM 控制寄存器 EECON1

bit7	bit6	bit5	bit4	bit3	bit2	bit1	bit0
—	—	—	EEIF	WRERR	WREN	WR	RD

第一 EEPROM 控制寄存器 EECON1 也是一个可读/可写的寄存器。该寄存器包含 EEPROM 读、写操作所需的控制位，但与中断有关的控制位只有一个，其含义如下：

- EEIF：EEPROM 写操作中断标志位。
  - 1=写操作已经完毕(必须用软件清 0)；
  - 0=写操作未完毕或还未开始。

8.5 中断的处理

单片机复位后，由硬件自动对全局中断屏蔽位进行设置 GIE=0，将屏蔽所有的中断源；中断返回指令“RETFIE”执行后，将对总屏蔽位进行设置 GIE=1，重新开放所有的中断源。不论各种专用中断屏蔽位和全局中断屏蔽位 GIE 处于何种状态(是开放还是禁止)，某一中断源的中断条件满足时，都会发出中断请求，相应的中断标志位都会被置位(= 1)。但是，是否能够得到 CPU 的响应，则要根据该中断源所涉及到的中断屏蔽位的状态而定。一旦某一中断请求被 CPU 响应后，由硬件自动对全局中断屏蔽位进行清位 GIE=0，屏蔽所有的中断源，以免发生重复中断响应，然后由硬件自动把当前的程序计数器 PC 值(即程序断点地址)压入堆栈(实际为硬件堆栈)，并且给 PC 寄存器装入一个指定新值——中断向量地址(0004H)，从而转向并开始执行中断服务子程序。进入中断服务子程序后，程序中必须安排指令检查发出请求的中断源(如果同时开放多个中断源)，这可以通过检查各个中断源的标志位来实现。一旦确定出引发本次中断的中断源，就安排指令把该中断源的标志位人为地清零(= 0)。否则，当本次中断处理任务完成并且执行中断返回指令“RETFIE”而重新放开中断后，由于中断标志位仍为“1”而引起 CPU 重复响应同一个中断请求。中断服务子程序的末尾必须放置一条中断返回指令“RETFIE”，执行该条指令后，不仅可以重开中断，而且还可以由硬件自动将保留在堆栈顶部的断点地址弹出，并放回到程序计数器 PC 中，使 CPU 返回和继续执行被中断的主程序。

8.5.1 中断的延时响应和延时处理问题

一次中断过程从中断源发出请求到得到 CPU 的响应，必然存在一定的延迟时间。自从 INT 引脚输入有效信号，到中断服务子程序的第一条指令得到执行，需要 3～4 个指令周期的延时。更精确的延迟时间将取决于中断事件的发生时机。

以上描述的只是一次中断从申请到得到 CPU 的响应的延迟时间，下面再来分析一下从 CPU 响应一次中断到该中断得到有效处理的延迟时间。由于具有中断功能的 PIC 系列单片机(低档产品 PIC16C5X 和 PIC12C5X 系列不具备中断功能)，采用的是“多源中断”的设计方案(即一个中断向量对应着多个中断源)，只有唯一的一个中断向量(也叫中断矢量)，或者说只有一个中断服务子程序入口地址。这就意味着,此类单片机的中断服务子程序只能编写一个。这类单片机的硬件结构得到简化了,那么相应的软件设计上就得多开销一些。在一个中断服务子程序中,若想对多个中断源作出处理,就必须在进入中断服务子程序后,首先执行调查具体中断源的一条或多条指令,其后才能对查到的中断源作出有针对性的服务。如此以来,就形成了一次中断从CPU响应到进入针对性处理的延迟时间。该时间有长有短,它会随着被开放的中断源的个数的增加而增加。最好情况是只有一个中断源被开放,则不需要检测中断源就可以立即进入针对性处理。最坏情况是所有中断源全部开放,则用在识别中断源上的时间会最长。

另外,PIC单片机中采用的是硬件堆栈结构,其好处是既不占用程序存储器空间,也不占用数据存储器空间,还不需要用户去操作堆栈指针。同时也带来一个不可回避的弱点,就是不具备像其他单片机指令系统中的压栈(PUSH)和弹栈(POP)指令,实现中断现场的保护自然就会麻烦一些,并且占用的处理时间也就会相应多一点;再者,硬件堆栈的深度固定不变,自然使得程序的嵌套层数受到限制。

8.5.2 中断的现场保护问题

中断现场的保护是中断技术中一个很重要的环节。在进入中断服务子程序期间,只有返回地址即程序计数器PC的值被自动压入堆栈。若需要保留其他寄存器的内容,就得由程序员另想办法。由于PIC单片机的指令系统中没有像其他单片机那样的PUSH(入栈)和POP(出栈)之类的指令,所以要用一段用户程序来实现类似的功能。正是因为要用一段程序来保护现场,而程序的执行又可能会影响到W寄存器和STATUS寄存器,所以应该首先把这两个寄存器保护起来,然后再去保存其他用户认为有必要保护的寄存器。并且在PIC单片机中,中断现场数据不是保留到芯片的堆栈存储区中,而是保留在用户自己选择的一些文件寄存器(即RAM数据存储器单元)中,当然一般应该选择通用寄存器来保护现场。下面给出的是一段原官方提供的实现中断现场保护的范例程序片段(共包含3+4条指令)。

```
        PUSH                            ;保存 W、STATUS 寄存器的内容到临时备份寄存器中
        MOVWF    W_TEMP                 ;保存 W 到备份寄存器 W_TEMP 中
        SWAPF    STATUS,W               ;传送 STATUS 到 W(高低半字节被交换)
        MOVWF    STATUS_TEMP            ;保存 W 到备份寄存器 STATUS_TEMP
ISR     :(中断服务子程序的核心部分)
        :
        :
        POP                             ;复原 W、STATUS 寄存器的内容
        SWAPF    STATUS_TEMP,W          ;传送 STATUS_TEMP 到 W(高低半字节被交换)
        MOVWF    STATUS                 ;传动 W 到 STATUS 寄存器(得到复原)
        SWAPF    W_TEMP,F               ;将 W_TEMP 高低半字节交换后放回
        SWAPF    W_TEMP,W               ;再次将 W_TEMP 高低半字节交换后放入 W(得到复原)
```

在这段例程之前,假设预先对于待保留的各个寄存器都分别定义了相应的临时备份寄存器。用后缀"_TEMP"表示临时备份寄存器,例如"W"的临时备份寄存器记为"W_TEMP"。对于PIC16F84单片机,其文件寄存器中通用数据寄存器共有68个单元,都配置在体0内,在体1上寻址时也会影射到体0上。访问这些单元不需要体选寻址,或者说,寻址这些单元与体选码无关,即与当前所处的体无关。因此,将各个临时备份寄存器都安排在

这些单元内是可靠的。

为什么厂家要求程序设计者必须这样作呢？结合对上述范例程序段的剖析，笔者试图作出如下诠释。我们知道，中断是一种随机发生的事件。也就是说，不管主程序执行到哪一步，也不管主程序选择的 RAM 数据存储器的当前体是哪一个，中断请求及其中断响应都有可能发生。进入中断服务程序后，第一个要保存的应该是工作寄存器 W，原因是 PIC 单片机没有在"不同寄存器"之间进行直接传递的指令，这样的功能得用 W 作中转才能实现，所以应该先把 W 寄存器腾空。急于腾空 W 寄存器，又不能破坏当前状态寄存器 STATUS 中的体选码，还不能影响当前状态寄存器 STATUS 内的标志位，可又无法确定主程序所处的 RAM 数据存储器当前体是哪一个，就只好选用一条"MOVWF W_TEMP"传送指令(对应程序中第 1 条指令)，它既不影响标志位，又可以忽略当前体因素的影响。

一旦把工作寄存器 W 腾空后，紧接着就应将状态寄存器 STATUS 的内容转移到 W 中，完成这一操作的指令也不能影响到 STATUS 寄存器内部原有的标志位，原因是 STATUS 寄存器的内容在此之前还没有安全地保护起来。经过仔细分析得知，PIC16 系列单片机的指令系统中有 3 条"MOV"传送指令，但是只有一条"MOVF f,W"是以 RAM 单元为源寄存器以 W 为目标寄存器的，而这条指令的操作过程又偏偏会影响"Z"标志位。因此该指令就不能选用了，那也只好用一条既有传递功能又有高、低半字节交换功能的指令"SWAPF STATUS,W"来巧妙顶替(对应程序中第 2 条指令)。不过在此只利用它的传递功能，其交换功能带来的多余操作还得记下来，等到中断处理完毕之后和返回主程序之前还得把它倒换回来。再选用一条不影响标志位的传送指令"MOVWF STATUS_TEMP"，最终把状态寄存器 STATUS 保存到它的备份寄存器中。

恢复现场的操作次序与保护现场的操作次序应该相反。程序中的第 4、5 条就是按照相反的顺序恢复寄存器 STATUS 的内容。但是不要忘记保护现场时采用"SWAPF STATUS,W"指令产生的多余的交换操作，在此只好再采用同样的方法将其交换回来(对应程序中第 4 条指令)。最后两条指令，将 W_TEMP 内容的高、低半字节交换了两遍，才被恢复到工作寄存器 W 中。为什么要搞得如此复杂呢？只用一条传送指令"MOVF W_TEMP,W"不就可以实现了吗。但是，如果这样做又会产生一个新的问题，"MOVF W_TEMP,W"指令会影响"Z"标志位，会破坏此前已经被恢复的 STATUS 寄存器的内容，这是我们所不希望的，也是不能容忍的。因此，在程序中利用了两条不影响标志位的 SWAP 指令(即第 6、7 两条指令)，虽然麻烦一点，但可以使这个问题得到圆满地解决。

最后需要进一步强调的是，在各种不同的单片机控制项目中，以及在各种不同的情况下，有时并不一定都需要进行现场保护，也有时并不需要像以上范例程序那样保护 W 和 STATUS 这 2 个寄存器，还有时仅仅保护这 2 个寄存器还不够。不过在此范例程序片段的基础上，再增加或者减少需要保护的寄存器的个数都是轻而易举的事。不要忘记，在保护任何专用寄存器之前都必须先把工作寄存器 W 保护起来才行得通。

8.5.3 需要注意的问题

除了在中断现场保护部分讲到的一些需要当心的问题之外，另外，还有一些需要提请注意的问题，归纳如下：

(1) 单片机初次上电复位(Power-on Reset)、电源跌落(Brown-out Reset)复位和其他情况之下的复位，均会导致总屏蔽位和其他所有中断屏蔽位都被清 0。也就是默认状态下，禁止 CPU 响应所有中断。

(2) 中断标志位的状态与该中断源是否被屏蔽无关,也与全局中断屏蔽位无关。换句话说,不管是否允许 CPU 响应该中断源的中断请求,只要满足了中断的条件,中断标志位就会被置位(= 1)。另外,也可以利用软件将中断标志位置"1"或清"0"。

(3) 当开放某一中断源时,该中断源就是通过中断标志位向 CPU 申请中断的。无论什么原因,只要将中断标志位置 1,就会产生中断响应。如果用软件强行将中断标志位置位,也会产生中断响应。

(4) 如果在中断被屏蔽(即禁止)的情况下,中断标志位被置位,只要不被清除就会一直潜伏下来,那么一旦解除屏蔽,就会立即产生中断响应。

(5) 如果在中断被禁止的情况下,中断标志位已经被置位,但是,假如在允许其中断之前将它清除,那么即使解除禁止,它也不会产生中断响应。

(6) 当 CPU 响应任何一个中断时,全局中断屏蔽位 GIE 将会自动清 0;当中断返回时它又会自动恢复为 1。如果在中断处理期间用软件将已经复位的 GIE 重新置位,这时再出现中断请求,就可以形成中断嵌套。也就是说,如果在响应某一中断期间又响应了其他中断请求,就形成了"中断嵌套"。发生中断嵌套时,前一中断处理过程被暂停而进入后一中断处理,当后一中断过程被处理完毕之后,才会继续处理前一中断。照此方式,还可以形成多级嵌套,甚至自身嵌套。不过嵌套的级数绝对不能超过硬件堆栈的深度(8 级),以免造成堆栈溢出而不能正常返回。

(7) 对于中断响应和处理时间有严格要求的用户程序设计,保护现场的指令安排也应考虑延时问题。

(8) 如果同时发生多个中断请求,到底哪个中断会优先得到处理,完全取决于在中断服务子程序中检查中断源的顺序,原因是各个中断源之间不存在优先级别之分。

(9) 如果清除中断标志位的指令安排在中断服务子程序的尾部,就有可能会丢失响应在处理中断期间该中断源第 2 次出现的中断请求的机会(如果出现的话)。

(10) 在进行查表操作期间必须禁止 CPU 响应中断,以避免中断返回时跳转到不希望的地址上去。

(11) 若想利用某一中断源上产生的中断事件来唤醒经过执行 SLEEP 指令而进入睡眠状态的 CPU,则相应的中断屏蔽位必须预先被置 1,但是与总屏蔽位 GIE 状态无关(参见图 8.1 中断逻辑电路)。

(12) 总屏蔽位 GIE 的状态决定 CPU 被唤醒后是否转到中断矢量。如果 GIE=0,唤醒后的 CPU 将继续执行 SLEEP 指令之后的下一条指令。原因是在进入睡眠状态之前,在执行 SLEEP 指令的同时,下一条(PC+1)指令已经预先被提取到了指令寄存器之内;如果 GIE=1,唤醒后的 CPU 把 SLEEP 之后的一条指令执行完,接着就跳转到中断矢量,即中断服务子程序入口地址 0004H,开始执行中断服务子程序。

(13) 当打算通过中断事件唤醒 CPU 时,相应的中断使能位必须预先被置 1。在这种情况之下,需要在 SLEEP 指令之后,安放一条空操作 NOP 指令。

(14) 保护现场时,常需要读/写状态寄存器 STATUS。在 PIC 系列单片机中,STATUS 寄存器和其他寄存器一样,也可以作为各种指令的目标操作数。如果状态寄存器作为对于 Z、CD 或 C 有影响的指令的目的操作数,则对这几个状态位的写是无效的,这些位仅仅会依据算术逻辑单元 ALU 的状态而置 1 或清 0。因此,以状态寄存器为目标操作数的指令的执行结果可能与预期的不一样，需要引起注意。所以，建议用户使用 BCF、BSF、SWAPF 及 MOVWF 指令来更改 STATUS 寄存器的内容，理由是这几条指令对于 Z、DC 和 C 没有影响；

(15) 响应中断时产生的延迟时间，会随着中断源被开放的个数不同而不同。开放的中断源个数越多，延迟时间就越长。

8.6 中断功能的应用举例和开发技巧

由于中断功能是一种应用比较广泛的功能，在绝大多数的单片机控制项目中几乎都会用到此功能，因此我们在本节中尽量利用 PICbasic84 学习实验开发板上的硬件资源，通过灵活配置甚至辅以必要的外加器件，尽可能多样化地设计几个项目范例，以便充分展现中断功能的不同用法和编程技巧。

下面的两个项目范例中，第一个范例着重应用的一个中断源是定时器 TMR0 溢出中断，第二个范例侧重应用的中断源是外部引脚 INT 触发中断。

8.6.1 TMR0 溢出中断功能的应用开发

如何以“中断”方式利用 TMR0 模块产生延时？与查询方式相比，以中断方式利用 TMR0 模块产生延时是如何分解 CPU 负担的？本节将尝试利用下面的项目范例使读者得到答案。

【项目范例 8.1】 构思新颖的闪烁式跑马灯

★ 项目实现功能

把实验板上的 8 只 LED 发光二极管，规划为以跑马灯方式轮流闪烁发光。也就是 8 只 LED 中只有一只点亮，亮灯的位置以循环方式不停地移动，移动的速度取决于在各个位置上停留的时间(例如，在两步之间插入一个约 196ms 的延时)，并且在每一个位置上 LED 都保持快速闪烁。

★ 硬件电路规划

跑马灯电路如图 8.2 所示。利用 PIC16F84 的端口 RB 上连接 8 只发光二极管 LED 作为显示部件，各只 LED 均有限流电阻，主要为的是对单片机端口引脚内部电路起保护作用。单片机的时钟振荡器工作模式选用 XT 晶体振荡方式，时钟频率为 4MHz。万一单片机脱离正常工作状态而进入失控状态，或出现非正常现象，就可以利用复位按钮 S9，对单片机实施人工强行复位。利用片内的定时器/计数器 TMR0 模块和中断逻辑功能，让 TMR0 工作于定时器模式，并且在超时溢出时向 CPU 发送中断请求信号。

★ 软件设计思路

驱动 8 只 LED 的显示码的形成，采用一次性向端口寄存器赋初值，然后循环移动的方式。在本例的程序中，需要加入两种延时，一种是 LED 灯每向前移动一步所需的延迟(记为 T1)，另一种是 LED 还要亮、灭频繁切换形成闪烁，在亮态和灭态上都需要一个延时(记为 T2)。我们打算 T1 延时用软件手段实现，T2 延时以硬件措施完成。将分频器配置给 TMR0 使用，并且分频比设定为最大(1∶256)。利用 TMR0 编制一段大约 66ms 的延时子程序。

TMR0 延时时长的计算式为 $256\times(256-0)=65536$ 指令周期 $=65536\mu s=65.536ms$

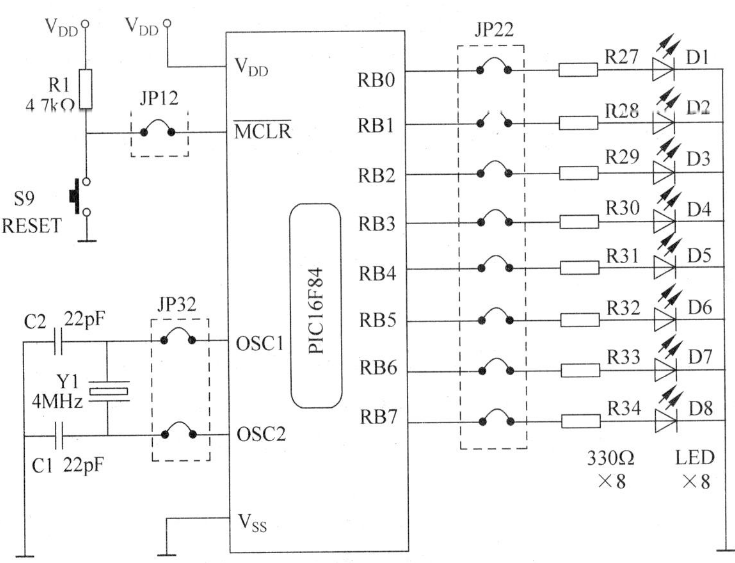

图 8.2　闪烁式跑马灯电路

其中，前面的 256 是分频比；括号内的 256 是 TMR0 的最大计数值；“0”是每次循环累加计数开始时需要向 TMR0 填写的初始值。也就是 TMR0 在“0”的基础上开始递增，直到计数到 256 时产生溢出。即从 00H 开始经过 256 次加 1 后，累计到 100H 便产生高位溢出(同时低字节清零)，并且发出中断请求。

★ 汇编程序流程

如图 8.3 所示，包含主程序和中断服务子程序的流程图。延时子程序的设计方法在此不再赘述，可以参见“4.5.2 延时程序设计”部分内容。

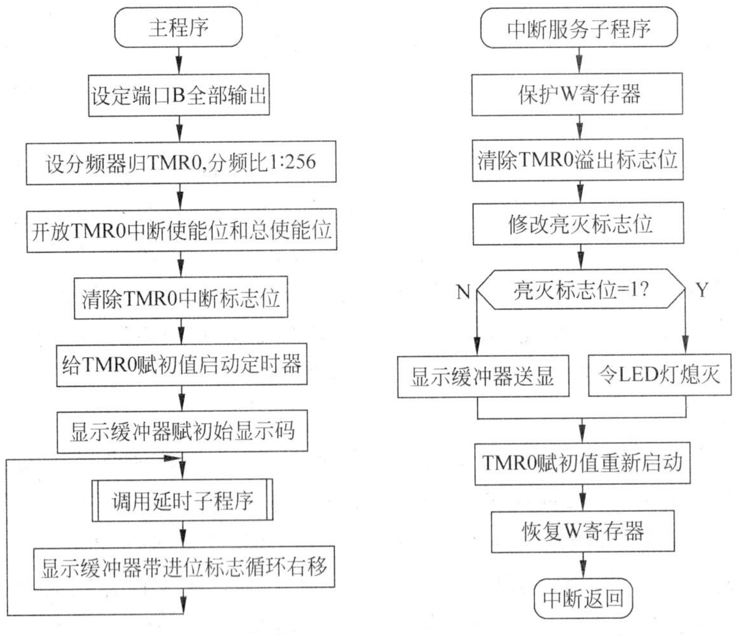

图 8.3　程序流程图

★ 汇编程序清单

```
;=================================================================
;    构思新颖的闪烁式跑马灯
;    项目名称: PROJ8 - 1.PRJ
;    源文件名: TMR0EXP3.ASM
;    设计编程: LXH,2016/09/19
;=================================================================
LIST        P = 16F84               ;告知汇编器,你所选单片机具体型号
tmr0        equu    01h             ;定义定时器/计数器 0 寄存器地址
status      equ     03h             ;定义状态寄存器地址
option_reg  equ     81h             ;定义选项寄存器地址
intcon      equ     0bh             ;定义中断控制寄存器地址
portb       equ     06h             ;定义端口 C 的数据寄存器地址
trisb       equ     86h             ;定义端口 C 的方向控制寄存器地址
tmr0_b      equ     0               ;定义 TMR0 寄存器初始值(256 = 256 - 0)
dly1        equ     20h             ;定义一个延时变量寄存器
dly2        equ     21h             ;定义另一个延时变量寄存器
w           equ     0               ;定义传送目标寄存器为 W 的指示位
f           equ     1               ;定义传送目标寄存器为 RAM 的指示位
rp0         equ     5               ;定义状态寄存器中的页选位 RP0
t0if        equ     2               ;定义 TMR0 的中断标志位
w_temp      equ     30h             ;在 RAM 中定义一个 W 的临时备份寄存器
portb_b     equ     23h             ;定义一个显示缓冲区寄存器
flag        equ     24h             ;定义一个亮灭标志位(只用寄存器的末位)
;---------- 复位向量 ------------------------------------
            org     000h            ;定义程序存放区域的起始地址
            goto    main            ;
;---------- 中断向量和中断服务子程序 ---------------------
            org     004h            ;中断向量,中断服务程序入口地址
tmr0serv                            ;中断服务程序名称
            movwf   w_temp          ;复制 W 到它的临时备份寄存器 W_TEMP 中
            bcf     intcon,t0if     ;清除 TMR0 溢出中断标志位
            incf    flag,f          ;亮灭标志位(寄存器末位)反转
            btfss   flag,0          ;标志位 = 1?是!跳一步到"熄灭"
            goto    jump0           ;否!跳到"点亮"
            clrf    portb           ;熄灭
            goto    jump1           ;跳过下面的程序
jump0       movf    portb_b,w       ;点亮,即将缓冲区内容先传入 W,
            movwf   portb           ; 再由 W 转入端口寄存器,送显
jump1       movlw   tmr0_b          ;TMR0 赋初值,
            movwf   tmr0            ; 并(重新)启动定时计数
            movf    w_temp,w        ;恢复现场
            retfie                  ;中断返回
;----------- 主程序 ---------------------------------------
main
            bsf     status,rp0      ;设置文件寄存器的体 1
            movlw   0               ;将端口 B 的方向控制码 00H 先送 W
            movwf   trisb           ;再转到方向寄存器,RB 全部设为输出
            movlw   07h             ;设置选项寄存器内容: 分频器给 TMR0;
            movwf   option_reg      ;分频比值设为"1 : 256"
            bcf     status,rp0      ;恢复到文件寄存器的体 0
            movlw   0a0h            ;开放 TMR0 中断使能位,
            movwf   intcon          ; 和全局中断使能位
```

```
        bcf       intcon,t0if    ; 清除 TMR0 溢出中断标志位
        movlw     tmr0_b         ;TMR0 赋初值,
        movwf     tmr0           ; 并启动定时计数
        movlw     b'10000000'    ;显示驱动码送入 W 进行中转,
        movwf     portb_b        ; 将驱动码送入显示缓冲寄存器
loop    call      delay          ;调用软件延时子程序
        rrf       portb_b,f      ;带进位标志位右移缓冲寄存器内容
        goto      loop           ;跳转返回
;------------- 软件延时子程序 -------------------------
delay                            ;子程序名,也是子程序入口地址
        movlw     0ffh           ;将外层循环参数值 FFH 经过 W
        movwf     dly1           ;送入用作外循环变量的 dly1
lp0     movlw     0ffh           ;将内层循环参数值 FFH 经过 W
        movwf     dly2           ;送入用作内循环变量的 dly2
lp1     decfsz    dly2,f         ;内层变量 dly2 递减,结果若为 0 跳跃
        goto      lp1            ;若为 1 跳转到 lp1 处
        decfsz    dly1,f         ;外层变量 dly1 递减,结果若为 0 跳跃
        goto      lp0            ;若为 1 跳转到 lp0 处
        return                   ;返回主程序
;-------------------------------------------------------------
        end                      ;源程序结束
;=================================================================
```

★ 程序调试方法

打开和建立如图 8.4 所示的 WAVE6000 调试环境。利用以前学习的调试手段,再结合下面介绍的部分新技能,就可以顺利完成程序调试工作。

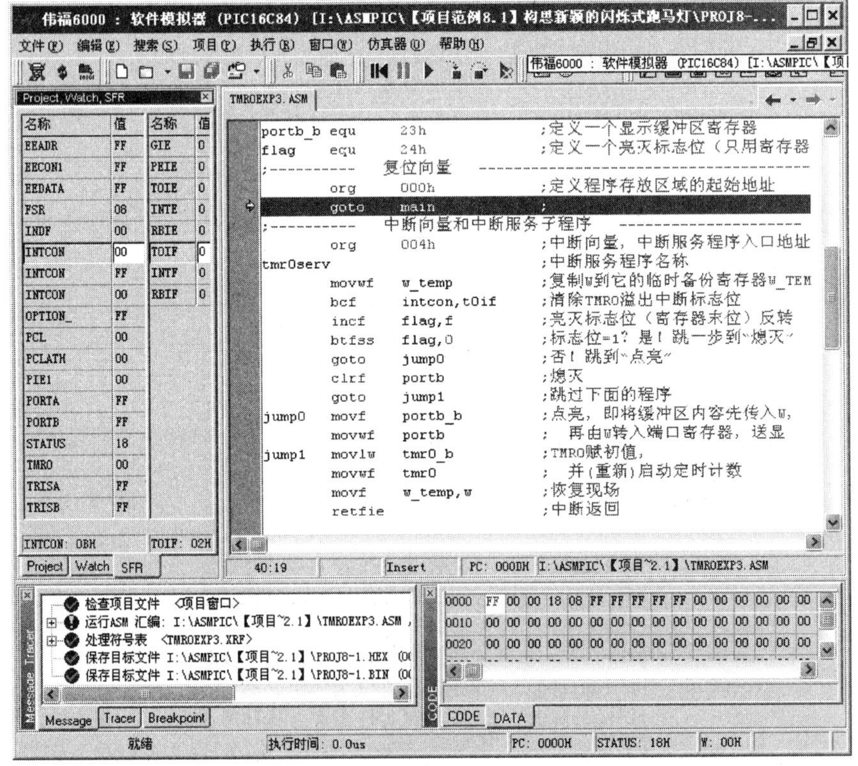

图 8.4 WAVE6000 调试环境

对于 PIC 单片机初学者(尤其是具备 MCS-51 单片机基础的人)来说,往往不习惯 PIC 单片机的这种与众不同的指令格式。特别是对于那些存在不同传送目标的算术运算、逻辑运算或传送操作指令(PIC16 系列单片机的指令系统中具备 14 条这样的指令)。可能常常会把表示传送目标寄存器是 W(当 d=0)还是文件寄存器(当 d=1)的指示位(d)忽略掉。

如果你漏掉的 d 是 1,那么你还会得到汇编器的宽容和帮助,原因是汇编器将所有默认的 d 自动补充默认值“1”,这样你的程序在运行时不会出现任何问题。这也算是一种合理的省略,利用好这种省略技巧还可以提高我们的编程效率。如果你漏掉的 d 是 0,那肯定就会出现麻烦的,你原本打算送入工作寄存器 W 中的数据,却没有送达。不管你漏掉的 d 是何值,其汇编过程都可以顺利通过。例如,本例的服务中断子程序中有一条“jump0　movf　portc_b,w”指令,其中的“,w”如果漏掉,运行程序时就会出现这样的征兆,8 只灯一起不停地闪烁。

如果你一时无法确定此类故障之所在,不妨按以下提供的思路先在汇编器产生的几种结果上作一些尝试。在如图 8.5 所示的“输出信息窗口”中,其中虽然告诉我们的是保存目标文件已经成功,但是经过我们细心观察,还是可以发现 3 条“Message”信息中展示给我们的提示信息很有用,不可置之不理。比如第一条是“Message[305]:Using default destination of 1 (file). <I:\ASMPIC\【项目～2.1】\TMROEXP3. ASM>”,其中告诉我们的内容有:①以“Message”一词表示这是一条提示性的信息,与此成并列关系的还有,表示警告性的“Warning”信息和表示出错性的“Error”信息;②“[305]”代表信息代号,便于在厂家提供的《MPASM 汇编器屏幕显示信息表》中查对和索引,每种信息都分配一个专用代号;③“Using default destination of 1 (file).”提示该语句中使用了默认值是“1”(即文件寄存器)的目标寄存器指示位;④“<I:\ASMPIC\【项目～8.1】\TMROEXP3. ASM>”表示被汇编器汇编的源程序文件的名称及其所在的硬盘存储器位置(其中的长目录名已被大幅压缩)。

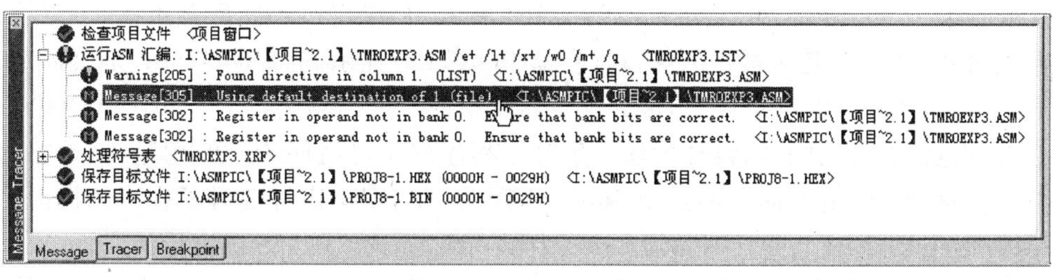

图 8.5　输出信息窗口

依据这些提示,你可以检查源程序,方法是你可以双击该行信息,WAVE6000 会自动将光标定位在该提示信息对应的那一行上。如果你发现此处漏掉的“d”属于错误的省略,就必须填补漏洞,之后重新汇编即可。

除了应用以上双击提示信息行的方法之外,还可以通过查看列表文件的方法。具体做法是选择菜单命令“文件”→“打开文件”,然后在弹出的打开文件对话框中选中列表文件“TMR0EXP3. LST”,即可打开如图 8.6 所示的文件窗口。

从中可以看到该表共有 7 列内容:第 1 列是目标码在程序存储器里的存储位置;第 2 列就是汇编语言指令对应的目标码(也叫机器码,共 14 比特);第 3 列是该窗口自动添加的

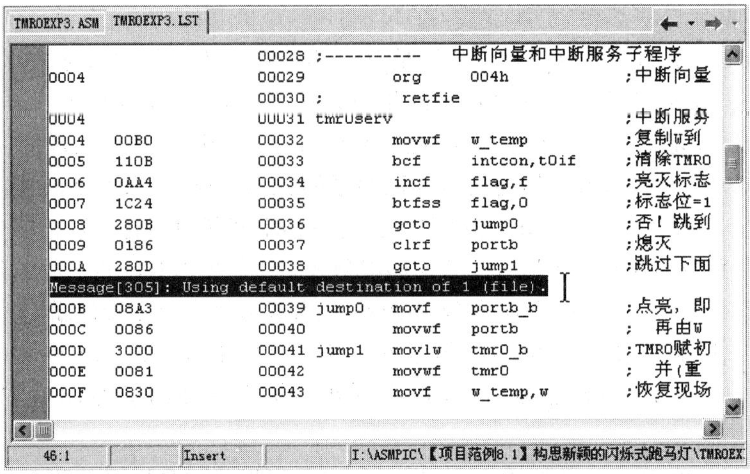

```
TMROEXP3.ASM  TMROEXP3.LST
                        00028 ;----------   中断向量和中断服务子程序
0004                    00029        org    004h             ;中断向量
                        00030 ;       retfie
0004                    00031 tmrUserv                         ;中断服务
0004   00B0             00032        movwf  w_temp           ;复制w到
0005   110B             00033        bcf    intcon,t0if      ;清除TMR0
0006   0AA4             00034        incf   flag,f           ;亮灭标志
0007   1C24             00035        btfss  flag,0           ;标志位=1
0008   280B             00036        goto   jump0            ;否！跳到
0009   0186             00037        clrf   portb            ;熄灭
000A   280D             00038        goto   jump1            ;跳过下面
Message[305]: Using default destination of 1 (file).
000B   08A3             00039 jump0  movf   portb_b          ;点亮，即
000C   0086             00040        movwf  portb            ;  再由w
000D   3000             00041 jump1  movlw  tmr0_b           ;TMR0赋初
000E   0081             00042        movwf  tmr0             ;  并(重
000F   0830             00043        movf   w_temp,w         ;恢复现场
46:1        Insert        I:\ASMPIC\【项目范例8.1】构思新颖的闪烁式跑马灯\TMROEX
```

图 8.6　列表文件窗口

行号；第 4 列是标号；第 5 列是指令助记符；第 6 列是操作数；第 7 列是注释。

在第 00039 行的上面，就自动插入了前面提到的提示信息“Message[305]：Using default destination of 1 (file).”，以供我们来核对。发现错误需要回到源程序窗口修改，然后再进行汇编即可。

如果程序仍然调不通，可以按程序段实现的功能界定责任、缩小故障范围和最终确定故障点。整个用户程序可以划分为 4 段，以及每个程序段实现的功能分别为：①中断服务子程序——控制 LED 是否闪烁和闪烁的快慢，以及实现显示缓冲器到端口的映射；②延时子程序——决定 LED 移动的快慢；③主程序循环部分——决定着 LED 的移动；④主程序初始化部分——负责统管全局的各项设置任务，包括端口的设置、TMR0 分频器的设定、中断功能的启用、初始显示码的确定等。比如运行程序时发现不是一个灯在跑，此时可以先按动一下实验板上的复位开关 S9(按下的时间不要太短)。如果仍然不能回复正常，可以检查初始显示码“10000000B”是否被送入端口寄存器 PORTB。显示码“10000000B”是书面中的表达形式，可千万不要照搬到程序里，因为汇编器认识的二进制码应表示为“b'10000000'”。

还有一点需要说明的是，设计的软件延时子程序的延迟时间为 196 约毫秒，严格地讲，跑马灯往前移动一步的时间并不是 196ms。原因是，在 CPU 执行延时子程序的同时，定时器 TMR0 也在并行工作，并且每隔约 66ms 中断一次，无论 CPU 正在执行什么任务都要响应中断，转去执行中断服务子程序(需 12～13 个指令周期)，此后才能回过头来继续执行被中断的主程序。因此，亮灯移位的时间是在 196 毫秒的基础上延长了约 0.04ms(=0.013×196÷66)，但是其影响很小可以忽略。由此可见，程序中分别用硬件和软件方法插入的两段延时 T1 和 T2，基本上是互不影响，延时时长可以独立设计。如果单纯用调用延时子程序的软件方法来实现这两段延时，则 T1 和 T2 将会不可避免地互相产生影响。

★ 烧写运行验证

在利用 WAVE6000 环境下的汇编器汇编成功之后，就可以立马开启和利用 K150 烧写器，把 HEX 目标程序烧录到单片机中，以便进行独立加电、独立运行、验证结果。如图 8.7 所示的界面中，设置了烧写器型号、端口号、单片机型号，并且导入目标程序文件“TMR0EXP3.HEX”。

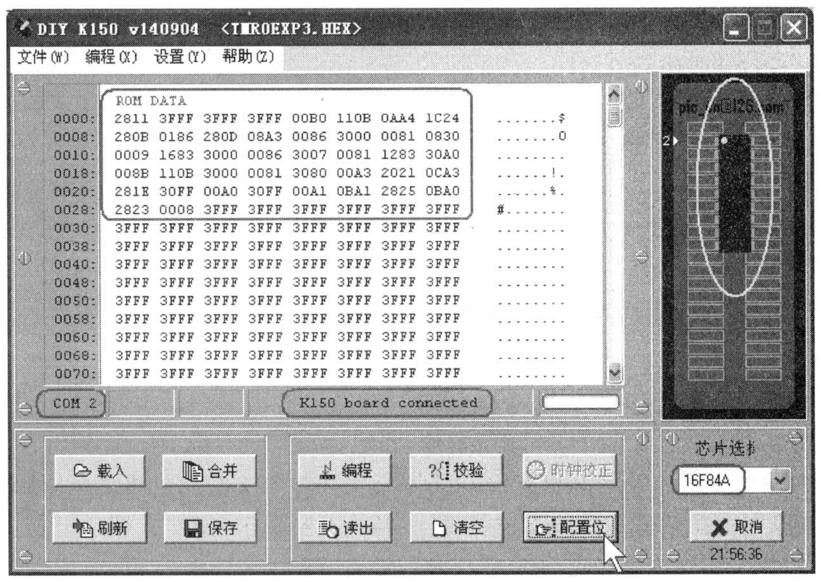

图 8.7 K150 驱动软件界面

单击"配置位"按钮，打开配置位编辑对话框，按照图 8.8 所示的选项值去设置系统配置字和 ID 码。

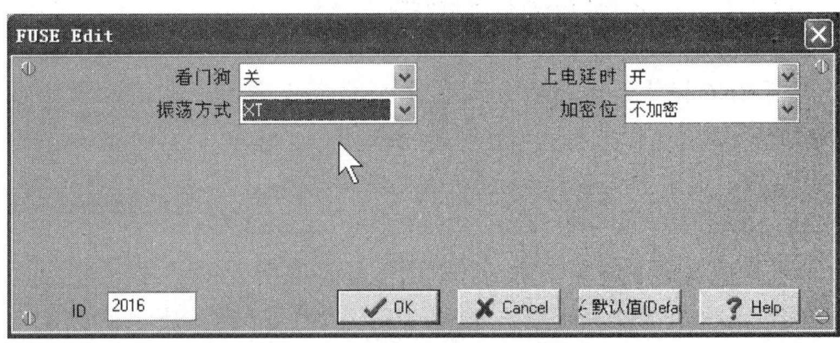

图 8.8 配置位和 ID 的设置

单击"编程"按钮，完成程序烧写。把单片机转移到实验板上，然后接通实验板的电源，开始独立运行和验证结果。如图 8.9 所示。

图 8.9 单片机在实验板上独立运行验证结果

★ 几点补充说明

通过本例的实践，读者可以学习到以下主要内容：

(1) 硬件延时带来的优越性是，节省 CPU 精力、两种延时 T1 和 T2 互不影响。

(2) TMR0 溢出中断的应用和处理方法。

(3) 巧妙地利用指令"incf　flag,f"，将一个寄存器的末位当作乒乓开关使用。每执行一次该指令亮灭标志位就反转一次，用于控制程序的走向。

(4) 人工复位开关 S9 的应用。

(5) 利用提示信息检查和修改用户程序的两种方法。

(6) 列表文件的查看方法和一种简单用法。

(7) 分析软件故障的简单方法。

(8) 区分目标寄存器是否为 W 的指示位(d)的合理省略方法。

(9) 开放单个中断源时的编程方法。因为只允许一个中断源发出请求，所以在进入子程序后，无须判断就能知道是 TMR0 中断源发起的中断请求，能够立即进行相应的服务处理。在主程序和子程序中同时需要改写其内容的寄存器，只有一个 W，所以保护现场的任务就相对简单了许多，只需保护 W 寄存器的内容即可。

(10) 中断服务子程序放置在以 004H 地址开始的程序存储器区域中，从而免用跳转指令。

8.6.2　INT 外部中断功能的应用开发

外部中断 INT 引脚有什么用途？如何利用？读者或许可以从下面这个项目范例中获得一点启发和思路。

【项目范例 8.2】 带电源切换报警的流水式广告灯箱

★ 项目实现功能

利用实验板上现成的 8 只 LED 发光二极管，来模拟指定的被控对象。其中，LED0 模拟光电耦合器驱动信号；LED1～LED7 模拟 7 组或 7 只灯箱。让它们以流水方式轮流发光。也就是以图 8.10 所示的 4 个显示状态之间循环切换，形成流水的视觉效果。并且当电源出现故障(即电源电压跌落或掉电)时，自动切换到备用电池，并令流水灯暂时停下来，令 7 只 LED1～LED7 一起快速闪烁，以提醒维护人员及时处理。直到电源恢复正常后，7 只 LED1～LED7 才从被打断的显示状态上继续开始流水式发光。

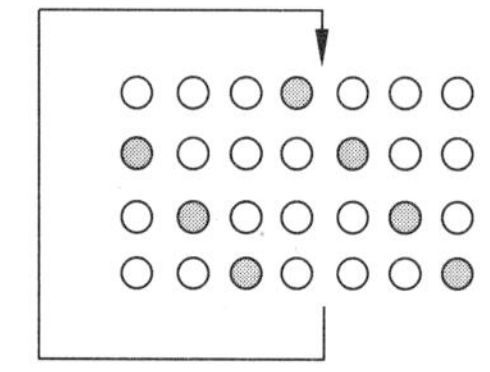

图 8.10　流水灯

LED1～LED7 模拟的 7 只灯箱，比如是"欢迎您来石家庄"7 个大字，安装于城市门户的路边或者街道，以美化环境和树立形象。当然也可以是 7 组霓虹灯或广告牌等。

★ 硬件电路规划

流水灯控制电路如图 8.11 所示。利用端口 RB 连接 8 只 LED 作为模拟流水灯发光的部件。利用片内的定时器/计数器 TMR0 模块和中断逻辑功能，让 TMR0 工作于定时器模式，并且在超时溢出时把中断标志位置 1。利用外部中断信号输入脚 INT，作为模拟电源故障检测端。

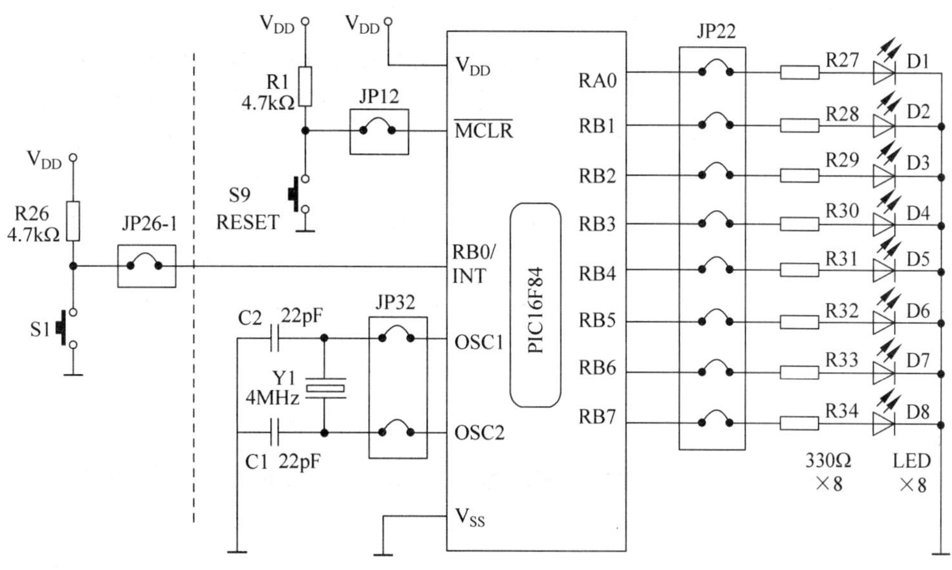

图 8.11　流水灯电路

如图 8.12 所示(其中的元器件 Ra、Rb、Rc、Da、Db、Ua 和 Ea 是在实验板原来基础上额外添加的),三端稳压器 7805 的输入电压约 9V,输出电压为 5V。从 7805 的输入端连接一个电阻分压支路到地,中间抽头连接到单片机的 INT 脚。由于单片机 INT 引脚的内部电路设有一只施密特触发器,因此可以将分压信号直接接到 INT 脚,而免用外部串接施密特触发器。经过合理地设计分压电阻的阻值,当 9V 电压刚刚开始下降但还没有降到单片机不能正常工作的程度时,首先由 INT 感测到并由其内部施密特触发器整形成下降沿,作为中断请求信号发给 CPU。当 CPU 响应中断请求后,先从 RA0 引脚送出高电平信号,驱动光电耦合器将备用电池接通(用点亮的 LED0 来模拟),然后令 LED1～LED7 一起闪烁,发出告警信号,提醒人们及时检修电源。为了简单易行,也可以将实验板上现有的按钮开关 S1,用于模拟电源电压跌落时而形成的下降沿信号(见图 8.11)。S1 按下时就相当于掉电,松开就相当于电源恢复正常。

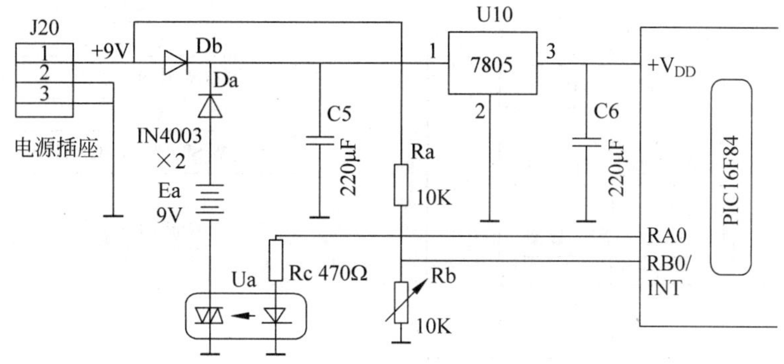

图 8.12　电源电压检测和切换电路

★ 软件设计思路

驱动 7 只 LED 的显示码的形成,采用查表法获得。在本例程序中,需要加入两段延时,一个是 LED 灯每向前移动一次都要延迟一会(记为 T1),另一个是令 7 只 LED 一起闪烁时,在亮态和灭态上都保留一个延时(记为 T2)。我们打算 T1 和 T2 都用(TMR0 模块)硬件手段,并且用查询方式而不用中断方式实现。将分频器配置给 TMR0 使用,并且分频比设定为最大(1∶256)。利用 TMR0 编制一段大约 65ms 的延时子程序,需要每次向 TMR0 所赋的初始值为 2。

$$T1=256\times(256-2)\times4=260096\text{ 指令周期}=260096\mu s\approx260ms。$$

其中,前面的 256 是分频比;括号内的 256 是 TMR0 最大的计数范围;括号内的 2 就是每次循环累加计数开始时需要向 TMR0 填写的初始值;后面的 4 是循环利用 TMR0 的次数。同理,

$$T2=256\times(256-6)=64000\text{ 指令周期}=64000\mu s=64ms$$

★ 汇编程序流程

主程序和中断服务子程序的流程图如图 8.13 所示;两个延时子程序的流程图如图 8.14 所示。

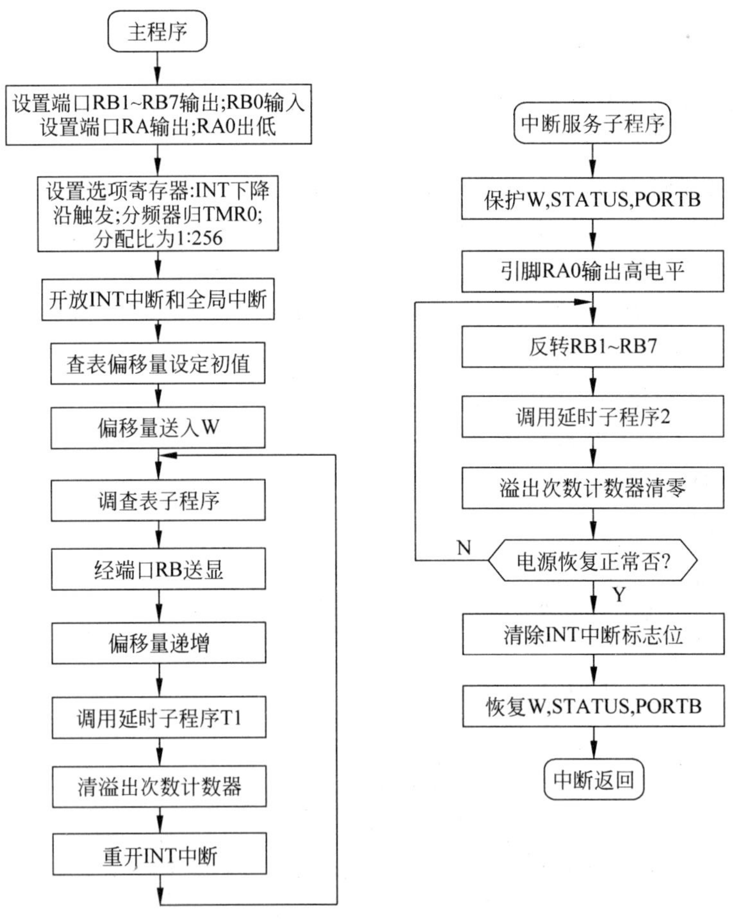

图 8.13　主程序和中断服务程序的流程图

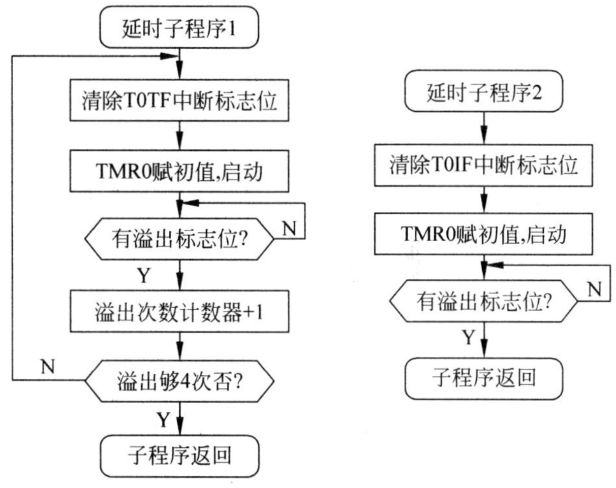

图 8.14 两个延时子程序的流程图

★ 汇编程序清单

```
;=====================================================================
;     带电源切换报警的流水式广告灯箱
;     项目名称: PROJ8 - 2.PRJ
;     源文件名: INTEXP2.ASM
;     设计编程: LXH,2016/09/21
;=====================================================================
            LIST        P = 16F84        ;告知汇编器,你所选单片机具体型号
tmr0        equ         01h              ;定义定时器/计数器 0 寄存器地址
pcl         equ         02h              ;定义 PC 低 8 位寄存器地址
status      equ         03h              ;定义状态寄存器地址
option_reg  equ         81h              ;定义选项寄存器地址
intcon      equ         0bh              ;定义中断控制寄存器地址
porta       equ         05h              ;定义端口 RA 的数据寄存器地址
trisa       equ         85h              ;定义端口 RA 的方向控制寄存器地址
portb       equ         06h              ;定义端口 RB 的数据寄存器地址
trisb       equ         86h              ;定义端口 RB 的方向控制寄存器地址
c           equ         0                ;定义进位标志位的位地址
w           equ         0                ;定义传送目标寄存器为 W 的指示位
f           equ         1                ;定义传送目标寄存器为 RAM 的指示位
t0if        equ         2                ;定义 TMR0 中断标志位的位地址
t0ie        equ         5                ;定义 TMR0 中断使能位的位地址
inte        equ         4                ;定义外部中断使能位的位地址
intf        equ         1                ;定义外部中断标志位的位地址
count       equ         20h              ;定义一个定时器溢出次数计数器变量
count1      equ         24h              ;定义一个查表偏移量 2 位计数器变量
portb_b     equ         21h              ;为 PORTB 定义一个备份寄存器
w_temp      equ         7fh              ;为 W 定义 1 个备份寄存器
status_temp equ         23h              ;为 STATUS 定义一个备份寄存器
rp0         equ         5h               ;定义状态寄存器中的页选位 RP0
;*********** 复位向量和中断向量 ***************************
            org         000h             ;定义程序存放区域的起始地址
```

```
            goto    main            ;跳转到主程序
            org     0004h           ;定义中断向量
            goto    serv            ;跳转到中断服务子程序
;×××××××××× 主程序 ××××××××××××××××××××××××××××××××××××××
main                                ;主程序入口地址标号
            bsf     status,rp0      ;设置文件寄存器的体 1
            movlw   00h             ;将端口的方向控制码 00h 先送 W
            movwf   trisa           ;再转到方向寄存器,RA 全部设为输出
            movwf   trisb           ;再转到方向寄存器,RB 全部设为输出
            bsf     trisb,0         ;单独把引脚 RB0/INT 设为输入
            movlw   07h             ;设置选项寄存器: INT 下降沿触发; 分频
            movwf   option_reg      ;器给 TMR0; 分频比值设为"1 : 256"
            bcf     status,rp0      ;恢复到文件寄存器的体 0
            bcf     porta,0         ;令 RA0 引脚出低,光耦断,断开备用电池
            movlw   90h             ;
            movwf   intcon          ;开放 INT 和全局中断使能位
            clrf    count1          ;清零查表偏移量寄存器
loop        movf    count1,w        ;将偏移量复制到 W
            call    convert         ;调用查表子程序
            movwf   portb           ;将查得的显示码送显
            incf    count1,f        ;偏移量递增
            movlw   03h             ;只保留偏移量低 2 位,
            andwf   count1,f        ;做法是逻辑与
            call    delay1          ;调用延时子程序 T1
            clrf    count           ;清除定时器溢出次数计数器
            bsf     intcon,inte     ;开放 INT 中断使能位
            goto    loop            ;跳回继续移动 LED
;************ 中断服务子程序 **********************************
serv                                ;中断服务子程序名称
;---------- 保护现场部分 --------------------------------
            movwf   w_temp          ;保护 W
            swapf   status,w        ;保护 STATUS
            movwf   status_temp     ;将 STATUS 保存到备份寄存器
            movf    portb,w         ;保护中断时 LED 的状态,
            movwf   portb_b         ;到备份寄存器
;=========== INT 中断处理部分 ===============================
intserv                             ;外部中断服务程序名称
            clrf    portb           ;令 7 只 LED 全部熄灭
            Bsf     porta,0         ;驱动光耦,接通备用电池
lop         movlw   0feh            ;
            xorwf   portb,f         ;反转 7 只 LED 的亮灭状态
            call    delay2          ;调用延时子程序 T2
            clrf    count           ;清除定时器溢出次数计数器
            btfsc   portb,0         ;检测电源恢复正常否?
            goto    lop1            ;已正常!中断返回
            goto    lop             ;否!继续让 7 只 LED 一起闪烁
lop1        bcf     porta,0         ;令 RA0 引脚出低,断光耦,断备电
            bcf     intcon,intf     ;清除 INT 中断标志位
;---------- 恢复现场部分 ---------------------------------
retfie0     movf    portb_b,w       ;恢复 LED 的状态,
            movwf   portb           ;到端口 RB
```

```
            swapf      status_temp,w  ;恢复 STATUS
            movwf      status         ;
            swapf      w_temp,f       ;恢复 W
            swapf      w_temp,w       ;
            retfie                    ;中断返回
;********** 延时子程序 T1 **********************************
delay1                                ;子程序名,也是子程序入口地址
d1lop       bcf        intcon,t0if    ;清除 TMR0 溢出中断标志位
            movlw      02h            ;给 TMR0 装入初始值
            movwf      tmr0           ;启动定时器
here        btfss      intcon,t0if    ;循环检测 TMR0 溢出否?
            goto       here           ;否!返回
            incf       count,f        ;是!溢出次数计数器加 1
            btfss      count,2        ;定时器溢出够 4 次否?
            goto       d1lop          ;否!循环利用 TMR0
            return                    ;返回主程序
;********** 延时子程序 T2 **********************************
delay2                                ;子程序名,也是子程序入口地址
            bcf        intcon,t0if    ;清除 TMR0 溢出中断标志位
            movlw      06h            ;给 TMR0 装入初始值
            movwf      tmr0           ;启动定时器
d2lop       btfss      intcon,t0if    ;循环查询 TMR0 溢出否?
            goto       d2lop          ;否!循环检测
            return                    ;是!返回主程序
;********** 显示码查表子程序 ****************************
convert                               ;查表转换子程序
            addwf      pcl,f          ;偏移量与 PC 相加
table       retlw      b'00010000'    ;显示码 1
            retlw      b'10001000'    ;显示码 2
            retlw      b'01000100'    ;显示码 3
            retlw      b'00100010'    ;显示码 4
;-----------------------------------------------------------------
            end                       ;源程序结束
;=====================================================================
```

★ 烧写运行验证

参照【项目范例 7.2】中对应内容的介绍,利用 K150 烧写器把目标程序(INTEXP2.HEX)烧写到 PIC16F84A 单片机芯片之后,进行独立运行和功能验证时,事先按照图 8.11 所示来连接单片机外围电路。然后接通外接电源,开始运行,可以看到 D1 是灭的,D2～D7 是按流水方式循环显示的;其间,按下按钮开关 S1 来模拟主电源出现故障,可以看到 D1 是亮的,表示备用电池已经接通,D2～D7 是按快速闪烁来显示的。

★ 几点补充说明

在该示范项目的实践过程中,读者可以学习到以下主要内容:

(1) 外部 INT 中断源的应用方法。

(2) 现场保护程序的设计方法和注意事项。

(3) 采用指令“btfss count,2”来判断定时器溢出是否够 4 次,理由是当溢出次数计数器变量“count”的值从 00000000B 递增到 00000100B 时,它的 bit2 由 0 变为 1。

（4）在该范例程序的基础上，稍微变通就可以增加许多的显示花样。比如扩充查表子程序中显示码的内容。

（5）延时子程序 DELAY1 和 DELAY2 虽然都利用的是同一定时器 TMR0，但是它们的延迟时长 T1 和 T2 是可以独立设置的。

（6）对于光电耦合器的输出侧的驱动电流或额定电压如果有更高要求，可以用固态继电器或者电磁继电器取而代之。

第9章

EEPROM数据存储器及其应用实例和开发技巧

9.1 背景知识

存储器是任何计算机系统都不可缺少的一类重要的外围器件或部件。在计算机系统中应用的存储器有外部存储器(又叫辅助存储器)和内部存储器(又叫主存储器)之分。外部存储器有磁带存储器(多用于大型计算机)、软磁盘存储器、硬磁盘存储器、只读光盘存储器、可读写光盘存储器、卡式存储器(比如 IC 卡)、USB 存储器等;内部存储器目前都用半导体存储器。在本章中将主要介绍半导体存储器。

9.1.1 通用型半导体存储器的种类和特点

半导体存储器是目前应用非常广泛、应用数量非常巨大的一类半导体器件,因此,世界各主要半导体制造公司中多数都有半导体存储器的生产线。

常见的半导体存储器器件分为 RAM、ROM 和 NVRAM,而它们往下又细分为多个分支:

(1) RAM(Random Access Memory,随机存取存储器)。主要特点是存储的内容需要电源维持,断电后内容自动丢失(或称挥发)。主要用途是适合存储临时性的程序、随机数据或变量。

(2) ROM(Read Only Memory,只读存储器)。主要特点是存储的内容不需要电源维持,断电后内容也不会丢失,内容存入时需要高电压烧写固化。主要用途是适合存储那些定型的程序和/或相对固定的数据。ROM 家族中又可以分为以下几种:

① 掩膜 ROM。

② PROM(Programmable ROM)。

③ EPROM(Erasable PROM)。

④ OTP EPROM(One Time Programmable EPROM)。

⑤ EEPROM(Electrical EPROM,也常记作 E^2PROM)。

⑥ Flash EEPROM。

(3) NVRAM(Nonvolatile RAM,非易失性 RAM)。特点是内容断电后不丢失,兼备 RAM 和 ROM 两者的优点,既能够像 RAM 那样高速操作,又能够像 ROM 那样掉电内容不挥发,也不需要外加烧写高电压。主要用途是适合存储临时性的程序、随机数据或变量。根据技术上实现的途径不同,NVRAM 家族中又大致分为以下 3 种:内部埋藏有锂电池的 NVRAM、双体结构的 NVRAM 和铁电存储器 FRAM。

9.1.2 PIC 单片机内部的程序存储器

微芯(Microchip)公司为其 PIC 系列单片机片内配置的程序存储器版本比较齐全:

(1) ROM 掩模型 PIC 单片机,适合大企业大批量定型产品的规模化生产,由厂家在芯片生产线上完成用户程序的烧写。例如 PIC16CR83/84 等;

(2) 一次编程(OTP)型 EPROM 的 PIC 单片机,适合于小批量试生产和快速上市的需要。例如 PIC16C54、PIC16C55、PIC16C56、PIC16C57、PIC16C58A 等;

(3) 带窗口的 EPROM 型 PIC 单片机,适合程序反复修改的开发阶段(这类单片机售价很高)。例如 PIC16C54/JW、PIC16C55/JW 等;

(4) 具有 EEPROM 的 PIC 单片机,特别适合初学者反复擦写练习编程。例如早期出现的型号 PIC16C83/84 等。此类单片机型号较少,原因是完全可以用 Flash 型单片机取代;

(5) 带 Flash 型 EEPROM 的 PIC 单片机,特别适合初学者和程序开发者"在线"反复擦写和调试程序。例如 PIC16F83/84/84A、PIC16F87X、PIC18F010、PIC18F020 等,已成为主流产品。

对于本书重点讲解的 PIC16F84 单片机,不仅是程序存储器的制造工艺改进为 Flash 工艺,而且还同时采用了在线串行编程(ICSP,In Circuit Serial Programmable,这是微芯公司的注册商标,其他公司一般记作 ISP)技术和低电压编程技术(即免用外加烧写高电压,而由片内电荷泵产生)。

9.1.3 PIC 单片机内部的 EEPROM 数据存储器

在单片机应用产品系统中,常常需要这样的功能,要求在系统工作期间设定或者调整的一些现场工作参数,在系统断电之后也不能丢失(或挥发),在下次加电工作时系统自动恢复原先设定的参数。例如:遥控电视机、电子密码锁、电话计费器、机动车电子里程表、出租车计价器、电子电度表、电子煤气表、电子水量表和手机等。

为了实现以上功能，单片机系统开发者通常给那些片内不具备内部 EEPROM 数据存储器的单片机（比如传统的 MCS-51、PIC 单片机家族中的大部分型号、MC68HC05 和 MC68HC08 系列单片机中的大部分型号），外扩 EEPROM，以串行方式外扩居多。在串行方式中又有 I^2C、SPI 和 μWire 几种串行通信协议可选。目前，市场上带 I^2C、SPI 和 μWire 串行端口的 8 脚封装的 EEPROM，非常廉价易购，零售价仅 1 元左右。

采用外扩 EEPROM 存储器的方法，优点是廉价、灵活，缺点是占用单片机有限的引脚资源、电路结构增加复杂程度、更重要的一条是保密性差。原因是，独立的 EEPROM 器件可以被单独拆下，并且很容易地读取其内容。

在 PIC16F84 单片机内部，作为一个片内外设模块配置的 EEPROM，只能由用户程序或者烧写器对其实施读写操作。一般从单片机芯片外部不能非法地读取加了密的 EEPROM。由此可见，利用 PIC16F84 片内 EEPROM 数据存储器模块，可以实现的以上功能，显然克服了外扩 EEPROM 数据存储器的缺点，从而可以使保密性得到极大地提高。因此，特别适合用于要求保密性极强的产品之中，比如电子密码锁、出租车计价器、电子抄表系统等。

可能有人会产生这样的疑问，既然 EEPROM 存储器和 Flash 存储器都可以反复电擦和电写，那么又何必在一个单片机芯片之内同时集成这两种工艺的存储器呢？原因分析如下：EEPROM 存储器和 Flash 存储器虽然都可以多次电擦和电写，但是，EEPROM 存储器比 Flash 存储器性能更优越的是读/写次数多得多、寿命长；而 Flash 存储器比 EEPROM 存储器性能优越的是存储单元结构简单、占用硅片面积小、造价低廉。因此，Flash 存储器适合用来烧写那些改动不太频繁的用户程序或参数，有利于降低单片机成本；而 EEPROM 存储器适合用来存储那些经常变动而掉电又不能丢失的数据，有利于延长单片机的使用寿命。读写次数也叫擦写周期，对于 PIC16F84 单片机，片内 Flash 存储器能够擦/写上万次，片内 EEPROM 存储器的读/写次数可以做到高达上千万次。

9.1.4 PIC16F84 内部 EEPROM 操作方法

PIC16F84 单片机内部具备 64×8 的电擦/电写存储器 EEPROM。对于这种片内存储器的读写操作方式有两种，也就是烧写和读出的途径有两种：

(1) 第一种是经过单片机的专用引脚或端口（PIC 单片机的串行编程专用引脚为 RB6 和 RB7），借助于外部主控设备（比如程序烧写器、微机控制的下载器等）操控单片机内部 EEPROM 存储器的读和写操作。在读写过程中不使用目标单片机中的 CPU，也就是说，读写内部存储器时，目标单片机中的 CPU 处于静止状态，不执行任何程序。采用这种读写方式时，操作方法有两种：一是需要把单片机芯片插入专用烧写器上的插座中，烧写完成并核对无误之后再插入目标板中去（这种方法最原始）；二是在单片机装入目标板之后直接采用下载器进行烧写，这种方法称为在线串行编程（ICSP），这种技术可以使得产品在出厂之前付运时固化最新的数据。

(2) 第二种是单片机自身作为主控器件，通过执行预先固化其内的用户程序中的“读写专用程序段”,操控对自身内部 EEPROM 存储器部分空间的读写操作过程。其读写过程需要目标单片机中 CPU 的支持,所以与目标单片机中的 CPU 是有关的。这种方式属于在应用中编程技术,借助于这种技术可以实现,在产品出厂之后投入运行的过程中,随时对单片机 EEPROM 进行自行改写或遥控修改。

上述中的第一种读写途径很简单,对于单片机的应用者不了解也不影响对于单片机的使用,只要会用单片机烧写器即可,至于串行或是并行编程的时序和详细步骤,应该是单片机开发工具的制造商所关心的内容。在此将把第二种读写方式作为本章介绍的主要内容。

PIC16F84 单片机内部的 EEPROM 存储器,能够在适合 PIC 单片机正常工作的 VDD 电压范围内实现读写操作。也就是说,单片机内部自带电荷泵升压电路,即使是烧写操作也不需要外加高电压。对于 EEPROM 数据存储器的读写操作是以 8 比特单字节为单位进行的,并且是对某一指单元进行的“先擦除,后写入”的操作。

EEPROM 不是直接映射到 RAM 存储器地址空间的,也就是说,它们并不与 RAM 统一编址。因此,EEPROM 不能被用户程序直接访问,而只能通过专用寄存器进行间接的访问。为了达到间接访问它们的目的,额外增加了 4 个特殊功能寄存器:EEADR、EEDATA、EECON1、EECON2。

EEPROM 允许进行单个字节的读写操作。当 CPU 访问 EEPROM 时,EEADR 存放指向某一单元的 8 位地址,EEDATA 存放即将被写入的或者已经被读出的 8 位数据。依据内部配置 EEPROM 的容量仅为 64×8(如图 9.1 所示),所以,仅用到了 EEADR 内部的低 6 位地址码,$2^6=64$。最高 2 位虽然没有用到,但也不能忽视,要求必须将这 2 个比特清零。

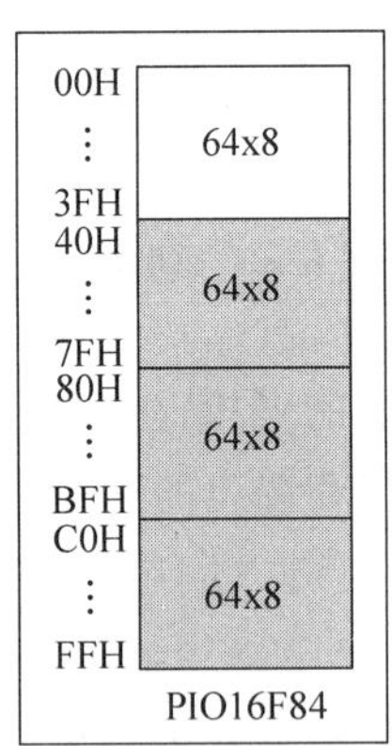

图 9.1 内部 EEPROM 配置图

9.2 EEPROM 读/写相关的寄存器

与 EEPROM 数据存储器进行读/写操作有关的特殊功能寄存器共有 5 个和一个系统配置字,现归纳在一起。如表 9.1 所示。这 5 个寄存器都具有在 RAM 地址空间中统一编码的地址。也就是说,PIC 单片机可以把这 5 个特殊寄存器当作普通寄存器单元来访问,这样有利于减少指令系统的指令类型和数量。

表 9.1 与 EEPROM 数据存储器有关的特殊功能寄存器

寄存器名称	寄存器符号	寄存器地址	寄存器内容							
			bit7	bit6	bit5	bit4	bit3	bit2	bit1	bit0
中断控制寄存器	INTCON	0BH/8BH	GIE	EEIE	T0IE	INTE	RBIE	T0IF	INTF	RBIF
EEPROM 地址寄存器	EEADR	10DH	A7	A6	A5	A4	A3	A2	A1	A0
EEPROM 数据寄存器	EEDATA	10CH	D7	D6	D5	D4	D3	D2	D1	D0
EEPROM 读写控制第一寄存器	EECON1	18CH	-	-	-	EEIF	WRERR	WREN	WR	RD
EEPROM 写控制第二寄存器	EECON2	18DH	(不是物理上实际存在的寄存器)							
系统配置字	Config. Word	20007H	CP (bit13)	…	CP (bit5)	CP (bit4)	$\overline{\text{PWRTE}}$	WDTE	FOSC1	FOSC0

1. EEPROM 地址寄存器 EEADR

bit7	bit6	bit5	bit4	bit3	bit2	bit1	bit0
A7	A6	A5	A4	A3	A2	A1	A0

这是一个可读/可写寄存器。它作为访问 EEPROM 某一指定单元的地址寄存器,也就是,将欲访问的单元地址预先传入该寄存器中。

2. EEPROM 数据寄存器 EEDATA

bit7	bit6	bit5	bit4	bit3	bit2	bit1	bit0
D7	D6	D5	D4	D3	D2	D1	D0

这是一个可读/可写的寄存器。它暂存即将烧写到 EEPROM 某一指定单元的数据,或者暂存已经从 EEPROM 某一指定单元读出的数据。

3. EEPROM 读写控制第一寄存器 EECON1

bit7	bit6	bit5	bit4	bit3	bit2	bit1	bit0
-	-	-	EEIF	WRERR	WREN	WR	RD

EECON1 寄存器是一个用于设置读写操作和启动读写操作的控制寄存器。对于 EEPROM 的读、写操作的控制需由多个状态位和控制位来实现。

对于“读”操作仅使用一个控制位 RD 即可，原因是读操作对于系统安全性的影响不大。一旦用户程序将该位置 1，那么地址寄存器所指定的某一单元的内容，就被自动复制到数据寄存器里。该控制位只能由软件置位，不能由软件清零，而由硬件在一次读操作完成之后自动清零，所以说，RD 位又兼作读操作完成状态位。对于 EEPROM 进行读操作时，RD 被置 1 之后，数据就立刻传送到 EEDATA 中。

对于“写”操作而言，将会用到两个控制位 WR 和 WREN，以及两个状态位 WRERR 和 EEIF。WREN 用于控制写操作是否被允许。在执行一次写操作之前，必须先对 WREN 控制位置 1，从而有利于提高系统的安全性。因为写操作会对系统的安全性构成很大的威胁，所以，多设置了几道关卡。此后，一旦用户程序将 WR 置 1，那么，数据寄存器 EEDATA 里的数据就被自动复制到地址寄存器 EEADR 所指定的某一单元中去。该控制位只能由软件置位，不能由软件清零，而由硬件在一次写操作完成之后自动清零，所以说，WR 比特又兼作写操作完成状态位。

对于 EEPROM 数据存储器进行写操作时，一旦 WREN 和 WR 被置 1，EEADR 寄存器中地址码所指定的单元先被擦除，然后才将 EEDATA 寄存器的内容烧写到该单元。EEPROM 的写操作可以与 CPU 并行工作，即，在写操作的同时不影响 CPU 执行用户程序。只是在写操作完成之后，状态位 EEIF 被硬件自动置 1。EEIF 可以用于判断写操作完成与否，但是必须在 WR 置 1 之前由软件清零。

WRERR 状态位用于记录在正常写操作期间，单片机是否发生过复位。在初始上电复位之后，该位将被硬件自动清零。因此，应当在任何其他方式的复位之后检查该位。在进行正常写操作期间，当发生/MCLR 复位或 WDT 超时溢出复位，WRERR 位都将被自动置 1，所以，在这些复位操作发生之后，用户程序必须检查该位。如果 WRERR 位为 1，则需要重新烧写。值得庆幸的是，在正常写操作期间发生/MCLR 复位和 WDT 复位时，数据寄存器、地址寄存器的值保持不变，这就便于恢复原先的写操作。

EECON1 寄存器各位的含义如下：

- EEIF：EEPROM 写操作中断标志位。
  - 1＝写操作已经完毕(必须用软件清 0)；
  - 0＝写操作未完毕或还未开始。
- WRERR：EEPROM 写操作过程出错标志位。
  - 1＝一次写操作没有执行完毕，其间发生了/MCLR 复位或 WDT 复位；
  - 0＝一次写操作被完成或没有发生差错。

- WREN：EEPROM 写操作使能控制位。
  - 1=允许写操作；
  - 0=禁止写操作。
- WR：EEPROM 一次写操作启动控制位兼状态位。用软件只能置 1，不能清零。
  - 1=启动一次写操作，在一次写操作完成之后由硬件自动清零；
  - 0=一次写操作已经完成或者未启动写操作。
- RD：EEPROM 一次读操作启动控制位兼状态位。用软件只能置 1，不能清零。
  - 1=启动一次读操作。在一次读操作完成之后由硬件自动清零；
  - 0=还没有启动读操作，或者一次读操作已经完成。

4. EEPROM 写控制第二寄存器 EECON2

EECON2 寄存器不是一个物理存在的寄存器，它被专门用在写操作的安全控制上，以避免意外写操作。实际上就是将该寄存器单元的地址给专用化了。访问它时，就相当于启动了内部一个写操作硬件口令验证器电路，确保写操作的万无一失。具体应用方法后面再介绍。

5. 系统配置字（Configuration Word）

bit13	…	bit5	bit4	bit3	bit2	bit1	bit0
CP	…	CP	CP	$\overline{\text{PWRTE}}$	WDTE	FOSC1	FOSC0

这不是一个由用户程序可读/可写的寄存器。它只能在用烧写器给单片机烧写程序时进行定义。在此仅仅牵扯到其中与 EEPROM 数据存储器保护有关的位。

- 比特 13～4：CP——代码数据保护。
  - 1=保护功能被禁止；
  - 0=保护功能被启用，保护所有 EEPROM 和 Flash。

9.3 片内 EEPROM 数据存储器结构和操作原理

PIC16F84 单片机内部，EEPROM 数据存储器模块的结构图如图 9.2 所示。既然 PIC 单片机把 EEPROM 数据存储器当作一种外围模块配置，那么，对于它的操作与操作其他外设模块也基本相同。该模块与单片机内部总线之间，利用地址寄存器 EEADR 和数据寄存器 EEDATA 作为对话窗口。从图中可以看出，以两个寄存器为分界，其左边在工作寄存器 W 和两个寄存器之间经过内部数据总线进行的数据传送，是由 CPU 执行用户程序分两次来完成的，一次传送地址，一次传送数据；而右边在两个寄存器与 EEPROM 之间的数据传递则是靠硬件自动实现的。单片机向 EEPROM 烧写的数据，可以是来自于外部，可以经过端口模块（可以是 USART、SPI、I^2C 等）与外界通信并获取数据，然后写入 EEPROM 内。

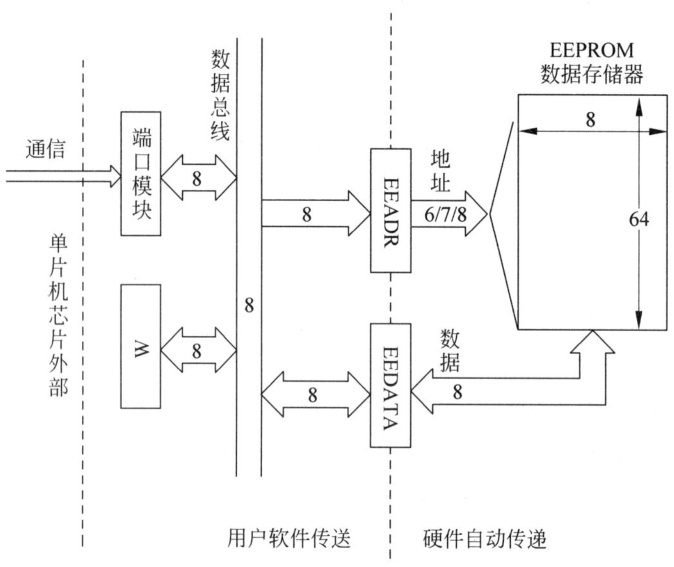

图 9.2 EEPROM 数据存储器结构图

9.3.1 从 EEPROM 中读取数据

为了读取 EEPROM 数据存储器里的内容,用户程序必须事先把指定单元的地址送入 EEADR 寄存器,然后把读操作控制位 RD 置 1。在下一个指令周期里,数据寄存器 EEDATA 里的数据才是有效的,因此,可以接下来安排指令读取数据到 W。EEDATA 中的数据可以被一直保留,直到下一次读操作开始或由软件送入其他数据。

读取 EEPROM 数据存储器的操作步骤归纳如下:

(1) 把地址写入到地址寄存器 EEADR 中。注意该地址不能超过所用 PIC16F84 型号单片机内部 EEPROM 实际容量;

(2) 把控制位 RD 置 1,启动本次读操作;

(3) 读取已经反馈到 EEDATA 寄存器中的数据。

读取 EEPROM 数据存储器的程序片段:

```
; ************************************************************************
; 入口参数: 是把即将读取的单元地址预先放入了 W 中;
; 出口参数: 是把读出的数据保存在 W 中.
; ************************************************************************
     …
     BCF      STATUS, RP0               ;选定体 0 为当前体
     MOVF     ADDR, W                   ;用 W 作中转,
     MOVWF    EEADR                     ;送地址到地址寄存器
     BSF      STATUS, RP0               ;设置体 1 为当前体
     BSF      EECON1, RD                ;启动一次读操作
     BCF      STATUS, RP0               ;设置体 0 为当前体
     MOVF     EEDATA, W                 ;将 EEDATA 中的数据转移到 W
              …
; ************************************************************************
```

9.3.2　向 EEPROM 中烧写数据

向 EEPROM 中写数据的过程，实质上是一个"烧写"的过程，不仅需要高电压，而且需要较长的烧写时间。向 EEPROM 中烧写一笔数据的时间大约在"毫秒"级。

由于安全的需要，向 EEPROM 中烧写数据远比读取数据复杂和麻烦。一次向 EEPROM 的写操作过程需要多个步骤才能完成：必须事先把地址和数据分别放入 EEADR 和 EEDATA 中，再把 WREN 写允许位置 1，最后再把 WR 写启动位置 1。除了正在对 EEPROM 进行写操作之外，平时 WREN 位必须保持为"0"。WREN 和 WR 两位的置 1 操作，绝对不能在一条指令的执行过程中同时完成，必须安排两条指令，即只有在前一次操作中把控制位 WREN 置 1，后面的操作才能把控制位 WR 置 1。在一次写操作完毕之后，WREN 位由软件清零。如果在一次写操作尚未完成之前，用软件清除 WREN 位，不会停止本次写操作过程。

写 EEPROM 数据存储器的操作步骤如下：

(1) 确保目前的 WR=0。假如 WR=1，表明一次写操作正在进行中，需要查询等待；

(2) 把地址送入 EEADR 中，并且确保地址不会超出 EEPROM 的最大地址范围；

(3) 把准备烧写的 8 位数据送入 EEDATA 中；

(4) 把写使能位 WREN 置 1，允许后面进行写操作；

(5) 清除全局中断控制位 GIE，关闭所有中断请求；

(6) 执行专用的"5 指令序列"，这 5 条指令是厂家规定的固定搭配，丝毫不能更改：

① 用 1 条移动指令把 55H 写入到 W；

② 用 1 条移动指令再把 W 中的 55H 转入控制寄存器 EECON2 中；

③ 用 1 条移动指令把 AAH 写入到 W；

④ 用 1 条移动指令再把 W 中的 AAH 转入控制寄存器 EECON2 中。由于 EECON2 物理上不存在，(据作者分析)只是利用访问这个专用地址，来启动一种安全机制。对于连续两次送入的口令 55H 和 AAH 进行严格核对，只有口令正确方能继续后面的烧写操作。我们可以看得出，55H=01010101B 和 AAH=10101010B 是很有规律的互补的两组数据；

⑤ 把写操作启动控制位 WR 置 1；

(7) GIE 置 1，放开总中断屏蔽位(如果打算利用 EEIF 中断功能)；

(8) 清除写操作允许位 WREN，在本次写操作没完毕之前禁止重开新的一次写操作；

(9) 当写操作完成时，控制位 WR 被硬件自动清零，标志位 EEIF 被硬件自动置 1。

如果本次写操作还没有完成，那么，可以用软件查询 EEIF 位是否为 1，或者查询 WR 位是否为 0，来判定写操作是否结束。

写 EEPROM 数据存储器的程序片段：

```
; ***********************************************************************
; 入口参数: 把 VALUE 寄存器中的数据写到 ADDR 寄存器指定的单元;
; 出口参数: 是把读出的数据保存在 W 中.
; 说明: 该程序中假设使用了中断功能.当然也可以不使用中断功能.
```

```
; ***********************************************************************
    …
    BSF      STATUS, RP0      ;选定体 1 为当前体
    BTFSC    EECON1, WR       ;检测 WR 是否为 1,是!则跳转
    GOTO     $ - 1            ;否!循环检测($ - 1 = 上一条指令的地址)
    BCF      STATUS, RP0      ;选定体 0 为当前体
    MOVF     ADDR, W          ;用 W 作中转,
    MOVWF    EEADR            ;送地址到地址寄存器
    MOVF     VALUE, W         ;用 W 作中转,
    MOVWF    EEDATA           ;送地址到地址寄存器
    BSF      STATUS, RP0      ;选定体 1 为当前体
    BSF      EECON1, WREN     ;放开写操作使能位
    BCF      INTCON, GIE      ;禁止所有中断
    MOVLW    55H              ;用 W 作中转,
    MOVWF    EECON2           ;送 55H 到寄存器 EECON2
    MOVLW    0AAH             ;用 W 作中转,
    MOVWF    EECON2           ;送 AAH 到寄存器 EECON2
    BSF      EECON1, WR       ;启动一次写操作
    BSF      INTCON, GIE      ;允许中断请求
    BCF      EECON1, WREN     ;禁止写操作
    …
; ***********************************************************************
```

9.4 写操作的安全保障措施

对于 EEPROM 数据存储器的写操作，是事关系统安全运行的大问题，需要谨慎对待，并且可以充分利用 PIC16F84 单片机为解决此类问题而配置的一些片内软硬件资源，来设计一些有效的方法和措施。

本节所说的“安全保护措施”，其主要目的是为了解决以下两类问题：

(1) 人们想写，但是，应该避免写入的数据不正确；

(2) 人们不想写，但是，应该避免单片机自发地乱写。

9.4.1 写入校验方法

在写操作期间，PIC16F84 单片机不能对写入值自动进行校验，这就需要我们采取软件的方式来解决校验的问题。比如，可以在一笔数据的写操作完成之后，再读取回来，与原先的数值进行对比，看看是否相符。如果相符说明本次写操作成功；否则，说明本次写操作失败，需要重写。

以上介绍的软件校验法简便易行，可以用来对 EEPROM 数据存储器的写入后果进行检验。例如，对于那些重要数据的写操作，尤其是在接近单片机的极限参数(例如，片内 EEPROM 的烧写次数接近寿命终点、电池供电的电源电压下降到工作电压下限值附近……)的工作条件下所进行的写操作，更是有必要进行写入校验。

9.4.2 预防意外写操作的保障措施

所谓"意外写操作"可以认为主要是指，由于某些偶然的原因单片机自发进行的、可能导致不良后果的一类写操作行为。在某些特殊情况之下，单片机是不适合对 EEPROM 数据存储器进行写操作的。为了防止这些意外写操作行为的发生，PIC16F84 单片机内部建立了多种保障机制：

(1) 在上电复位时，写操作使能控制位 WREN 自动被清零，以防止上电期间可能发生的意外写操作。

(2) 72ms 的上电延时复位定时器 PWRT（如果被系统配置字定义为使能的话，即 /PWRTE=0），也可以防止上电期间可能发生的意外写操作。

(3) 可以由软件编程的写操作使能控制位 WREN，平时保持为"0"，为写操作的启动设置了一道关卡。

(4) 厂家规定的写操作专用的"5 指令序列"，如果顺序颠倒、密码出错、不连续执行等，都不能启动写操作，从而有效地防止关机、电源跌落、电源受到强烈干扰、软件失控期间，可能发生的意外写操作。

9.5 EEPROM 应用举例和开发技巧

为了理解单片机内部配备 EEPROM 的目的和应用方法，本节分别针对 EEPROM 编程方法精心设计了几个项目范例，试图让读者从中得到启发和借鉴。

【项目范例 9.1】 EEPROM 数据存储器读/写验证

★ 项目实现功能

对于地址为 00H～3FH 的 64 个 EEPROM 数据存储器单元（如图 9.1 所示），分别将 64 个数据 00H～3FH（即 0～63）依次烧写进去，然后再依次循环读出，显示在 8 只 LED 发光二极管上，以达到检验的目的。循环显示规律为 3FH→3EH→3DH→……→01H→00H→01H→02H→03H→……→3EH→3FH→3EH→……（即 63→62→61→……→1→0→1→2→3→……→62→63→62→……）。64 个 EEPROM 单元的烧写前后的变化，如图 9.3 所示。

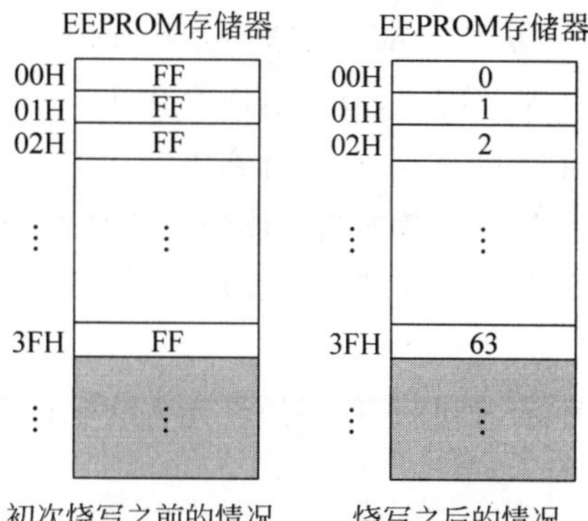

图 9.3 64 个 EEPROM 单元的烧写前后

★ 硬件电路规划

针对以上的实验要求，并且以图书配套的学习实验开发板 PICbasic84 及其上面的现有硬件资源为基础，设计了一个利用 I/O 端口 RB 实现数据输出，并且显示 EEPROM 单元所固化内容的应用实例。在该实例中将要用到的实验板上的部分硬件电路如图 9.4 所示。

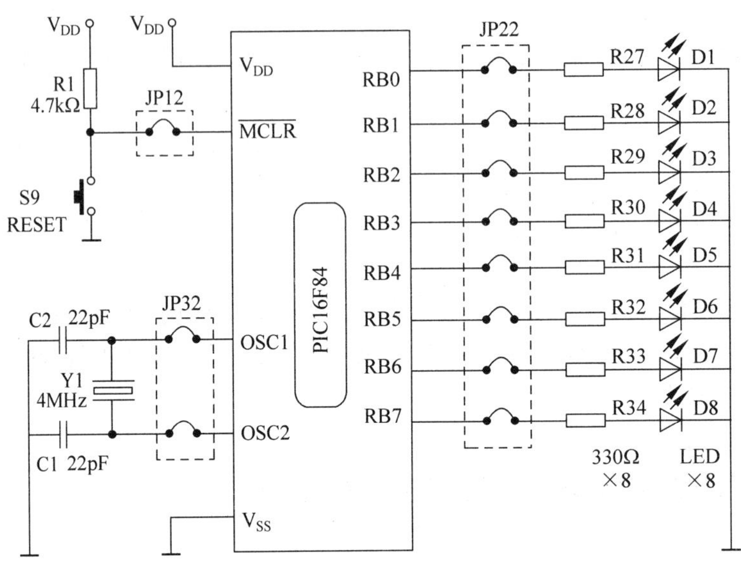

图 9.4 本实验所用硬件电路图

★ 软件设计思路

经过查阅相关资料得知，每烧写一个 EEPROM 单元所用时间，典型值为 4ms，最大值为 8ms。在烧写每个 EEPROM 单元过程中，需要 CPU 插入等待时间，既可以利用中断功能，也可以利用软件查询方式来解决。在此我们利用了软件查询方式，循环检测 WR 烧写控制位兼作烧写完成标志位。

在读出 EEPROM 单元内容，并且送 LED 显示时，需要插入一段延迟时间，控制被显数据能够在 LED 上暂留，以便人眼观察。

在此实验项目中，我们所选用的目标单片机为 PIC16F84，这给程序的设计会带来一些方便。理由是，这款型号的单片机的 RAM 数据存储器(即文件寄存器)只有两个体，并且通用寄存器部分只有在体 0 中才实际配置，包含地址为 0CH～4FH 的 68 个存储器单元，在体 0 和体 1 这 2 个体之间是互相影射的，共同影射到体 0 中的 68 个单元。这样一来，寻址它们时，就不受体选位的限制，也就不必考虑当前体的设置是否合适的问题。将程序中用到的一些数据变量和地址变量定义在这个区域，可以减少体选设置的麻烦。

★ 汇编程序流程

主程序流程图如图 9.5 所示，延时子程序的设计方法和流程图可以参见“【例程 4.6】软件延时”的部分。

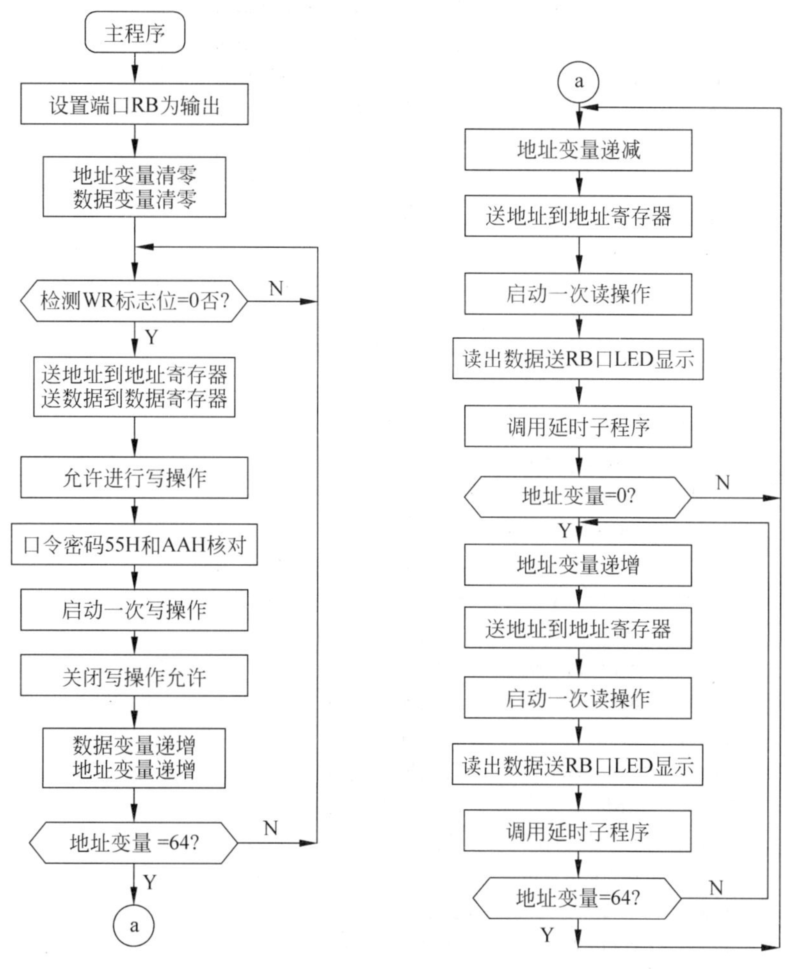

图 9.5　程序流程图

★ 汇编程序清单

```
;=====================================================================
;       EEPROM 数据存储器读写验证
;       项目名称: PROJ9 - 1.PRJ
;       源文件名: EEPROMEXAM9 - 1.ASM
;       设计编程: LXH,2016/09/22
;=====================================================================
            LIST     P = 16F84       ;告知汇编器,你所选单片机具体型号
status      equ      03h             ;定义状态寄存器地址
rp0         equ      5               ;定义状态寄存器中的页选位 RP0 位址
z           equ      2               ;定义状态寄存器中的 0 标志位 Z 位址
portb       equ      06h             ;定义端口 B 的数据寄存器地址
trisb       equ      86h             ;定义端口 B 的方向控制寄存器地址
eecon1      equ      88h             ;定义烧写控制寄存器 1 的地址
eecon2      equ      89h             ;定义烧写控制寄存器 2 的地址
eedata      equ      08h             ;定义读写数据寄存器地址
```

```
eeadr       equ     09h             ;定义读写地址寄存器地址
rd          equ     0               ;定义读出启动控制位位址
wr          equ     1               ;定义烧写启动控制位位址
wren        equ     2               ;定义烧写使能控制位位址
f           equ     1               ;定义目标寄存器为 RAM 的指示符
w           equ     0               ;定义目标寄存器为 W 的指示符
addr        equ     20H             ;定义地址变量
data1       equ     21h             ;定义数据变量
;*********** 主程序 *****************************************
            org     0000h           ;源程序起始存放地址
            bsf     status,rp0      ;体 1 为当前体
            movlw   00h             ;设定端口 RB,
            movwf   trisb           ;全部引脚为输出
            bcf     status,rp0      ;体 0 为当前体
            clrf    addr            ;地址变量清零
            clrf    data1           ;数据变量清零
write       bsf     status,rp0      ;选定体 1
            btfsc   eecon1,wr       ;上一次写操作是否完成?
            goto    $ - 1           ;否!返回继续检测
            bcf     status,rp0      ;选定体 0
            movf    addr,w          ;取地址变量值
            movwf   eeadr           ;送地址寄存器
            movf    data1,w         ;取数据变量值
            movwf   eedata          ;送数据寄存器
            bsf     status,rp0      ;选定体 1
            bsf     eecon1,wren     ;开放写操作使能控制
            movlw   55h             ;以下是固定的
            movwf   eecon2          ;"5 指令序列"
            movlw   0aah            ;
            movwf   eecon2          ;
            bsf     eecon1,wr       ;启动一次写操作
            bcf     eecon1,wren     ;禁止启动写操作
            incf    data1,f         ;数据变量递增
            incf    addr,f          ;地址变量递增
            movf    addr,w          ;复制当前地址到 W
            xorlw   d'64'           ;与 64 比较,检测 = 64?
            btfss   status,z        ;是!跳一步
            goto    write           ;否!继续烧写后面单元
read1       decf    addr,f          ;地址变量递减
            bcf     status,rp0      ;用两条指令,选体 0
            movf    addr,w          ;取地址变量
            movwf   eeadr           ;送地址寄存器
            bsf     status,rp0      ;体 1 为当前体
            bsf     eecon1,rd       ;启动读操作
            bcf     status,rp0      ;体 0 为当前体
            movf    eedata,w        ;取数据
            movwf   portb           ;送显 LED
```

```
            call    delay           ;调用延时子程序
            movf    addr,f          ;检测当前地址
            btfss   status,z        ;是否为 0?是!跳一步
            goto    read1           ;否!返回继续读出和送显
read2       incf    addr,f          ;地址变量递增
            bcf     status,rp0      ;用两条指令,选体 0 为当前体
            movf    addr,w          ;取地址变量
            movwf   eeadr           ;送地址寄存器
            bsf     status,rp0      ;体 1 为当前体
            bsf     eecon1,rd       ;启动读操作
            bcf     status,rp0      ;体 0 为当前体
            movf    eedata,w        ;取数据
            movwf   portb           ;送显 LED
            call    delay           ;调用延时子程序
            movf    addr,w          ;复制当前地址到 W
            xorlw   d'64'           ;与 64 比较,是否等于 64?
            btfss   status,z        ;是!跳一步
            goto    read2           ;否!返回继续读出和送显
            goto    read1           ;返回大循环起点
;************ 软件延时子程序 ************************************
delay                               ;子程序名,也是子程序入口地址
            movlw   0               ;将外层循环参数值 256 经过 W
            movwf   31h             ;送入用作外循环变量的 31h 单元
delay1      movlw   0               ;将内层循环参数值 256 经过
            movwf   30h             ;送入用作内循环变量的 30h 单元
            decfsz  30h,1           ;变量 30h 内容递减,若为 0 跳跃
            goto    $ - 1           ;跳转到前一条指令
            decfsz  31,1            ;变量 31h 内容递减,若为 0 跳跃
            goto    delay1          ;跳转到 delay1 处
            return                  ;返回主程序
;*****************************************************************
            end                     ;源程序结束
;==================================================================
```

★ 烧写运行验证

打开 WAVE6000 开发环境,创建源程序文件(EXAM9-1.ASM)、创建项目(PROJ9-1.PRJ)、汇编生成目标程序(EXAM9-1.HEX)。

利用烧写器 K150 以烧写器方式或下载器方式,把目标程序(EXAM9-1.HEX)烧写到 PIC16F84A 单片机芯片之内。切记,确保正确设置系统配置字!

按照图 9.4 所示的原理图连接单片机外围电路,然后接通实验板外接电源,开始独立运行,可以看到 8 只 LED 按照预期的规律循环显示。从而验证了对单片机片内 EEPROM 的烧写和读出都很成功。

此外,还可以再采用另一种验证方式来进一步佐证。做法是,断开实验板的电源,利用 K150 的芯片读出功能进行读回,并且通过拖动滑标把读回的 EEPROM 内容显露到编辑区。如图 9.6 所示,同样可以看到符合我们预期的结果。其实,EEPROM 数据存储器空间

的这些内容，是在独立运行用户程序时被烧写进去的。

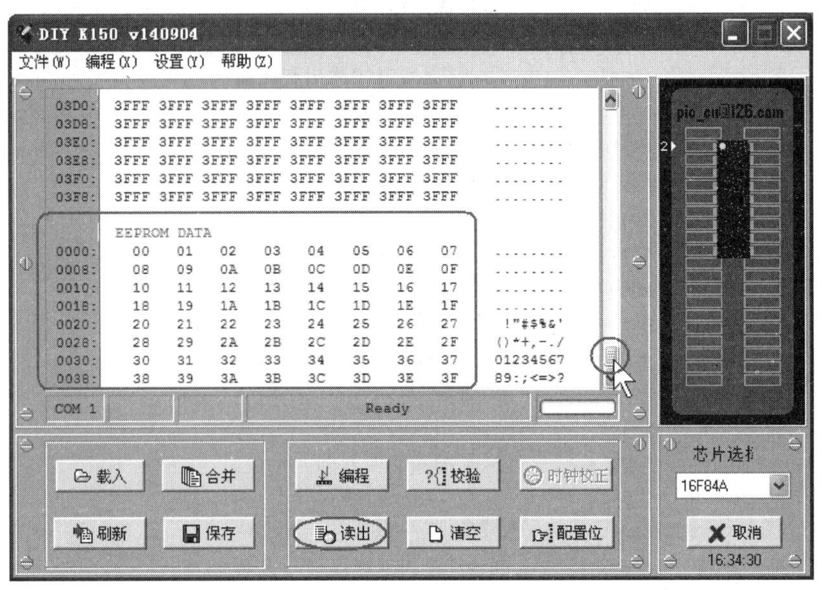

图 9.6　读回验证

★ 几点补充说明

(1) 在延时子程序中利用了一条"goto $-1"指令。其中"$"符号在汇编器 MPASM 对源程序进行汇编时，被认为是本条指令所在的地址。那么，"$-1"自然就是代表上一条指令所在的地址。

(2) 延时子程序的内循环和外循环控制变量的初始值均设为 0，实际相当于设置为 256，原因是，在进行判断变量是否为 0 之前，减 1 操作是先进行的。

(3) 利用本例中的做法还可以在 EEPROM 中建立数据表格，我们在第 4 章第 5 节中就学习了如何利用"RETLW"指令在 Flash 程序存储器中建表的方法。这里在 EEPROM 中建表所采用的方法，是借助于一段用户程序，在单片机进入工作状态之后，通过操作控制寄存器 EECON 来实现的。

【项目范例 9.2】 改进型简易车辆里程表

★ 项目实现功能

与第 7 章中的"【项目范例 7.2】趣味性简易车辆里程表"相同。只是在原来基础之上，增加了每次断电之后里程值不丢失，使里程值能够逐次累加。

★ 硬件电路规划

与【项目范例 7.2】趣味性简易车辆里程表的电路相同，在此不再重画。

★ 软件设计思路

在原来基础上，改进之处是，将里程值在每次递增之后，及时转存烧写到掉电不挥发的片内 EEPROM 数据存储器之中。在下次里程表上电工作时，将前一次烧写到 EEPROM 存储器中的里程值作为本次开始累计的起始值，这样可以使得每次里程计数值能够得到累计。

★ 汇编程序流程

主程序流程图见图 9.7 所示，子程序流程图见图 9.8 所示。

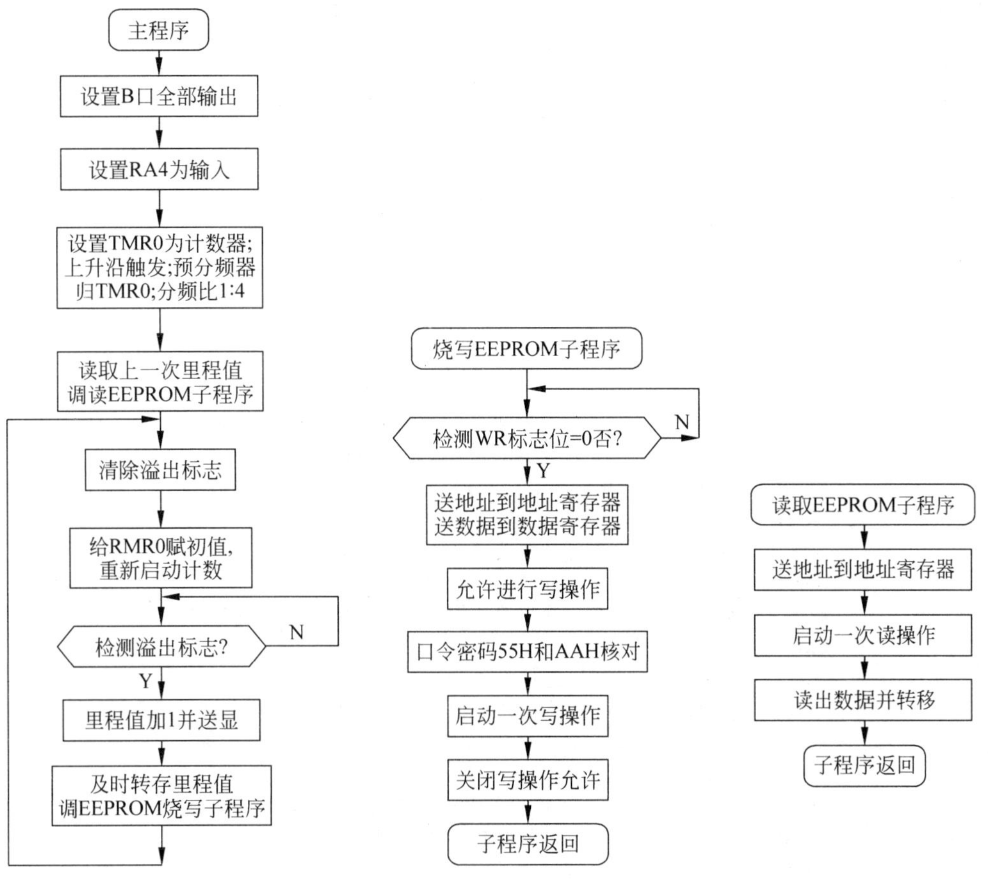

图 9.7 主程序流程图　　　　图 9.8 子程序流程图

★ 汇编程序清单

```
;=====================================================================
;     改进型简易车辆里程表
;     项目名称: PROJ9 - 2.PRJ
;     源文件名: EXAM9 - 2.ASM
;     设计编程: LXH,2016/09/22
;=====================================================================
LIST        P = 16F84            ;告知汇编器,你所选单片机具体型号
tmr0        equ     01h          ;定义定时器/计数器 0 寄存器地址
status      equ     03h          ;定义状态寄存器地址
option_reg  equ     81h          ;定义选项寄存器地址
intcon      equ     0bh          ;定义中断控制寄存器地址
portb       equ     06h          ;定义端口 C 的数据寄存器地址
trisb       equ     86h          ;定义端口 C 的方向控制寄存器地址
trisa       equ     85h          ;定义端口 A 的方向控制寄存器地址
rp0         equ     5            ;定义状态寄存器中的页选位 RP0
eedata      equ     08h          ;定义烧写数据寄存器的地址
eeadr       equ     09h          ;定义烧写地址寄存器的地址
eecon1      equ     88h          ;定义烧写控制寄存器 1 地址
eecon2      equ     89h          ;定义烧写控制寄存器 2 地址
```

```
wren      equ     2           ;定义烧写允许位位地址
wr        equ     1           ;定义烧写启动位位地址
rd        equ     0           ;定义读出启动位位地址
t0if      equ     2           ;定义 TMR0 溢出标志位的位地址
f         equ     1           ;定义目标寄存器为 RAM 的指示符
w         equ     0           ;定义目标寄存器为 W 的指示符
tmr0b     equ     d'71'       ;定义 TMR0 寄存器初始值(71 = 256 - 740/4)
addr      equ     30h         ;定义地址缓冲器
data1     equ     31h         ;定义数据缓冲器
;*********** 主程序 ****************************
          org     000h        ;定义程序存放区域的起始地址
main      bsf     status,rp0  ;设置文件寄存器的体 1
          movlw   00h         ;将端口 B 的方向控制码 00h 先送 W,
          movwf   trisb       ; 再转到方向寄存器,RB 全部设为输出
          movlw   0ffh        ;将端口 A 的方向控制码 FFH 先送 W,
          movwf   trisa       ; 再转到方向寄存器,主要设 RA0 为输入
          movlw   31h         ;设置选项寄存器内容: 分频器给 TMR0;
                              ;触发信号来自引脚 TOCKI; 上升沿触发;
          movwf   option_reg  ;分频比值设为"1 : 4"
          clrf    addr        ;读写地址指定为 EEPROM 的 00H 单元
          call    read        ;调用读取 EEPROM 子程序
          bcf     status,rp0  ;选体 0
          movwf   portb       ;将读得里程值送里程累加器,并送显
loop      bcf     intcon,t0if ;清除 TMR0 溢出标志位
          movlw   tmr0b       ;给 TMR0 赋初值,
          movwf   tmr0        ; 并重新启动 TMR0 开始计数
test      btfss   intcon,t0if ;检测 TMR0 溢出标志位?
          goto    test        ;没有溢出,循环检测
          incf    portb,f     ;有溢出,里程值加 1,并送显
          movf    portb,w     ;读取新的里程值到 W
          movwf   data1       ;送子程序入口参数,预备烧写
          call    write       ;调用烧写 EEPROM 子程序
          goto    loop        ;跳回,开始累计下一公里
;********* 烧写 EEPROM 子程序 *****************
write     bsf     status,rp0  ;选定体 1 为当前体
          btfsc   eecon1,wr   ;检测上一次写操作是否完成?
          goto    $ - 1       ;否!返回继续检测
          bcf     status,rp0  ;是!选定体 0
          movf    addr,w      ;取地址
          movwf   eeadr       ;送地址寄存器
          movf    data1,w     ;取数据
          movwf   eedata      ;送数据寄存器
          bsf     status,rp0  ;选定体 1
          bsf     eecon1,wren ;开放写操作使能控制
          movlw   55h         ;以下是固定的
          movwf   eecon2      ;"5 指令序列"
          movlw   0aah        ;
          movwf   eecon2      ;
          bsf     eecon1,wr   ;启动一次写操作
          bcf     eecon1,wren ;禁止发生新的写操作
          bcf     status,rp0  ;选体 0
```

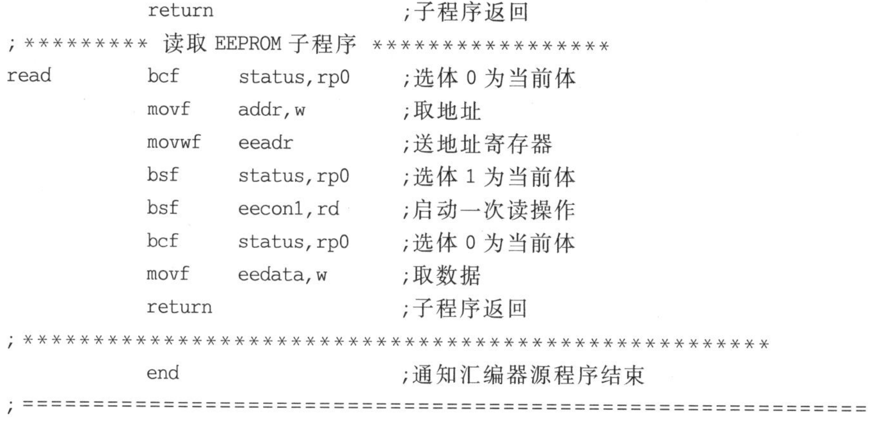

```
            return                      ;子程序返回
;********* 读取 EEPROM 子程序 *****************
read        bcf      status,rp0         ;选体 0 为当前体
            movf     addr,w             ;取地址
            movwf    eeadr              ;送地址寄存器
            bsf      status,rp0         ;选体 1 为当前体
            bsf      eecon1,rd          ;启动一次读操作
            bcf      status,rp0         ;选体 0 为当前体
            movf     eedata,w           ;取数据
            return                      ;子程序返回
;*************************************************************
            end                         ;通知汇编器源程序结束
;============================================================
```

★ 调试烧写验证

(1) 程序中指定 PORTB 寄存器作为临时里程累加器，并且同时兼作显示缓冲区。

(2) 既可以采用与【项目范例 7.2】相同的软件模拟调试方法，也可以采用这里的自动单步执行方式。如图 9.9 所示。操作方法是，先利用菜单命令“执行”→“自动跟踪/单步”，让程序以自动单步方式运行；当程序被执行到在这两步“test　btfss　intcon，t0if”和“goto　test”之间跳跃时，就用鼠标双击 SFR 窗口中的“T0IF”比特，然后就可以看到到端口数据寄存器 PORTB 内容被加 1。如此重复，即可看到 PORTB 内容不断累进。

图 9.9　利用软件模拟器的调试窗口

(3) 按照【项目范例 7.2】相同的烧写方法进行烧写，然后独立运行验证。

(4) 在记录下 LED 的显示数字之后，切断演示板的电源，然后再接通，可以看到断电之前的显示数字又在 LED 上再现出来。表明上一次的里程值的保存是可靠的。

★ 问题改进思路

以上方案还存在的一个问题是，里程值每次加 1 都要进行一次烧写 EEPROM 的 00H 单元的操作，而 EEPROM 的烧写次数是有限制的(有的芯片可以达到 10 万次，有的可以达到 100 万次，微芯公司公布的技术资料曾记载，PIC16F84 单片机的 EEPROM 可以擦写 1000 万次)。如果按 100 万次擦写次数估算，那么，照本例中程序的设计方法，只能记录车辆行走 100 万千米，如果设计有一位小数，也就只能记录车辆行走 10 万千米。频繁烧写 EEPROM，自然会消耗它的使用寿命。其实，在 RAM 中累计里程值，只要在断电时烧写到 EEPROM 即可满足该项目的要求。

在此基础上，需要改进之处是，开发利用单片机的中断功能。在里程表断电时，利用中断服务子程序将里程值，及时转存 EEPROM 数据存储器之中。在下次里程表上电工作时，将前一次烧写到 EEPROM 存储器中的里程值读回来，作为本次开始累计的起始值，在 RAM 中完成累加计数，这样既可使每次的里程值能够得到累计，又能使 EEPROM 避免频繁烧写。

硬件电路需要重新规划，与【项目范例 7.2】车辆里程表电路大部分相同。所不同的是利用了单片机的外部引脚中断功能，并且增加了相应的外部电路。当 12V 电源电压在正常范围内时，单片机 INT 引脚电平为高；而当 12V 电源切断，INT 引脚上的分压下降到足以触发 INT 脚内部电路，发生电平反转时，引起中断，由中断服务子程序完成里程值的烧写。烧写的瞬间，单片机的工作电源依靠电源滤波电容维持即可够用。参考电路如图 9.10 所示。程序编写留给读者，作为一道作业题。

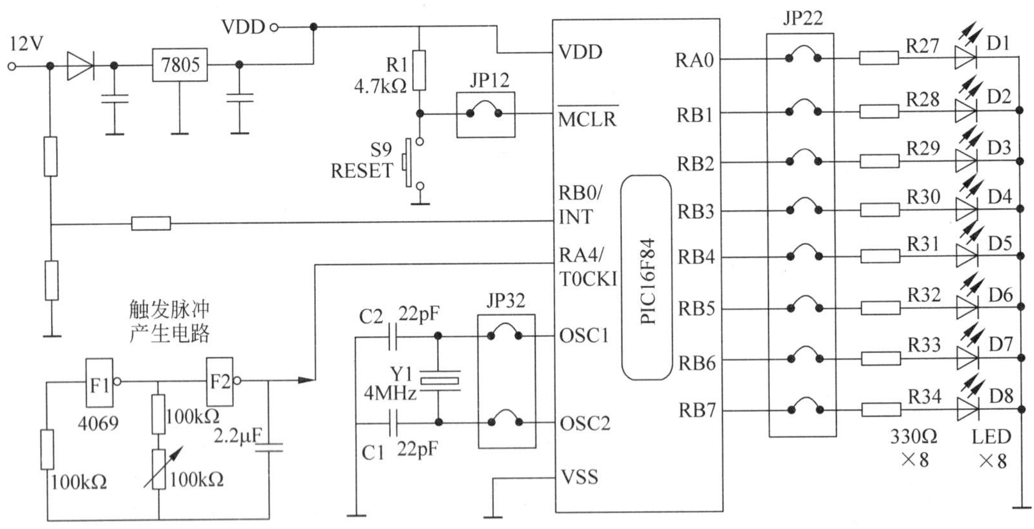

图 9.10 改进的里程表电路

第10章

杂项功能及其应用实例和开发技巧

本章计划讲解的内容主要有：对于单片机部分硬件功能进行定义的系统配置字；时刻监视单片机的工作状态，并且随时可以将陷入死机状态的单片机强行拉回到正常工作顺序中来的监视定时器(俗称看门狗，WDT)；为了实现降低功耗而设计的睡眠功能，以及控制从睡眠状态返回到工作状态中来的唤醒技术；维持单片机片内各功能电路正常活动的时钟电路配置。

10.1 系统配置字和特殊存储单元

PIC系列的各型单片机，在其中程序存储器空间中，都配备有6个特殊的存储单元(宽度为14比特)，供单片机用户自主配置或定义，实现一些特殊的功用。这也是单片机制造厂家的一种规划手法，将单片机的部分硬件功能规划成可配置化，留给单片机用户利用“软化手段”自由选择，给单片机应用项目的开发者带来了更大的灵活性和更多的选配性。这种新技术是传统的8051单片机所不具备的。

对于PIC16F84A单片机来说，这6个特殊存储单元具有自己的地址编码2000H～2003H、2006H和2007H，与固化用户程序的程序存储器，处于同一个逻辑地址空间0000H～3FFFH之内。但是，它并不能被只有13比特宽的程序计数器PC寻址到，也就是说不能被用户程序访问到，原因是13比特宽的PC只能寻址0000H～1FFFH的8K地址范围，而上述6个特殊存储单元，超出了常规用户程序存储器的空间，位于另外的8K存储器空间2000H～3FFFH之内。如图10.1所示为PIC16F84A程序存储器总体布局图。

在6个特殊的存储单元中，地址为2007H的单元用作“系统配置字”；地址为2006H的单元用作“器件识别码”，其余地址为2000H～2003H的4个单元(低4比特)用作“用户识别码”。后面将分别介绍。

这些存储器单元只能借助于“程序烧写器”的操作软件界面，在对于单片机进行程序烧

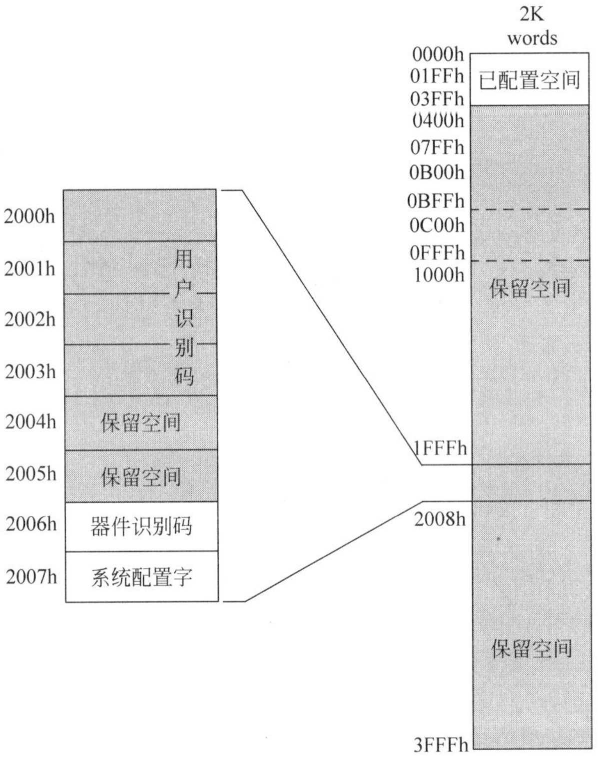

图 10.1 PIC16F84A 程序存储器总体布局图

录和校验时，对其进行写入、擦除或者读出。实现方法可以参考“6.4 如何操作 K150 烧写器/下载器”。如图 10.2 所示就是查看或改写“系统配置字”和“用户识别码(ID)”内容的烧写器软件界面中弹出的对话框。

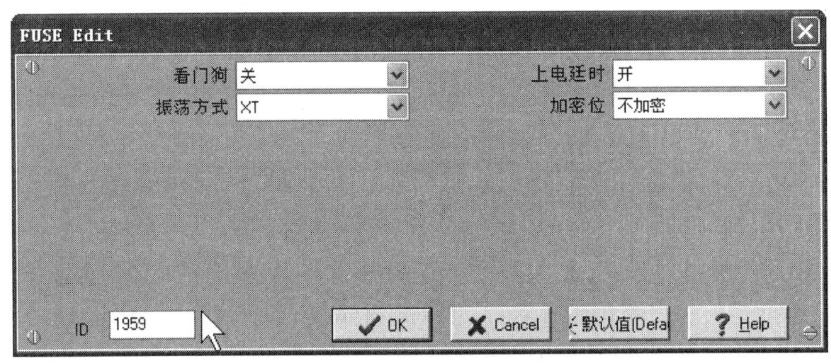

图 10.2 查看或改写系统配置字和用户识别码 ID 的对话框

10.1.1 系统配置字

在 PIC 系列单片机的芯片内部，都设有一个特殊的程序存储器单元，地址为 2007H，用来由用户自由配置或定义单片机内部的一些功能电路的性能选项，所以被称做系统配置字(Configuration Word)，其内部各位又被称为配置位(Configuration Bit)。

系统配置字单元和程序存储器宽度相同，对于 PIC16F84A 单片机是 14 比特。如图 10.3 所示。

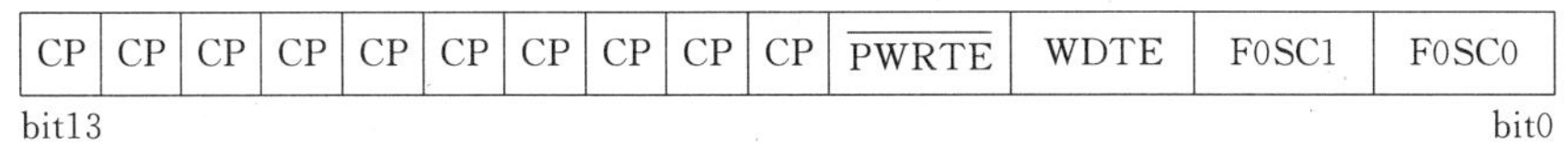

图 10.3 PIC16F84A 的系统配置字单元

各个比特位的含义如下：

- 比特 13～4：10 个 CP 位——用于是否选择代码保护，即是否加密已经写入 Flash 程序存储器中的用户程序，可避免自己的劳动成果被人非法窃取。
- 比特 3：$\overline{\text{PWRTE}}$——用于上电延时定时器 PWRT 的启用配置。PIC 单片机配备了一个具有独立时钟源的定时器，用于在每次单片机加电时刻，到 CPU 开始运行的时刻之间，加入一个 72ms 的延时。以确保单片机在电源稳定性较差的供电条件之下，也能够可靠工作。
  - ◆ 1＝PWRT 延时功能被禁止；
  - ◆ 0＝PWRT 延时功能被启用。
- 比特 2：WDTE——用于看门狗定时器使能选择。
  - ◆ 1＝WDT 被启用；
  - ◆ 0＝WDT 被禁止。
- 比特 1～0：FOSC1～FOSC0——用于系统时钟振荡器模式(或振荡方式)选择。
  - ◆ 11＝RC 阻容振荡方式；
  - ◆ 10＝HS 高频振荡方式；
  - ◆ 01＝XT 标准振荡方式；
  - ◆ 00＝LP 低频振荡方式。

此外，关于系统配置字的一些比特位的确切含义，在对应功能部件的功能介绍部分还会有进一步的解释。

10.1.2 用户识别码 ID

在 PIC 系列各款单片机内部都有一块 16 比特的特殊存储区域，让用户烧入自己定义的 4 位 16 进制码，以作单片机的识别码(即 ID 码，Identification Code)。该码不论烧写什么内容，都不影响单片机的正常工作，只起识别作用。这相当于给单片机在芯片内部打上一个仅能由开发者自己看得懂的“暗号”，用于标识用户软件的版本号、产品的批次或其他用户认为有必要识别的信息。有了这个暗号，哪怕是单片机的型号相同，或者是单片机外部标识磨损，也能够被开发者辨认出固化着不同版本用户程序的单片机芯片。这对于单片机用户，在大批量、系列化单片机控制产品的制造过程中的安全生产和管理是十分有帮助的。

该存储区域实际是由 4 个 14 比特长的专用程序存储器单元构成的，其地址分布在 2000H～2003H，按厂家建议仅使用这 4 个单元的低 4 比特，所以共有 16 比特，可记录 4 位十六进制数。用户可以在烧写器操作界面上将其烧入和读出。但是，这个识别码存储区域用户是否烧写(利用)以及烧写什么内容对于单片机的功能没有任何影响，也不会影响用户程序的正常运行。

10.1.3 器件识别码

在PIC单片机中，其芯片内部配备了一个特殊的程序存储器单元，地址为2006H，其内容在出厂之前就已经固化好了，用来识别单片机的品种型号(例如，PIC16F84A的芯片识别码为Chip ID=0560)。这相当于，由单片机生产厂家给不同型号的单片机产品，在芯片内部打上一个供作厂家自己或者烧写器厂商或者用户识别的"暗号"，用于标识和识别单片机的型号。有了这个暗号，即便是单片机的型号磨损或者是丢失，也能够被厂家、烧写器或用户辨认得出来。这不仅对于单片机制造厂家在大批量、系列化单片机产品的制造过程中的安全生产和有效管理是十分有帮助的，而且对于单片机应用产品(例如，便携电器、家用电器等)的制造商的安全生产和高效管理也是十分有益的。

10.2 监视定时器WDT

单片机芯片主要用来实现控制目的，通常被嵌入到许许多多被控对象系统中(例如汽车防撞系统、刹车防抱死系统、飞行器、制导武器、探险机器人、工业控制系统，以及家用电器等机电一体化产品，或者电子产品)，独立地自动完成检测和控制任务。因此，单片机应用系统运行的稳定性、可靠性和安全性，成为工程技术人员越来越关注的重要问题。系统可靠性具有较强的理论性和过程实践性，影响可靠性的因素是多方面的，既涉及软件方面又关系到硬件方面。硬件方面比如系统设计、系统结构、电路布局、电磁兼容性，以及构成系统的元器件本身的可靠性等，但是其中系统的抗干扰性能是系统可靠性的重要指标。

尽管人们想尽千方百计地提高系统的可靠性，但是绝对可靠是很难达成的。单片机正常工作的过程，实质上就是单片机循规蹈矩、周而复始地，按照程序设计人员在程序中预先规定好的行走路线逐条执行指令的过程。对于单片机工作过程的失常，具体表现为，当系统受到干扰信号的袭击，程序执行的路线脱离了正常轨道，而使执行过程发生混乱(俗称"跑飞")，要么使用户程序陷入死循环而造成死机，要么使用户数据遭到破坏或者丢失。单片机的失常，就好像断了线的风筝，脱离了人的视线、脱离了人的知情范围、脱离了人的掌控范围，进入了一种(还在不停地执行程序的)未知状态。

长期以来，在大量的工程实践中，工程技术人员在解决系统可靠性问题上的着眼点或者说是思路可以分为两种：一个是"未雨绸缪"，防患于未然；另一个是"亡羊补牢"，以避免造成损失或者避免造成更大的损失。通常情况下是两种思路同时实施。在单片机应用项目中，所预设的各种可靠性保障措施、加固措施或复位措施，其目标就是未雨绸缪，即在单片机系统出现程序失控或者死机之前，设法如何避免故障和差错的发生；而在本节中将要讲到的监视定时器WDT(俗称看门狗)，就是在提高系统可靠性方面采取的亡羊补牢的措施，即单片机系统一旦发生程序失控或者死机，设法如何尽快把系统回复到正常工作状态，避免造成损失或避免造成更大的损失。

为单片机增设看门狗功能部件的初衷，就是相当于设置了一双"不眠的眼睛"，时刻监视着单片机的运行状态。在单片机按正常路线"行走"(即执行正常程序或者执行程序正常)的情况之下，看门狗只是"默默无语"地在监视着；而当单片机"迷失方向，陷入绝境"时，看门狗则开始发挥作用，将迷途中的单片机及时“拉回”到正确路线的起点上来，再从头开始运行。

在较早时候出现的单片机，比如 MSC-51 等，其内部不具备看门狗功能部件。利用这类单片机设计产品时，如果需要看门狗监视功能的话，就必须在单片机外部额外添加独立的看门狗专用芯片，这样就提高了成本，占用了单片机有限的引脚资源，增加了电路的复杂性。因此，后来出现的各种型号的单片机，几乎无一例外地都在片内集成了看门狗功能部件。

10.2.1 程序失控的回复

在一个用户程序中，根据单片机应用系统的功能要求，程序设计人员给程序的运行规定了正常的行走途径。在单片机中的具体体现是，系统上电后，程序计数器 PC 的值按人们预料的变化历程改变。“程序失控”是指系统受到干扰后，PC 值偏离了预料的变化历程，导致程序运行偏离正常的行走路线。

在许多情况之下，程序失控会导致单片机跳入死循环而形成死机，这时应该引导程序失控的单片机尽快复位来脱离死机状态。由于程序失控的发生是随机事件，而且还可能会造成一些随机的破坏，因此，程序失控后很难从脱轨之处恢复，通常的做法是，把程序恢复到初始化入口地址处。常用的回复措施有看门狗定时器 WDT 法和人工复位法。

(1) 看门狗定时器 WDT 法。看门狗可以是单片机片外附加的独立电路，也可以是单片机片内的功能电路单元。看门狗是一个独立运行的定时器电路单元，具有清零控制输入端和超时溢出输出端。看门狗的溢出信号可以使单片机复位，为了不让看门狗产生溢出，需要单片机利用专用指令或者专用信号对看门狗周期性地清零。单片机软件系统中的主程序都是循环结构的。当启用看门狗功能时，需要在主程序的循环路径上设置看门狗清零指令。这样以来，在正常执行程序时单片机不断对看门狗清零(俗称喂狗)，看门狗没有溢出复位信号产生；而当程序失控时，单片机跳出或偏离了安排有看门狗清零指令的正常循环路径，无法对看门狗按时清零，致使看门狗产生溢出复位信号(可称狗吠)，进而迫使单片机复位。

(2) 人工复位法。借助于与单片机的外接复位引脚/MCLR 相连的，一只接地按钮开关输入低电平复位信号，强迫陷入程序失控状态的单片机进行复位操作，并且回复到程序的初始化起点。

10.2.2 WDT 的电路结构

看门狗定时器(Watch Dog Timer，WDT)在电路上与定时器/计时器 TMR0 之间存在一定的关联，并且与 TMR0 共同分享同一个分频器，因此，有时把两者就同时画在同一张图上。参见图 7.1 和图 10.4 所示的方框图。

图 10.4 就是将定时器/计时器 TMR0 剔除之后的看门狗 WDT 的结构方框图。在剖析 TMR0 的电路时应遵循“化繁为简”的原则，不妨将整个电路按功能简化为 2 个相对独立的主要组成部分：分频器和看门狗定时器 WDT。其中，定时器/计时器 TMR0 和分频器的结构和工作原理在前面的章节中已经作过专题介绍，所以在此不再赘述。

在图 10.4 中，当 PSA=1 时，分频器划归看门狗所有，分频比由 PS2～PS0 设定。分频器对于定时器/计数器 TMR0 而言，是“预”分频器，而对于看门狗 WDT 而言，则是“后”分

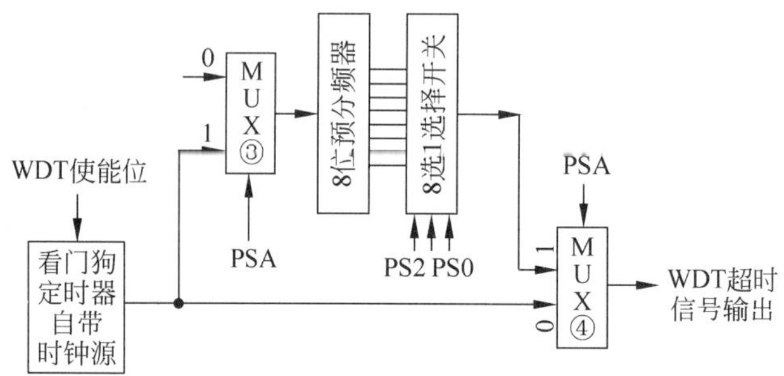

图 10.4 分频器+看门狗结构图

频器。因此,即使 PS2～PS0 的值相同,分频器对于 TMR0 和 WDT 产生的分频比也不相同。比如,当 PS2～PS0＝000 时,分频器对于 TMR0 产生的分频比为 1∶2,而分频器对于 WDT 产生的分频比则为 1∶1。又比如,当 PS2～PS0＝111 时,分频器对于 TMR0 产生的分频比为 1∶256,而分频器对于 WDT 产生的分频比则为 1∶128。可以参考表 10.1。

表 10.1 分频器分配情况

PS2～PS0	配给 TMR0	配给 WDT	WDT 溢出周期
000	1∶2	1∶1	18ms
001	1∶4	1∶2	36ms
010	1∶8	1∶4	72ms
011	1∶16	1∶8	144ms
100	1∶32	1∶16	288ms
101	1∶64	1∶32	576ms
110	1∶128	1∶64	1152ms
111	1∶256	1∶128	2304ms

实质上,看门狗是一个自己拥有独立的 RC 时钟信号源的、计时周期约为 18ms 的、自由运行的计时器。看门狗的基本计时周期约为 18ms,取决于独立 RC 振荡源的频率和计时器的宽度。如果将分频器划归看门狗,那么看门狗的超时溢出周期,会随着分频器分频比的不同而不同。如表 10.1 所列,溢出周期可以选择的范围是 18～2304ms,因为最大值为 $18ms\times 2^7=18ms\times 128=2304ms$。

由看门狗 WDT 引发系统复位的电路结构等效图如图 10.5 所示。从该图中可以看出,只有当状态信号$\overline{SLEEP}$=1,即单片机处于非睡眠状态时,看门狗超时溢出才会引发单片机的复位操作。而在单片机处于睡眠状态,即状态信号$\overline{SLEEP}$=0 时,看门狗超时溢出会唤醒单片机,不过从该图没有体现出来。

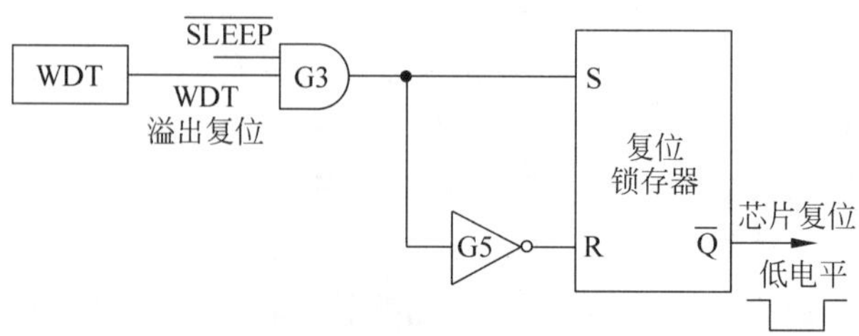

图 10.5 看门狗复位硬件等效电路图

10.2.3　WDT 的工作原理

前面提到，看门狗是一个自己拥有独立的 RC 时钟信号源的、计时周期约为 18ms 的、自由运行的计时器，实际上看门狗就是一个用独立时钟源提供的脉冲进行累加计数的计数器。无需任何外部元件。独立的 RC 时钟信号源是指 RC 振荡器，与 OSC1(CLKIN)引脚的外接 RC 振荡器，以及 OSC1 和 OSC2 外接晶体振荡器/陶瓷谐振器构成的单片机系统时钟是分离的。这就意味着，即使单片机(在执行了睡眠指令 SLEEP 之后)进入系统时钟停振的睡眠状态，监视定时器 WDT 仍然能够运行。

在单片机执行程序期间(即非睡眠状态，包含执行程序的正常状态和执行程序的混乱状态)，一次看门狗 WDT 超时溢出，将使单片机产生复位操作(称为 WDT 复位)。如果单片机处于睡眠状态，一次看门狗 WDT 超时溢出，将使单片机被唤醒、恢复正常运行状态、并且继续执行在进入睡眠之前被中断的程序(称为 WDT 唤醒)。每次看门狗超时溢出，都会使得状态寄存器 STATUS 中的/TO 比特被清零，以记录曾经发生的这次看门狗溢出事件。目的是供作程序查询判断之用。

看门狗 WDT 是否被启用，可以在烧写程序时借助于程序烧录器，通过定义系统配置字的 WDTE 比特来实现。即，当 WDTE＝0 时，看门狗 WDT 将被永久禁止。就是说，只要 WDTE 被定义成 0，以后在用户程序中将再也无法启用看门狗。相反，当 WDTE＝1 时，看门狗 WDT 将被永久启用。就是说，只要 WDTE 被定义成 1，以后在用户程序中将再也无法禁止看门狗的运行。若想不让看门狗 WDT 发生超时溢出，在用户程序中只能不停地、周期性地(利用专用指令 CLRWDT)将看门狗计时器清零，使它总也不能计数到超过最大值而溢出。

看门狗计时器的计时周期，取决于独立 RC 振荡源的频率和计时器的宽度，约为 18ms，也会在一定程度上受到工作电压、环境温度、制作工艺等因素的影响。另外，看门狗的超时周期还可以借助于分频器，以及分频器的分频比，在一定范围内改变和延长。分频器是否配置给看门狗使用，将可以通过用户程序定义选型寄存器 OPTION_REG 的 PSA 比特来实现。

10.2.4　WDT 相关寄存器

现在让我们总结归纳一下，在 PIC16F84A 单片机的 RAM 数据存储器区域，与 WDT 有关的特殊功能寄存器只有 2 个，就是选项寄存器 OPTION_REG 和状态寄存器 STATUS。如表 10.2 所示。另外，在 PIC16F84A 单片机的 Flash 程序存储器空间之内的系统配置字(严格地讲，它不是一个寄存器，应该算是一个特殊的程序存储器单元)，也与 WDT 有关。在该表中，有阴影的部分表示是与 WDT 无关的比特位。其中相关寄存器中的相关比特位的含义在以前曾经有过解释，参见本书第 7 章。

表 10.2 看门狗相关的寄存器

寄存器名称	寄存器符号	寄存器地址	寄存器内容								
			bit13～bit8	bit7	bit6	bit5	bit4	bit3	bit2	bit1	bit0
选项寄存器	POTION_REG	81H，181H	无	$\overline{\text{RBPU}}$	INTEDG	T0CS	T0SE	PSA	PS2	PS1	PS0
状态寄存器	STATUS	03H，83H，103H，183H	无	IRP	RP1	RP0	$\overline{\text{TO}}$	$\overline{\text{PD}}$	Z	DC	C
系统配置字	Config. Word	20007H	有	LVP	BODEN	CP1	CP0	$\overline{\text{PWRTE}}$	WDTE	FOSC1	FOSC0

10.2.5 使用 WDT 的注意事项

在使用看门狗 WDT 和对其进行编写程序时，应该注意以下几点：

(1) 看门狗清零(可比喻为“喂狗”)指令 CLRWDT 和睡眠指令 SLEEP，不仅可以清零看门狗计时器，还可以同时把分频器清零，前提自然是分频器已经配置给 WDT 使用，但是，分频器的分频比以及配置关系不会被改变。

(2) 如果分频器配置给看门狗使用，分频比一旦设定好之后，OPTION_REG 的内容就应该保持恒定。原因是这些因素确定后，看门狗 WDT 的超时溢出周期也就随之确定，用户程序中安置看门狗清零 CLRWDT 的时间间隔也就随之确定。试着设想一下，如果因为意外原因使得选项寄存器中，决定分频器配置关系的比特位，或者决定分频比的比特位受到意外改变，并且使得看门狗的溢出周期在原先设定值的基础上减小，那么，按原先看门狗溢出周期设定值在程序中安置的看门狗清零指令，自然就不能满足及时清除看门狗计时器的需要了，结果会导致看门狗在单片机正常执行程序期间就不停地溢出复位。这样一来，看门狗非但不能监控单片机可能出现的程序跑飞，反而扰乱了单片机正常程序的执行过程。因此，最好每隔一段时间就把选项寄存器刷新一遍，以防止在噪声工作环境之下，OPTION_REG 的内容可能因为干扰而被意外改变。

(3) 看门狗一旦被启用，也就是在烧写系统配置字时，将比特 WDTE 一旦定义成了 1，那么，它将会永无休止地进行累加计时，并且只要累计到最大值它就产生溢出信号，即使是单片机进入了“睡眠”状态，它也一刻不会停歇。用户程序无法将其关闭，如果想不让它产生溢出信号，只能在它每次累计到将要溢出之前，频繁地醒来并喂狗。

10.2.6 WDT 的应用举例

如何正确地使用看门狗定时器 WDT 这个 PIC 单片机片内的功能部件？利用看门狗定时器 WDT 是如何来提高用户程序可靠性的？在下面的实验范例中将使读者得到一些启发。

【项目范例 10.1】 带看门狗监视功能的霹雳灯

★ 项目实现功能

该实验实现的功能是，把端口 RB 的 8 条引脚全部设置为输出模式，依次从引脚 RB0 到

RB7 送出高电平,然后再依次从引脚 RB7 到 RB0 送出高电平,并且周而复始,从而使得与该端口 B 相连的 8 只发光二极管 LED 循环往复依次点亮。即依次循环点亮"D1→D2→D3→D4→D5→D6→D7→D8→全熄→D8→D7→D6→D5→D4→D3→D2→D1 →全熄→……"其效果类似于一个简单的霹雳灯。

★ 硬件电路规划

在学习实验开发板 PICbasic84 上,用到的部分电路元器件如图 10.6 所示。

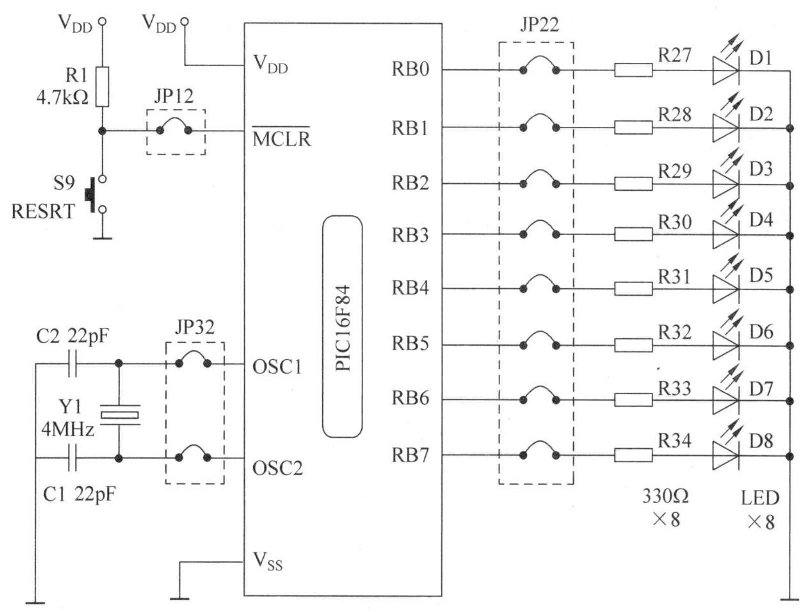

图 10.6 霹雳灯的硬件电路

★ 软件设计思路

这个实验范例,在"【项目范例 6.1】8 珠霹雳灯控制器"中,曾经给大家讲解过。程序也曾调试通过,能够正常运行,只不过是没有看门狗的参与。现在,假设这个霹雳灯电路的应用安装环境的电磁干扰非常严重,对于单片机的程序稳定运行构成了一定的威胁,存在程序运行的失控问题。因此,我们可以充分利用单片机内部现成的软、硬件资源,并且在原来程序基础之上略加修改,即可达到将万一失控的程序强行回复的目的。

具体地讲,启用单片机片内的看门狗功能,需要在向目标单片机烧写用户程序时,将配置字中的看门狗配置位设定为"开"。如图 10.7 所示。

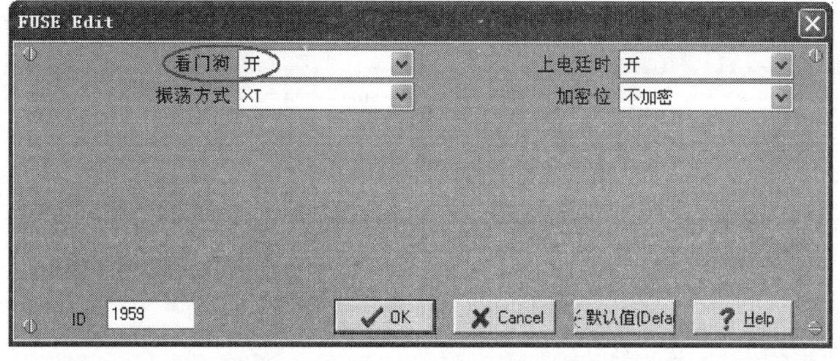

图 10.7 烧写程序之前修改看门狗配置选项

对于原来的程序改动了以下几处：

(1) 在用户程序的开始部分，将预分频器划归 WDT 所用，且分频比设定为 1∶64。这样看门狗的溢出周期约为 18ms×64＝1.152s。可以参考表 10.1。

(2) 在主程序的主体部分添加了一条喂狗指令。主程序循环执行一圈的时间，基本上就是延时子程序的延迟时间，约为 195ms(延时时长的计算方法，可以参考第 4.5.2 小节)，远远小于看门狗的超时溢出周期，因此，能够保证在单片机按照主程序规定的正常循环路线执行时，看门狗不会发生超时溢出(狗吠)现象。

(3) 为了进一步提高系统抵御干扰的能力，将端口 RB 的方向设定语句，和选项寄存器的定义语句，也纳入到循环体内部。

★ 汇编程序流程

主程序流程图如图 10.8 所示。延时子程序的流程图，可参考“4.5.2”小节中的图 4.12。如果与【项目范例 6.1】的程序流程图比较，你可以发现仅仅多了两个方框而已。

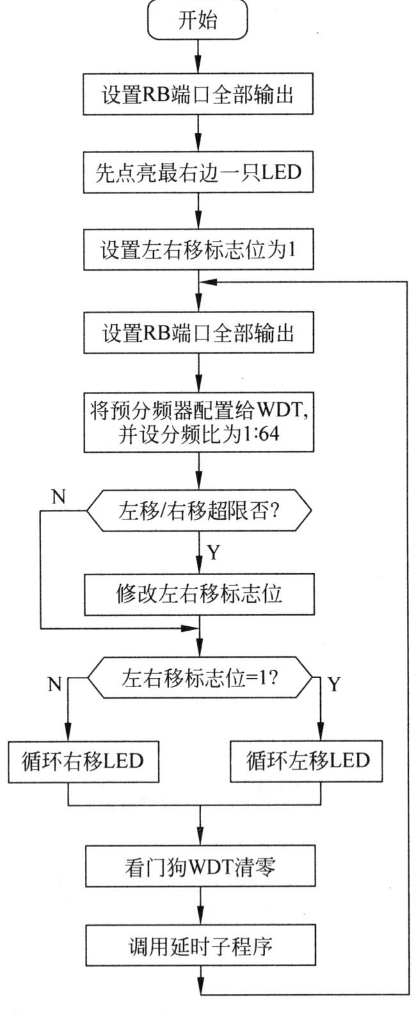

图 10.8　主程序流程图

★ 汇编程序清单

```
;=====================================================================
;      带看门狗监视功能的霹雳灯
;      项目名称: PROJ10 - 1.PRJ
;      源文件名: EXAM10 - 1.ASM
;      设计编程: LXH,2016/09/15
;=====================================================================
LIST            P = 16F84               ;告知汇编器,你所选单片机具体型号
status          equ      03h            ;定义状态寄存器地址
portb           equ      06h            ;定义端口 B 的数据寄存器地址
option_reg      equ      81h            ;定义选型寄存器的地址
trisc           equ      86h            ;定义端口 B 的方向控制寄存器地址
flag            equ      25h            ;定义一个控制左移/右移的标志寄存器
                Org      0000h          ;定义程序存放区域的起始地址
start           bsf      status,5       ;设置文件寄存器的体 1 为当前体
                movlw    00h            ;将端口 B 的方向控制码 00H 先送 W
                movwf    triscb         ;再由 W 转移到端口 B 方向控制寄存器
                Bcf      status,5       ;恢复到文件寄存器的体 0
                movlw    01h            ;将 00000001B 先送 W
                movwf    portb          ;再由 W 转移到端口 B 数据寄存器
                bsf      flag,0         ;将左右移标志位置 1,首先进行左移 LED
loop            bsf      status,5       ;设置文件寄存器的体 1
                movlw    00h            ;将端口 B 的方向控制码 00H 先送 W
                movwf    triscb         ;再由 W 转移到方向控制寄存器
                movlw    0eh            ;将预分频器分配给 WDT,
                movwf    option_reg     ; 且分频比设为 1∶64,溢出周期 1.152 秒
                Bcf      status,5       ;恢复到文件寄存器的体 0 为当前体
                btfss    status,0       ;测试进位/借位位?若是 1 则修改标志;
                goto     loop1          ; 若是 0 则不修改标志
                comf     flag,1         ;仅用 flag 的 bit0 作标志,把它取反
loop1           btfss    flag,0         ;判断标志位?若是 1 则跳到循环左移;
                goto     loop2          ; 若是 0 则跳到循环右移
                rlf      portb,0        ;循环左移端口 B 数据寄存器,结果送 W
                movwf    portb          ;将结果再送回端口 B 的数据寄存器
                goto     loop3          ;跳过下面几条指令
loop2           rrf      portb,0        ;循环右移端口 B 数据寄存器,结果送 W
                movwf    portb          ;将结果再送回端口 B 的数据寄存器
                clrwdt                  ;WDT 清零,即喂狗
loop3           call     delay          ;调用延时子程序
                goto     loop           ;返回主循环的入口地址
;---------- 延时子程序 -----------
delay                                   ;子程序名,也是子程序入口
                movlw    0ffh           ;将外层循环参数值 FFH 经过 W
                movwf    20h            ;送入用作外循环变量的 20H 单元
lp0             movlw    0ffh           ;将内层循环参数值 FFH 经过
                movwf    21h            ;送入用作内循环变量的 21H 单元
lp1             decfsz   21h,1          ;变量 21H 内容递减,若为 0 跳跃
                goto     lp1            ;跳转到 lp1 处
                decfsz   20h,1          ;变量 20H 内容递减,若为 0 跳跃
                goto     lp0            ;跳转到 lp0 处
```

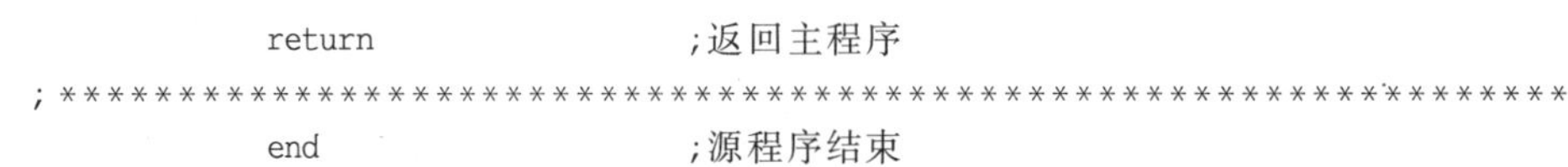

```
        return                  ;返回主程序
;*****************************************************************
        end                     ;源程序结束
```

★ 程序调试方法

本项目的调试比较适合采用“烧试法”。在把源程序进行汇编、烧写、运行、观察时，你会发现与【项目范例 6.1】的执行效果没有不同。好像没有感受到看门狗的存在，因为程序的执行一般不会发生异常。这时我们可以按照以下两种情况来修改源程序，然后分别进行汇编、烧写、运行、观察程序的执行效果，将会感觉到看门狗的存在和作用(其实是在发挥捣乱的作用)。

(1) 在程序调试运行时，如果将喂狗指令临时屏蔽掉(实现方法是，在 clrwdt 指令之前暂时添加一个英文分号)，可以看到，从 D1 点亮开始的左向移动的霹雳灯，还没有移动到一轮循环的末尾，就又重新开始，并且不断重复这一过程。原因是，在 1.152s 的看门狗溢出周期的时间之内，程序将 LED 亮灯移动了几个位置之后，看门狗便超时溢出，强行复位 CPU，将单片机的程序计数器 PC 的值拉回到 0000H，重新从头开始执行程序。

(2) 在程序调试运行时，如果将预分频器不划归看门狗所用(方法是通过修改 POTION_REG 寄存器的 PSA 比特)，可以看到程序也不能够正常运行。原因是，在 18ms 的看门狗溢出周期的时间之内，程序还来不及将 LED 亮灯移动一个位置(正常时每灯停留时间约为 195ms)，看门狗便产生超时溢出复位信号，迫使单片机重新从头开始执行程序。

10.2.7 外扩多功能 WDT 的实现方法

对于安全性要求特别高的单片机应用项目，除了启用 PIC16F84A 单片机内部自备的看门狗，还可以外扩一片功能强大而又丰富的专用看门狗。例如，如图 10.9 所示的 MAX705 或 MAX706，就是一种可选的优质芯片。该芯片具有人工复位、看门狗复位、欠压复位延迟、电源故障预警等多项功能。关于这款芯片的详情可以参考“附录 I 多功能单片机监控器 MAX705/706/813”。

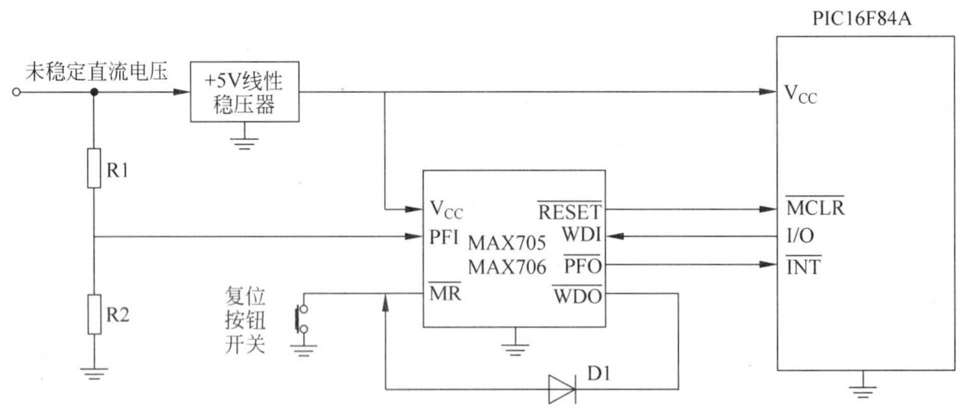

图 10.9 PIC16F84A 外扩 WDT 接线图

对于如图 10.9 所示的接线图，其工作原理分别介绍如下：①人工复位。当手动按下复位按钮时，MAX 芯片的 $\overline{MR}$ 信号被拉低，随即从 $\overline{RESET}$ 端送出低电平，令单片机进入复位状态；②看门狗复位。占用单片机的任何一条 I/O 端口引脚来连接喂狗端 WDI，通过编程来周期性输出喂狗信号给 MAX 芯片。当单片机程序陷入混乱时，导致 WDI 端得不到喂狗信号，从而发生狗吠现象，从$\overline{\text{WDO}}$端送出低电平，经过二极管 D1 把$\overline{\text{MR}}$端拉低，最终引发单片机复位；③欠压复位延迟。电源上电、掉电、欠压都会产生复位，并且复位信号均会延迟 200ms，以保障单片机复位可靠；④电源故障预警。MAX 芯片的电源故障输入信号 PFI，经过一个电阻分压电路引自稳压器上游，以保障提前感知电源跌落故障。一旦发生电源故障，则从$\overline{\text{PFO}}$端送出预警信号，给单片机的中断信号输入端$\overline{\text{INT}}$，单片机利用中断服务程序，应急保护数据和做好停机准备。

需要说明的是：①这里介绍的外扩看门狗法，为单片机开发者提供了一种新思路；②外扩看门狗的做法不是必需的，也不是常用的。

10.3　睡眠与唤醒——节电技术

对于一些单片机的应用项目或产品，以干电池或充电电池供电，并且开机之后的大部分时间里，处于闲置待机状态，只有少数时间里才进入全功能运行状态。比如，移动电话手机、电子计算器、电视机遥控器、空调遥控器等等。这些系统或装置中的单片机，如果在闲置期间令其进入睡眠(Sleep)模式(或者称为休眠模式、降耗模式或节电模式，也有的单片机专业书籍中叫做掉电模式，但是应注意，不要与"掉电复位部分"讲到的那种人们不希望出现的掉电现象在概念上相混淆)。在睡眠模式之下，系统时钟停振，单片机除了 RAM 维持记忆、看门狗等少数电路单元维持工作之外，其余大部分功能部件和外围设备模块都退出工作状态。因此，单片机的耗电降到微安级，可以使电池的使用寿命大大地得到延长(有些单片机厂商号称，一节 5 号电池就可以维持 10 年)。

10.3.1　睡眠状态的进入

睡眠状态的进入很简单，只要在程序的适当位置安放一条"SLEEP"指令即可。在单片机执行该指令之后，便可以进入睡眠状态。睡眠状态也可以看作是单片机的一种工作模式，就叫睡眠模式(Power-down mode)。

如果看门狗 WDT 在系统配置字中被设定为启用状态，一旦令单片机进入睡眠状态的指令 SLEEP 被执行，看门狗计时器自动被清零，如果配置了分频器，连同分频器也一起被清零，状态寄存器 STATUS 中的$\overline{\text{TO}}$比特被自动置 1，$\overline{\text{PD}}$比特被自动清零，但是看门狗仍然继续运行。而所有的 I/O 端口都还保持在执行 SLEEP 指令之前的状态。

为了进一步减少功耗，在进入睡眠模式之前，最好做一些设置工作，比如，把所有 I/O 端口设置为 V_{DD}高电平或 V_{SS}低电平，并且不能让外部电路从 I/O 端口汲取电流；关闭外部相关电路的工作时钟；禁止模/数转换器 ADC 模块的工作；对于高阻输入的 I/O 引脚，应该在外部上拉成高电平或下拉成低电平，以免悬空状态下的杂散信号侵入引起开关电流；将定时器/计数器 TMR0 的外部信号输入端 T0CKI 脚接 V_{DD}或者 V_{SS}；另外还应考虑启用端口 RB 的内部上拉功能，以利于降低功耗。

应该注意，在利用单片机睡眠模式时，单片机外部人工复位引脚$\overline{\text{MCLR}}$必须接高电平。

在 PIC 单片机的实际应用中发现，在芯片进入低功耗睡眠模式后，其振荡器外接引脚将处于悬空状态，这将使单片机芯片的睡眠功耗上升，比原手册中的指标大约高出了 10μA 以上。解决这一问题的对策是：在振荡器外接引脚 OSC1 和 V_{SS} 之间加一个 10MΩ 的电阻，可防止在系统时钟停止振荡时 OSC1 进入悬空状态，并且还不会影响振荡器的正常工作。

10.3.2 睡眠状态的唤醒

1. 唤醒方式

一旦单片机进入睡眠状态，那么在需要单片机进入工作状态和提供服务的时候，采用什么途径把它唤醒(Wake-up)呢？可以把单片机从睡眠状态唤醒的方式或事件归纳为以下几种：

(1) 在外部人工复位输入端$\overline{\text{MCLR}}$施加一个有效的低电平复位信号。

(2) 监视定时器 WDT(即看门狗)产生的超时溢出信号。

(3) 利用睡眠状态之下仍然可以利用的各种外设模块的中断请求信号。

值得注意的是，利用$\overline{\text{MCLR}}$引脚上加复位信号唤醒单片机时(即第一种唤醒方式)，单片机会先进行复位操作，然后自动从复位状态开始执行程序，而第二种和第三种唤醒方式，单片机则从进入睡眠之前的中断点，即 SLEEP 指令之后的下一条指令开始恢复执行程序。原因是在执行 SLEEP 指令时，其后的下一条指令(即被程序计数器 PC+1 指向的程序存储器单元内的那条指令)，已经预先被取出，被放入到指令译码寄存器里，并且在整个睡眠期间，这条指令就一直保持在那里。

当打算通过中断事件唤醒 CPU 时，相应的中断使能位必须预先被置 1。但是，唤醒信号通向 CPU 不受全局中断使能位 GIE 的影响，也就是中断唤醒功能的实施与 GIE 位无关，但是，GIE 比特的值却会影响到唤醒后单片机的行动去向。这一点从硬件中断逻辑图(见图 10.10)中可以看出。如果 GIE=0，单片机唤醒后继续执行 SLEEP 指令后的下一条指令，然后顺序执行；如果 GIE=1，单片机唤醒后首先执行 SLEEP 指令后的下一条指令，然后跳转到中断向量 0004H 之处，执行中断服务子程序。所以，在这种情况之下，需要在 SLEEP 指令之后，安放一条空操作 NOP 指令。

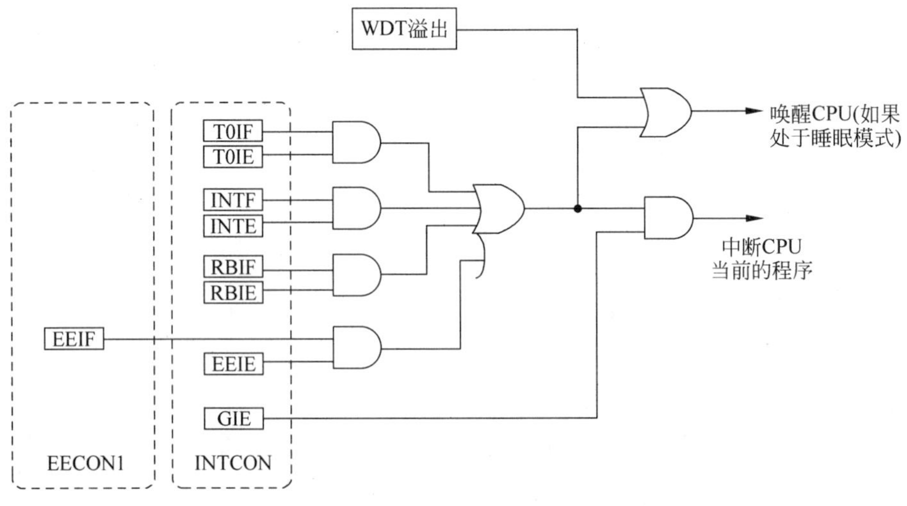

图 10.10 可维持程序顺序执行的唤醒源

为了唤醒处于睡眠状态之下的单片机，除了选用上述复位唤醒源（包含人工复位和看门狗复位），还可以利用的中断唤醒源有以下几种：

(1) 外部引脚 INT 中断。

(2) 端口 RB 引脚电平变化中断。

(3) EEPROM 数据存储器烧写完毕中断。

另外的外围设备模块（比如定时器 TMR0 模块）的中断不能被利用，其原因是此类外设模块，需要单片机的系统时钟的配合，在单片机主时钟停振的情况之下，就再也不能工作了，自然其对应的中断功能也就停止了。

2. 与唤醒相关的寄存器

与单片机睡眠和唤醒功能有关的寄存器只有状态寄存器 STATUS。其中相关的比特位也只有降耗标志位$\overline{\text{DP}}$比特和看门狗超时标志位$\overline{\text{TO}}$比特。其含义在第 2 章已有介绍。

借助于状态寄存器的$\overline{\text{TO}}$和$\overline{\text{PD}}$比特，既可以初步判断单片机复位的原因，也可以初步判断单片机被唤醒的原因。无论是利用哪种方式唤醒单片机，看门狗计时器都将被清零一次，以便重新开始计时。

需要注意的是，微芯公司早期研制的 PIC16C5X 系列单片机，WDT 超时溢出是通过复位芯片来唤醒睡眠状态下的单片机的，这一点与后来新推出的包含 PIC16F84A 在内的众多型号的单片机不同。

读过前面“监视定时器 WDT”一节的内容，我们已经知道，看门狗一旦被启用（当系统配置字的 WDTE 比特定义成了 1），那么，它将会永无休止地进行累加计时，即使是单片机进入了“睡眠”状态，它一刻也不会停歇。这样一来，即使单片机进入睡眠状态，也不能睡得“踏实”。每隔一个看门狗计时周期就被唤醒一次，唤醒后的单片机在判定是看门狗超时溢出所致，可以不作其他任何处理，再次进入睡眠状态；就这样，再次唤醒，再次入睡……如此循环往复。由于单片机被唤醒的时间（可以仅仅是微秒级，这与时钟频率、起振延时以及指令安排有关）远远少于睡眠的时间（可以在 18 毫秒到 2.304 秒的范围内），所以仍然可以达到节电目的。

10.3.3　睡眠功能的开发应用实例

如何适当地利用 PIC 单片机的睡眠功能来实现节电的目的？如何巧妙地选用唤醒源来唤醒进入睡眠状态的单片机？下面的实验范例将会给读者得到些启发。

【项目范例 10.2】　用看门狗定时唤醒的霹雳灯

★ 项目实现功能

本项目实现的功能基本等同于【项目范例 6.1】，就是制作一个简易的霹雳灯控制器，来控制 8 只 LED，产生类似于 8 灯霹雳灯的显示效果。即依次循环单个点亮“D1→D2→D3→D4→D5→D6→D7→D8→全熄→D8→D7→D6→D5→D4→D3→D2→D1→全熄→……”

★ 硬件电路规划

在 PICbasic84 实验板上，规划和搭建一个如图 10.11 所示的电路。这与【项目范例 6.1】硬件相同。

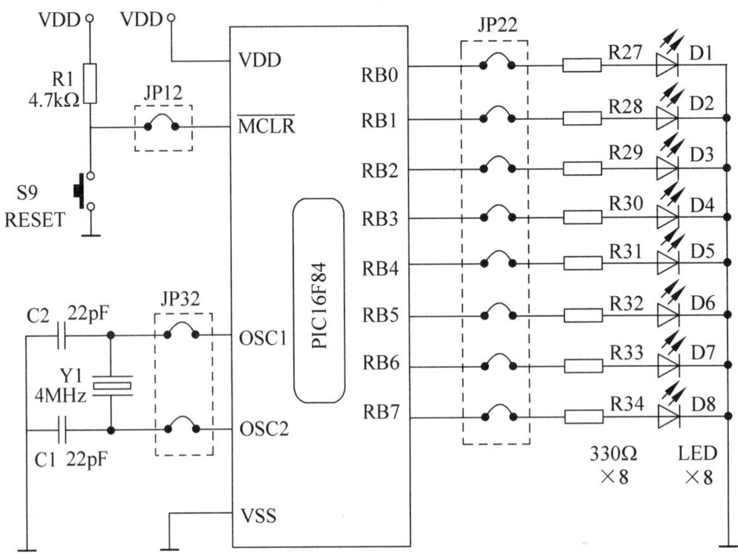

图 10.11　端口 RB 外接 8 只 LED

★ 软件设计思路

需要说明的有以下几点：

(1) 为了减少读者分心，来集中精力消化新的知识点，这里的硬件电路和软件编程，尽量继承前面【项目范例 6.1】和【项目范例 10.1】中已经熟悉的思路。

(2) 分频器划归看门狗，并且分频比设为 1∶8，这时其溢出周期为 144ms。比较接近原来利用软件延时所产生的时长 195ms。

(3) 本项目程序中利用了 SLEEP 指令迫使单片机进入睡眠状态，以实现节电。巧妙地利用看门狗 WDT，代替软件延时子程序来产生延时。

(4) 本项目中还充分利用了看门狗溢出作为唤醒源，来唤醒单片机时，此后的 CPU 并不会进行复位操作，而是继续执行 SLEEP 指令之后的程序，从而不再用软件延时。

★ 汇编程序流程

如图 10.12 所示是本例程序的流程图，读者可据此分析算法和阅读程序。尤其关注其中的看门狗设置，以及睡眠模式的启用。

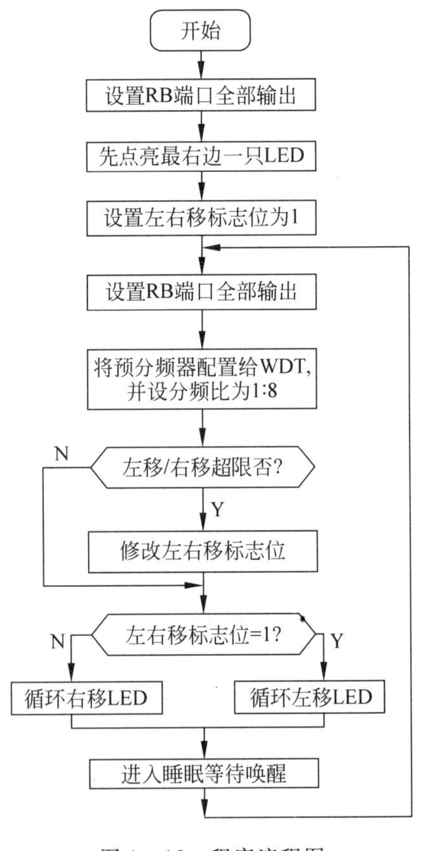

图 10.12　程序流程图

★ 汇编程序清单

```
;==================================================================
;      用看门狗定时唤醒的霹雳灯
;      项目名称：PROJ10－2.PRJ
```

```
;     源文件名：EXAM10－2.ASM
;     设计编程：LXH,2017/02/15
;==================================================================
LIST         P＝16F84                   ;告知汇编器,你所选单片机具体型号
status       equu     03h               ;定义状态寄存器地址
portb        equ      06h               ;定义端口 B 的数据寄存器地址
option_reg   equ      81h               ;定义选型寄存器的地址
trisc        equ      86h               ;定义端口 B 的方向控制寄存器地址
flag         equ      25h               ;定义一个控制左移/右移的标志寄存器
             Org      0000h             ;定义程序存放区域的起始地址
start        bsf      status,5          ;设置文件寄存器的体 1 为当前体
             movlw    00h               ;将端口 B 的方向控制码 00H 先送 W
             movwf    triscb            ;再由 W 转移到端口 B 方向控制寄存器
             Bcf      status,5          ;恢复到文件寄存器的体 0
             movlw    01h               ;将 00000001B 先送 W
             movwf    portb             ;再由 W 转移到端口 B 数据寄存器
             bsf      flag,0            ;将左右移标志位置 1,首先进行左移 LED
loop         bsf      status,5          ;设置文件寄存器的体 1
             movlw    00h               ;将端口 B 的方向控制码 00H 先送 W
             movwf    triscb            ;再由 W 转移到方向控制寄存器
             movlw    0bh               ;将预分频器分配给 WDT,
             movwf    option_reg        ; 且分频比设为 1：8,溢出周期 144ms
             Bcf      status,5          ;恢复到文件寄存器的体 0 为当前体
             btfss    status,0          ;测试进位/借位位?若是 1 则修改标志;
             goto     loop1             ; 若是 0 则不修改标志
             comf     flag,1            ;仅用 flag 的 bit0 作标志,把它取反
loop1        btfss    flag,0            ;判断标志位?若是 1 则跳到循环左移;
             Goto     loop2             ; 若是 0 则跳到循环右移
             Rlf      portb,0           ;循环左移端口 B 数据寄存器,结果送 W
             movwf    portb             ;将结果再送回端口 B 的数据寄存器
             goto     loop3             ;跳过下面几条指令
loop2        rrf      portb,0           ;循环右移端口 B 数据寄存器,结果送 W
             movwf    portb             ;将结果再送回端口 B 的数据寄存器
loop3        sleep                      ;令单片机进入睡眠模式,等待 WDT 唤醒
             goto     loop              ;返回主循环的入口地址
;*************************************************************
             end                        ;源程序结束
;==================================================================
```

10.4 时钟配置选项

单片机内部的各种功能电路绝大多数是由数字电路构筑而成的。大家知道,数字电路的工作原理,尤其是时序逻辑电路的工作过程,离不开时钟脉冲信号,即时间基准信号,每一步细微动作都是在一个共同的时间基准信号驱动之下完成的。就好像一支庞大的受阅部队,必须在统一号令的指挥下才能协调行进。作为时基发生器的时钟振荡电路,为整个单片机芯片内部各部分电路的工作提供系统时钟信号,也为单片机与其他外接芯片之间的通信,以及与其他数字系统或者计算机系统之间的通信,提供可靠的同步时钟信号。所以可以说,时钟系统是维持单片机正常运转的一种片内必不可少的关键的功能部件。

PIC 系列单片机的系统时钟(也可以称主时钟或时基)可以工作在 DC～20MHz 的频率

范围之内,DC 是直流的意思,这意味着 PIC 系列单片机可以工作在时钟停振的状态之下,所以厂家称这种单片机采用了全静态设计技术。

PIC 系列单片机设计了 4 种类型的时基振荡方式可供用户选择：标准的晶体振荡器/陶瓷谐振器振荡方式 XT；高频的晶体振荡器/陶瓷谐振器振荡方式 HS(4MHz 以上)；低频的晶体振荡器/陶瓷谐振器振荡方式 LP(32.768kHz)；外接电阻电容元件的阻容振荡方式 RC。用户在利用程序烧录器,把已经调试成功的用户程序,对单片机进行程序固化时,同时通过定义系统配置字的比特 0(FOSC0)和比特 1(FOSC1),来选定其中的一种振荡方式。如表 10.3 所示。用户选取振荡方式的依据可以是单片机应用系统的性能要求、价格要求、应用场合等因素。比如,RC 振荡方式的突出优点是节省成本；LP 振荡方式的突出优点是降低功耗。

表 10.3　振荡器方式

FOSC1	FOSC0	振荡器方式
0	0	LP
0	1	XT
1	0	HS
1	1	RC

现在我们把以上 4 种振荡方式,按外接元件及其接线方法的不同,分为外接晶体/陶瓷、外接 RC、外接时钟这 3 种情况进行讲解。

10.4.1　外接晶体振荡器/陶瓷谐振器(LP/XT/HS)

这种情况对应着 LP、XT 和 HS 三种振荡方式,采用基本相同的接线方法,如图 10.13 所示。其中只有 HS 和 XT 振荡方式才有可能需要另外接入一只电阻 RS(100Ω < RS < 1000Ω),一般情况下较少使用 RS。

在如图 10.13 所示的 PIC 系列单片机的时钟振荡器电路中,由片内的一只反相器 G1(借助于一只偏置电阻 RF 使其工作于放大器模式,RF 一般为 10MΩ),与外接的一只石英晶体和两只电容,共同构成的一个(电容三点式)自激多谐振荡器。构成振荡器的那一只反相器 G1 是一只具有受控端的三态门,当执行睡眠指令 SLEEP 时,该三态门输出端呈现高阻状态,令时钟电路停振,从而迫使单片机的绝大部分片内电路停止工作,进入低功耗模式,以便达到节电的目的。时钟信号是经过反相器 G2 进行隔离和缓冲后,被输送到内部各功能电路的。

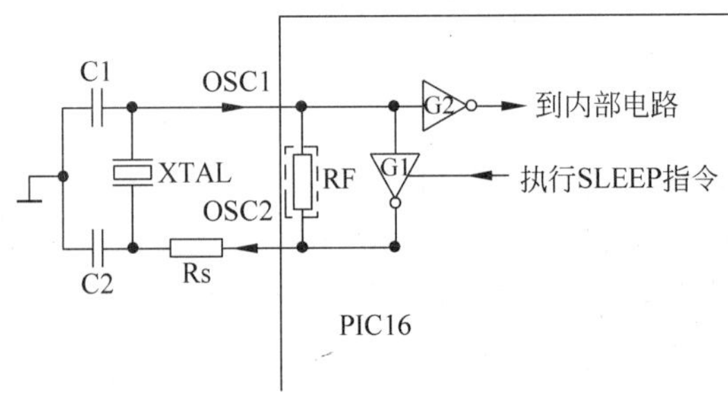

图 10.13　外接晶体振荡器/陶瓷谐振器的接线图

外接电路中所需的两只电容器的参数如表 10.4 和表 10.5 所示。此表中的电容值是建议值，供技术人员在选择器件时参考，可以满足一般性的要求。电容值越大越有利于振荡器的工作稳定，但是会加大振荡器延时起振的时间。

表 10.4　外接陶瓷谐振器时 C1 和 C2 建议值

方　式	频　率	C1	C2
XT	455kHz	68～100pF	68～100pF
	2.0MHz	15～68pF	15～68pF
	4.0MHz	15～68pF	15～68pF
HS	8.0MHz	10～68pF	10～68pF
	16.0MHz	10～22pF	10～22pF

表 10.5　外接晶体振荡器时 C1 和 C2 建议值

方　式	频　率	C1	C2
LP	32kHz	33pF	33pF
	200kHz	15pF	15pF
XT	200kHz	47～68pF	47～68pF
	1.0MHz	15pF	15pF
	4.0MHz	15pF	15pF
HS	4.0 MHz	15pF	15pF
	8.0MHz	15～33pF	15～33pF
	20.0MHz	15～33pF	15～33pF

10.4.2　外接阻容器件(RC)

这种情况对应着 RC 振荡方式。其最大的优点就是成本低廉；缺点就是时基频率的精确度和稳定性都较差，原因是电阻器件 R 和电容器件 C 的参数存在着误差率大、分散性大和温度稳定性差的问题。RC 振荡方式下的时基频率原则上由电阻 R 和电容 C 的大小决定(即为图中的 Rext 和 Cext)，但是还会随着电源电压以及环境温度的变化而变化，并且单片机芯片不同该频率也可能不同。

单片机片内和片外的接线图如图 10.14 所示。从中可以看出，RC 振荡器电路主要由片内的一只同相施密特触发器 G1 和一只 N 沟道场效应管(简称 NMOS 管)，以及片外的阻容器件构成。工作原理是这样的：初始加电的瞬间，电容两极板上没有电荷，故其端电压为 0，触发器 G1 输出低电平，NMOS 管因栅极电压为 0 而截止(源极和漏极之间不导通)；随着加电时间的延长，也即电容经过电阻充电过程的延续，电容端电压逐渐上升，当到达某一时刻，该电压上升到足以使施密特触发器 G1 反转状态时，G1 的输出状态改变为高电平，此时 NMOS 管因栅极得到偏压而导通，NMOS 管的导通给电容提供迅速放电的回路；当电容放电电压下降到使施密特触发器 G1 再次反转状态时，G1 的输出状态变回到低电平，此时 NMOS 管又变回到截止状态，电容重新开始充电；如此循环往复，便形成了时钟振荡器，在 G1 的输出端便得到一系列的方波信号，供作单片机片内各功能电路的时基信号。

RC 振荡方式是在 OSC1 端连接阻容器件，这时 OSC2 端被剩余下来，但是这个引脚资

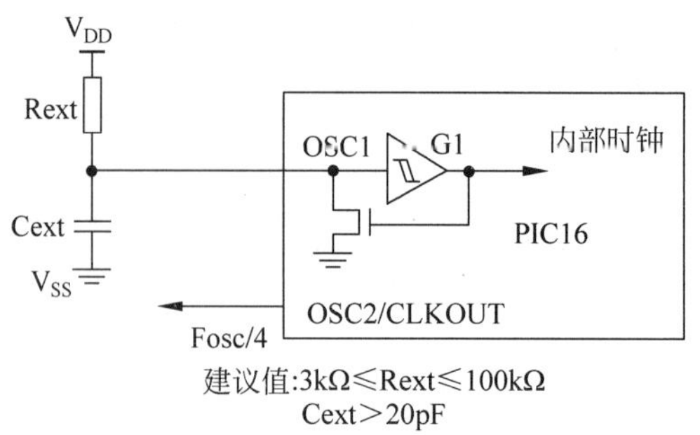

图 10.14　外接阻容振荡器接线图

源此时并没有被闲置，而是又派上了一个新用场，就是当作指令周期信号（等于时基频率的 4 分频）的输出端，供外部电路选用。

RC 振荡方式所需外接的阻容器件参数还有些讲究，电阻 Rext 如果低于 2.2kΩ 时，会致使振荡器工作不稳定，甚至不能起振。但是，如果该阻值大于 1MΩ 时，又会致使振荡器容易受到干扰。所以，该电阻值最好在 3～100kΩ 的范围之内选取。理论上，电容 Cext 的值为 0 振荡器是不能工作的，但是实际上却相反，电容 Cext 的值为 0 振荡器也能够起振，只是不稳定，并且容易受到干扰。所以，该电容值应选取 20pF 以上为好。RC 振荡方式之下，外接阻容参数与频率的关系如表 10.6 所示（仅供参考）。

表 10.6　外接晶体振荡器时 C1 和 C2 建议值

Cext	Rext	频　　率	误差率
20pF	3.3kΩ	4.973MHz	±27%
	5kΩ	3.82MHz	±21%
	10kΩ	2.22MHz	±21%
	100kΩ	0.26215MHz	±31%
100pF	3.3kΩ	1.63MHz	±13%
	5kΩ	1.19MHz	±13%
	10kΩ	0.68464MHz	±18%
	100kΩ	0.07156MHz	±25%
300pF	3.3kΩ	660.0kHz	±10%
	5kΩ	484.1kHz	±14%
	10kΩ	267.63kHz	±15%
	100kΩ	29.44kHz	±19%

10.4.3　引入外来时钟源（LP/XT/HS）

当 PIC16F8X 系列单片机（或 PIC 其他系列单片机）工作于 LP、XT 或 HS 振荡器模式之下，可以从 OSC1 引脚（同时也是 CLKIN 引脚）连接外来时钟源。这时 OSC2 引脚开路。电路如图 10.15 所示。

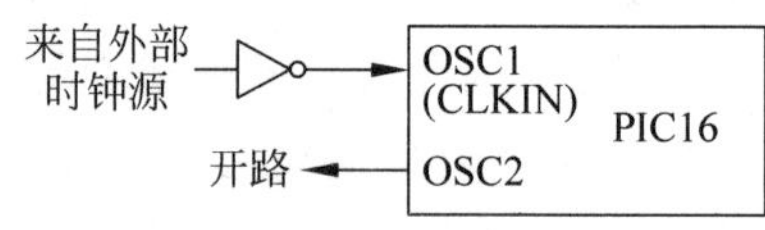

图 10.15　外接外来时钟源接线图

附录A

ASCII码表

目前计算机中使用得最广泛的西文字符集及其编码是 ASCII 码，即美国标准信息交换码。它已被国际标准化组织(ISO)批准为国际标准，称为 ISO 646 标准。它适用于所有拉丁文字字母。

ASCII 码——美国标准信息交换代码。用 7 位二进制数字表示一个字符；为了凑足一个字节，机内码在最高位补一个 0；ASCII 码、ASCII 码字符、ASCII 码值是 3 个不同的概念，ASCII 码指 7 位二进制数字、ASCII 码字符是这组二进制数字所代表的符号、ASCII 码值是将这组二进制数字转换为等同的十进制数值；在 ASCII 码表中 ASCII 码值从小到大的顺序是：控制字符→数字 0 至 9→大写字母 A 至 Z→小写字母 a 至 z。

在计算机内部，字符串中的每个字符是被当成一个数值来储存的，比如在需要保存字符"a"的时候，计算机就储存与字符"a"对应的数值 61H(=97)，当需要处理字符串的时候，计算机再把 61H(=97)同"a"对应起来。这叫做对字符进行编码。现代计算机中用的对字符编码的方案就称为 ASCII 码(美国标准信息交换代码)，表 A.1 和表 A.2 列出了每个 ASCII 码对应的字符。

表 A.1 ASCII 码表

高位(654) 低位(3210)	0 列：000	1 列：001	2 列：010	3 列：011	4 列：100	5 列：101	6 列：110	7 列：111
0 行：0000	NUL	DLE	Space	0	@	P	`	p
1 行：0001	SOH	DC1	!	1	A	Q	a	q
2 行：0010	STX	DC2	"	2	B	R	b	r
3 行：0011	ETX	DC3	#	3	C	S	c	s
4 行：0100	EOT	DC4	$	4	D	T	d	t
5 行：0101	ENQ	NAK	%	5	E	U	e	u
6 行：0110	ACK	SYN	&	6	F	V	f	v
7 行：0111	BEL	ETB	'	7	G	W	g	w
8 行：1000	BS	CAN	(	8	H	X	h	x

续表

高位(654) 低位(3210)	0列：000	1列：001	2列：010	3列：011	4列：100	5列：101	6列：110	7列：111
9行：1001	HT	EM	)	9	I	Y	i	y
10行：1010	LF	SUB	*	:	J	Z	j	z
11行：1011	VT	ESC	+	;	K	[	k	{
12行：1100	FF	FS	,	<	L	\	l	|
13行：1101	CR	GS	-	=	M	]	m	}
14行：1110	SO	RS	.	>	N	^	n	~
15行：1111	SI	US	/	?	O	_	o	DEL

表 A.2 ASCII 码值(十进制)与 ASCII 码可显字符对应关系表

ASCII 码值	对应字符	ASCII 码值	对应字符	ASCII 码值	对应字符
32	[空格]	64	@	96	`
33	!	65	A	97	a
34	"	66	B	98	b
35	#	67	C	99	c
36	$	68	D	100	d
37	%	69	E	101	e
38	&	70	F	102	f
39	'	71	G	103	g
40	(	72	H	104	h
41	)	73	I	105	i
42	*	74	J	106	j
43	+	75	K	107	k
44	,	76	L	108	l
45	-	77	M	109	m
46	.	78	N	110	n
47	/	79	O	111	o
48	0	80	P	112	p
49	1	81	Q	113	q
50	2	82	R	114	r
51	3	83	S	115	s
52	4	84	T	116	t
53	5	85	U	117	u
54	6	86	V	118	v
55	7	87	W	119	w
56	8	88	X	120	x
57	9	89	Y	121	y
58	:	90	Z	122	z
59	;	91	[	123	{
60	<	92	\	124	|
61	=	93	]	125	}
62	>	94	^	126	~
63	?	95	_	127	

注：因 0～31 之间的 ASCII 码是不可显示的字符，所以没有把它们列出来

附录B

特殊功能寄存器及其复位值一览表

地址	名称	bit7	bit6	bit5	bit4	bit3	bit2	bit1	bit0	POR BOR 复位值	其他复位值
Bank0(体 0)											
00h	INDF	用 FSR 内容实现间接寻址文件寄存器(是一个非物理寄存器)								---- ----	---- ----
01h	TMR0	定时器/计数器 TMR0 的计数寄存器								xxxx xxxx	uuuu uuuu
02h	PCL	程序计数器(PC)的低 8 位								0000 0000	0000 0000
03h	STATUS	IRP	RP1	RP0	$\overline{TO}$	$\overline{PD}$	Z	DC	C	0001 1xxx	000q quuu
04h	FSR	间接文件寄存器地址指针,叫文件选择寄存器								xxxx xxxx	uuuu uuuu
05h	PORTA	—	—	—	RA4/T0CKI	RA3	RA2	RA1	RA0	---x xxxx	---u uuuu
06h	PORTB	RB7	RB6	RB5	RB4	RB3	RB2	RB1	RB0/INT	xxxx xxxx	uuuu uuuu
07h	—	无配置,读出时得到的是"0"								- -	- -
08h	EEDATA	EEPROM 数据寄存器								xxxx xxxx	uuuu uuuu
09h	EEADR	EEPROM 地址寄存器								xxxx xxxx	uuuu uuuu
0Ah	PCLATH	—	—	—	程序计数器高 5 位间接写入缓冲器[1]					---0 0000	---0 0000
0Bh	INTCON	GIE	PEIE	T0IE	INTE	RBIE	T0IF	INTF	RBIF	0000 000x	0000 000u
Bank1(体 1)											
80h	INDF	用 FSR 内容实现间接寻址文件寄存器(是一个非物理寄存器)								---- ----	---- ----
81h	OPTION_REG	RBPU	INTEDG	T0CS	T0SE	PSA	PS2	PS1	PS0	1111 1111	1111 1111
82h	PCL	程序计数器(PC)的低 8 位								0000 0000	0000 0000
83h	STATUS	IRP	RP1	RP0	$\overline{TO}$	$\overline{PD}$	Z	DC	C	0001 1xxx	000q quuu
84h	FSR	间接文件寄存器地址指针,叫文件选择寄存器								xxxx xxxx	uuuu uuuu

续表

地址	名称	bit7	bit6	bit5	bit4	bit3	bit2	bit1	bit0	POR BOR 复位值	其他复位值
85h	TRISA	—	—	—	RA 端口方向寄存器低 5 位					---1 1111	---1 1111
86h	TRISB	RB 端口方向寄存器								1111 1111	1111 1111
87h	—	无配置,读出时得到的是“0”								- -	- -
88h	EECON1	—	—	—	EEIF	WRERR	WREN	WR	RD	---0 x000	---0 q000
89h	EECON2	EEPROM 控制寄存器 2(不是一个物理寄存器)								---- ----	---- ----
0Ah	PCLATH	—	—	—	程序计数器高 5 位间接写入缓冲器[1]					---0 0000	---0 0000
0Bh	INTCON	GIE	PEIE	T0IE	INTE	RBIE	T0IF	INTF	RBIF	0000 000x	0000 000u

说明:

(1) 程序计数器 PC 的高 5 位不能直接读写,只能利用锁存装载寄存器 PCLATH 来间接写入;

(2) 状态寄存器 STATUS 中的$\overline{TO}$和$\overline{PD}$状态位不受人工复位的影响;

(3) 其他复位包含外部人工复位和看门狗超时溢出复位;

(4) 表中的 x=不确定; u=没有改变; q=该值取决于具体条件; —=没用; 阴影=没用,读出时得“0”。

附录C

英文指令系统概览

在这里以英文的形式给出 PIC16 指令集，其目的主要是：对于英文基础较好的读者，可以从英文原意理解指令的功能，也有利于搞清指令助记符的来历（例如，NOP = No Operation，即为“空操作”指令），以及对加快记忆和牢固记忆指令助记符都有益处；对于英文基础不太好的读者，可以借此来学习和熟悉以英文表达的指令助记符，以利于尽快适应单片机的英文编程语言和调试环境。原因是，我们所能够接触到的世界各个著名公司研制的微控制器、微处理器、数字信号处理器，其指令系统都是采用英文表达的。

INSTRUCTION SET SUMMARY

Each PIC16FXX instruction is a 14-bit word, divided into an OPCODE which specifies the instruction type and one or more operands which further specify the operation of the instruction. The PIC16FXX instruction set summary in Table C.2 lists **byte-oriented**, **bit-oriented**, and **literal and control** operations. Table C.1 shows the opcode field descriptions.

For **byte-oriented** instructions, 'f' represents a file register designator and 'd' represents a destination designator. The file register designator specifies which file register is to be used by the instruction.

The destination designator specifies where the result of the operation is to be placed. If 'd' is zero, the result is placed in the W register. If 'd' is one, the result is placed in the file register specified in the instruction.

For **bit-oriented** instructions, 'b' represents a bit field designator which selects the number of the bit affected by the operation, while 'f' represents the address of the file in which the bit is located.

For **literal and control** operations, 'k' represents an eight or eleven bit constant or literal value.

TABLE C.1: OPCODE FIELD DESCRIPTIONS

Field	Description
f	Register file address (0x00 to 0x7F)
W	Working register (accumulator)
b	Bit address within an 8-bit file register
k	Literal field, constant data or label
x	Don't care location (= 0 or 1) The assembler will generate code with x = 0. It is the recommended form of use for compatibility with all Microchip software tools.
d	Destination select; d = 0: store result in W, d = 1: store result in file register f. Default is d = 1
PC	Program Counter
TO	Time-out bit
PD	Power-down bit

The instruction set is highly orthogonal and is grouped into three basic categories:

- **Byte-oriented** operations
- **Bit-oriented** operations
- **Literal and control** operations

All instructions are executed within one single instruction cycle, unless a conditional test is true or the program counter is changed as a result of an instruction. In this case, the execution takes two instruction cycles with the second cycle executed as a NOP. One instruction cycle consists of four oscillator periods. Thus, for an oscillator frequency of 4 MHz, the normal instruction execution time is 1 μs. If a conditional test is true or the program counter is changed as a result of an instruction, the instruction execution time is 2 μs.

Table C.2 lists the instructions recognized by the MPASM™ Assembler.

Figure C.1 shows the general formats that the instructions can have.

> 注意：为了保持与未来PIC16FXX产品的兼容性，一定不要应用OPTION和TRIS指令。

All examples use the following format to represent a hexadecimal number:

0xhh

where h signifies a hexadecimal digit.

FIGURE C.1: GENERAL FORMAT FOR INSTRUCTIONS

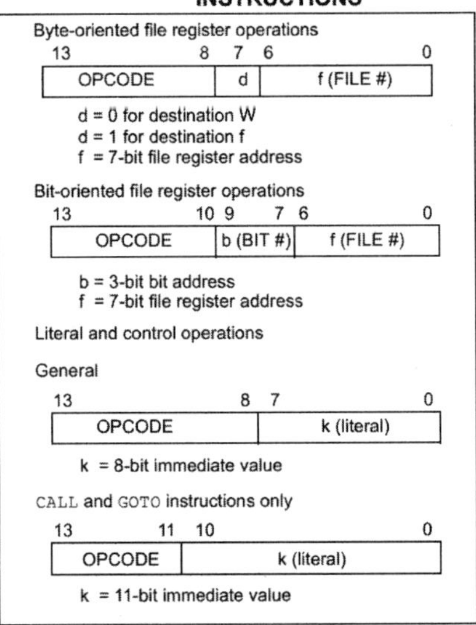

A description of each instruction is available in the PIC® Mid-Range Reference Manual (DS33023).

TABLE C.2: PIC16CXXX INSTRUCTION SET

Mnemonic, Operands		Description	Cycles	14-Bit Opcode (MSb … LSb)	Status Affected	Notes
BYTE-ORIENTED FILE REGISTER OPERATIONS						
ADDWF	f, d	Add W and f	1	00 0111 dfff ffff	C,DC,Z	1,2
ANDWF	f, d	AND W with f	1	00 0101 dfff ffff	Z	1,2
CLRF	f	Clear f	1	00 0001 1fff ffff	Z	2
CLRW	-	Clear W	1	00 0001 0xxx xxxx	Z	
COMF	f, d	Complement f	1	00 1001 dfff ffff	Z	1,2
DECF	f, d	Decrement f	1	00 0011 dfff ffff	Z	1,2
DECFSZ	f, d	Decrement f, Skip if 0	1 (2)	00 1011 dfff ffff		1,2,3
INCF	f, d	Increment f	1	00 1010 dfff ffff	Z	1,2
INCFSZ	f, d	Increment f, Skip if 0	1 (2)	00 1111 dfff ffff		1,2,3
IORWF	f, d	Inclusive OR W with f	1	00 0100 dfff ffff	Z	1,2
MOVF	f, d	Move f	1	00 1000 dfff ffff	Z	1,2
MOVWF	f	Move W to f	1	00 0000 1fff ffff		
NOP	-	No Operation	1	00 0000 0xx0 0000		
RLF	f, d	Rotate Left f through Carry	1	00 1101 dfff ffff	C	1,2
RRF	f, d	Rotate Right f through Carry	1	00 1100 dfff ffff	C	1,2
SUBWF	f, d	Subtract W from f	1	00 0010 dfff ffff	C,DC,Z	1,2
SWAPF	f, d	Swap nibbles in f	1	00 1110 dfff ffff		1,2
XORWF	f, d	Exclusive OR W with f	1	00 0110 dfff ffff	Z	1,2
BIT-ORIENTED FILE REGISTER OPERATIONS						
BCF	f, b	Bit Clear f	1	01 00bb bfff ffff		1,2
BSF	f, b	Bit Set f	1	01 01bb bfff ffff		1,2
BTFSC	f, b	Bit Test f, Skip if Clear	1 (2)	01 10bb bfff ffff		3
BTFSS	f, b	Bit Test f, Skip if Set	1 (2)	01 11bb bfff ffff		3
LITERAL AND CONTROL OPERATIONS						
ADDLW	k	Add literal and W	1	11 111x kkkk kkkk	C,DC,Z	
ANDLW	k	AND literal with W	1	11 1001 kkkk kkkk	Z	
CALL	k	Call subroutine	2	10 0kkk kkkk kkkk		
CLRWDT	-	Clear Watchdog Timer	1	00 0000 0110 0100	$\overline{TO}$,$\overline{PD}$	
GOTO	k	Go to address	2	10 1kkk kkkk kkkk		
IORLW	k	Inclusive OR literal with W	1	11 1000 kkkk kkkk	Z	
MOVLW	k	Move literal to W	1	11 00xx kkkk kkkk		
RETFIE	-	Return from interrupt	2	00 0000 0000 1001		
RETLW	k	Return with literal in W	2	11 01xx kkkk kkkk		
RETURN	-	Return from Subroutine	2	00 0000 0000 1000		
SLEEP	-	Go into standby mode	1	00 0000 0110 0011	$\overline{TO}$,$\overline{PD}$	
SUBLW	k	Subtract W from literal	1	11 110x kkkk kkkk	C,DC,Z	
XORLW	k	Exclusive OR literal with W	1	11 1010 kkkk kkkk	Z	

Note 1: When an I/O register is modified as a function of itself (e.g., MOVF PORTB, 1), the value used will be that value present on the pins themselves. For example, if the data latch is '1' for a pin configured as input and is driven low by an external device, the data will be written back with a '0'.

2: If this instruction is executed on the TMR0 register (and, where applicable, d = 1), the prescaler will be cleared if assigned to the Timer0 Module.

3: If Program Counter (PC) is modified or a conditional test is true, the instruction requires two cycles. The second cycle is executed as a NOP.

附录D

特殊指令助记符(宏指令)

PIC16 的一些指令还可以用特殊助记符来表示，以提高程序可读性和编程效率也便于记忆。这些助记符可以被汇编器 MPASM 所接受，在汇编时会将其译成相应的 PIC16 基本指令。例如，C 清零指令"BCF 3,0"可写成 CLRC；C 置位指令"BSF 3,0"可写成 SETC。附表列出了可以选用的全部特殊助记符及其相对应的基本指令。

指令代码 二进制 (Hex)	名 称	特殊助记符	对 应 指 令	状态影响
0100 0000 0011 (403)	清除 C 标号	CLRC	BCF 3,0	—
0101 0000 0011 (503)	设置 C 标号	SETC	BSF 3,0	—
0100 0010 0011 (423)	清除半进位标号	CLRDC	BCF 3,1	—
0101 0010 0011 (523)	设置半进位标号	SETDC	BSF 3,1	—
01000100 0011 (443)	清除 0 标号	CLRZ	BCF 3,2	—
0101 0100 0011 (543)	设置 0 标号	SETZ	BSF 3,2	—
0111 0000 0011 (703)	进位则跳(一步)	SKPC	BTFSS 3,0	—
0110 0000 0011 (603)	无进位则跳	SKPNC	BTFSC 3,0	—
0111 0010 0011 (723)	半进位为 1 则跳	SKPDC	BTFSS 3,1	—
0110 0010 0011 (623)	半进位为 0 则跳	SKPNDC	BTFSC 3,1	—
0111 0100 0011 (743)	为 0 则跳	SKPZ	BTFSS 3,2	—
0110 0100 0011 (643)	不为 0 则跳	SKPNZ	BTFSC 3,2	—
0010 001fffff (22f)	测试寄存器	TSTF f	MOVF f,1	Z
0010 000fffff (20f)	搬移寄存器到 W	MOVFW f	MOVF f,0	Z
0010 011fffff (26f)	寄存器取补码	NEGF f,d	COMF f,1	Z
0010 10dfffff (28f)			INCF f,d	
0110 0000 0011 (603)	加进位到寄存器	ADDCF f,d	BTFSC 3,0	Z
0010 10dfffff (28f)			INCF f,d	

续表

指令代码 二进制 (Hex)	名　　称	特殊助记符	对 应 指 令	状态影响
0110 0000 0011 (603)	寄存器减进位	SUBCF f,d	BTFSC 3,0	Z
0000 11dfffff (0cf)			DECF f,d	
0110 0010 0011 (623)	加半进位到寄存器	ADDDCF f,d	BTFSC 3,1	Z
0010 10dfffff (28f)			INCF f,d	
0110 0010 0011 (623)	从寄存器减半进位	SUBDCF f,d	BTFSC 3,1	Z
0000 11dfffff (0cf)			DECF f,d	
101kkkkk kkkk (akk)	分支(即跳转)	B k	GOTO k	—
0110 0000 0011 (603)	有进位,分支	BC k	BTFSC 3,0	—
101kkkkk kkkk (akk)			GOTO k	
0111 0000 0011 (703)	无进位,分支	BNC k	BTFSS 3,0	—
101kkkkk kkkk (akk)			GOTO k	
0111 0000 0011 (703)	半进位为1,分支	BDC k	BTFSC 3,1	—
101kkkkk kkkk (akk)			GOTO k	
0110 0100 0011 (643)	半进位为0,分支	BNDC k	BTFSS 3,1	—
101kkkkk kkkk (akk)			GOTO k	
0111 0100 0011 (743)	结果为0,分支	BZ k	BTFSC 3,2	—
101kkkkk kkkk (akk)			GOTO k	
111 0100 0011 (743)	结果不为0,分支	BNZ k	BTFSS 3,2	—
101kkkkk kkkk (akk)			GOTO k	

附录E

宏汇编器MPASM伪指令一览表

<table>
<tr><th>指示语言</th><th>描述</th><th>语法</th></tr>
<tr><td colspan="3">控制型指示语言</td></tr>
<tr><td>CONSTANT</td><td>说明符号常量</td><td>constant <标号> [= <表达式>,…,<标号>[= <表达式>]]</td></tr>
<tr><td>#DEFINE</td><td>定义一个文本替换符号</td><td>#define <名称>[[(<参数>,…,<参数>)]<数值>]</td></tr>
<tr><td>END</td><td>程序结束标志</td><td>End</td></tr>
<tr><td>EQU</td><td>定义一个汇编常量</td><td><标号> equ <表达式></td></tr>
<tr><td>ERROR</td><td>产生一条错误信息</td><td>error "<字符串>"</td></tr>
<tr><td>ERRORLEVEL</td><td>设置信息优先级</td><td>errorlevel 0|1|2|<+->< msg ></td></tr>
<tr><td>#INCLUDE</td><td>包含另外的源文件</td><td>include <<包含文件>>
include "<包含文件>"</td></tr>
<tr><td>LIST</td><td>列表选项</td><td>list [<选项>[,…,<选项>]]</td></tr>
<tr><td>MESSG</td><td>建立用户自定义信息</td><td>messg "<信息文本>"</td></tr>
<tr><td>NOLIST</td><td>关闭列表选项</td><td>Nolist</td></tr>
<tr><td>ORG</td><td>设置程序起始地址</td><td><标号> org <表达式></td></tr>
<tr><td>PAGE</td><td>插入页到列表中</td><td>Page</td></tr>
<tr><td>PROCESSOR</td><td>设置处理器类型</td><td>processor <处理器类型></td></tr>
<tr><td>RADIX</td><td>定义默认基数</td><td>radix <默认基数></td></tr>
<tr><td>SET</td><td>定义一个汇编变量</td><td><标号> set <表达式></td></tr>
<tr><td>SPACE</td><td>在列表中插入空行</td><td>space [<表达式>]</td></tr>
<tr><td>SUBTITLE</td><td>指定程序子标题</td><td>subtitl "<子标题>"</td></tr>
<tr><td>TITLB</td><td>指定程序标题</td><td>title "<标题>"</td></tr>
<tr><td>#UNDEFINE</td><td>删除一个替换符号</td><td>#undefine <标号></td></tr>
<tr><td>VARIABLE</td><td>说明符号变量</td><td>variable <标号> [=<表达式>,…,<标号> [= <表达式>]]</td></tr>
</table>

指示语言	描　述	语　法
条件汇编		
ELSE	开始条件汇编的另一分支	Else
ENDIF	开始条件汇编的另一分支	Endif
ENDW	WHILE 循环的结尾	Endw
IF	开始条件汇编	if <表达式>
IFDEF	如果符号定义则执行	ifdef <标号>
IFNDEF	如果符号未定义则执行	ifndef <标号>
WHILE	条件为真时执行循环体	while <表达式>

指示语言	描　述	语　法
数据		
_ _BADRAM	标注不可用 RAM	_ _badram <表达式>
CBLOCK	标注不可用 RAM	cblock [<表达式>]
_ _CONFIG	设置处理器配置位	_ _config <表达式> 或 config <地址>,<表达式>
DA	字符串存入程序存储器中	[<标号>] da <表达式> [,<表达式 2>,…,<表达式 n>]
DATA	建立数字和文本数据	data <表达式>,[,<表达式>,…,<表达式>] data "<字符串>"[,"<字符串>",…]
DB	说明一个字节数据	db <表达式> [,<表达式>,…,<表达式>]
DE	说明一个 EEPROM 字节	de <表达式> [,<表达式>,…,<表达式>]
DT	定义表格	dt <表达式> [,<表达式>,…,<表达式>]
DW	说明一个字数据	dw <表达式> [,<表达式>,…,<表达式>]
ENDC	结束一个自动常量块	Endc
FILL	指定内在填充值	fill <表达式>, <数量>
_ _IDLOCS	设置处理器 ID 位置	_ _idlocs <表达式>
_ _MAXRAM	定义最大的 RAM 位置	_ _maxram <表达式>
RES	保留存储器	res <存储器单元>

指示语言	描　述	语　法
宏		
ENDM	结束宏	endm
EXITM	退出宏	exitm
EXPAND	展开宏列表	expand
LOCAL	说明局部变量	local <标号> [,<标号>]
MACRO	宏定义	<标号> macro [<参数>,…,<参数>]
NOEXPAND	关闭宏扩展	noexpand

指示语言	描　述	语　法
目标文件指示语言		
BANKISEL	产生间接 RAM 堆选择	bankisel <标号>
BANKSEL	产生 RAM 堆选择	banksel <标号>
CODE	开始一个目标代码的选项	[<名称>] code [<地址>]
EXTERN	定义外部定义标号	extern <标号> [,<标号>]
GLOBAL	出口标号	extern <标号> [,<标号>]
IDATA	开始目标文件初始数据	[<名称>] idata [<地址>]
PAGESEL	产生页选择码	pagesel <标号>
UDATA	开始目标文件未初始化数据位置	[<名称>] udata [<地址>]
UDATA_ACS	访问目标文件未初始化数据位置	[<名称>] udata_acs [<地址>]
UDATA_OVR	覆盖目标文件未初始化数据位置	[<名称>] udata_ovr [<地址>]
UDATA_SHR	共享目标文件未初始化数据位置	[<名称>] udata_shr [<地址>]

附录F

包含文件P16F84A.INC

P16F84A. INC 包含文件(头文件)程序清单:

```
;==================================================================
        LIST

;==================================================================
;  MPASM PIC16F84A processor include
;
;  (c) Copyright 1999 - 2013 Microchip Technology, All rights reserved
;==================================================================

        NOLIST

;==================================================================
; 这个头文件针对 PIC16F84A 单片机,定义了系统配置字、寄存器和一些有用的比特的信息.
; 这些符号名尽量保持与数据手册中所用符号名的一致性.
; 注意,在该文件被包含之前必须选定单片机型号,可以通过以下 4 种方式进行选定:
;     (1) 启动汇编器时利用命令行开关:
;           C:\ MPASM MYFILE. ASM /PIC16F84A
;     (2) 在源文件中利用列表伪指令 LIST:
;           LIST   P = PIC16F84A
;     (3) 在汇编器 MPASM 的全屏幕界面中输入单片机型号;
;     (4) 在 MPLAB 项目对话框中设置单片机型号.
;==================================================================

;==================================================================
;
;     Verify Processor        [核对处理器型号]
;
;==================================================================
```

```
        IFNDEF __16F84A
           MESSG "单片机头文件不匹配。请核对选定的单片机型号."
        ENDIF

;==========================================================================
;
;    Register Definitions      [寄存器定义]
;
;==========================================================================

W             EQU  H'0000'
F             EQU  H'0001'

;----- Register Files ---------------------------------------------------

;----- Bank0 ------------------
INDF          EQU  H'0000'
TMR0          EQU  H'0001'
PCL           EQU  H'0002'
STATUS        EQU  H'0003'
FSR           EQU  H'0004'
PORTA         EQU  H'0005'
PORTB         EQU  H'0006'
EEDATA        EQU  H'0008'
EEADR         EQU  H'0009'
PCLATH        EQU  H'000A'
INTCON        EQU  H'000B'

;----- Bank1 ------------------
OPTION_REG    EQU  H'0081'
TRISA         EQU  H'0085'
TRISB         EQU  H'0086'
EECON1        EQU  H'0088'
EECON2        EQU  H'0089'

;----- STATUS Bits ------------------------------------------------------
C             EQU  H'0000'
DC            EQU  H'0001'
Z             EQU  H'0002'
NOT_PD        EQU  H'0003'
NOT_TO        EQU  H'0004'
IRP           EQU  H'0007'

RP0           EQU  H'0005'
RP1           EQU  H'0006'


;----- PORTA Bits -------------------------------------------------------
RA0           EQU  H'0000'
RA1           EQU  H'0001'
RA2           EQU  H'0002'
```

```
RA3             EQU   H'0003'
RA4             EQU   H'0004'


;----- PORTB Bits ------------------------------------------------------
RB0             EQU   H'0000'
RB1             EQU   H'0001'
RB2             EQU   H'0002'
RB3             EQU   H'0003'
RB4             EQU   H'0004'
RB5             EQU   H'0005'
RB6             EQU   H'0006'
RB7             EQU   H'0007'


;----- INTCON Bits -----------------------------------------------------
RBIF            EQU   H'0000'
INTF            EQU   H'0001'
T0IF            EQU   H'0002'
RBIE            EQU   H'0003'
INTE            EQU   H'0004'
T0IE            EQU   H'0005'
EEIE            EQU   H'0006'
GIE             EQU   H'0007'

TMR0IF          EQU   H'0002'
TMR0IE          EQU   H'0005'


;----- OPTION_REG Bits -------------------------------------------------
PSA             EQU   H'0003'
T0SE            EQU   H'0004'
T0CS            EQU   H'0005'
INTEDG          EQU   H'0006'
NOT_RBPU        EQU   H'0007'

PS0             EQU   H'0000'
PS1             EQU   H'0001'
PS2             EQU   H'0002'


;----- TRISA Bits ------------------------------------------------------
TRISA0          EQU   H'0000'
TRISA1          EQU   H'0001'
TRISA2          EQU   H'0002'
TRISA3          EQU   H'0003'
TRISA4          EQU   H'0004'


;----- TRISB Bits ------------------------------------------------------
TRISB0          EQU   H'0000'
```

```
TRISB1          EQU  H'0001'
TRISB2          EQU  H'0002'
TRISB3          EQU  H'0003'
TRISB4          EQU  H'0004'
TRISB5          EQU  H'0005'
TRISB6          EQU  H'0006'
TRISB7          EQU  H'0007'

;----- EECON1 Bits ---------------------------------------------------
RD              EQU  H'0000'
WR              EQU  H'0001'
WREN            EQU  H'0002'
WRERR           EQU  H'0003'
EEIF            EQU  H'0004'

;=====================================================================
;
;       RAM Definition  [RAM 定义]
;
;=====================================================================
        __MAXRAM  H'00CF'
        __BADRAM  H'0007'
        __BADRAM  H'0050'-H'007F'
        __BADRAM  H'0087'

;=====================================================================
;       Configuration Bits  [系统配置字的配置位]
;
;  NAME                 Address
;  CONFIG               2007h
;
;=====================================================================

;预先为各个专用位的参数值配置定义一些模板字.
;例如"_WDT_OFF"的模板字为"3FFBH",等同于设置配置字的"bit2 = 0"
_CONFIG         EQU  H'2007'

;----- CONFIG Options ------------------------------------------------
_FOSC_LP        EQU  H'3FFC'      ;LP 低频振荡器方式
_LP_OSC         EQU  H'3FFC'      ;LP 低频振荡器方式
_FOSC_XT        EQU  H'3FFD'      ;XT 标准振荡器方式
_XT_OSC         EQU  H'3FFD'      ;XT 标准振荡器方式
_FOSC_HS        EQU  H'3FFE'      ;HS 高频振荡器方式
_HS_OSC         EQU  H'3FFE'      ;HS 高频振荡器方式
_FOSC_EXTRC     EQU  H'3FFF'      ;RC 阻容振荡器方式(省略)
_RC_OSC         EQU  H'3FFF'      ;RC 阻容振荡器方式(省略)

_WDTE_ON        EQU  H'3FFF'      ;看门狗定时器功能被启用(省略)
_WDTE_OFF       EQU  H'3FFB'      ;看门狗定时器功能被禁止
_WDT_ON         EQU  H'3FFF'      ;看门狗定时器功能被启用(省略)
_WDT_OFF        EQU  H'3FFB'      ;看门狗定时器功能被禁止
```

```
_PWRTE_ON       EQU   H'3FF7'       ; 上电延时定时器功能被启用
_PWRTE_OFF      EQU   H'3FFF'       ; 上电延时定时器功能被禁止(省略)

_CP_ON          EQU   H'000F'       ; 所有程序存储器代码保护
_CP_OFF         EQU   H'3FFF'       ; 代码不设保护(省略)

; ----- DEVID Equates ---------------------------------------------------
_DEVID1         EQU   H'2006'

; ----- IDLOC Equates ---------------------------------------------------
_IDLOC0         EQU   H'2000'
_IDLOC1         EQU   H'2001'
_IDLOC2         EQU   H'2002'
_IDLOC3         EQU   H'2003'

        LIST
```

附录G

MPASM出错、警告、提示3类显示信息

在利用宏汇编器 MPASM 对于用户编写的汇编语言源程序进行汇编时，MPASM 通过两次扫描的方式对于源程序进行翻译加工，即从汇编语言到机器语言的翻译。在翻译过程中，会自动检查源程序中可能存在的各类严重程序不同的差错，并且根据差错的严重程度分别给出 3 类不同性质的显示信息：

① 出错性显示信息。代表检测到了源程序中有严重程度最高的错误，例如，语法错误等。只要存在此类错误，MPASM 就会停止生成目标文件。此类错误的显示信息都是利用字符串“Error”引导，并且其编号都是用“1”打头的 3 位数字。例如，Error[113]Symbol not Proviously defined，说的是，符号未经预先定义。

② 警告性显示信息。代表检测到了源程序中有严重程度居中的错误，例如，格式书写不规范等。此类错误不影响生成目标程序。此类错误的显示信息的编号都是利用“2”打头的 3 位数字。

③ 提示性显示信息。代表检测到了源程序中有严重程度轻微的错误，例如，没有指定选项值等。即使存在此类错误也丝毫不影响生成目标程序。此类错误的显示信息都是利用字符串“Message”引导，并且其编号都是用“3”打头的 3 位数字。

G.1 出错性显示信息举例

104 Temp file creation error.　　无法建立临时文件。

不能建立临时文件，请检查可用的磁盘空间是否足够。

105 Can not open file.　　无法打开文件。

不能打开文件，如果它是源文件，那么文件可能不存在；如果它是输出文件，可能是旧版本有写保护。

106 String Substitution too complex.　　字符串替换态复杂。
#defines 的嵌套太多了。

107 Illegal digit　　非法数字。
一个数(Number)中的非法数字(Digit)。二进制的有效数字为 0 和 1；八进制的有效数字为 0～7；十进制的有效数字为 0～9；十六进制的有效数字为 0～9 和 a～f(或 A～F)。数字的第一个字符不能是字母。

108 Illegal character.　　非法数字。
一个标号(Label)中的非法字符(Character)。标号的有效字符英文字母(a～z 和 A～Z),阿拉伯数字(0～9),下画线(_)以及半角问号(?)。标号的第一个字符不能是数字。
为 0 和 1；八进制的有效数字为 0～7；十进制的有效数字为 0～9；十六进制的有效数字为 0～9 和 a～f(或 A～F)。

109 Unmatched"(".　　左括号不匹配。
只要左括号,没有与之匹配的右括号。例如,"DATA　(1+2"。

110 Unmatched")".　　右括号不匹配。
只要右括号,没有与之匹配的左括号。例如,"DATA　1+2)"。

G.2　警告性显示信息举例

202 Argument out of range. Least significant bits used.　　参数超出范围。仅取低端有效部分。

分配的空间容纳不下用户给出的参数,系统自动截取参数低端的有效位数。例如,字符型数据的位数不能超出 8 比特。

203 Found opcode in column 1.　　发现操作码写到了第 1 列上。
在第 1 列上就开始书写操作码是不规范的,一般地址标号才从第 1 列开始书写。

204 Found pseudo-op in column 1.　　发现伪指令写到了第 1 列上。
在第 1 列上就开始书写伪指令是不规范的,一般地址标号才从第 1 列开始书写。

207 Found label after column 1.　　发现标号没有从第 1 列开始写。
从第 1 列之后开始写标号是不规范的,一般指令或伪指令才从第 1 列之后开始书写。

208 Label truncated at 32 characters.　　标号长度超出 32 字符部分被舍弃。

规定一个标号长度不超过 32 个字符。超出部分被系统自动截断并丢弃。

209 Missing quote.　　丢失了引号。

字符型或字符串型数据必须用引号括起来,若丢失引号则报错。

G.3 提示性显示信息举例

302 Register in operand not in bank 0. Ensure that bank bits are correct.　　操作数内的寄存器不位于体 0 中。确信体选位的设置是正确的。

寄存器的地址被赋予一个数值,该数值还包含寄存器体选位(bank bits)。例如,PIC16F84A 的 RAM 单元或寄存器单元的具体位置,由来自指令中 7 比特码和来自 STATUS 寄存器中的 1 比特体选位共同确定。

303 Program word too large. truncated to core size.　　程序字太长,只截取 PIC 核允许部分。

基础级的 PIC16C5X 系列单片机内核的程序字为 12 比特;中级的 PIC16FXX(包含 16F84A)系列单片机内核的程序字为 14 比特。

304 ID locations value too large. Last four hex digits used.　　ID 单元值的位数太长,只截取 4 个数据的最低位十六进制数。

对于用户识别码 ID 的保存,利用的是 4 个 Flash 单元的最低 4 比特,保留的是 4 个十六进制数。

305 Using default destination of 1(file).　　使用默认值。

如果指令中没有给出目标位,系统自动选用默认值 1。

附录H

图书配套学习实验开发板PICbasic84

本附录详细介绍了一款由本书作者和学生专门为本书配套设计的学习、实验、开发板，用于支撑书中的一些实验项目或项目范例。其中包括电路原理图、电路元器件、单元电路及其功能说明等翔实资料。不仅可以供读者在阅读本书、分析和仿作实验项目时参考，而且还可以供读者在自行仿制该板时参考（对于 PICbasic84 学习板，如果读者有兴趣或者有需要，可以联系电子邮箱 lixuehai@tom.com）。

H.1 学习实验开发板的电路原理图

为"PICbasic84 学习实验开发板"设计的印刷电路板（PCB），其实物图、布局图和印板图，分别如图 H.1 和图 H.2 所示；完整详尽的电路原理图如图 H.3 所示。

图 H.1 PICbasic84 学习实验开发板实物图

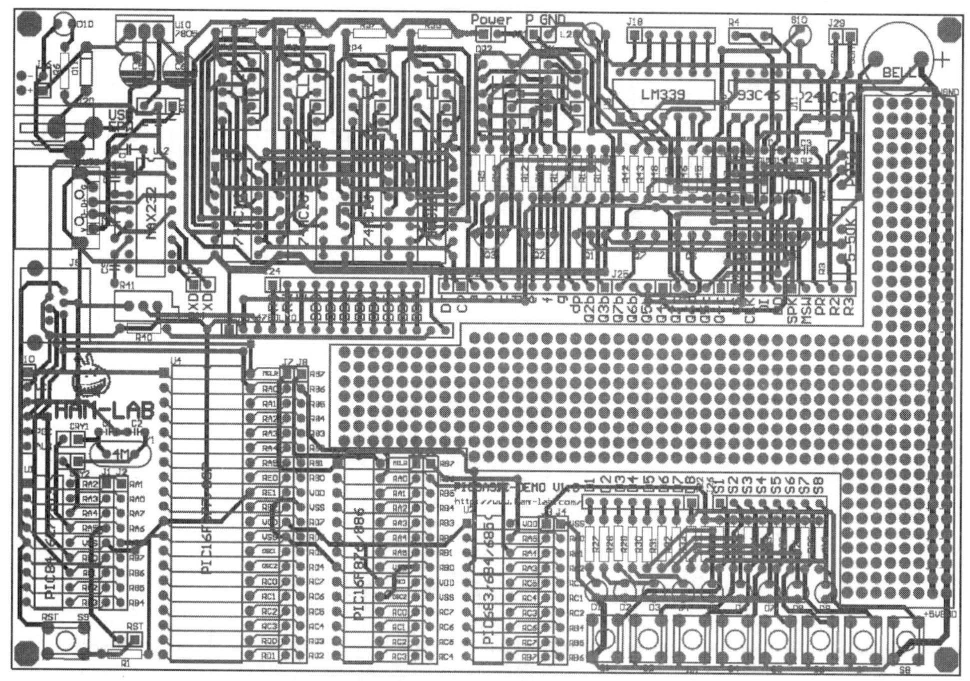

图 H.2 PICbasic84 学习实验开发板的布局图和印板图

H.2 学习实验开发板的功能单元电路详解

PICbasic84 学习实验开发板的整个电路布局和布线，都是以相互分离的模块化来规划和设计的，每个模块都是一个功能相对独立的单元电路。各模块之间除了正、负电源相互连通之外，其余信号线都是借助于排型插针和杜邦连线按需要选择性连接的，这样做的好处是灵活性强，便于随机组合和按需选用。其中包含如下功能电路单元。

H.2.1 直流电源电路(多元化)

直流电源电路，如图 H.4 所示。电路的核心是一片固定输出＋5V 的三端稳压器 7805；串联了限流电阻 R6 的红色发光二极管 D10 用作电源指示灯。为了便于取电，在该电路中设计了至少 4 种不同外接电源的输入途径。依据是否需要经过稳压环节，大致可以把外接电源归纳为下面的两大类。在两类电源之间切换或选择时，需要一只单刀双掷开关 S11(或跳线)。这里的 S11 是利用 3 芯排针跨接一只短路子来实现的。当拔掉 S11 上的短路子时，还可以达到断开电源的目的，从而 S11 又可以充当一只电源开关。

(1) 可以插接 9V 层叠电池(利用专用插口 J16)或 9V～18V 的 AC/DC 电源适配器(利用专用插口 J20)。这时 S11 接通于 1～3 之间，接入电源需要经过 7805 把电压稳定在＋5V。如图 H.5 所示，就是一款传统的电源适配器。它可将 220V/50Hz 的交流市电，经过变压器降压、二极管整流、电容滤波之后，转换成约为 9V/0.5A 的直流电源。当然也可以选用新型电源适配器，外观类似但重量变轻，因为采用了开关电源技术实现的降压。

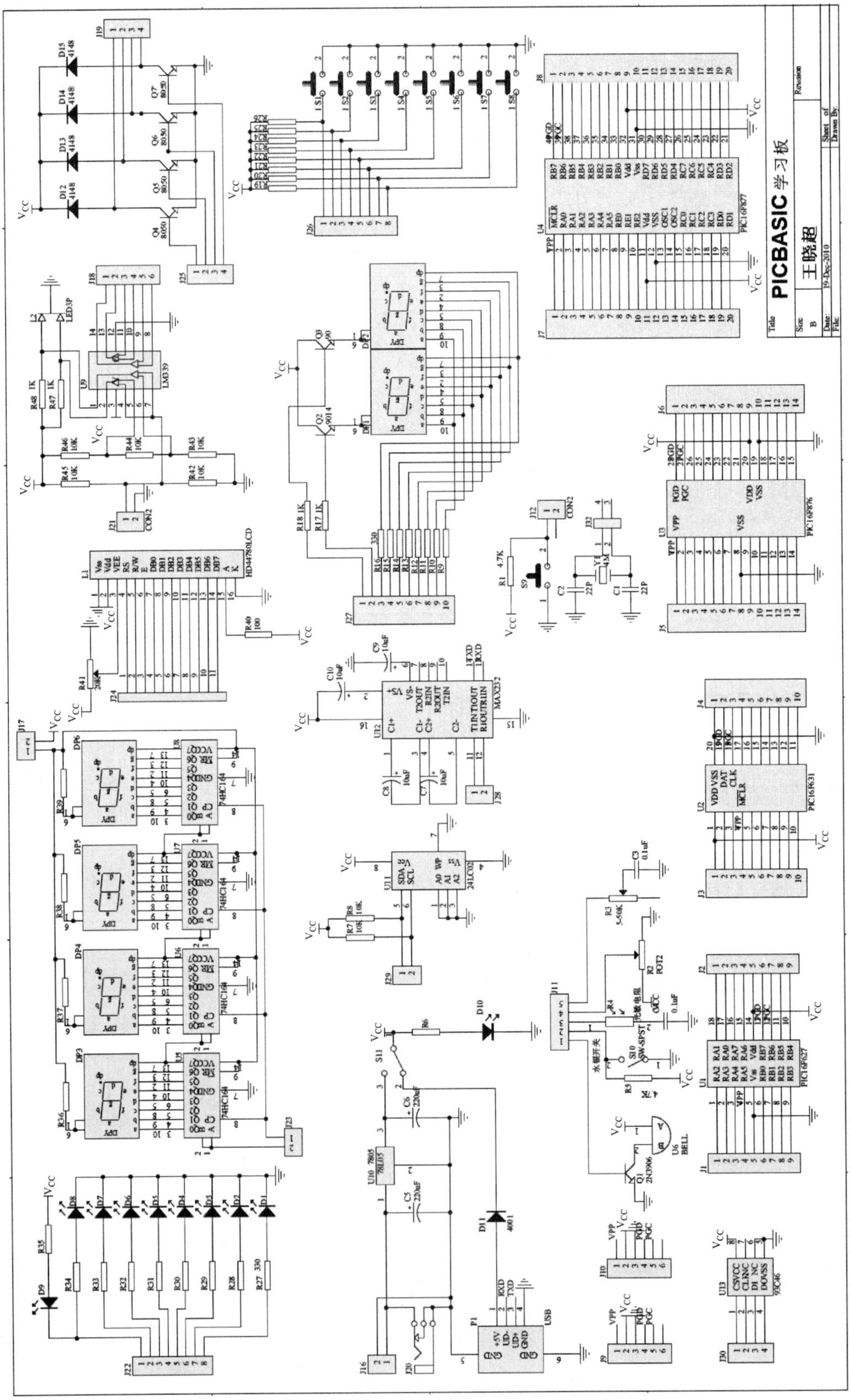

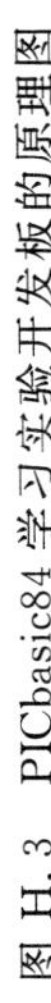

图 H.3　PICbasic84 学习实验开发板的原理图

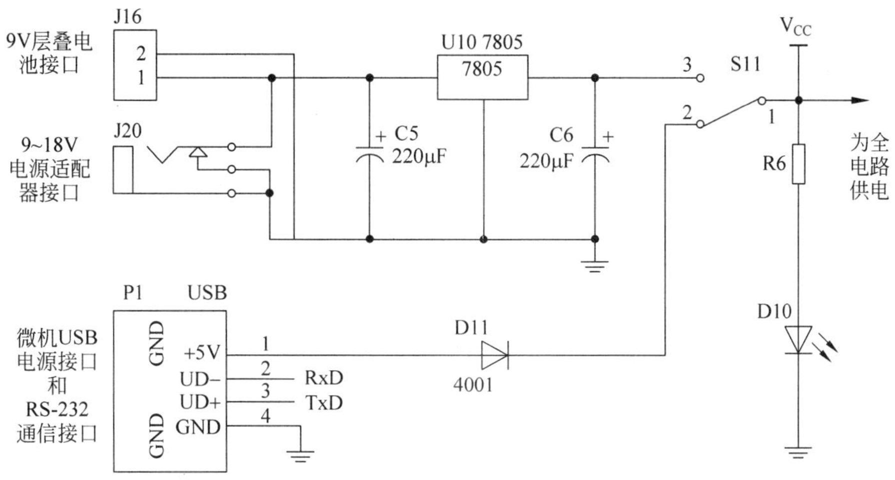

图 H.4 直流电源和电源指示灯电路

图 H.5 9V/0.5A 电源适配器

（2）也可以插接PC微机USB接口提供的5V电源，或者手机充电器提供的4.8V或5V电源（利用USB专用插口P1）。这时S11接通于1～2之间，接入电源不需要稳压，但需要经过二极管D11，以避免极性接反而损坏设备。

H.2.2 复位电路＋时钟电路

学习板上设计了可供用户选用的，外接人工按钮复位电路和4MHz石英晶体时钟电路。电路如图H.6所示。选用与否可以借助于短路子的插入与拔出来实现。

对于微芯公司近年来推出的PIC系列单片机新品，片内集成了复位电路和时钟电路备选。一旦用户选用了内部自带的复位和时钟功能时，不仅可以腾出宝贵的引脚资源，还可以免用外接的复位电路和时钟电路。

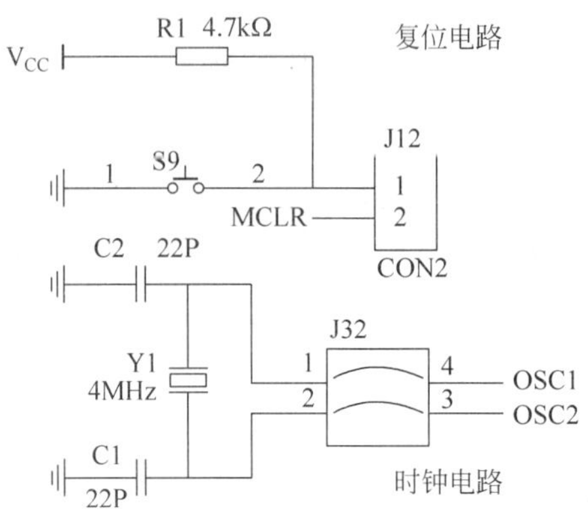

图 H.6 复位电路+时钟电路

H.2.3 编程器+调试器接口电路

微芯公司为了适配它推出的小巧、经济、普及型在线开发工具，制定的两种 6 芯在线串行编程(ICSP，In-Circuit Serial Programming)接口标准：一种采用的是 6 芯单排排针；另一种采用的是国际标准的 6 芯插口 RJ-11。前者被官方最先用来配合它的经济型在线编程器 PICkit(或 PICkit2 或 PICkit3)；后者被官方最先用来配合它的经济型在线调试器 MPLAB-ICD(或 ICD2 或 ICD3)。

为了适配微芯公司制定的以上两种 ICSP 接口标准，本学习板上也设置了这两种接口，插接 PICkit3 的 6 芯单排排针和插接 ICD 的 6 芯水晶头插口。如图 H.7 所示。

6 芯单排排针专用于插接开发 PIC 单片机应用项目的经济型在线编程器 PICkit 系列。如图 H.8 所示，为 PICkit3 的实物图。如图 H.9 所示，为 PICkit3 编程器与目标电路板的连接方法。

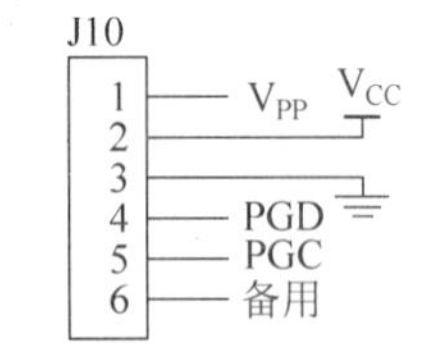

(a) 插接PICkit的连接器排针

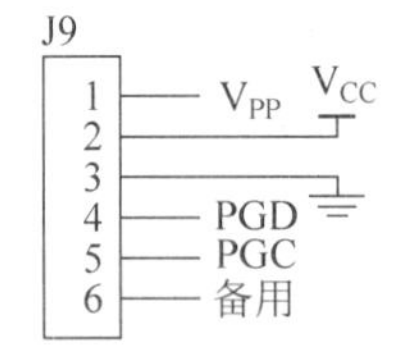

(b) 插接ICD的水晶头插口

图 H.7 适配在线调试器和编程器的两种 6 芯接口

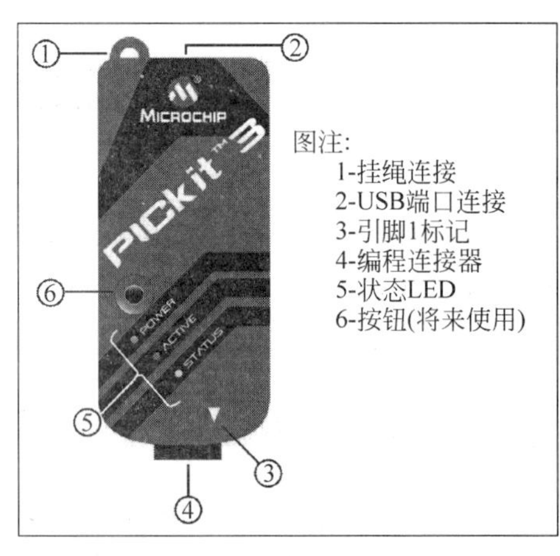

图 H.8 PICkit3 编程器实物图

用于插接 6 芯水晶头的标准插口 RJ-11，实际早在电话机中就有广泛地应用。实物形状如图 H.10 所示。

这里利用 6 芯水晶头插口专门连接开发 PIC 单片机应用项目的经济型在线调试器 ICD

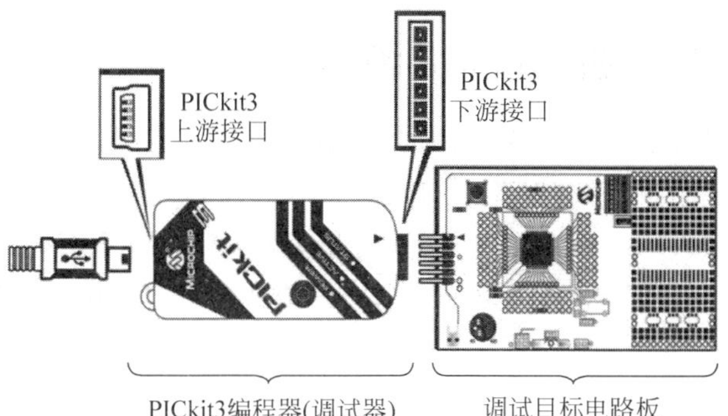

图 H.9 PICkit3 和目标板之间排针连接

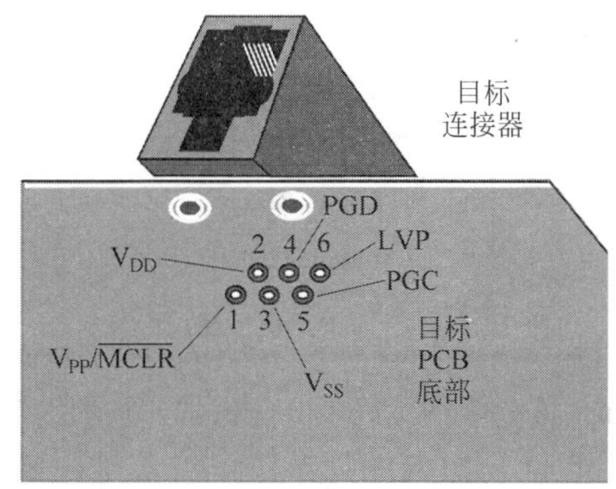

图 H.10 插接 ICD 水晶头的插口(RJ-11)

系列。如图 H.11 所示,为 ICD3 的实物图。如图 H.12 所示,为 ICD3 调试器与目标电路板的连接方法。

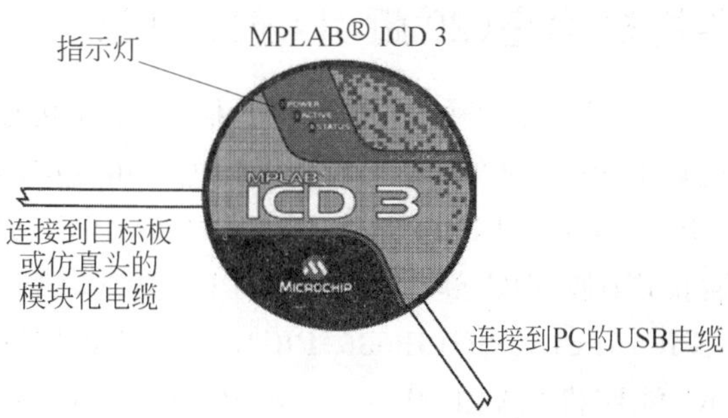

图 H.11 ICD3 调试器实物图

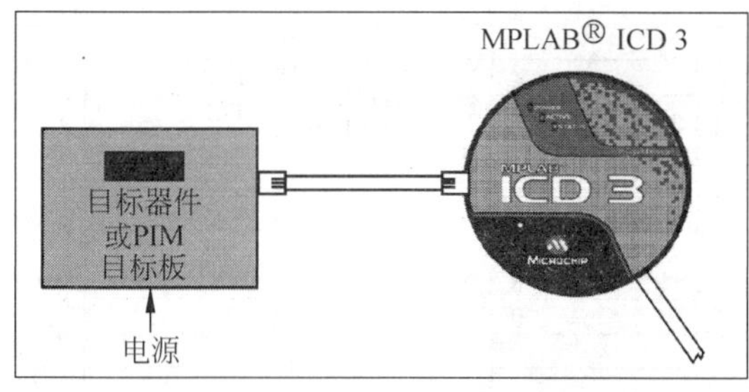

图 H.12 ICD3 和目标板之间的连接

H.2.4 目标单片机插座(18 脚)

电路如图 H.13 所示。这是一个 18 脚集成电路插座,适合插接 DIP(双列直插封装的)18 脚 PIC 单片机,例如 PIC16F84、PIC16F627、PIC16F818、PIC16F819、PIC16F628、PIC16F716、PIC16F648、PIC16F87、PIC16F88 和 PIC18F1220、PIC18F1230、PIC18F1320、PIC18F1330 等型号。可作为学习实验、下载编程、仿真调试和应用开发的目标单片机。

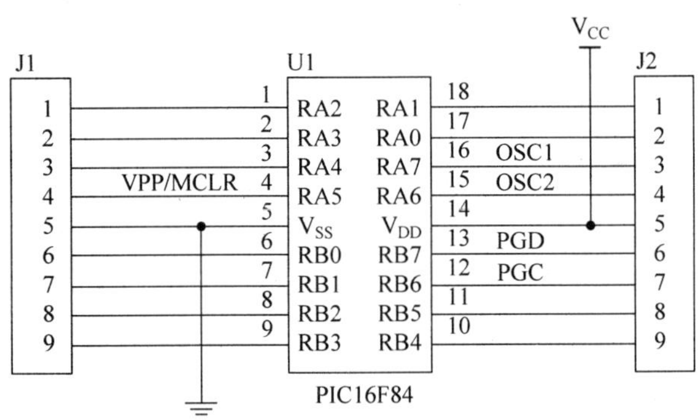

图 H.13 目标单片机插座(18 脚)

补充说明:在电路中,正、负电源端子(VCC 和接地)分别与电路板的正、负电源固定连接;在线编程信号 PGD、PGC 和 VPP 与编程器插口(6 芯排针)以及在线调试器插口(6 芯水晶头插口)之间固定连接;外接复位信号 MCLR 与人工按钮复位电路之间可以利用"短路子 RST"选择连接或断开;外接时钟信号 OSC1 和 OSC2 与外接石英晶体之间可以利用"短路子 CRY1 和 CRY2"选择连接或断开。

H.2.5 目标单片机插座(20 脚、14 脚、8 脚)

电路如图 H.14 所示。虽然这是一个 20 脚的 DIP 插座,但是可以插接 3 种不同引脚数封装的 PIC 单片机。也就是说,不仅可以插接 20 脚的 PIC 单片机(例如 PIC16F631、PIC16F639、PIC16F677、PIC16F687、PIC16F785、PIC16F685、PIC16F689、PIC16F690 等),也可以(上对齐插法)插接 14 脚 PIC 单片机(例如 PIC16F505、PIC16F506、PIC16F610、PIC16F630、PIC16F676、PIC16F616、PIC16F636、PIC16F684、PIC16F688 等),还可以(上对齐插法)插接 8 脚的 PIC 单片机(例如 PIC12F508、PIC12F509、PIC12F510、PIC12F609、PIC12F629、PIC12F635、PIC12F615、PIC12F675、PIC12F683 等)。

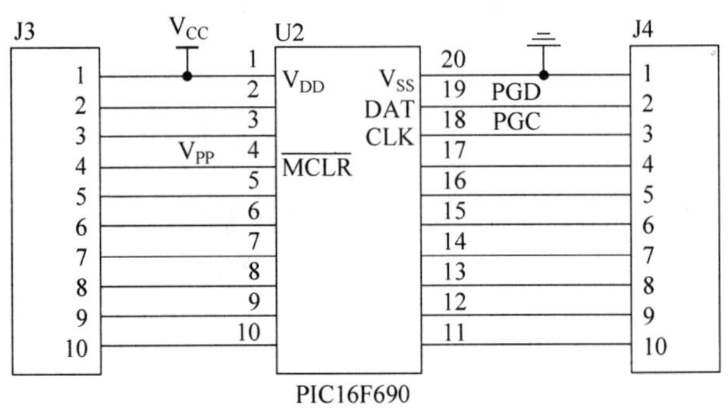

图 H.14 目标单片机插座(20 脚、14 脚、8 脚)

补充说明：在电路中，正、负电源端子(V_{CC}和接地)分别与电路板的正、负电源固定连接；在线编程信号 PGD、PGC 和 VPP 与编程器插口以及调试器插口之间有固定连接；外接复位信号 MCLR 和时钟信号 OSC1 和 OSC2 与外接电路之间只能利用“杜邦线”跨接的方法来选择连接与否。

H.2.6　目标单片机插座(28 脚)

电路如图 H.15 所示。这是一个 28 脚集成电路插座，适合插接 DIP28 脚 PIC 单片机，例如 PIC16F57、PIC16F72、PIC16F722、PIC16F882、PIC16F73、PIC16F723、PIC16F737、PIC16F913、PIC16F873A、PIC16F883、PIC16F76、PIC16F726、PIC16F767、PIC16F916、PIC16F876A、PIC16F886 和 PIC18F2221、PIC18F2321、PIC18F2331、PIC18F2450、PIC18F2580、PIC18F26K20、PIC18F2685 等。

补充说明：布线方式同于上述 20 脚单片机插座。

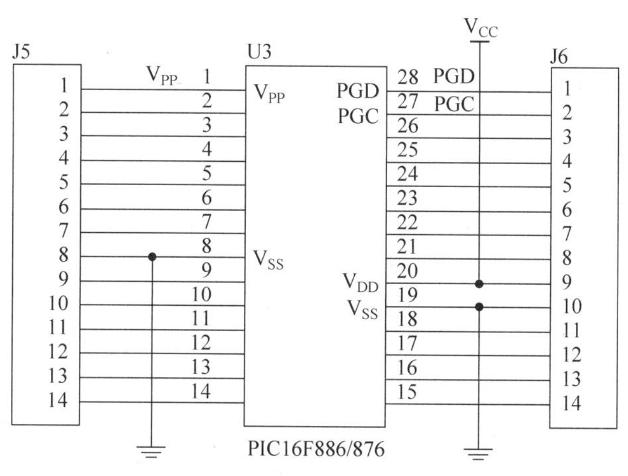

图 H.15　目标单片机插座(28 脚)

H.2.7　目标单片机插座(40 脚)

电路如图 H.16 所示。这是一个 40 脚集成电路插座，适合插接 DIP40 脚 PIC 单片机，例如 PIC16F59、PIC16F74、PIC16F724、PIC16F747、PIC16F914、PIC16F874A、PIC16F77、PIC16F727、PIC16F777、PIC16F917、PIC16F877A、PIC16F887 和 PIC18F4221、PIC18F4321、PIC18F4331、PIC18F4450、PIC18F4580、PIC18F46K20、PIC18F4685 等型号。

补充说明：布线方式也同于上述 20 脚单片机插座。

H.2.8　并行输入 8 只按钮开关

8 只独立的轻触按钮开关(S1～S8)，也可以用插接线连接到单片机的并行端口上，以便当作单片机的实用型输入设备。电路见图 H.17。

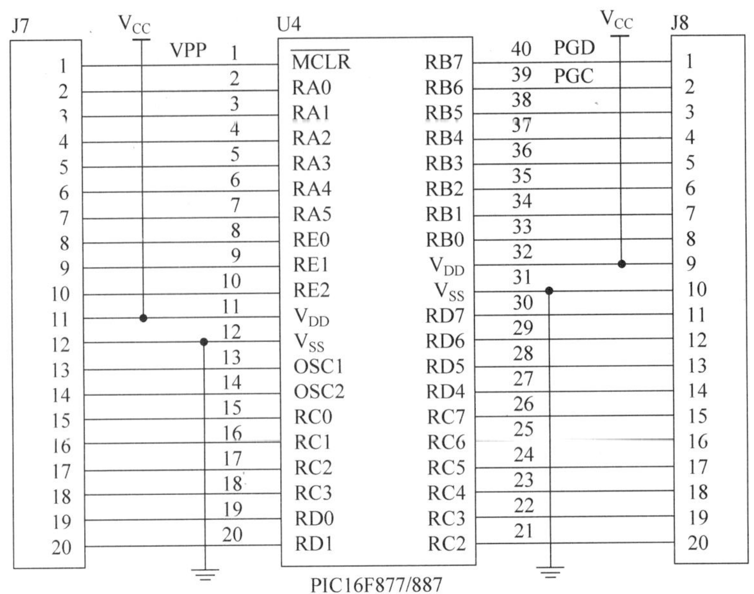

图 H.16　目标单片机插座(40 脚)

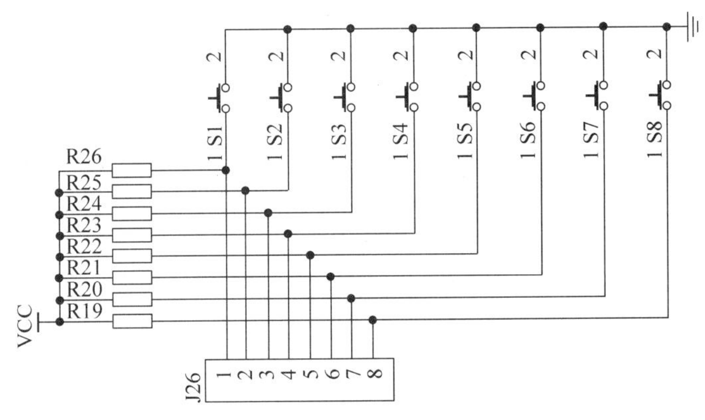

图 H.17　并行 8 只开关输入电路

H.2.9　电位器＋蜂鸣器＋水银开关＋光敏电阻器

电路如图 H.18 所示。蜂鸣器用于把直流电信号转换为频率固定 1kHz 的声音信号；水银开关可以用于检测电路板的姿态或者振动；光敏电阻器用于检测环境光亮度；电位器 R2 可以用于为 A/D 转换器提供 0～5V 的模拟电压信号(电位器 R3 还可以为 PICbasic 语言中的命令语句 POT 提供硬件支持)。

H.2.10　并行输出 9 只 LED 显示器

学习板上设计了 8＋1 只 ϕ3mm 的绿色发光二极管 LED(D1～D8 和 D9)，它们都串联了 330Ω 的限流电阻，可以利用杜邦插接线连接到单片机的并行端口，以便用作单片机的简易型输出显示器。电路如图 H.19 所示。

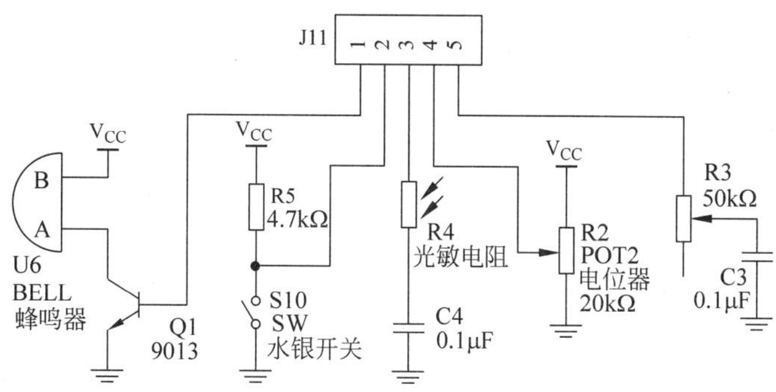

图 H.18 电位器＋蜂鸣器＋水银开关＋光敏电阻器电路

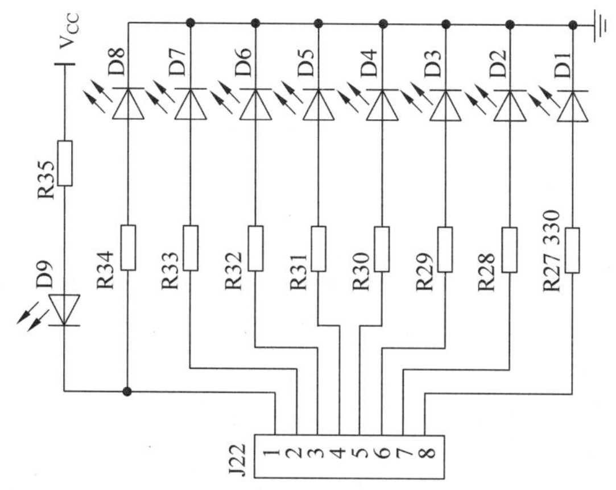

图 H.19 并行 LED 输出显示器电路

H.2.11 两位共阳极 7 段 LED 数码管——并行驱动

利用并行方式驱动的两位共阳极 7 段 LED 数码管，可以作为 PIC 单片机的一种经济实用的数码输出型显示器。两位数码管的阳极驱动电流较大，因此利用小功率 NPN 三极管来提供。两只三极管的基极电压作为数码管的位信号，高电平有效，由单片机分时驱动；2 位数码管的段信号 a～g 和 dp(低电平有效)，同名端并联起来引出，再串联 330Ω 的限流电阻，可跨线连接到单片机的并口上。电路见图 H.20。

H.2.12 四位共阳极 7 段 LED 数码管——串行驱动

核心电路由 4 片串入/并出移位寄存器 74HC164 作为发光管驱动电路，由 4 只独立的小型共阳 7 段 LED 数码管作为输出阿拉伯数字的显示器。4 只数码管的阳极都串联了一只限流电阻(这种限流电阻接法属于廉价的简易性解决方案，缺点是数码管笔段显示亮度不太均匀)，然后再经过 J17 跨线连接到正电源 VCC。当断开 J17 跨接线之后，该电路单元可断电而退出工作。当加电工作时，显示于 4 位数码管上的 4 组笔段码需要 4 字节的数据，该数据以同步方式经过两针接口 J23 的送来，其中 2 脚传数据、1 脚传同步时钟。电路见图 H.21。

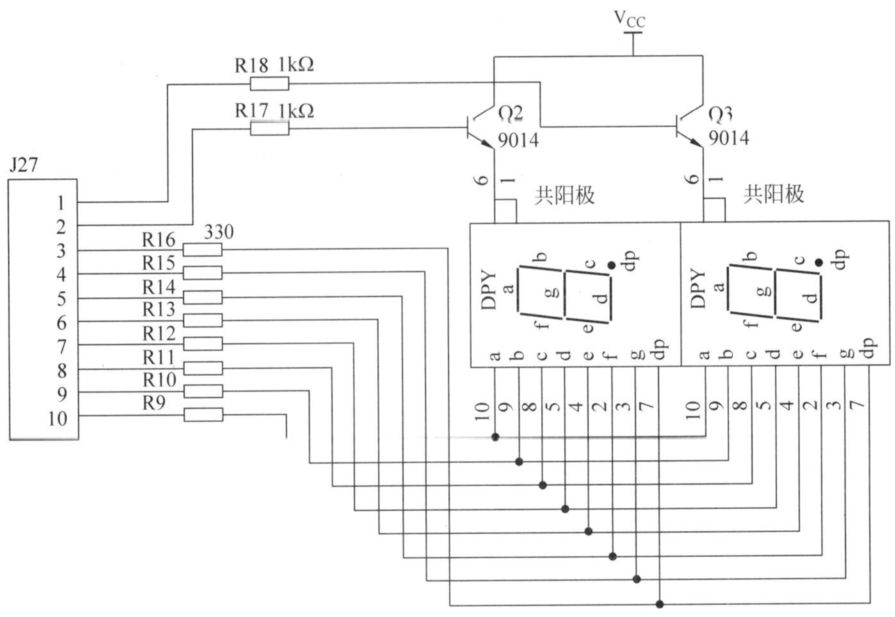

图 H.20　两位共阳极 7 段 LED 数码管

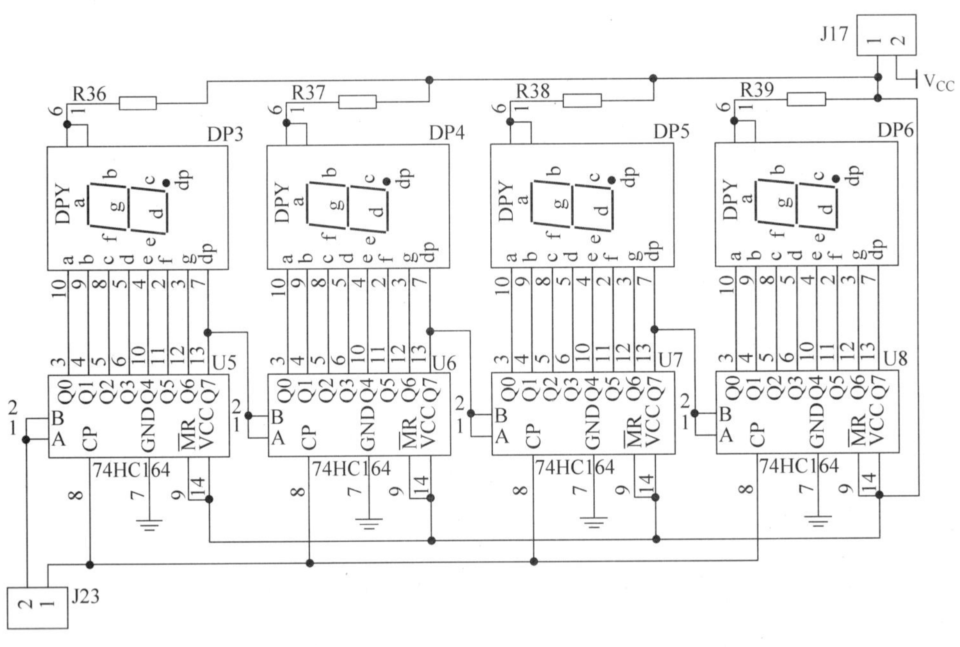

图 H.21　四位共阳极 7 段 LED 数码管

H.2.13　字符式 LCD 显示器接口电路

目前，利用专用驱动芯片 HD44780(或者兼容品)制造的通用型 16×2 字符式 LCD 模块，基本形成了国际默认的一种标准的接口排列，共有 16 条引出端子。学习板上的接口电路如图 H.22 所示。在图 H.23 中展示的是一款通用型 16×2 字符式 LCD 模块。

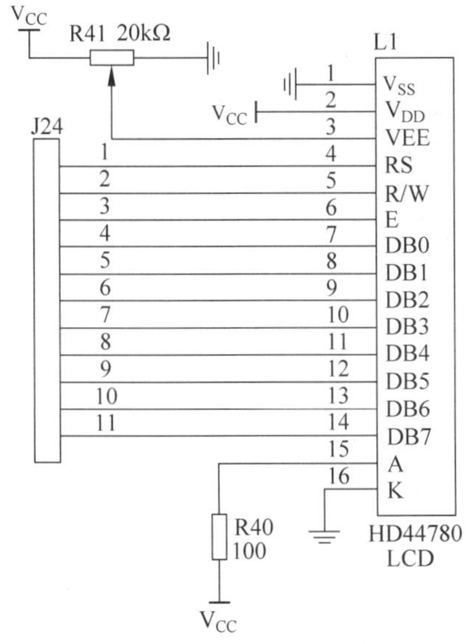

图 H.22 字符式 LCD 显示器接口电路

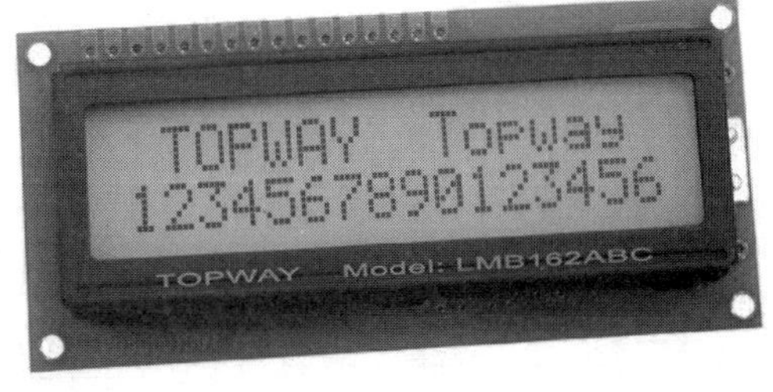

图 H.23 一款通用型 16×2 字符式 LCD 模块

H.2.14 功率驱动接口电路

功率驱动接口电路如图 H.24 所示。其中 4 只工作电流高达 1A 的小功率三极管 8050 构成驱动管,4 只续流二极管 IN4148 用于保护驱动管免遭感性负载中的感生电压击毁。排针 J25 作为输入接口用来接单片机,排针 J19 作为输出接口用来外接被驱动器件。借助于该接口电路,可以利用单片机引脚上所能输出的小电流弱电信号,去驱动和控制大电流甚至高电压的强电负载。该电路不仅可以驱动单极性步进电机,还可以驱动直流电机、伺服电机、喇叭、照明 LED、继电器、可控硅等工作电流不超过 1A 的直流型、开关型负载,或者 PWM(脉宽调制)型负载。

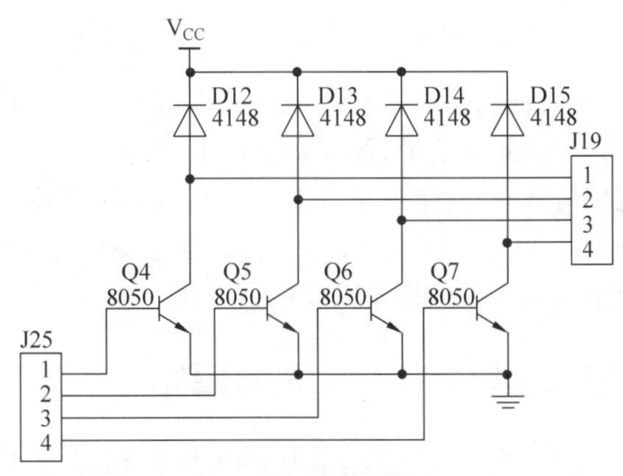

图 H.24 功率驱动电路

H.2.15 通用四电压比较器 LM339+逻辑笔

LM339 当中的 2 个比较器用于探测逻辑电平的逻辑笔；另外 2 个比较器开放全部引脚，以备用作电压比较器、RC 振荡器、简易模拟/数字转换器(ADC)、施密特触发器、集电极开路(OC)型功率驱动器(吞入电流可达 16mA)等。芯片型号可以选择 LM339、LA6339、TA75339 等。电路见图 H.25。

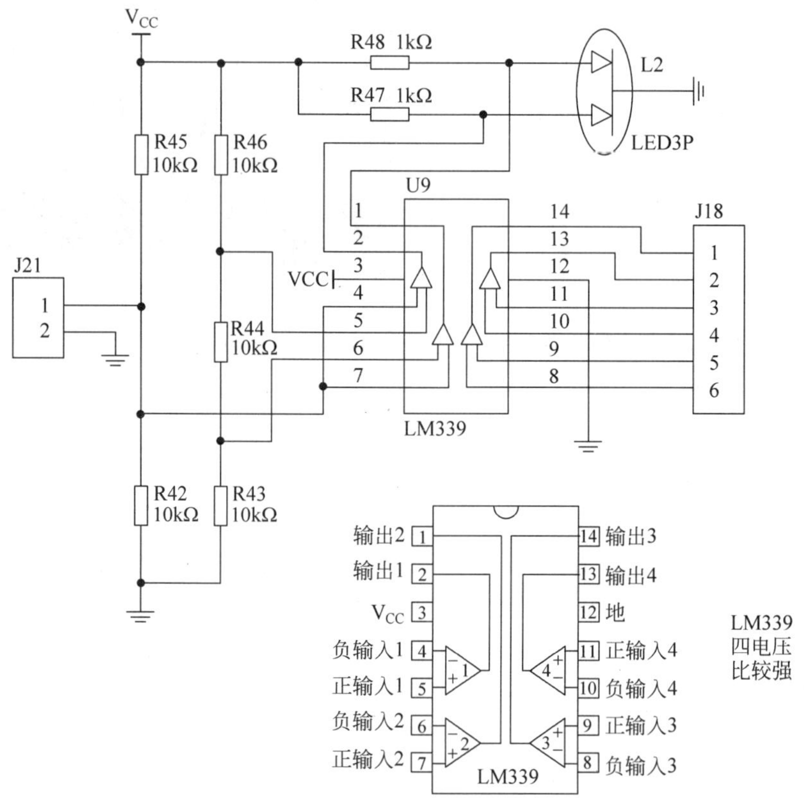

图 H.25 通用四电压比较器 LM339+逻辑笔

逻辑笔的输出显示为一只红、绿双芯双色 3 脚 LED(即 L2)，逻辑笔的输入端(即 J21 接口的 1 针)可以接入逻辑信号、脉冲信号、脉宽调制(PWM)信号，甚至幅度足够大的模拟信号。逻辑笔可以检测这些信号，检测结果显示于 L2 上。例如，当输入信号的逻辑电平为高或低，就可以看到 L2 显示的颜色为红或绿。又例如，当检测的是 PWM 信号时，可以通过观察 L2 颜色的红绿比例，即可大致判断 PWM 的占空比。

H.2.16 SPI 串口 EEPROM 存储器电路

学习板上还配置了一块廉价易购的、带有 SPI 串行接口的 EEPROM 存储器芯片 93C46。SPI 接口是由摩托罗拉公司提出的(兼容于由美国国家半导体公司提出的 MicroWire 接口)，其应用也非常广泛。电路见图 H.26。

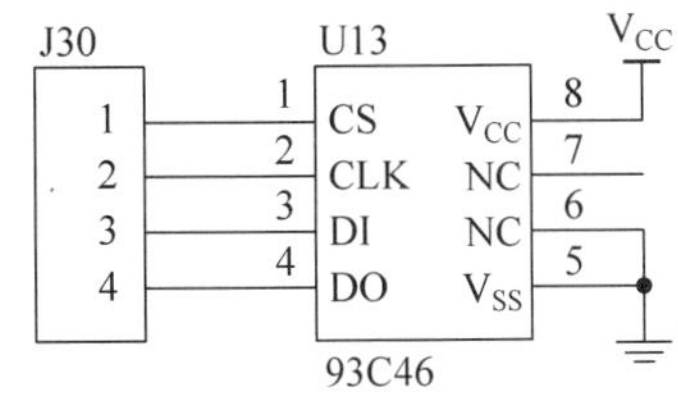

图 H.26 SPI 串口 EEPROM 存储器电路

H.2.17 I²C 串口 EEPROM 存储器电路

学习板上配置了一块廉价易购的、带有 I²C 总线串口的 EEPROM 存储器芯片 24C02。I²C(也可以记作 IIC)总线是由飞利浦公司发明的,广泛应用于电视机等各种电器、电信等设备中的系统内通信协议。电路见图 H.27。

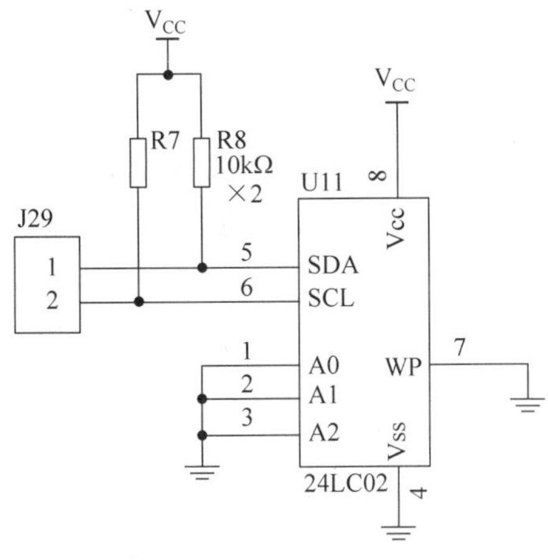

图 H.27 I²C 串口 EEPROM 存储器电路

H.2.18 电平转换器 MAX232 串行通信接口电路

实现 TTL(或 CMOS)电平与 RS232 电平之间的相互转换。可以被用作单片机 UART 串口与微机 COM 串口之间的桥梁,实现在线调试、在线编程功能,还可实现系统之间的串行通信的通用途径。另外还可以提供一个−9V(>10mA)的实验电源。芯片型号可以选择 MAX232、IN232、DS232 或 AMD232 等。电路见图 H.28。

H.2.19 总结归纳

如果对于上述诸多单元电路,按其所实现的功能或者所扮演的角色进行分类,则大致可以分为以下 4 大类。

(1) 构成 PIC 单片机的最小系统板所需要的基本功能类。包含电源、复位、时钟、编程接口、调试接口、各型单片机插座。

(2) 构成人机对话界面所需的输入功能类。包含实现数字量输入的有 8 位按钮开关、水银开关;实现模拟量输入的有电位器、光敏电阻。

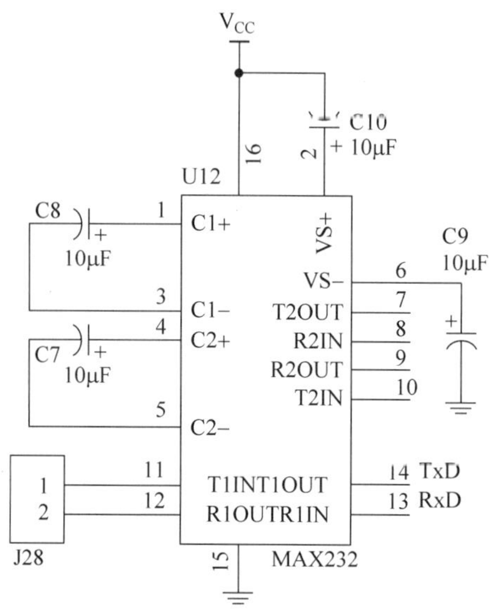

图 H.28 串行通信接口电路

(3) 构成人机对话界面所需的输出功能类。包含实现发声(听觉类)的有蜂鸣器;实现发光(视觉类)的有 9 只 LED、2 位并行驱动数码管、4 位串行驱动数码管、逻辑笔、LCD 液晶显示器、驱动电路。

(4) 能够实现双向数据读/写或双向通信的双向功能类。包含 SPI 口 EEPROM、I^2C 口 EEPROM、串行通信接口。

附录I

多功能单片机监控器MAX705/706/813L

I.1 概述

MAX705/706/813L是一组CMOS监控电路，能够监控电源电压、电池故障和微处理器(MPU或μP)或微控制器(MCU或μC)的工作状态。将常用的多项功能集成到一片8脚封装的小芯片内，与采用分立元件或单一功能芯片组合的电路相比，大大减小了系统电路的复杂性和元器件的数量，显著提高了系统可靠性和精确度。

该系列产品能提供多达4项功能：①在上电和掉电期间以及电源跌落的情况下可产生复位信号；②一个独立的看门狗定时器，用于监视MPU/MCU的程序"跑飞"，如果在1.6秒之内收不到触发信号，就会输出一个低(或高)电平信号；③一个门限值为1.25V的检测器，用于电源故障报警；④手动复位输入功能可以消除抖动。

当电源电压降至4.65V(对MAX705/813L)或4.4V(仅对MAX706)以下时，产生复位输出信号。MAX813L引脚和功能与MAX705/706相同，只是生产的复位信号前者为高电平有效，而后者为低电平有效。该系列产品采用3种不同的8脚封装形式：DIP、SO和μMAX。

由于MAX705/706/813L系列芯片设计优秀、实用性强、市场需求量大，因此，另有一些著名公司纷纷仿制，开发出了功能上和引脚上与之兼容的集成电路。比如，可互换的产品型号有：IMP公司的IMP705/706/813L、DALLAS公司的DS1705/1706、ADI公司的ADM705/706、SIPEX公司的SP705/706/813等。

主要特点：

* 精确的电源跌落监测，门限为4.65V/4.40V；
* 精确的电源故障监测，门限为1.25V；

* 200ms 的复位脉冲宽度；
* Vcc=1V 时确保$\overline{\text{RESET}}$信号有效；
* 消除抖动、与 TTL/CMOS 电平兼容的人工复位输入；
* 独立的 1.6s 看门狗定时器；
* 两种有效复位电平可选：低电平选 MAX705/706，高电平选 MAX813L。

主要应用于：微处理器和微控制器系统；嵌入式控制器系统；电池供电系统；智能仪器仪表；通信系统；蜂窝移动电话机；手持设备；个人数字助理(PDA)；电脑电话机和无绳电话机等。

I.2 内部结构和引脚功能

MAX705/706/813L 系列芯片的内部结构如图 I.1 所示。

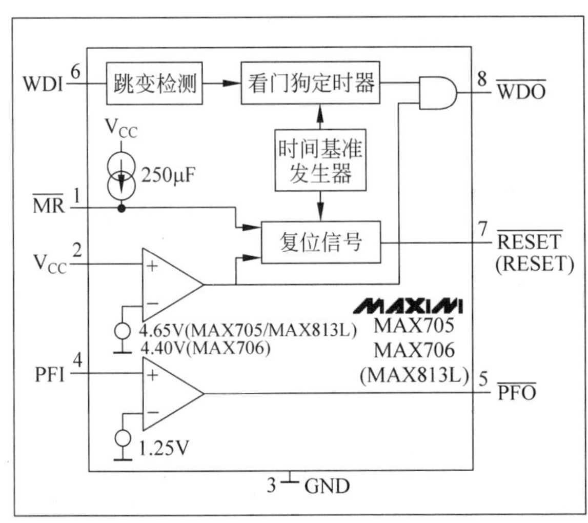

图 I.1 内部结构

MAX705/706/813L 系列芯片具有 3 种封装形式和两种引脚排列次序，如图 I.2 所示。各引脚功能见表 I.1。

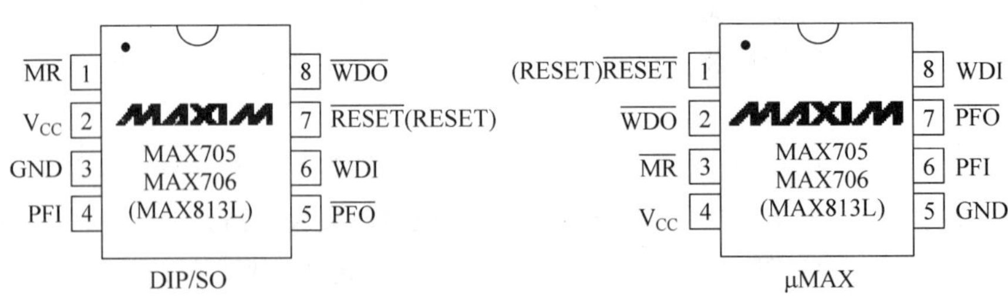

图 I.2 引脚排列

表 I.1　引脚功能

引脚编号				名称	功能
MAX705/706		MAX813L			
DIP/SO	μMAX	DIP/SO	μMAX		
1	3	1	3	$\overline{\text{MR}}$	手动复位输入。输入低电平触发脉冲有效，内有 0.25mA 的上拉电流源，可以用 TTL/CMOS 电平驱动或按钮开关短路到地
2	4	2	4	V_{CC}	＋5V 电源端
3	5	3	5	GND	电源接地端和所有信号的接地端
4	6	4	6	PFI	电源故障电压监控输入端。当 PFI 脚小于 1.25V 时，$\overline{\text{PFO}}$脚电平变低。不用时接地或接 VCC 处理
5	7	5	7	$\overline{\text{PFO}}$	电源故障输出端。低电平有效
6	8	6	8	WDI	看门狗触发输入端。WDI 可控制看门狗的使能和清零。当 WDI 端保持高电平或低电平达到 1.6s 时，内部定时器计时到最大值，会产生一个低电平由$\overline{\text{WDO}}$端输出。将 WDI 悬空或连至一 3 态缓冲器均可禁止看门狗功能。定时器清零的条件有三个：发生复位；WDI 处于第三态；WDI 检测到跃变信号
7	1	-	-	$\overline{\text{RESET}}$	低电平复位输出端。触发后产生 200ms 的负脉冲，并且只要 VCC 低于门限 4.65V（MAX705/813）或 4.4V（MAX706）就维持低电平。在 VCC 恢复正常或$\overline{\text{MR}}$变回高电平之后，该脚还要保持 200ms 的低电平。看门狗超时将不会触发$\overline{\text{RESET}}$
8	2	8	2	$\overline{\text{WDO}}$	看门狗超时输出端。当定时器超出 1.6s，该脚出低，直到定时器清零才回到高电平。此外，当 VCC 低于复位门限时，该脚保持低电平。只要 VCC 恢复到正常范围，该脚立刻变高，此点不同于$\overline{\text{RESET}}$端有延迟
-	-	7	1	RESET	高电平复位输出端。其功能与上述$\overline{\text{RESET}}$端相同，仅是有效电平相反而已

I.3　功能说明

I.3.1　RESET/$\overline{\text{RESET}}$操作

复位信号用于启动或者重新启动 MPU/MCU，令其进入或者返回到预知的循环程序并顺序执行。一旦 MPU/MCU 处于未知状态，比如程序“跑飞”或进入死循环，就需要将系统复位。

对于 MAX705 和 MAX706 而言，在上电期间只要 VCC 大于 1.0V，就能保证$\overline{\text{RESET}}$输出电压不高于 0.4V 的低电平。在 Vcc 上升期间$\overline{\text{RESET}}$维持低电平直到电源电压升至复位门限(4.65V 或 4.40V)以上。在超过此门限后，内部定时器大约再维持 200ms 后释放$\overline{\text{RESET}}$，使其返回高电平。无论何时只要电源电压降低到复位门限以下(即电源跌落)，

$\overline{\text{RESET}}$引脚就会变低。如果在已经开始的复位脉冲期间出现电源跌落，复位脉冲至少再维持140ms。在掉电期间，一旦电源电压VCC降到复位门限以下，只要VCC不比1.0V还低，就能使$\overline{\text{RESET}}$维持电压不高于0.4V的低电平（见时序图I.3）。

MAX705和MAX706提供的复位信号为低电平$\overline{\text{RESET}}$，而MAX813L提供的复位信号为高电平RESET，三者其他功能完全相同。有些单片机，如INTEL的80C51系列，需要高电平有效的复位信号。

I.3.2 看门狗定时器

MAX705/706/813L片内看门狗定时器用于监控MPU/MCU的活动。如果在1.6s内WDI端没有收到来自MPU/MCU的触发信号，并且WDI处于非高阻态，则$\overline{\text{WDO}}$输出变低。只要复位信号有效或WDI输入高阻，则看门狗定时器功能就被禁止，且保持清零和不计时状态。复位信号的产生会禁止定时器，可一旦复位信号撤销并且WDI输入端检测到短至50ns的低电平或高电平跳变，定时器将开始1.6s的计时。即WDI端的跳变会清零定时器并启动一次新的计时周期。

一旦电源电压VCC降至复位门限以下，$\overline{\text{WDO}}$端也将变低并保持低电平。只要VCC升至门限以上，$\overline{\text{WDO}}$就会立刻变高，不存在延时。

典型的应用中是将$\overline{\text{WDO}}$端连接到MPU/MCU的非屏蔽中断(NMI)端。当VCC下降到低于复位门限时，即使看门狗定时器还没有完成计时周期，$\overline{\text{WDO}}$端也将输出低电平。通常这将触发一次非屏蔽中断，但是$\overline{\text{RESET}}$如果同时变低，则复位功能优先权高于非屏蔽中断。

如果将WDI脚悬空，$\overline{\text{WDO}}$脚可以被用作电源跌落检测器的一个输出端。由于悬空的WDI将禁止内部定时器工作，所以只有当VCC下降到低于复位门限时，$\overline{\text{WDO}}$脚才会变低，从而起到电源跌落检测的作用。

I.3.3 人工复位

低电平有效的手动复位输入端($\overline{\text{MR}}$)可被片内250μA的上拉电流源拉到高电平，并可以被外接CMOS/TTL逻辑电路或一端接地的按钮开关拉成低电平。不需要采用外部去抖动电路，理由是最小为140ms的复位时间足以消除机械开关的抖动。简单地将$\overline{\text{MR}}$端连接到$\overline{\text{WDO}}$端，就可以使看门狗定时器超时产生复位脉冲。当需要高电平有效的复位信号时，应该选用MAX813L。

I.3.4 电源失常比较器

MAX705/MAX706/MAX813L片内带有一个辅助比较器，它具有独立的同相输入端(PFI)和输出端($\overline{\text{PFO}}$)，其反相输入端内部连接一个1.25V的参考电压源。

为了建立一个电源故障预警电路，可以在PFI脚上连接一个电阻分压支路，该支路连接的监视点通常选在稳压电源集成电路之前。通过调节电阻值，合理地选择分压比，以便于使稳压器+5V输出端电压下降之前，PFI端的电压刚好下降到低于1.25V。

使用$\overline{\text{PFO}}$为MPU/MCU提供中断信号，以便使其能够对即将到来的电源掉电做好充分的准备。

I.4 电气参数和时序图

I.4.1 极限参数

MAX705/MAX706/MAX813L 系列芯片的极限参数见表 I.2。

表 I.2 极限参数表

参数类型	参数名称	参数值	单位
电压	电源电压 V_{CC}	−0.3～6	V
	其他脚输入电压	−0.3～V_{CC}+0.3	V
电流	V_{CC}输入电流	20	mA
	GND 输入电流	20	mA
	其他脚输出电流	20	mA
连续功耗（T_A=+25℃）	DIP 塑封	0.727	W
	SO 封	0.471	W
	μMAX 封	0.33	W
	CERDIP 封	0.64	W
温度范围	工作温度：MAX70XC_,MAX813LC_ MAX70XE_,MAX813L E_ MAX70XMJA	0～+70 −40～+85 −55～+125	℃
	存储温度	−65～+160	℃
	引脚焊接 10 秒温度	+300	℃

I.4.2 电气参数

MAX705/MAX706/MAX813L 系列芯片的电气参数见表 I.3。

表 I.3 电气参数

（VCC=5V ±10%对 MAX706；VCC=4.75～5.5V 对 MAX705/813L；$T_A=T_{MAX}$～T_{MIN}）

参数	符号	条件	最小	典型	最大	单位
工作电压	VCC	MAX705/706C	1.0		5.5	V
		MAX813LC	1.1		5.5	
		MAX705/706E/M,813LE/M	1.2		5.5	
电源电流	Icc	MAX705/706C,MAX813LC		150	350	μA
		MAX705/706E/M,MAX813LE/M		150	500	
复位门限	V_{RT}	MAX705,MAX813L	4.50	4.65	4.75	V
		MAX706	4.25	4.40	4.50	
复位门限迟滞				40		mV
复位脉冲宽度	t_{RS}		140	200	280	ms
人工复位脉冲宽度	t_{MR}		0.15			μs
$\overline{MR}$到 RESET 延时	t_{MD}				0.25	μs
$\overline{MR}$输入门限	V_{IH} V_{IL}		2.0		0.8	V

续表

参　　数	符号	条　　件	最小	典型	最大	单位
$\overline{\text{MR}}$上拉电流		$\overline{\text{MR}}$=0V	100	250	600	μA
$\overline{\text{RESET}}$输出电压		输出电流 800μA 吸入电流 3.2mA MAX705/6C，VCC = 1.0V，吸入电流 50μA MAX705/6E/M，VCC=1.2V，吸入电流 100μA	VCC−1.5V		0.4 0.3 0.3	V
RESET 输出电压		MAX813L，输出电流 800μA MAX813L，吸入电流 3.2mA MAX813LE/M，VCC = 1.2V；输出电流 4μA MAX813LC，VCC=1.1V；输出电流 4μA	VCC−1.5V 0.9 0.8		0.4	V
看门狗计时周期	t_{WD}	MAX705/706，MAX813L	1.00	1.60	2.25	s
WDI 脉冲宽度	t_{WP}	V_{IL}=0.4V，V_{IH}=0.8VCC	50			ns
WDI 输入迟滞	V_{IH} V_{IL}	MAX705/706，MAX813L， VCC=5V	3.5		0.8	V
WDI 输入电流		MAX705/706，MAX813L，WDI=VCC MAX705/706，MAX813L，WDI=0V	−150	50 −50	150	μA
$\overline{\text{WDO}}$输出电压		MAX705/706，MAX813L，输出电流 800μA MAX705/706，MAX813L，输入电流 1200μA	VCC−1.5V		0.4	V
PFI 输入迟滞		VCC=5V	1.2	1.25	1.3	V
PFI 输入电流			−25	0.01	25	nA
$\overline{\text{PFO}}$输出电压		输出电流 800μA 吸入电流 3.2mA	VCC−1.5V		0.4	V

与时间有关的参数请参看时序图，见图 I.3 和图 I.4。

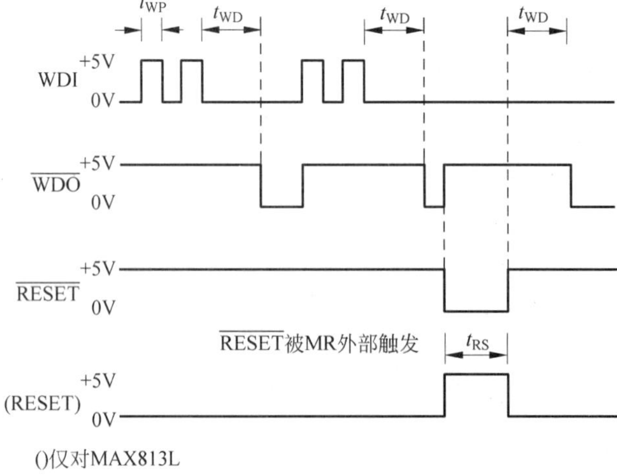

图 I.3　时序图一

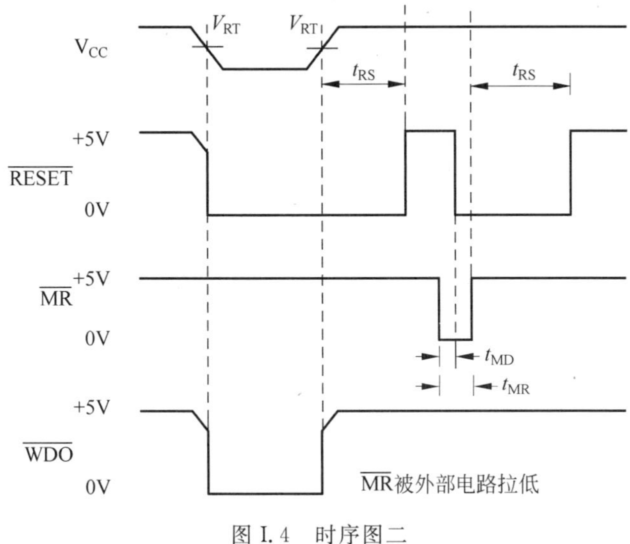

图 I.4　时序图二

I.5　典型应用实例

MAX705/706/813L 的典型应用电路如图 I.5 所示。从图 I.5 中可以看出，MAX705/706/813L 的 4 项功能全部被开发利用，构成了微处理器的一个可靠的保护神，仅仅占用了一条 I/O 端口资源。利用该 I/O 口，通过执行软件，周期性的向看门狗发送 WDI 信号。其周期不应大于 1.6s。

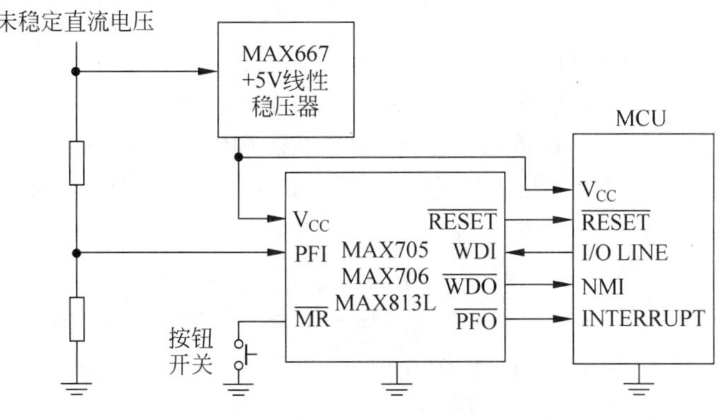

图 I.5　典型应用电路

附录J

K150——PIC单片机烧写器的特点及其烧写型号

1. K150 烧写器的电路原理图

如图 J.1 所示即一款早在 2004 年就已定型的、软件硬件全部开源的、技术也很成熟的 PIC 单片机烧写器/下载器的电路原理图，可以供爱好者参考或者仿制。为了使用便利、简化电源供电，在有些新款电路中，利用一片升压芯片 MC34063（典型应用电路如图 J.2 所示），来取代两个 78XX 三端稳压器。这样整个电路的供电就全部取自于 USB 接口，烧写 PIC 芯片所需的 12～13V 高电压 VPP，就由升压芯片解决了。

如图 J.3 和图 J.4 所示是两款 K150 烧写器的实物图。

2. K150 烧写器的技术特点

- 具有 USB 通信方式（公头），即插即用，方便台式机和没有串口的笔记本电脑使用；
- 烧写速度比微芯公司官方供应的专业烧写器 PICstartPlus 快许多；
- 可以方便地读出芯片 Flash 程序存储器的内容，以及 EEPROM 数据存储器的内容；
- 配备 40pin 的 ZIF 烧写插座，能直接烧写 8 脚～40 脚、DIP 封装的 PIC 单片机芯片；
- 配备一个 ICSP 在线串行编程 6 针插座，对于非 8 脚～40 脚和非 DIP 封装的 PIC 单片机芯片，可通过板载 ICSP 接口插接 6 芯排线，实现直接在线下载编程（ISP）；
- PC 端软件兼容 Windows 98、Windows 2000/NT、Windows XP 和 Windows 7（32 位）等操作系统；
- PC 端烧写软件界面非常友好、简单易用，并且具有汉化版和英文原版可选，使用更得心应手；
- 全面的信息提示，让用户清楚了解工作状态和烧写进度；
- 具有全自动烧写校验，使程序下载烧录更加可靠；
- 支持大部分流行 PIC 单片机型号的烧写、读出、配置、加密等功能；
- 无需外接电源，通信和供电仅一根 USB 电缆连接，无需其他任何线缆；
- 新版添置了自恢复保险丝，充分保护电脑的 USB 接口，从此不再惧怕短路；

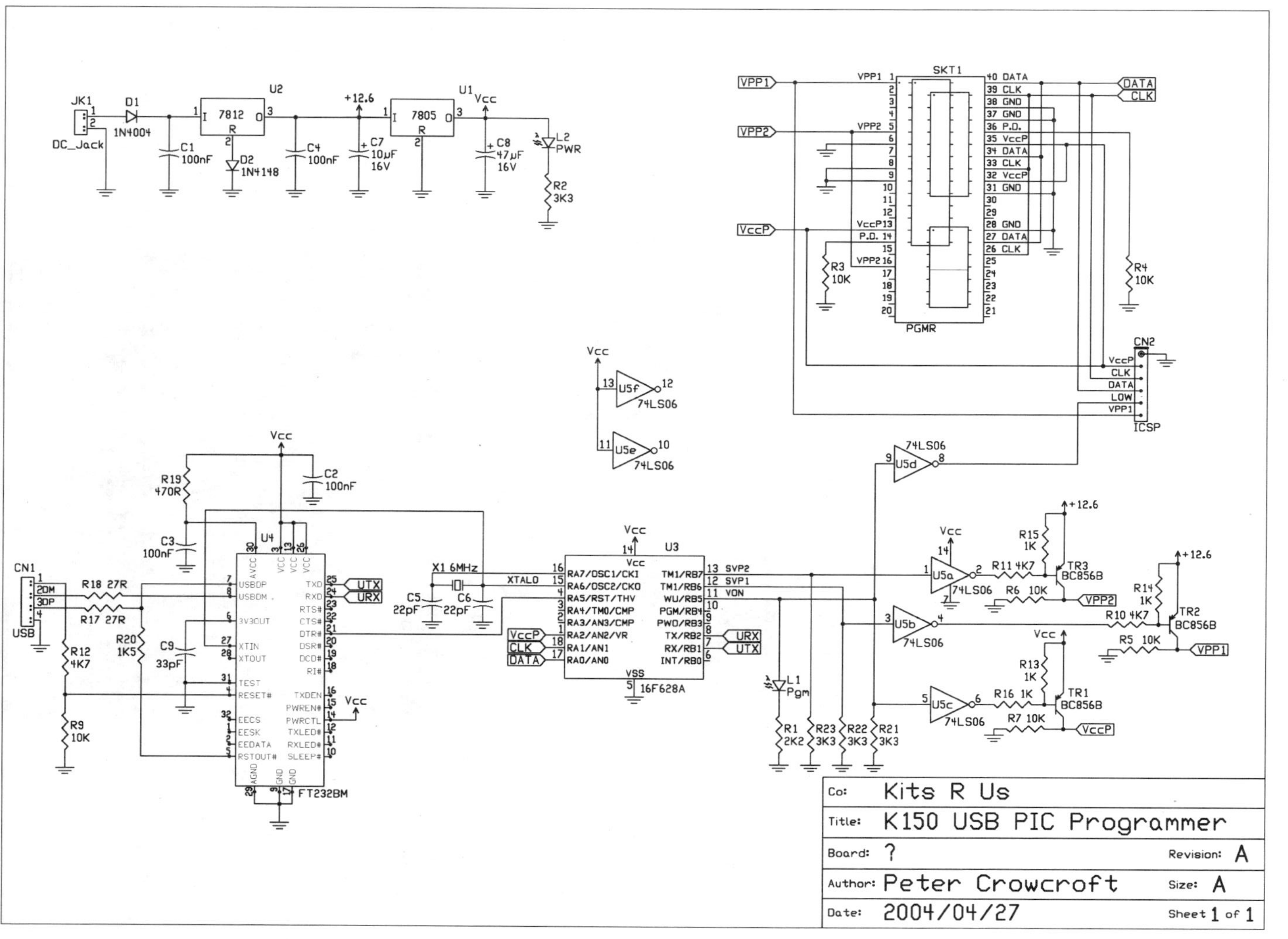

图 J.1　K150烧写器的电路原理图

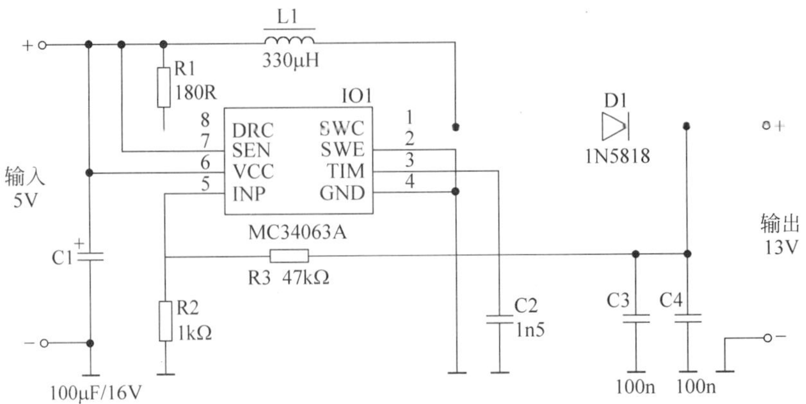

图 J.2　MC34063 升压电路原理图

图 J.3　K150 烧写器的实物图之一

图 J.4　K150 烧写器的实物图之二

- 板上带有电源指示灯及编程指示灯；
- 编程电压采用可调式，编程电压更精确使芯片的擦写寿命更长；
- 采用贴片元件(SMT)生产工艺，便于批量生产，且产品质量更稳定、更可靠；
- 充分考虑 PIC 系列芯片的更新，编程器上保留主控芯片的 DIP 封装并配座，方便用户今后升级使用。

3. K150 烧写器所能烧写的 PIC 型号

【10 系列】

PIC10F200 * PIC10F202 * PIC10F204 * PIC10F206 * PIC10F220 * PIC10F222 *

【12C 系列】

PIC12C508 PIC12C508A PIC12C509 PIC12C509A PIC12C671 PIC12C672 PIC12CE518 PIC12CE519 PIC12CE673 PIC12CE674

【12F 系列】

PIC12F508 PIC12F509 PIC12F629 PIC12F635 PIC12F675 PIC12F683

【16C 系列】

PIC16C505 PIC16C554 PIC16C558 PIC16C61 PIC16C62 PIC16C62A PIC16C62B PIC16C63 PIC16C63A PIC 16C64 PIC16C64A PIC16C65 PIC16C65A PIC16C65B PIC16C66 PIC16C66A PIC16C67 PIC16C620 PIC16C620A PIC16C621 PIC16C621A PIC16C622 PIC16C622A PIC16C71 PIC16C71A PIC16C72 PIC16C72A PIC16C73 PIC16C73A PIC16C73B PIC16C74 PIC16C74A PIC16C74B PIC16C76 PIC16C77 PIC16C710 PIC16C711 PIC16C712 PIC16C716 PIC16C745 PIC16C765 PIC16C773 PIC16C774 PIC16C83 PIC16C84

【16F 系列】

PIC16F505 PIC16F506 PIC16F54 PIC16F57 * PIC16F59 * PIC16F627 PIC16LF627A PIC16F627A PIC16F628 PIC16LF628A PIC16F628A PIC16F630 PIC16F631 PIC16F631-1 PIC16F636 PIC16F636-1 PIC16F639 * PIC16F639-1 * PIC16F648A PIC16F676 PIC16F677 PIC16F677-1 PIC16F684 PIC16F685 * PIC16F685-1 * PIC16F687 * PIC16F687 *-1 PIC16F688 PIC16F689 * PIC16F689-1 * PIC16F690 * PIC16F690-1 * PIC16F716 PIC16F72 PIC16F73 PIC16F74 PIC16F76 PIC16F77 PIC16F737 PIC16F747 PIC16F767 PIC16F777 PIC16F83 PIC16F84 PIC16F84A PIC16F87 PIC16F88 PIC16F818 PIC16F819 PIC16F870 PIC16F871 PIC16F872 PIC16F873 PIC16F873A PIC16LF873A PIC16F874 PIC16F874A PIC16F876 PIC16F876A PIC16F877 PIC16F877A

【18 系列】

PIC18F242 PIC18F248PIC18F252 PIC18F258 PIC18F442 PIC18F448 PIC18F452 PIC18F458PIC18F1220 PIC18F1320 PIC18F2220 PIC18F2320 PIC18F2321 PIC18F4210 PIC18F2331 PIC18F2450 PIC18F2455 PIC18F2480 PIC18F2510 PIC18F2515 PIC18F2520 PIC18F2525 PIC18F2550 PIC18F2580 PIC18F2585 PIC18F2610 PIC18F2620 PIC18F2680 PIC18F4220 PIC18F4320 PIC18F6525 PIC18F6621PIC18F8525 PIC18F8621 PIC18F2331 PIC18F2431 PIC18F4331 PIC18F4431PIC18F2455 PIC18F2550 PIC18F4455 PIC18F4550 PIC18F4580 PIC18F2580PIC18F2420 PIC18F2520 PIC18F2620 PIC18F6520 PIC18F6620 PIC18F6720PIC18F6585 PIC18F6680 PIC18F8585 PIC18F8680

……

附录K

PIC16C84/F83/F84/CR83/CR84/F84A各型号差异

对比指标	PIC16C84	PIC16F83/F84	PIC16CR83/CR84	PIC16F84A
程序存储器容量	1k×14	512×14/1k×14	512×14/1k×14	1k×14
程序存储器类型	EEPROM	Flash	掩膜 ROM	Flash
EEPROM 数据存储器容量	36×8	36×8/68×8	36×8/68×8	68×8
电源电压范围	2.0～6.0V (−40℃～+85℃)	2.0～6.0V (−40℃～+85℃)	2.0～6.0V (−40℃～+85℃)	2.0～5.5V (−40℃～+125℃)
最高工作频率	10MHz	10MHz	10MHz	20MHz
电源电流(I_{DD})(测试条件：时钟为 LP 模式，F_{OSC}=32kHz，V_{DD}=2.0V，WDT 禁用)	I_{DD}(typ)=60μA I_{DD}(max)=400μA	I_{DD}(typ)=15μA I_{DD}(max)=45μA	I_{DD}(typ)=15μA I_{DD}(max)=45μA	I_{DD}(typ)=15μA I_{DD}(max)=45μA
睡眠模式下的掉电电流(I_{PD})	I_{PD}(typ)=26μA I_{PD}(max)=100μA (V_{DD} = 2.0V，WDT 禁用，工业品)	I_{PD}(typ)=0.4μA I_{PD}(max)=9μA (V_{DD}=2.0V，WDT 禁用，工业品)	I_{DD}(typ)=15μA I_{DD}(max)=45μA (时钟为 LP 模式，F_{OSC}=32kHz，V_{DD}=2.0V，WDT 禁用)	I_{DD}(typ)=15μA I_{DD}(max)=45μA (时钟为 LP 模式，F_{OSC}=32kHz，V_{DD}=2.0V，WDT 禁用)
输入低电压(V_{IL})	V_{IL}(max)=0.2V_{DD} (时钟为 RC 模式)	V_{IL}(max)=0.1V_{DD} (时钟为 RC 模式)	V_{IL}(max)=0.1V_{DD} (时钟为 RC 模式)	V_{IL}(max)=0.1V_{DD} (时钟为 RC 模式)
输入低电压(V_{IH})	V_{IH}(min)=0.36V_{DD} (I/O 端口带 TTL 缓冲器，4.5V≤V_{DD}≤5.5V)	V_{IH}(min)=2.4V (I/O 端口带 TTL 缓冲器，4.5V≤V_{DD}≤5.5V)	V_{IH}(min)=2.4V (I/O 端口带 TTL 缓冲器，4.5V≤V_{DD}≤5.5V)	V_{IH}(min)=2.4V (I/O 端口带 TTL 缓冲器，4.5V≤V_{DD}≤5.5V)

续表

对比指标	PIC16C84	PIC16F83/F84	PIC16CR83/CR84	PIC16F84A
EEPROM数据存储器擦/写周期(TDEW)	TDEW(typ)=10ms TDEW(max)=20ms	TDEW(typ)=10ms TDEW(max)=20ms	TDEW(typ)=10ms TDEW(max)=20ms	TDEW(typ)=4ms TDEW(max)=10ms
端口输出信号上升/下降时间(TioR,TioF)	TioR,TioF(max)=25ns(C84) TioR,TioF(max)=60ns(LC84)	TioR,TioF(max)=35ns(C84) TioR,TioF(max)=70ns(LC84)	TioR,TioF(max)=35ns(C84) TioR,TioF(max)=70ns(LC84)	TioR,TioF(max)=35ns(C84) TioR,TioF(max)=70ns(LC84)
$\overline{\text{MCLR}}$片载过滤器	无	有	有	有
RB0/INT引脚	TTL	TTL/ST*(*施密特触发器)	TTL/ST*(*施密特触发器)	TTL/ST*(*施密特触发器)
PWRTE位有效电平	PWRTE	$\overline{\text{PWRTE}}$	$\overline{\text{PWRTE}}$	$\overline{\text{PWRTE}}$
RC振荡器电路中R_{EXT}的推荐值	R_{EXT}=3kΩ—100kΩ	R_{EXT}=5kΩ—100kΩ	R_{EXT}=5kΩ—100kΩ	R_{EXT}=3kΩ—100kΩ
可选的封装形式	PDIP,SOIC	PDIP,SOIC	PDIP,SOIC	PDIP,SOIC,SSOP
漏极开路高电压(V_{OD})	14V	12V	12V	8.5V

附录L

SIM84软硬件模拟器——特别适合PIC16F84单片机初学者上手演练的一款免费软件

单片机与常见的通用型 TTL、CMOS 数字集成电路相比掌握起来有一定难度，原因在于单片机除了具备数字电路的全部特征，它还具有智能化功能。以往采用几片数字集成电路构成的电子应用系统或产品项目，现在就可以考虑选用一片单片机取而代之。这样成本不仅没有增加，而且原有系统的功能还会得到扩充。不仅如此，在产品的生存周期内需要不断改进和添加功能时，不再像以前那样对电路设计需要大动手术，而只需要修改单片机内部的软件就可以了。给产品功能的升级换代，带来了极大了灵活性。

如果要用单片机开发制作电子产品，不光需要学习其硬件结构，还需要学习其软件指令，甚至还要学习与之配套的一些开发工具。这虽然给学习它的人带来一定的难度，但这也正是它的迷人之处。初学者到底能否在没有专业基础的情况下，通过自学在短暂的时间内掌握单片机原理和应用技术，事实表明是做得到的！如果再经过反复实践将自己培养成单片机开发应用工程师也是可能的！

目前，世界上所有单片机制造公司，为了使自己的产品得到普及和推广，无一例外的为本公司生产的单片机，配套供应功能强大的实时在线硬件仿真器(Emulator)，其中的一些著名单片机制造公司(比如 MICROCHIP、ELAN、INTEL、ATMEL、TI、ST、HOLTEK、ZILOG，等等)还为本公司生产的单片机配套供应功能强大的非实时非在线软件模拟器(Simulator)。另外，还有许多小型公司作为第三方，专门从事为著名单片机系列产品，研制和供应硬件仿真器和软件模拟器，以及程序烧写器等配套工具，供单片机学习者和开发者选购。但是，对于那些既不想花费太多代价又想尽快步入单片机王国的，广大电子爱好者和单片机初学者来说，这是一个极好的入门途径。我国台湾的一位软件天才郑元龙先生独创的一种举世无双的软硬件模拟器 SIM84，是一套极好的学习和演练单片机 PIC16C84/

PIC16F84 的模拟实战工具软件。PIC16C84/PIC16F84 单片机是由美国 MICROCHIP(微芯)公司研制的。

L.1 软硬件模拟器 SIM84 简介

一般在市面上流通的软件模拟器(Simulator)和硬件仿真器(Emulator)有什么不同呢?以及 SIM84 软硬件模拟器有何特殊之处呢?下面以对比的方式分别作一简介。

L.1.1 硬件仿真器

硬件仿真器可以真实地仿真单片机内部的 CPU、各个寄存器、各个功能部件和各个外围设备模块的功能和行为,显示它们的各种运行状态,以及通过外部引脚实时地输出各种电气信号。开发人员还可以控制单片机的运行方式和运行过程,比如以连续运行、单步运行、自动单步运行、断点运行等方式执行用户程序,同时对于用户自己设计的硬件电路和软件程序进行真实地在线仿真调试。其唯一的缺点就是价钱太高,并且还需要配合其他电子仪器(如示波器,电源适配器,逻辑分析仪等),还需要选购电路元器件,以及进行设计、制作和焊装电路板等烦琐工作。这类仿真器适合产品研发专业人士采纳,但是对于初次学习的人,反而会变成一种难以承受的负担。

L.1.2 软件模拟器

软件模拟器可以用虚拟的方式,对单片机的指令系统、寄存器状态,以及片内部分硬件资源进行软件模拟仿真,是借助于微机系统的资源优势和速度优势,来模仿单片机指令的运行效果。开发人员也可以用连续运行、断点运行、单步运行、自动单步运行等方式控制用户程序的执行。因此,仍具有调试用户程序的功能,但不能输出真实的电气信号,无法对程序执行结果有更深一层的体验。也就是说,这类软件模拟器能够模拟仿真的范围,通常仅仅限于单片机引脚之内的片内功能和行为,对于片外的活动则无能为力。但是最大的优点,就是价格便宜,并且只需要一部微型计算机,即可很快地进入单片机领域,学习单片机的软件和硬件原理,练习单片机的开发方法以及编程技巧,并且还可以对于以单片机为核心的目标系统控制开始虚拟的实战演练。

L.1.3 软硬件模拟器 SIM84

SIM84 是在兼顾软件模拟器和硬件仿真器两者优点的基础上独创出来的。SIM84 不仅可以模拟仿真单片机芯片的内部活动,还能够模拟仿真单片机引脚外部扩展的一些常用的周边电路和组件的活动。比如 LED 显示器、LED 数码管、点阵式 LED 或 LCD 的驱动、步进电机的驱动、数/模转换的输出、拨动开关的输入等。这些外围电路和组件,是在开发和制作单片机应用系统或者产品项目过程中经常会用到的。所以说,SIM84 是一套以体积小巧的 PIC16C84 单片机为样机(其引脚排列如图 L.1 所示),开始学习单片机的模拟实战工具软件,利用它提供的各种现成的虚拟片外电路和电子组件,可以让您即方便又清楚地学习 PIC16C84 单片机的寄存器功能和指令系统,并且能够以最小的代价,最低的风险,最快的速度，最有效的方法，最引人入胜的手段，循序渐进地步入单片机的世界。

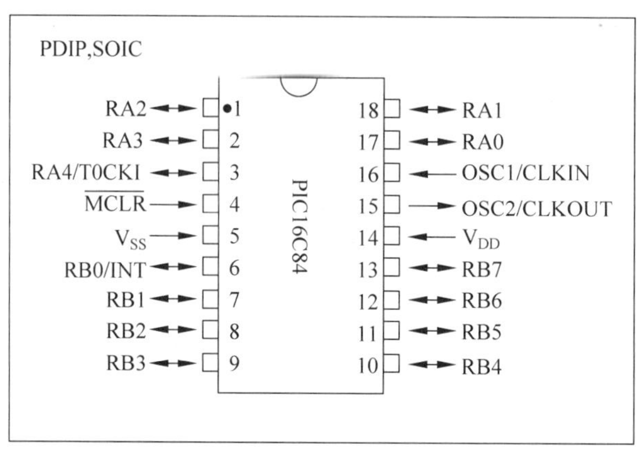

图 L.1　PIC16C84 引脚布局图

在这个软件中，不仅提供了实验较常用的几种电子组件：发光二极管 LED、拨动开关、七段 LED 数码管显示器、步进马达驱动、5×7 点阵显示器模拟以及示波器（这些虚拟电子组件的接线图，以及与单片机引脚的连接关系，见图 L.7 至图 L.16）。同时在程序控制方面，还提供了连续运行、单步运行、单步跨越运行、自动单步运行、断点运行等方式来调试用户程序。还配套提供了一个独立的汇编器 MPASM（它是美国微芯公司免费发行的）和在线式汇编器以及在线式反汇编器，并且又提供了一些方便于操作的控制命令。鉴于 SIM84 软件与众不同的用途和功能，不妨给它起一个与众不同的名称“软硬件模拟器 SIM84”。

SIM84 与一般软件模拟仿真器相比，最突出的优势就是它能将一些典型的单片机外接电路一并在微机屏幕上，以生动直观的图形化画面方式进行模拟仿真显示。从而令用户可以省去对应用电路板的制作、安装之类的麻烦（包括设计电路、购买元器件、制作 PCB 和焊装电路板）。

总而言之，SIM84 系统本质上仍属于软件模拟器的范畴，但是它比一般软件模拟器又有显著的改良和扩展。说它不仅模拟了单片机的 CPU 内核和片内的外设模块的功能，同时也模拟了演示电路板（或者称学习板或实验板）的功能，这是什么意思呢？单片机厂家和代理商，为了单片机初学者的学习和单片机应用者的开发，通常供应现成的硬件演示板或学习板，上面焊装了一些最常用的元器件，比如 LED 灯、七段数码管、键盘，甚至有些还有 LCD 等。我们可以买来这些现成的电路板，进行一些单片机的典型应用实验，例如跑马灯、数码显示或是步进马达驱动。比自己制作电路板方便了许多，不过这种电路板往往价格不低。但是，如果是选用 SIM84，既不需要买电路板，也不需要焊电路板，即可将实验结果直接、生动、形象、动态地呈现在微机屏幕上。从而达到对于单片机的入门学习和模拟演练的双重目的，还可以节省大量的时间，提高学习效率。再一个好处是，实验通不过时不用去猜，可以提示问题到底出在硬件上还是出在软件上，更不会出现烧坏电路元器件的危险。

假如在学懂单片机的基础之上，还想进一步实际开发应用单片机的话。那么，对于一个虚构项目的试验结果，达到预期的状况的时候，不妨去买一套单片机程序烧写器（价格不超过几百元），将调试成功的程序烧进单片机内，再插入预先为该项目设计并焊装好的电路板中，来实际体验自己的开发成果。

此外，配合 SIM84 软件工具，在压缩文件包里附带一个独立的 MPASM 汇编器(您也可以另从 MICROCHIP 公司的网站上免费下载不同版本的汇编器)。SIM84 支持 MPASM 汇编产生的结果“. HEX 目标文件”和“. LST 列表文件”。后者由 SIM84 装入存储器缓冲区之后，就可以实现在 SIM84 系统中进行符号化调试的功能。

对于感兴趣并且希望获取这款绿色软件工具的读者，可以向作者或者出版社免费索取一个压缩文档“SIM84. ZIP”。

L.2　SIM84 的安装与启用

L.2.1　安装条件

SIM84 这套软件工具(其程序量不是很大，其压缩文档只有一百多“KB”)对于所需要的硬件和软件运行环境要求不高：

- 硬件平台要求，CPU 为 486 以上的 PC 兼容机即可；
- 软件平台要求，操作系统可以是 DOS、Windows 95、Windows NT 或 Windows XP 均可以正常的运作。

L.2.2　安装方法

安装过程十分简单，读者把已经达到的一个压缩文档“SIM84. ZIP”，解压到 PC 兼容机的任何一个硬盘之下的一个专用文件夹中，最好建立一个名称为 SIM84 的专用文件夹(也可以称为子目录)。从解压之后的内容中可以看到如下几个文件(包含了一个名为 DEMO 的示范项目之下的不同格式的 5 个同名文件)：

- SIM84. EXE　　-> SIM84 主程序文件
- MPASM. EXE　　-> PIC16 汇编语言汇编器(DOS 版)
- MPASMWIN. EXE　　-> PIC16 汇编语言汇编器(Windows 版)
- EGAVGA. BGI　　-> VGA 驱动程序
- RED2LIG. PCX　　->红灯点亮的图形文件
- RED2DRK. PCX　　->红灯熄灭的图形文件
- BLUE2LIG. PCX　　->绿灯点亮的图形文件
- BLUE2DRK. PCX　　->绿灯熄灭的图形文件
- PE2. EXE　　->一种全屏幕编辑的文本处理器用于输入源程序
- DEMO. ASM　　->源程序代文件
- DEMO. ERR　　->错误信息文件
- DEMO. HEX　　-> HEX 格式目标文件
- DEMO. COD　　->二进制格式目标文件
- DEMO. LST　　->报表文件

L.2.3 首次启用

拷贝后，请将“软件保护器”(是一种硬件锁)插在计算机的打印机并行输出端口上(这是为了保护 SIM84 的版权而设置的，对于部分功能受限的免费演示版或教育版则不需要加硬件锁)，并且请您使用以下命令开始执行 SIM84.EXE。

```
C: \SIM84 > SIM84.EXE ↙
```

如果一切都正确，此时您会看到如图 L.2 所示的画面。

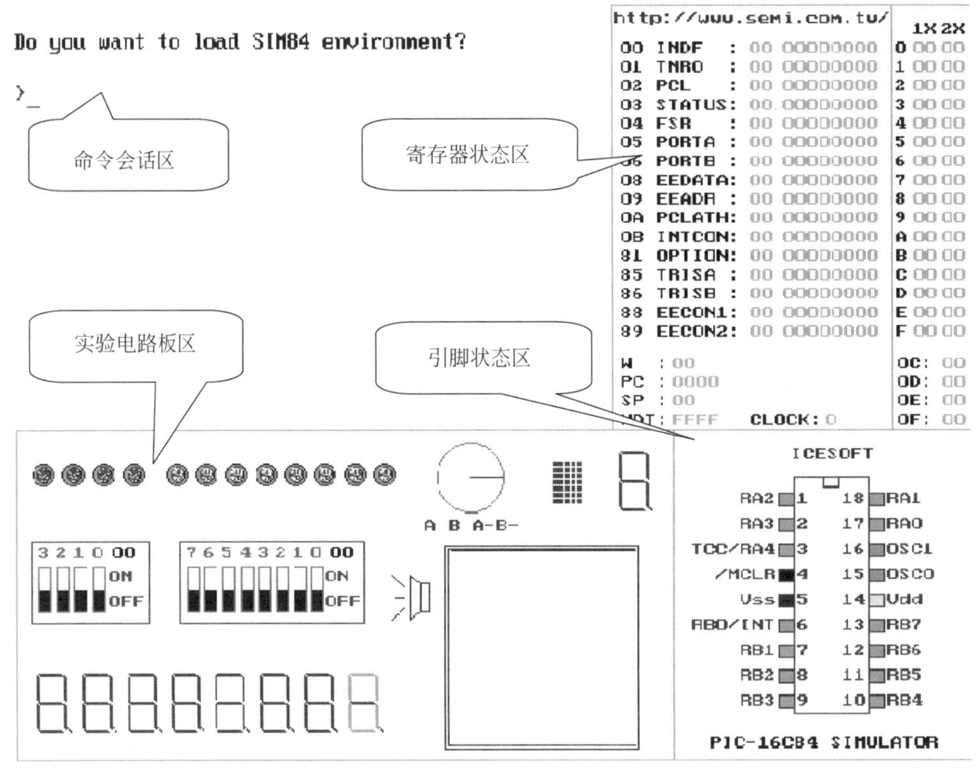

图 L.2 SIM84 的起始界面

当进入 SIM84 的起始界面，SIM84 就会问，要不要恢复上一次使用 SIM84 时所设定的调试工作环境，如果是初次启用，应该回答：“N”(不要)或是直接按下 Enter(回车)键(用“↙”符号表示)。

```
Do you want to load SIM84 environment ?N ↙
```

或

```
Do you want to load SIM84 environment ?↙

>
```

自动换行之后，出现一个大于号“>”，作为“命令提示符号”，提示只有在出现该提示符之后方可输入 SIM84 的系统命令(如表 L.1 所示)。在输入的任何命令中，无论字母大写或小写都将被系统视为相同的命令。也就是说，SIM84 不区分系统命令的大小写。

L.2.4　画面介绍

从图 L.2 中不难看出，可以将起始画面划分为 4 个区域：

- 命令会话区：左上角，是人-机对话的窗口，在此输入系统命令，并显示系统的提示信息；
- 寄存器状态区：右上角，在运行用户程序的过程中，用不同的颜色动态显示单片机内部 16 个特殊功能寄存器和 36 个通用寄存器的内容（16 个特殊功能寄存器的内容以十六进制和二进制同时显示；36 个通用寄存器和其他寄存器的内容仅以十六进制显示），此外还动态显示工作寄存器 W、程序计数器 PC、堆栈指针 SP 和看门狗定时器 WDT 的内容，以及程序运行过程中所花费的时间——指令周期数 CLOCK；
- 实验电路板区：左下角，在一个虚构的实验电路板上，安排着 10 组虚拟的电子组件，其中包含两组输入型组件和 8 组输出型组件。在程序执行过程中，输入型组件用于向单片机引脚送入逻辑电平，输出型组件用于动态的显示单片机引脚信号分别在这些组件上产生的输出结果；
- 引脚状态区：右下角，画着一个 PIC16C84 单片机的引脚排列图，用不同的颜色来表示，不同引脚上施加的或输出的不同的电平状态。

L.3　初次体验程序的运行与调试

在这里先用一个预先编写好的“范例程序”（程序文件名称为 DEMO.ASM，程序清单见后面，可以先不花时间去阅读该程序），引导大家领略一下 SIM84 的风格和全貌，同时也体验一下借助于 SIM84 调试程序的直观和便捷。以此来让大家先睹为快。

范例程序清单：

```
;**********************************************************************
;       文件名称：DEMO.ASM
;       使用组件：LED2
;**********************************************************************
        LIST        P = 16C84,R = Dec           ;设置单片机型号和数为十进制
;
        ORG         00H                         ;设定开始存放机器码的地址
        BSF         03H,5                       ;选定 RAM 当前体为 1
        BCF         03H,6                       ;
        MOVLW       00H                         ;把 00H 送入 W
        MOVWF       06H                         ;设置端口 RB 全部为输出
        BCF         03H,5                       ;把 RAM 的当前体恢复为 0
        BSF         3,0                         ;把进位标志清零
        MOVLW       11111110B                   ;把数据送入 W
        MOVWF       06H                         ;数据经过端口 RB 输出
        CALL        DELAY                       ;调用延时子程序
;
LOOP    MOVLW       7                           ;为移动次数寄存器赋初始值
```

```
        MOVWF     10H                  ;
LEFT    RLF       06H                  ; 左移端口 RB 数据寄存器
        CALL      DELAY                ; 调用延时子程序
        DECFSZ    10H                  ; 移动次数寄存器减 1,不为 0 跳一步
        GOTO      LEFT                 ; 跳回,继续左移
;
        MOVLW     7                    ; 为移动次数寄存器赋初始值
        MOVWF     10H                  ; 以 10H 寄存器为移位次数计数器
RIGHT   RRF       06H                  ; 右移端口 RB 数据寄存器
        CALL      DELAY                ; 调用延时子程序
        DECFSZ    10H                  ; 移动次数寄存器减 1,不为 0 跳一步
        GOTO      RIGHT                ; 跳回,继续右移
        GOTO      LOOP                 ; 跳回
;
DELAY                                  ; 延时子程序
        MOVLW     20                   ; 循环次数设置
        MOVWF     2DH                  ; 送入循环次数寄存器
D3      DECFSZ    2DH                  ; 循环次数寄存器减 1,不为 0 跳一步
        GOTO      D3                   ; 循环回去
        RETURN                         ; 子程序返回
;
        END                            ; 源程序结束
;*********************************************************************
```

这个范例程序实现的功能是,它可以控制八颗红色 LED 灯,其中点亮 7 颗、熄灭 1 颗,并且被熄灭的 LED 灯的位置来回不停地移动,实现类似"霹雳灯"的效果。对应的硬件电路如图 L.3 所示。

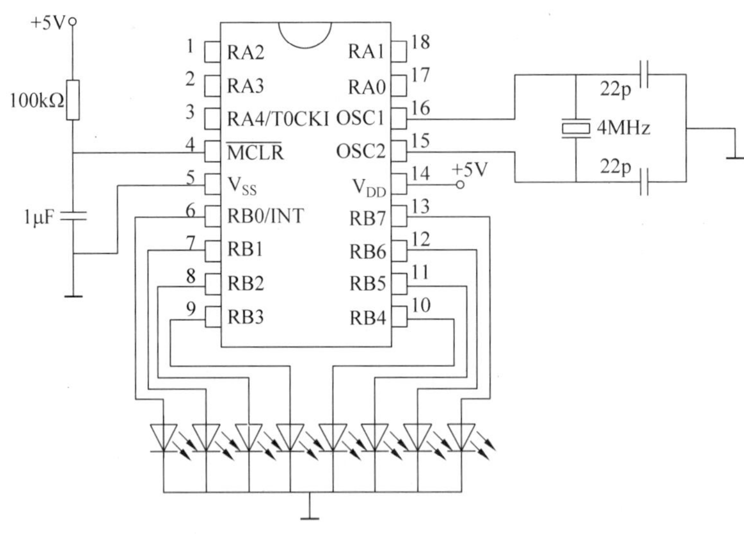

图 L.3　霹雳灯电路原理图

我们可以从 SIM84 子目录下,载入该范例程序的列表文件"DEMO.LST"。它是预先经由微芯(MICROCHIP)公司提供的汇编器 MPASM,对源程序文件 DEMO.ASM 进行汇编之后产生的同名的程序列表文件。

现在我们可以开始演示 SIM84 软硬件模拟器系统的基本功能。具体操作步骤是：

L.3.1 使用系统命令“L”(Load，载入范例程序)

```
>L DEMO.LST ↙
```

程序装载成功，命令会话区内会出现如下所示的一些提示信息，告知我们：

- 指定文件被装载完成；
- 同时相应的符号文件也装载完成；
- 可以输入“ESYM”命令来启用符号调试(查错)功能；
- 对 PIC16C84 的模拟器进行了复位；
- 按下[Esc]键将暂停范例程序的运行……

此时，SIM84 系统对范例程序 DEMO.ASM 自动开始模拟运行，并且已经进入了连续运行的状态。

```
Do you want to load SIM84 environment?
>1 demo.1st
Load Complete
SYMBOL FILE LOAD COMPLETE!
You can type >ESYM to enable symbol debug
Reset PIC16C84 Simulator O.K.
Press 'ESC' to stop program…
```

L.3.2 使用系统命令“G”(Go，运行范例程序)

```
>G ↙
```

该条命令下达后，表示让 SIM84 系统从上次执行程序的停止处，或从第 0 号程序存储器单元，开始执行范例程序。程序执行期间，会看到：

(1) 在虚拟组件区中，红色 LED 在不停地闪烁显示。同时其他输出型组件也在动态显示，不过我们不应该去关心其他组件的动作，理由是它们属于伴随模拟过程产生的一些“副产品”。

(2) 在引脚信号显示区，可以看到 PIC16C84 单片机的引脚 RB0～RB7，其中 7 条是白色、一条是黑色，并且黑色引脚的位置在不停地轮流移动。“白色”表示该脚输出的是高电平；“黑色”表示该脚输出的是低电平。

(3) 在寄存器状态区，会看到 PIC16C84 内部寄存器的变化情形。红色部分代表未被影响的寄存器内容；墨绿色部分表示程序执行过程中被改变的部分寄存器内容。

在程序的执行过程中，还有一些功能键来控制程序的执行进程或执行方式。例如，前面提到的[Esc]键，以及下面介绍的功能键[F9]和[F10]等。

按动功能键[F9]时，在会话区中会显示程序执行过程中被执行的每一条指令；在此状态之下，如果按动“空格”键，可以暂停程序的执行，再次按动“空格”键(或者其他任意键)程序又继续执行；当重新按动[F9]键时会取消这项显示每条指令的功能，程序的执行速度会得到提高。

按动功能键[F10]时，会冻结寄存器状态区的更新显示，这样做的好处是可以加快程序模拟执行的速度；重新按下[F10]键后会取消这项功能。

L.3.3 按动 Esc 键停止程序的执行

在范例程序连续执行的过程中，只有按下 [Esc]键即可以回到命令模式。执行过程被停止之后，SIM84 会在会话区中显示出（如下所示的）一条单片机指令，表示当前系统停留在该条指令上，或者说，当前程序计数器 PC 就指向该条指令，下面即将被执行的就是该条指令。在该例中，表示在虚拟程序存储器（或叫做程序缓冲区）中的“0019” 号单元里，存放着汇编语言指令“GOTO 0018”的十六进制机器码“2818”。

```
Press 'ESC' to stop program…
0019 : 2818         GOTO 0018
>
```

L.3.4 使用系统命令“Q”（Quit，终止范例程序的运行）

```
>Q↙
```

如果想结束调试过程并且退出 SIM84 系统，可以在出现命令提示符“>”后，输入 “Q”命令。随后系统会在会话区出现一条提示信息“Do you want to save SIM84 environment?”，询问是否保存目前的调试工作环境（其中包含功能键定义等信息）。此时可以键入“↙”或者“N↙”，则不保存环境设置，而返回 DOS 操作系统（建议这样作）。假如想保存此时的调试工作环境设置，可以键入“Y↙”，以便于在下次继续现在没有完成的调试过程时，可以恢复到现在的工作环境中。

L.4 SIM84 系统命令

SIM84 软硬件模拟器的全部系统命令如表 L.1 所示。

表 L.1 SIM84 的系统命令

命 令	功能解释	范 例
/[DOS 命令]	加斜线“/”，可在该环境下直接执行 DOS 下的可执行程序或命令	>/EDIT >/DIR
L 文件名	装载 HEX 码文件或 LST 列表文件（建议装载列表文件）	>L DEMO.HEX >L DEMO.LST
W 文件名	将 SIM84 缓冲区里的程序码以 HEX 格式输出，作为一个文件保存	>W DEMO.HEX Start Address: 0 End Address: 20
A 地址	由键盘逐条输入汇编语言源程序，以便进行在线汇编	>A0 0000:MOVWF 6

续表

命　　令	功 能 解 释	范　　例
U　[地址]	对于指定部分缓冲区内的程序码进行反汇编，以转换成汇编语言指令	> U0 或> U
H 断点序号 地址	设定断点 1～3，或清除所有断点	> H1　12 或> H0
G[起点] [终点]	全速执行指定区域内的程序片段	> G0 10
P[地址]	单步跨越执行，对子程序会一次执行完，对应的快捷键是[F8]	> P0 或> P
T[地址]	单步执行，进入子程序仍以单步执行，对应的快捷键是[F7]	> T0 或> T
M 符号名数值 M 地址数值	以给定数据修改指定名称或地址的寄存器的内容	> M TRISA 0 或> M20 0F0
Q 或 QUIT	结束调试过程，回到 DOS 操作系统	> Q 或> QUIT
B[数值]	将十六进制数据转换成二进制数据	> B0AA
SET 功能键/字符串	设定功能键 F1 至 F6	> SET　F1 /MPASM
RESET	将 SIM84 系统复位	> RESET
SWAP	开启或关闭实验电路板区和引脚状态区	> SWAP
CLS	清除画面并重新显示	> CLS
DOS	暂时回到 DOS 系统	> DOS
OPEN 组件	打开实验电路板区的虚拟组件	> OPEN LED1
CLOSE 组件	关闭实验电路板区的虚拟组件	> CLOSE LED1
ACTIVE LOW 或 HIGH	设定驱动电压为低电平或者高电平有效	> ACTIVE LOW
ESYM	开启符号调试(查错)功能	> ESYM
DSYM	关闭符号调试(查错)功能	> DSYM
WDTE	开启/关闭看门狗 WDT 功能	> WDTE
CLOCK [=指令周期数]	显示/设定程序执行过程累积的指令周期数	> CLOCK > CLOCK=5
HELP	显示简易求助画面	> HELP
说明：本表中使用的[方括号]用于表示其内容不是必需的。		

---

* 命　　令：/

* 参　　数：DOS 命令

* 功能解释：暂时离开 SIM84 系统，进入 DOS 操作系统。

* 使用范例：当您想临时性地进入 DOS 操作系统，以便使用 DOS 下的一些命令或者可执行文件。此时，您可以直接在 SIM84 命令会话区输入 DOS 命令，不过前面必须加上一条斜线“/”，作为控制字符。在下面的例子中，我们要利用 DOS 下的 EDIT 文本编辑器，输入或编辑汇编语言源文件。

```
>/EDIT
```

当把汇编语言源文件输入和编辑完毕之后，退出文本编辑器时，系统将自动返回

SIM84 的环境中。

---

*命　　令：DOS

*参　　数：无

*功能解释：暂时回到 DOS 操作系统。

*使用范例：使用该命令可以暂时离开 SIM84 系统而返回 DOS 状态；一旦您进入 DOS 状态，再想回到 SIM84 系统中，则需要输入 DOS 命令"EXIT"，方可返回 SIM84 系统继续工作。

```
>DOS
```

---

*命　　令：L

*参　　数：L 文件名称

*功能解释：向 PIC16C84 的程序存储器中，装载目标程序文件，或者列表程序文件。

*使用范例：假设有一外部源程序文件 DEMO.ASM，经由汇编器 MPASM 汇编输出，得到目标文件和列表文件，您可以用指令 L，将目标程序文件或者列表程序文件读进 SIM84 系统中仿真和调试。如果你的 SIM84 是教育版，则只能读取 DEMO 这个文件。

```
>L DEMO.LST
```

SIM84 可以直接读入 .HEX 文件或 .LST 文件。建议您直接读入 .LST 文件，因为在 .LST 文件中就已经包含了符号对照表，可以支持 SIM84 的符号化调试功能。

---

*命　　令：G

*参　　数：G [地址]或[起始地址] [结束地址]

*功能解释：连续执行(或称全速执行)。如果命令中给出地址参数，则从指定地址处开始连续执行程序；如果不带地址，默认从地址 0000H 开始(对于刚刚进入 SIM84 的情况)或者从上一次程序执行被打断之处继续连续执行；如果命令中给出两个分别作为起始点和停止点的地址参数，则自动顺序执行该地址范围内的程序。

*使用范例：下面的第一条命令是让程序从 0 号程序存储器单元开始执行；第二条命令是让程序从上次被打断的地方继续执行；第三条命令是要求连续执行 1 号到 9 号程序存储器单元的程序。

```
>G0
>G
>G1 9
```

在程序进入连续执行状态之后，系统给出一条下面的提示信息，提醒您按下[Esc]键可以停止程序的执行：

```
>g
Press 'ESC' to stop program...
```

在程序被连续执行的过程中，用一些 SIM84 系统本身定义的"功能键"，可以对实验电路板区的模拟电子组件，做动态设定。比如，若您在执行程序的时候，按动[F10]键，则会开启(或者会关闭，如果是第二次按动)寄存器状态显示区域的动态显示功能。按下[Esc]键，可以停止正在执行中的程序，返回命令状态。在程序执行过程中，可以使用的一些功能键如表 L.2 所示。

表 L.2　程序执行期间可以使用的功能键

功能键	说　　明	组件或脚名	辅助按键
F1	4 位拨动开关 1 输入仿真	DIP1	0～3
F2	8 位拨动开关 2 输入仿真	DIP2	0～7
F3	外部中断 INT 引脚仿真	INT	无
F4	外部引脚 TMR0 输入仿真	TMR0	无
F5	外部引脚/MCLR 输入仿真	/MCLR	无
F6	示波器取样周期调整	SCOPE	+/−
F9	执行期间逐条显示指令开/关——自动单步方式运行	无	空格键
F10	开/关寄存器动态显示窗	无	无
ECS	停止执行中的程序	无	无

---

*命　　令：T

*参　　数：T [地址]

*功能解释：单步执行。当程序执行过程中遇到指令 CALL 时，会进入子程序仍然以单步方式继续执行。SIM84 系统为该命令定义了一个快捷键[F7]。

*使用范例：在程序调试过程中，往往需要一个指令接着一个指令慢慢执行，观察各个寄存器的状况，当程序执行遇到 CALL，如果您需要进入子程序单步执行，可以使用指令 T。可以看出，在没有遇到子程序时，P 和 T 命令功能相同。如果命令中带有地址参数，则执行该地址指定程序存储器单元中存放的一条指令或以此指令为开始的一段子程序；如果命令中不带地址参数，则接着上一次 T 命令执行停止的地方继续往下执行。

```
>T0
>T
```

---

*命　　令：P

*参　　数：P [地址]

*功能解释：单步跨越执行。当程序执行过程中遇到 CALL 指令，会将子程序一口气以连续方式执行完毕。不仅可以跨越子程序，也会跨越断点。SIM84 系统为该命令定义了一个快捷键[F8]。

*使用范例：在程序调试过程中，往往需要一个指令接着一个指令地慢慢执行，以便于观察各个寄存器的状况。当程序执行遇到 CALL 时，如果这个子程序您不想单步执行，例如时间延迟子程序，可以使用命令 P，将子程序一次执行完。如果命令中带有地址参数，则执行该地址指定程序存储器单元中存放的一条指令；如果命令中不带地址参数，则接着上一次 P 命令执行停止的地方继续往下执行。

```
>P0
>P
```

---

*命　　令：H

*参　　数：H0-3 [断点地址]

*功能解释：断点设定或者清除。H1-3：断点设定，最多可以设置 3 个断点。H0：清除所有断点。

*使用范例：如果您已经(用命令 ESYM)开启了符号化调试功能，就可以直接使用程序中您所定义的符号(或称地址标号)来设定断点地址。

```
>H1 08
>H2 delay
>H0
```

上面第一条命令完成的功能是，把“断点 1”的地址设置在“0008H”处；第二条是把“断点 2”的地址设置在“delay”出现之处；第三条是清除所有断点！

在命令行输入完成并按下回车之后，系统会出现一条确认信息，如下所示：

```
>H1 06
Break Point 1 : 0006
```

在定义了断点之后，再用 G 命令进行连续执行程序时，遇到断点会自动停止执行，并且会显示断点地址之处的汇编指令，以及包含着指明断点序号的提示信息。如下所示：

```
>g

Press 'ESC' to stop program…

Break Point 1
0006 : 1005        BCF 5,0
>
```

当用 H0 命令清除所有断点时，系统出现的提示信息如下：

```
>> h0
Clear all break point.
>
```

---

*命　　令：A

*参　　数：A [机器码填入地址]

*功能解释：该命令同时具备在线编辑(程序输入)、在线修改、在线汇编的功能。可以通过键盘逐条输入汇编语言指令，在每一条指令输入完毕按下 Enter 键时，在线汇编器功能就自动将所输指令翻译成目标码，填入虚拟的程序存储器的指定单元，将原先的指令码覆盖掉。

*使用范例：当您用 SIM84 侦错或仿真的时候，如需要更改程序内容，可以使用 SIM84 提供的在“线汇编器”直接进行修改。修改程序后，在线汇编器会将汇编语言程序汇

编成相对应的机器码目标程序，并且填入指令的程序存储器地址中。应注意，在线汇编器并没有提供插入程序代码的功能，而一经更改的程序代码无法恢复，必须小心使用。在线汇编器要求，所有的数据皆是十六进制的数据，且必须以数字开头。

下面是借助于在线汇编器命令 A 输入和汇编的一段范例程序，该程序实现的功能是，驱动端口 RB 连接的 LED2 自右向左循环移动点亮。当您完成编辑后，按二次[ENTER] 即离开编辑和汇编模式。

```
> A0                         ; 在线汇编从地址 0 开始
0000:  MOVLW  01             ; 将 01H 常数送入 W 寄存器
0001:  MOVWF  6              ; 把读到的数据经过端口 RB 输出
0002:  RLF    6              ; 带着进位标志 C 循环左移
0003:  GOTO   2              ; 跳转回去形成循环输出
0004:  [Enter]               ; 停止输入
> G0                         ; 从地址 0 全速执行
```

在程序的执行过程中，您不仅可以看到 8 只红色 LED 在不停的循环移动，这是本程序的设计目的。此外，您也将发现示波器、数码管、点阵显示器等组件也同时在动态显示。您可以使用如下两条命令，单独指定您想主要模拟的电子组件种类。如此以来，不但可以提高程序的运行效率，也可以避免不必要的视觉干扰，而便于集中精力。这些组件的符号定义，在后面 CLOSE 命令部分有表格详细介绍。

```
> CLOSE ALL
> OPEN LED2
> G0
```

下面是借助于在线汇编器命令 A 输入的另一段范例程序，该程序实现的功能是，从端口 RA 输入开关量，然后经过端口 RB 输出，并且由 LED2 作出显示。

```
> A0                         ; 在线汇编从地址 0 开始
0000:  BSF    3,5            ; 将文件寄存器设置为体 1
0001:  MOVLW  0F             ; 将 0FH 常数送入 W 寄存器
0002:  MOVWF  85             ; 设置端口 RA 各个引脚都为输入
0003:  MOVLW  00             ; 将 0H 送入 W 寄存器
0004:  MOVWF  86             ; 设置端口 RB 各引脚均为输出
0005:  BCF    3,5            ; 将文件寄存器恢复为体 0
0006:  MOVF   5,0            ; 从端口 RA 读取数据
0007:  MOVWF  6              ; 把读到的数据经过端口 RB 输出
0008:  GOTO   6              ; 跳转回去形成循环读取/输出
0009:  [Enter]               ; 停止输入
> G0                         ; 从地址 0 全速执行
```

在程序运行的同时，利用功能键[F1]和辅助键“0-3”可以实现经过端口 RA 的开关量输入。具体操作过程是，在运行期间按动[F1]键，随即出现提示行“Input: DipSwitch 1”，这时便可利用数字键，来切换拨动开关 DIP1 的连接状态。

---

*命　　令：U

*参　　数：U [起始地址]　[结束地址]

*功能解释：对指定程序存储器区域内的机器码，反汇编成为汇编语言指令。

*使用范例：使用 SIM84 系统的时候，如果要观察虚拟的程序存储器中的程序，可以使用这个命令。配合这个命令，如果已经(用命令 ESYM)激活了符号化调试功能，SIM84 系统会同时将原先程序中定义的标号显示出来。如果在输入 U 命令时，不指定起始地址和结束地址，SIM84 系统会将最后一次反汇编的结束地址，当作是这一次进行反汇编的起始地址，显示一屏所能容纳的行数就自动停下来。

```
>U0 10
>U
```

---

*命　　令：M

*参　　数：M［寄存器名称或地址］［修改值］

*功能解释：修改寄存器的内容。

*使用范例：在单步执行的过程中，如果要更改某一寄存器的内容，可以用命令"M"。应该注意，作为修改值的数据，SIM84 系统均默认是 8 位十六进制的数，并且必须以阿拉伯数字开头。例如，08、89、0E、0FA 等，都是合法的。下面第一条命令是将端口 RA 的方向寄存器的内容改写为 0FH；第二条命令是将通用寄存器 20H 号单元的内容改写为 88H。

```
>M TRISA 0F
>M20 88
```

在修改寄存器内容时，如果借助于寄存器的名称(也就是符号地址)，会带来方便。在 SIM84 系统中定义的特殊功能寄存器名称见表 L.3 所示。

表 L.3　SIM84 系统中定义的特殊功能寄存器名称

特殊功能寄存器名称	地址	寄存器功能
INDF	00H	实现间接 RAM 寻址
TMR0	01H	定时器/计数器
PCL	02H	程序计数器 PC 的低字节
STATUS	03H	状态寄存器
FSR	04H	间接 RAM 寻址地址指针
PORTA	05H	端口 RA 数据寄存器
PORTB	06H	端口 RB 数据寄存器
EEDATA	08H	访问数据存储器 EE 的数据寄存器
EEADR	09H	访问数据存储器 EE 的地址寄存器
PCLATH	0AH	PC 高 5 位的装载寄存器
INTCON	0BH	中断控制寄存器
OPTION	81H	选项寄存器
TRISA	85H	端口 RA 方向寄存器
TRISB	86H	端口 RB 方向寄存器
EECON1	88H	EE 数据寄存器访问的控制寄存器 1
EECON2	89H	EE 数据寄存器访问的控制寄存器 2

＊命　　令：W

＊参　　数：W ［文件名称］

＊功能解释：将 SIM84 系统内目前正在执行的目标程序，以 HEX 格式文件的形式保存到磁盘中。

＊使用范例：当用 SIM84 对于自己编写的程序进行了输入、编辑、调试、修改和汇编之后，可以将最后的结果以 HEX 格式的目标程序文件输出到硬盘，或者外部软盘驱动器中保存起来，以便下一步将目标程序烧录到单片机中，开展实际硬件电路的实验和验收。

下面的操作过程，实现将 SIM84 系统的程序存储器中第 0 单元到第 20 号单元内的机器码，保存为名称为 DEMO. HEX 的程序文件中。在第一行命令输入完毕按 Enter 键后，系统会出现询问起始地址的提示行“Begin Address:”；在完成起始地址的输入后，系统又会出现询问结束地址的提示行“End Address:”；输入结束地址并按 Enter 键，如果正常，系统就会出现“保存完成”的提示行“Save Complete”。

```
> W DEMO1.HEX
Begin Address: 0
End Address: 20
Save Complete !
>
```

在上例中如果在 W 后面不直接跟随文件名称，则系统会出现一条“Input the Intel Hex Filename:”的提示行，意思是“请输入 Intel HEX 格式的文件名称:”。

＊命　　令：CLOCK

＊参　　数：CLOCK［＝设定初始值］

＊功能解释：“查看”程序执行过程中所占用的指令周期数，或者将指令周期累加器 CLOCK 的内容“修改”为一个指定值。

＊使用范例：在仿真的环境中，很难达到与真实电路效率相同的结果。此时我们就需要一个参考值，来感觉“时间”的概念。在 SIM84 中提供了观察时间的累加器 CLOCK。在这里所显示的是指令周期的累加结果，若想换算成真实的执行时间，必须乘上每个指令周期中包含的时钟周期数（为 4），再乘以时钟周期（相当于再除以您计划选用的晶体振荡器的频率）。

```
> CLOCK
> CLOCK = 0
> CLOCK = 20
```

第一条命令是查看程序执行过程中所占用的指令周期数；第二条命令可以将指令周期累加器 CLOCK 清零（RESET 命令也可以实现清零的动作）；第三条命令是将 CLOCK 修改或者设置为 20 个指令周期。请注意：字符串“CLOCK”代表着两个含义：一是一条命令；二是代表指令周期累加器。

＊命　　令：B

＊参　　数：B 数值

＊功能解释：将 2 位十六进制数据转换成 8 位二进制数据，并且显示出来。

＊使用范例：例如将十六进制数 0FH 转换成二进制数 00001111B。注意，数据必须以数字开头，如果是以 A～F 开头的数据，应在前面补一个 0。

```
> B0F
        0F:00001111
```

＊命　　令：SET

＊参　　数：功能键/字符串

＊功能解释：对功能键［F1］至［F6］定义一些常用功能。

＊使用范例：在 SIM84 系统中，可以将调试过程中较常用的操作定义在功能键［F1］至［F6］中，以便提高工作效率。例如：

```
> SET F1 A0
> SET F2 U10 20
> SET F3 CLS
```

这样设定之后，以后只要按［F1］功能键，系统就会自动进入在线汇编器的编辑和汇编状态，并且程序存储器的 0 号单元开始；按下功能键［F2］，系统就会自动对程序存储器中，地址从0～9 区域内的机器码，自动进行反汇编并且显示出来（将 7 次击键动作就变成了一次对于［F2］的单击）；按下功能键［F3］，系统会执行清除屏幕显示功能。

＊命　　令：RESET

＊参　　数：无

＊功能解释：对 SIM84 系统进行复位。

＊使用范例：在复位 PIC16C84 的过程中，会完成将 SIM84 系统初始化的工作：

```
> RESET
Reset PIC16C84 Simulator O.K.
>
```

＊命　　令：SWAP

＊参　　数：无

＊功能解释：开启或关闭实验电路板区域和引脚状态区域的显示。

＊使用范例：第一次输入该命令，将关闭实验电路板区域和引脚状态区域的显示；再次输入该命令，又将开启实验电路板区域和引脚状态区域的显示。

```
> SWAP
```

＊命　　令：CLS

＊参　　数：无

＊功能解释：清除画面并重新显示。

＊使用范例：

```
> CLS
```

---

* 命　　令：CLOSE
* 参　　数：CLOSE　[组件代号]或[ALL]
* 功能解释：关闭实验电路板区中的电子组件。各个组件代号见表 L.4。

表 L.4　实验电路板区中的电子组件

组件代号	组 件 名 称	对应引脚
LED1	绿色发光二极体 4 颗	PORTA
LED2	红色发光二极体 8 颗	PORTB
DIP1	4 联拨动开关	PORTA
DIP2	8 联拨动开关	PORTB
SEG1	单颗七段数码管	PORTB
SEG2	八颗七段数码管	PORTB
DOT57	5×7 点矩阵显示器	PORTA、B
MOTOR	步进马达	PORTA
SCOPE	波型显示器	PORTB
SPEAK	发声器	PORTA.0
ALL	所有组件	-

* 使用范例：系统初次启用时的默认状态是，实验电路板区中的所有电子组件全部被打开。用以下两条命令可以分别实现关闭步进马达和关闭所有组件。

```
> CLOSE MOTOR
> CLOSE ALL
```

---

* 命　　令：OPEN
* 参　　数：OPEN　[组件代号]或[ALL]
* 功能解释：打开实验电路板区中的电子组件。各个组件代号表同前。
* 使用范例：用以下两条命令可以分别实现开启示波器和开启所有组件。

```
> OPEN SCOPE
> OPEN ALL
```

---

* 命　　令：ACTIVE
* 参　　数：HIGH 或 LOW
* 功能解释：设定施加到虚拟组件的电平是低电平有效还是高电平有效。
* 使用范例：该命令相当于设定是否在单片机引脚与实验电路板上的虚拟组件之间增加一级虚构的“反相器”。SIM84 系统(初次启用时的)默认状态下默认的是高电平有效，也即没有增加上述提到的那级反相器。下面的两条命令分别实现，设定施加到虚拟组件的电平为低电平有效和高电平有效。

```
> ACTIVE LOW
> ACTIVE HIGH
```

---

* 命　　令：ESYM
* 参　　数：无
* 功能解释：在调试过程中开启符号化调试功能。
* 使用范例：当你用命令 ESYM 开启符号化调试功能后，反汇编的结果中会包含您所定义的符号(包含代表常数、寄存器、地址的标号)。除此之外，最方便之处莫过于设定断点的时候，可以直接用符号来指定地址。

```
> ESYM
```

---

* 命　　令：DSYM
* 参　　数：无
* 功能解释：在调试过程中关闭符号化调试功能。
* 使用范例：与命令 ESYM 的功能恰好相反。

```
> DSYM
```

---

* 命　　令：WDTE
* 参　　数：无
* 功能解释：在用户程序执行过程中开启或关闭看门狗定时器 WDT 功能。
* 使用范例：SIM84 系统(初次启用时的)默认状态下是看门狗功能被关闭，也即看门狗处于禁止状态。第一次使用该命令，会开启看门狗；再次使用该命令，会关闭看门狗。

```
> WDTE
```

---

* 命　　令：HELP
* 参　　数：无
* 功能解释：显示简易求助提示信息。
* 使用范例：遇到难题时，使用该命令 SIM 系统就会在命令会话区显示一串如图所示的信息，也许会对您有所帮助。其实，在命令输入状态下，只要您输入了错误的命令，系统均会显示这些信息。

```
>> help

The Simulator PIC16C84 is written by C.Y.L
Do with the file using follow instruction…
  L filename ,M filename
Modify experiment region by…
  Open ,Close or Set [comp]
    comp: ALL DIP1 DIP2 LED1 LED2
```

```
          SEG2 SCOPE DOT5 SPEAK
Run program using follow instruction…
  G[ ],P[ ] or T[ ]
Modify Data using the instruction…
    M[name or address]name: INDF STATUS…
Enable od Disable Symbol Debug.
    DSYM or ESYM
BreakPoint instrument…
    Clear all:H0 Set bp:H[1～3][address]
Other important instrument…
    A[ ]:assembly,U[ ]+[ ]:disassembly
>
```

＊命　　令：Q

＊参　　数：无

＊功能解释：结束 SIM51 的调试过程，回到 DOS 操作系统。

＊使用范例：要结束调试过程时，SIM84 系统会询问要不要把仿真的环境参数（包含功能键定义等信息）保存起来，如果回答“Y”，下次重新启动 SIM84 系统时，你就可以马上恢复到先前的工作环境中。

```
>Q
Do you want to save SIM84 environment ?
```

如果在离开 SIM84 之前，对于系统关于是否保存这次环境设置的询问，回答的是"Y"，那么下次再进入 SIM84 时，系统又会询问您是否想载入环境设置。

```
Do you want to load SIM84 environment:
```

你只需回答“Y”，系统即会自动恢复上一次离开前的设定状况。

＊命　　令：QUIT

＊参　　数：无

＊功能解释：结束 SIM84 的程序调试过程，返回 DOS 操作系统。

＊使用范例：类似与命令 Q。

```
>QUIT
Do you want to save SIM84 environment ?
```

L.5 汇编器 MPASM 使用说明

汇编器实际上是为我们服务的一种软件工具，它不仅可以快速地把我们编写的汇编语言源程序自动给翻译成单片机能够执行的机器语言目标程序，而且还可以帮助我们查找出源程序中的简单错误（比如句法错误和格式错误等）并提示给我们。为了使用好这个有利的武器，我们就必须掌握它能“听得懂”的语言——伪指令。这就像让单片机按照我们规定的步骤去执行任务，我们必须先学会它的语言——指令系统一样。

用来编写汇编语言源程序的语句，主要是指令助记符(亦称指令性语句)，其次就是伪指令(也叫指示性语句)。所谓伪指令就是“假”指令的意思，不是单片机的指令系统中的真实指令。与指令系统中的助记符不同，伪指令没有与它对应的机器码。也就是说，伪指令是用于操纵汇编器的，在汇编过程完成后就消失了。或者说，当源程序被汇编成目标程序时，目标程序中并不出现这些伪指令的代码，它们仅在汇编过程中起作用。伪指令是程序设计人员向汇编器发布的控制命令，告诉汇编器如何完成汇编过程和一些规定的操作，以及控制汇编器的输入、输出和数据定位等。对于微芯公司为开发 PIC 单片机提供的汇编器——MPASM，可以使用的伪指令多达数十条，不过，在此仅仅向初学者介绍以下几条最最常用的伪指令：

L.5.1 EQU——符号名赋值伪指令

格式： 符号名 EQU nn

说明：使 EQU 两端的值相等，即给符号名赋予一个特定值或者说是给符号名定义一个数值。其中，“符号名”通常是代表寄存器名称或专用常数的一个字符串，“nn”通常是一个不大于 8 比特二进制数的数值。一个符号名一旦由 EQU 赋值，其值就固定下来了，不能再被重新赋值。对符号名的要求类似于对标号的要求，比如符号名应从一行的第一列开始书写，其后至少保留一个空格与 EQU 隔离。

L.5.2 ORG——程序起始地址定义伪指令

格式： ORG nnnn

说明：用于指定该伪指令后面的源程序存放的起始地址，也就是汇编后的机器码目标程序在单片机的程序存储器中开始存放的首地址。其中 nnnn 是一个 13 比特长的地址参数。

L.5.3 END——程序结束伪指令

格式： END

说明：该伪指令通知汇编器 MPASM 结束对源程序的汇编。在一个源程序中必须要有并且只有一条 END 伪指令，放在整个程序的末尾。

L.5.4 LIST——列表选项伪指令

格式： LIST [可选项，可选项，……]

说明：用于设置汇编参数来控制汇编过程，或对打印输出的列表文件进行格式化。该伪指令的所有参数都必须在一行内书写完成。参数种类共有十余种，在此只介绍最常用的两种，即可满足初学者的基本需要：

- P=<设定单片机型号>。比如 P=16C84；P=16C55 等。
- R=<定义默认的数值进位制>。比如 R=DEC(十进制)；R=HEX(十六进制)等。

MPASM 汇编器是美国 MICROCHIP 公司，为其单片机应用者或开发者提供的一套语言工具软件。主要用途就是将用户自己设计和编制的适合人们阅读的汇编语言源程序，翻译成单片机可以直接运行的机器语言目标程序代码。除了帮助用户完成翻译工作之外，它还可以检查源程序中的语法错误或格式错误，并且向用户作出提示。开始使用之前，还需要说明 MPASM 对于各种进制数值的表达方式，如表 L.5 所示。

表 L.5　PIC 汇编语言中的数制表达方式

数制类型	语　　法	范　　例
十进制	D'十进制数值'	D'100'
十六进制	0x 十六进制数值　或 H'十六进制数值'　或十六进制数值 H	0xFF 或 H'FF'或 0FFH
二进制	B'二进制数值'	B'01001100'
八进制	O'八进制数值'	O'765'
ASCII 字符	A 'ASCII 字符' 或 'ASCII 字符'	A'C'或'C'
说明：系统原始默认不加任何语法修饰符的数字为十六进制数		

如果对于 MPASM 汇编器作全面介绍的话内容较多(可以查阅专业书籍或到微芯公司网站查阅原版用户手册和下载该汇编器软件，http://www.microchip.com 和 http://www.microchip.com.cn)，在此打算仅仅介绍到不影响读者简单使用它的程度为止。MPASM 汇编器依据运行环境的不同可以分为两种版本：DOS 版本(MPASM.exe)和 WINDOWS 版本(MPASMWIN.exe)。每一种版本根据启动方式的不同又存在两种调用方法：命令行界面调用方法和对话窗口界面调用方法。另外，对于 Windows 版本还存在第三种调用方法，就是在 MPLAB-IDE 综合开发环境之下，利用菜单命令或图标按钮命令自动启动。

下面我们先对"命令行界面"调用方法作一简要介绍，以便使读者尽快掌握 MPASM 汇编器的简单应用方法。

你可以用任何一套自己熟悉的文本处理程序(比如 PE2、EDIT、WPS 或 Windows 附件中的记事本或写字板等)去编写您的源程序文件，现在假设定名为 DEMO.ASM。以下面的命令行方式，并且携带着用户源程序名称，直接调用汇编器"MPASM"或"MPASMWIN"，即可完成汇编任务：

```
C: \SIM84 > MPASM DEMO.ASM        (对于 DOS 版本)
C: \SIM84 > MPASMWIN DEMO.ASM     (对于 WINDOWS 版本)
```

如果汇编成功，汇编器 MPASMWIN 还会给出一个如图 L.4 所示的信息框。

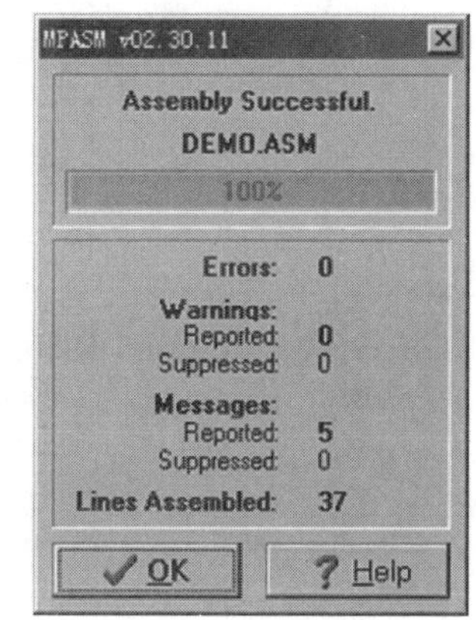

图 L.4　汇编器汇编成功的画面

如果您的源程序文件，没有任何语法的错误，则应该会产生下面四个文件名称：

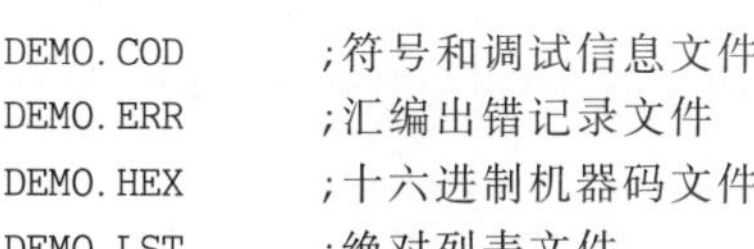

```
DEMO.COD      ;符号和调试信息文件
DEMO.ERR      ;汇编出错记录文件
DEMO.HEX      ;十六进制机器码文件
DEMO.LST      ;绝对列表文件
```

其中的绝对列表文件 DEMO.LST，对于 SIM84 软件工具的调试过程是至关重要的。

其内容包含了存储器地址、机器码、行号、源程序、符号定义信息、存储器占用情况以及提示信息等。列表文件 DEMO. LST 的清单如下所示：

```
MPASM 01.21 Released          DEMO.ASM 6-10-1997 5:03:13          PAGE  1

LOC OBJECT CODE    LINE SOURCE TEXT
  VALUE

                   00001 ;**********************************************
                   00002          LIST      P=16C84,R=Dec
                   00003 ;
0000               00004          ORG       00H
0000 1683          00005          BSF       03H,5
0001 1303          00006          BCF       03H,6
0002 3000          00007          MOVLW     00H
0003 0086          00008          MOVWF     06H
0004 1283          00009          BCF       03H,5
                   00010 ;
0005 1403          00011          BSF       3,0
0006 30FE          00012          MOVLW     11111110B
0007 0086          00013          MOVWF     06H
0008 2016          00014          CALL      DELAY
                   00015 ;
0009 3007          00016 LOOP     MOVLW     7
000A 0090          00017          MOVWF     10H
Message[305]: Using default destination of 1 (file).
000B 0D86          00018 LEFT     RLF       06H
000C 2016          00019          CALL      DELAY
Message[305]: Using default destination of 1 (file).
000D 0B90          00020          DECFSZ    10H
000E 280B          00021          GOTO      LEFT
                   00022 ;
000F 3007          00023          MOVLW     7
0010 0090          00024          MOVWF     10H
Message[305]: Using default destination of 1 (file).
0011 0C86          00025 RIGHT    RRF       06H
0012 2016          00026          CALL      DELAY
Message[305]: Using default destination of 1 (file).
0013 0B90          00027          DECFSZ    10H
0014 2811          00028          GOTO      RIGHT
0015 2809          00029          GOTO      LOOP
                   00030 ;
0016 3014          00031 DELAY    MOVLW     20
0017 00AD          00032                    MOVWF        2DH
Message[305]: Using default destination of 1 (file).
0018 0BAD          00033 D3       DECFSZ    2DH
0019 2818          00034          GOTO      D3
001A 0008          00035          RETURN
                   00036 ;
                   00037          END
```

```
MPASM 01.21 Released                DEMO.ASM   6-10-1997   5:03:13       PAGE 2

SYMBOL TABLE
  LABEL                             VALUE

D3                                  00000018
DELAY                               00000016
LEFT                                0000000B
LOOP                                00000009
RIGHT                               00000011
__16C84                             00000001

MEMORY USAGE MAP ('X'=Used, '-'=Unused)

0000 : XXXXXXXXXXXXXXXX XXXXXXXXXXX----- ---------------- ----------------
0040 : ---------------- ---------------- ---------------- ----------------

All other memory blocks unused.

Errors :     0
Warnings :   0
Messages :   5
```

另外,下面我们再对于两种版本的"对话窗口界面"调用方式作一简要介绍。如果调用汇编器时不携带文件名,就会出现如图 L.5 和图 L.6 所示的界面,利用其中的提示信息,以及配合使用包括 Enter 键在内的一些常用键,通常无须改变选项设置,即可完成汇编任务。

```
C: \SIM84 > MPASM       (对于 DOS 版本)
C: \SIM84 > MPASMWIN    (对于 Windows 版本)
```

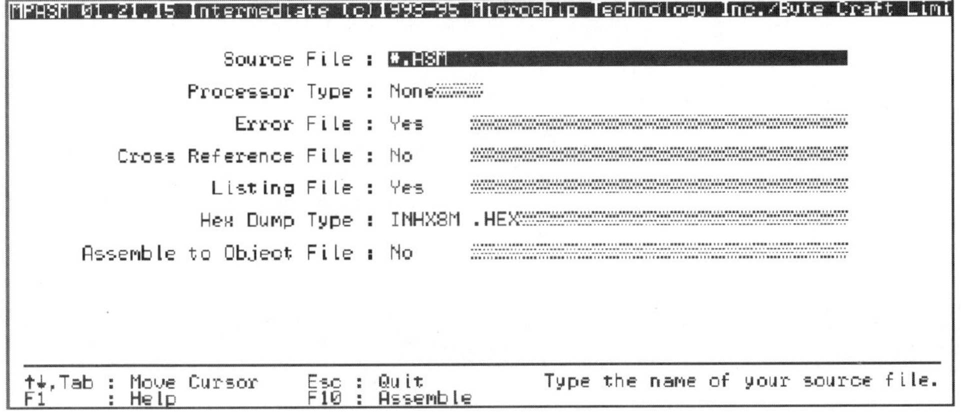

图 L.5 DOS 版本 MPASM 汇编器界面

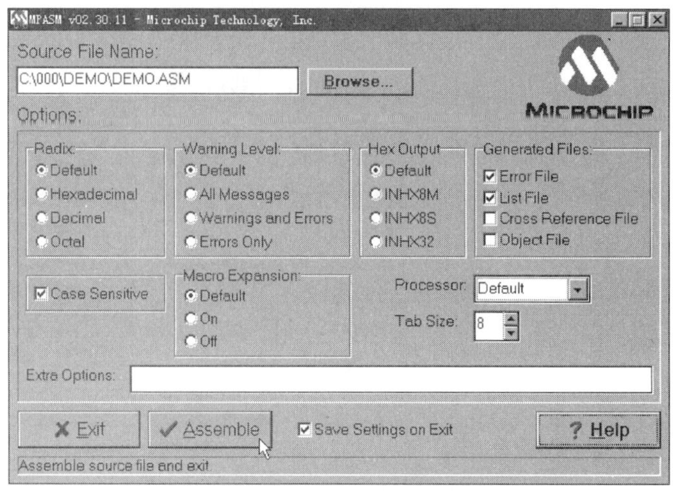

图 L.6 Windows 版本 MPASM 汇编器界面

L.6 程序举例

L.6.1 跑马灯范例

电路图请参考图 L.8 和图 L.9(LED2 和 DIP1)。在这个范例中,将八颗的 LED 接到 PORTB 的位置,程序中利用循环方式,将 LED 做来回的闪烁运动。另外我们可以利用接在 PORTA 位置的拨动开关,控制灯光运动的速度。

```
;*********************************************
;          文件名称: LED.ASM
;          使用组件: DIP1,LED2
;*********************************************
        LIST        P = 16C84,R = Dec
;
        ORG         00H
        BSF         03H,5
        BCF         03H,6
        MOVLW       00H
        MOVWF       06H
        MOVLW       0FH
        MOVWF       05H
        BCF         03H,5
;
        BSF         3,0
        MOVLW       11111110B
        MOVWF       06H
        CALL        DELAY
;
LOOP    MOVLW       7
        MOVWF       10H
```

```
LEFT    RLF         06H
        CALL        DELAY
        DECFSZ      10H
        GOTO        LEFT
;
        MOVLW       7
        MOVWF       10H
RIGHT   RRF         06H
        CALL        DELAY
        DECFSZ      10H
        GOTO        RIGHT
        GOTO        LOOP
;
DELAY
        MOVF        5,W
        MOVWF       2DH
D3      DECFSZ      2DH
        GOTO        D3
        RETURN
        END
;**********************************************
```

L.6.2　步进马达转动

电路图请参考图 L.16(MOTOR)。在这个范例中,我们要由 PORTA 输出一个时序符合一定要求的脉冲序列,控制步进马达做正、反向的转动。

```
;**********************************************
;          文件名称: STEP.ASM
;          使用组件: MOTOR
;**********************************************
LIST    P = 16C84,R = Dec
;
        ORG         00H
        BSF         03H,5
        BCF         03H,6
        MOVLW       00H
        MOVWF       5H
        MOVWF       6H
        BCF         03H,5
BEGIN:
        MOVLW       1
        MOVWF       5
LEFT:
        MOVLW       50
        MOVWF       2DH
L1:
        RLF         5
        MOVF        5,0
        MOVWF       6
```

```
        BTFSS       5,3
        GOTO        L1
        MOVLW       1
        MOVWF       5
        DECFSZ      2DH
        GOTO        L1
        GOTO        RIGHT
RIGHT:
        MOVLW       50
        MOVWF       2DH
R1:
        RRF         5
        MOVF        5,0
        MOVWF       6
        BTFSS       5,0
        GOTO        R1
        MOVLW       8
        MOVWF       5
        DECFSZ      2DH
        GOTO        R1
        GOTO        LEFT
DELAY   MOVLW       20
        MOVWF       2DH
D3      DECFSZ      2DH
        GOTO        D3
        RETURN
        END
;*************************************************
```

L.6.3 七段数码管查表驱动

电路图请参考图 L.11(SEG1)。在这个范例中,我们示范如何以查表取数方式利用 PIC 单片机控制七段数码管。

```
;*************************************************
;          文件名称: SEG7.ASM
;          使用组件: SEG1
;*************************************************
        LIST        P=16C84,R=Dec
;
        ORG         00H
        BSF         03H,5
        BCF         03H,6
        MOVLW       00H
        MOVWF       06H
        BCF         03H,5
LOOP    MOVLW       9
        MOVWF       10H
AGAIN   MOVF        10H,W
        CALL        SEG_TABLE
```

```
        MOVWF       6
        CALL        DELAY
        DECFSZ      10H
        GOTO        AGAIN
        GOTO        LOOP
DELAY   MOVLW       20
        MOVWF       2DH
D3      DECFSZ      2DH
        GOTO        D3
        RETURN
;
SEG_TABLE
        ADDWF       2
        RETLW       00111111B
        RETLW       00000110B
        RETLW       01011011B
        RETLW       01001111B
        RETLW       01100110B
        RETLW       01101101B
        RETLW       01111101B
        RETLW       00100111B
        RETLW       01111111B
        RETLW       01101111B
        RETLW       01110111B
        RETLW       01111100B
        RETLW       00111001B
        RETLW       01011110B
        RETLW       01111001B
        RETLW       01110001B
        END
;**********************************************
```

L.6.4　波形产生与显示

电路图请参考图 L.13(SCOPE)。在这个范例中,我们示范如何使用 SIM84 提供的波形显示功能。下面的范例程序会利用查表方式,将正弦波的波形输出至波形显示器中。在程序执行的同时,您可以按下功能键 F6,来调整波形显示器的取样周期,以使其输出的正弦波更漂亮。

```
;**********************************************
;           文件名称: SCOPE.ASM
;           使用组件: SCOPE
;**********************************************
        LIST        P = 16C84, R = Dec
;
        ORG         00H
        BSF         03H,5
        BCF         03H,6
        MOVLW       00H
```

```
        MOVWF       06H
        BCF         03H,5
LOOP    MOVLW       255
        MOVWF       10H
AGAIN   MOVF        10H,W
        CALL        LOOK_SIN
        MOVWF       6
        DECFSZ      10H
        GOTO        AGAIN
        GOTO        LOOP
DELAY   MOVLW       20
        MOVWF       2DH
D3      DECFSZ      2DH
        GOTO        D3
        RETURN
;
LOOK_SIN:
        ADDWF   2
        RETLW   127
        RETLW   130
        RETLW   133
        RETLW   136
        RETLW   139
        RETLW   142
        RETLW   145
        RETLW   148
        RETLW   151
        RETLW   154
        RETLW   157
        RETLW   161
        RETLW   164
        RETLW   166
        RETLW   169
        RETLW   172
        RETLW   175
        RETLW   178
        RETLW   181
        RETLW   184
        RETLW   187
        RETLW   189
        RETLW   192
        RETLW   195
        RETLW   197
        RETLW   200
        RETLW   202
        RETLW   205
        RETLW   207
        RETLW   210
        RETLW   212
        RETLW   214
        RETLW   217
```

```
RETLW  219
RETLW  221
RETLW  223
RETLW  225
RETLW  227
RETLW  229
RETLW  231
RETLW  232
RETLW  234
RETLW  236
RETLW  237
RETLW  239
RETLW  240
RETLW  242
RETLW  243
RETLW  244
RETLW  245
RETLW  246
RETLW  247
RETLW  248
RETLW  249
RETLW  250
RETLW  251
RETLW  251
RETLW  252
RETLW  252
RETLW  253
RETLW  253
RETLW  253
RETLW  253
RETLW  253
RETLW  253
RETLW  253
RETLW  253
RETLW  253
RETLW  253
RETLW  252
RETLW  252
RETLW  251
RETLW  251
RETLW  250
RETLW  249
RETLW  249
RETLW  248
RETLW  247
RETLW  246
RETLW  245
RETLW  243
RETLW  242
RETLW  241
RETLW  239
```

```
RETLW  238
RETLW  236
RETLW  235
RETLW  233
RETLW  231
RETLW  230
RETLW  228
RETLW  226
RETLW  224
RETLW  222
RETLW  220
RETLW  218
RETLW  215
RETLW  213
RETLW  211
RETLW  209
RETLW  206
RETLW  204
RETLW  201
RETLW  199
RETLW  196
RETLW  193
RETLW  191
RETLW  188
RETLW  185
RETLW  182
RETLW  180
RETLW  177
RETLW  174
RETLW  171
RETLW  168
RETLW  165
RETLW  162
RETLW  159
RETLW  156
RETLW  153
RETLW  150
RETLW  147
RETLW  144
RETLW  141
RETLW  137
RETLW  134
RETLW  131
RETLW  128
RETLW  125
RETLW  122
RETLW  119
RETLW  116
RETLW  112
RETLW  109
RETLW  106
```

```
RETLW  103
RETLW  100
RETLW  97
RETLW  94
RETLW  91
RETLW  88
RETLW  85
RETLW  82
RETLW  79
RETLW  76
RETLW  73
RETLW  71
RETLW  68
RETLW  65
RETLW  62
RETLW  60
RETLW  57
RETLW  54
RETLW  52
RETLW  49
RETLW  47
RETLW  44
RETLW  42
RETLW  40
RETLW  38
RETLW  35
RETLW  33
RETLW  31
RETLW  29
RETLW  27
RETLW  25
RETLW  23
RETLW  22
RETLW  20
RETLW  18
RETLW  17
RETLW  15
RETLW  14
RETLW  12
RETLW  11
RETLW  10
RETLW  8
RETLW  7
RETLW  6
RETLW  5
RETLW  4
RETLW  4
RETLW  3
RETLW  2
RETLW  2
RETLW  1
```

```
RETLW  1
RETLW  0
RETLW  0
RETLW  0
RETLW  0
RETLW  0
RETLW  0
RETLW  0
RETLW  0
RETLW  0
RETLW  0
RETLW  1
RETLW  1
RETLW  2
RETLW  2
RETLW  3
RETLW  4
RETLW  5
RETLW  6
RETLW  7
RETLW  8
RETLW  9
RETLW  10
RETLW  11
RETLW  13
RETLW  14
RETLW  16
RETLW  17
RETLW  19
RETLW  21
RETLW  22
RETLW  24
RETLW  26
RETLW  28
RETLW  30
RETLW  32
RETLW  34
RETLW  36
RETLW  39
RETLW  41
RETLW  43
RETLW  46
RETLW  48
RETLW  51
RETLW  53
RETLW  56
RETLW  58
RETLW  61
RETLW  64
RETLW  66
RETLW  69
```

```
        RETLW  72
        RETLW  75
        RETLW  78
        RETLW  81
        RETLW  84
        RETLW  87
        RETLW  89
        RETLW  92
        RETLW  96
        RETLW  99
        RETLW  102
        RETLW  105
        RETLW  108
        RETLW  111
        RETLW  114
        RETLW  117
        RETLW  120
        RETLW  123
        RETLW  127
        END
;*********************************************
```

L.6.5 数码显示计数器

电路图请参考图 L.12(SEG2)。在这个范例中,我们使用 PIC 本身的计数器功能,来做四位数的累加器。可以很简单地通过修改 INTCON 寄存器的值,使外部计数脉冲由外部引脚 RA4/T0CKI 输入,或是由外部引脚 INT 输入,以便练习 PIC 单片机的各种中断功能。

```
;*********************************************
;        文件名称: TIME.ASM
;        使用组件: SEG2
;*********************************************
        LIST        P = 16C84,R = Dec
_NUM1   EQU         2FH
_NUM2   EQU         2EH
_NUM3   EQU         2DH
_NUM4   EQU         2CH
_TEMP   EQU         2BH
;---------------------------------------
_TMR0   EQU         01H
_TRISA  EQU         05H
_TRISB  EQU         06H
_OPTION EQU         01H
_STATUS EQU         03H
_PORTA  EQU         05H
_PORTB  EQU         06H
_INTCON EQU         0BH
;
_PS0    EQU         0H
```

```
_PS1     EQU        1H
_PS2     EQU        2H
_PSA     EQU        3H
_T0SE    EQU        4H
_T0CS    EQU        5H
;
_RP0     EQU        5H
_RP1     EQU        6H
;
_T0IF    EQU        2H
_INTF    EQU        1H
_ZERO    EQU        2h
;
         ORG        00H
         GOTO       RESET_DEVICE
         ORG        04H
TMR0_INTERUPT:
         BCF        _INTCON,_T0IF
         MOVWF      _TEMP              ;保护 W 到备份寄存器
END_INT:
         CALL       INC_NUM1
         COMF       _PORTA,1
         MOVF       _TEMP,W
         MOVLW      0E0H
         MOVWF      _TMR0
         RETFIE
RESET_DEVICE:
         CLRF       _PORTA
         CLRF       _PORTB
         BSF        _STATUS,_RP0
         BCF        _STATUS,_RP1
         MOVLW      00000000B
         MOVWF      _TRISB
         MOVLW      00000000B
         MOVWF      _TRISA
         BCF        _OPTION,_T0CS      ; 选择内部指令周期作时钟源
         BSF        _OPTION,7
         BCF        _STATUS,_RP0

         MOVLW      1010B
         MOVWF      _PORTA
         MOVLW      0
         MOVWF      _NUM1
         MOVWF      _NUM2
         MOVWF      _NUM3
         MOVWF      _NUM4
         MOVLW      0E0H
         MOVWF      _TMR0
         MOVLW      10100000B          ; 开中断
         MOVWF      _INTCON
;-----------------------------------------------------
```

```
DISPLAY
        MOVLW       00H
        ADDWF       _NUM1,W
        MOVWF       6
        MOVLW       10H
        ADDWF       _NUM2,W
        MOVWF       6
        MOVLW       20H
        ADDWF       _NUM3,W
        MOVWF       6
        MOVLW       30H
        ADDWF       _NUM4,W
        MOVWF       6
        GOTO        DISPLAY
INC_NUM1
        INCF        _NUM1,1
        MOVF        _NUM1,W
        BCF         _STATUS,_ZERO
        XORLW       0AH
        BTFSC       _STATUS,_ZERO
        GOTO        INC_NUM2
        RETURN
;
INC_NUM2
        INCF        _NUM2,1
        MOVLW       0H
        MOVWF       _NUM1
        BCF         _STATUS,_ZERO
        MOVF        _NUM2,W
        XORLW       0AH
        BTFSC       _STATUS,_ZERO
        GOTO        INC_NUM3
        RETURN
;
INC_NUM3
        INCF        _NUM3,1
        MOVLW       0H
        MOVWF       _NUM2
        BCF         _STATUS,_ZERO
        MOVF        _NUM3,W
        XORLW       0AH
        BTFSC       _STATUS,_ZERO
        GOTO        INC_NUM4
        RETURN
;
INC_NUM4
        INCF        _NUM4,1
        MOVLW       0H
        MOVWF       _NUM3
        BCF         _STATUS,_ZERO
        MOVF        _NUM4,W
```

```
        XORLW       0AH
        BTFSS       _STATUS,_ZERO
        RETURN
        MOVLW       0H
        MOVWF       _NUM4
        RETURN
        END
;*************************************************
```

L.6.6 SIM84 环境中各种虚拟的电子组件附图

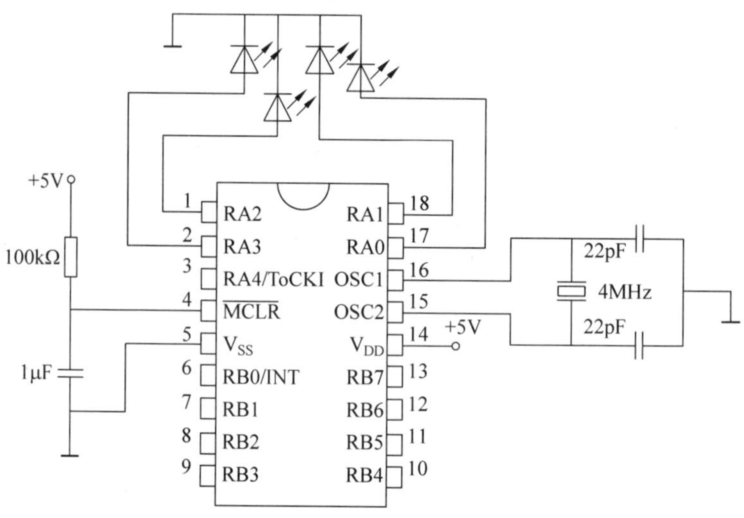

图 L.7 LED1 电子组件示意图

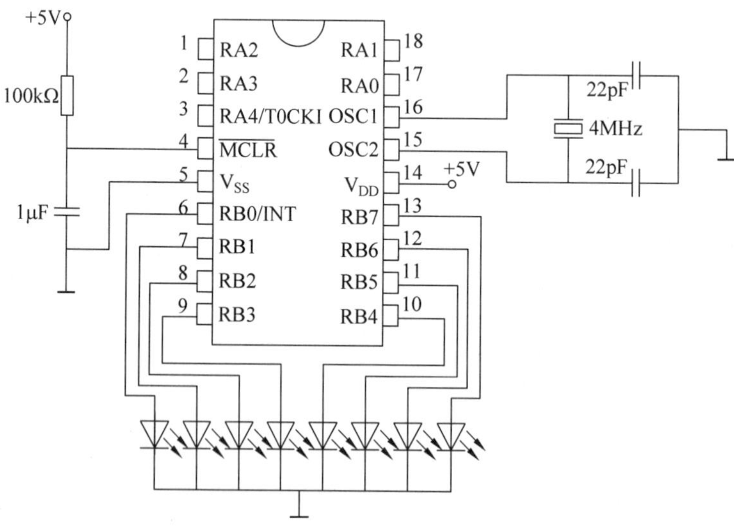

图 L.8 LED2 电子组件示意图

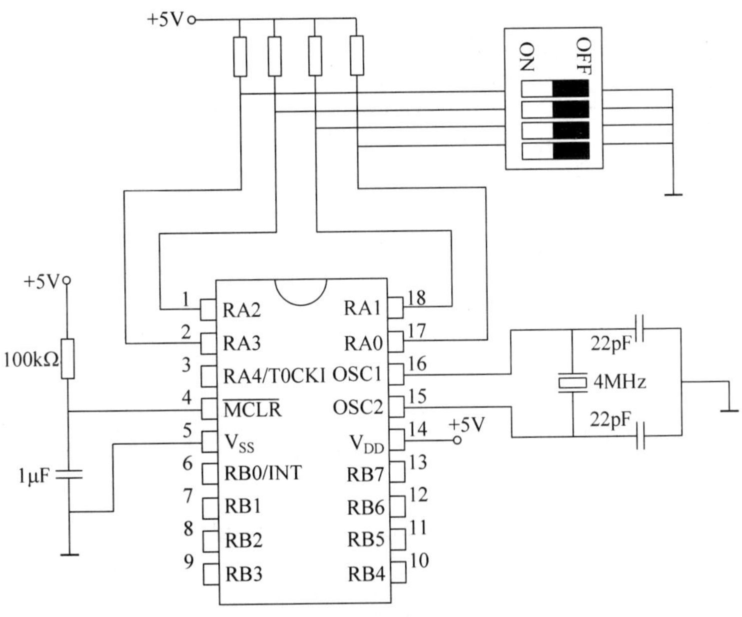

图 L.9 DIP1 电子组件示意图

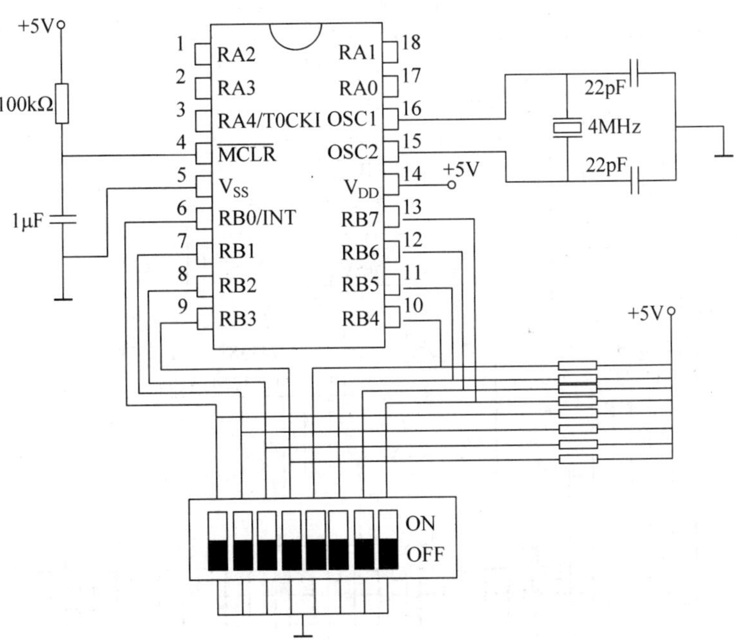

图 L.10 DIP2 电子组件示意图

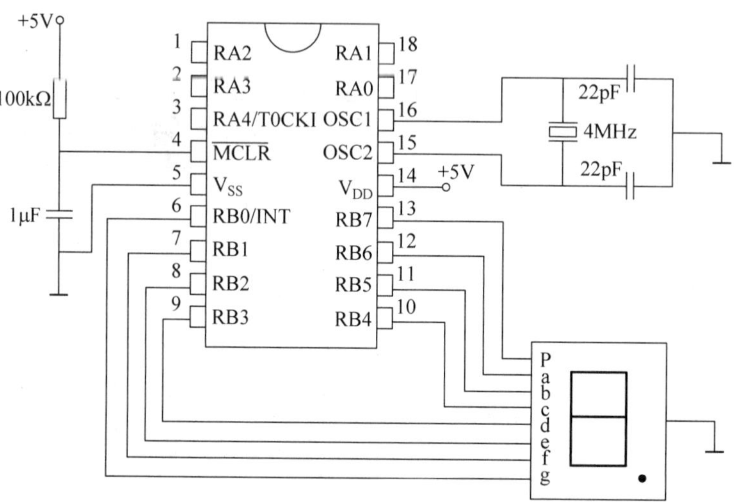

图 L.11 SEG1 电子组件示意图

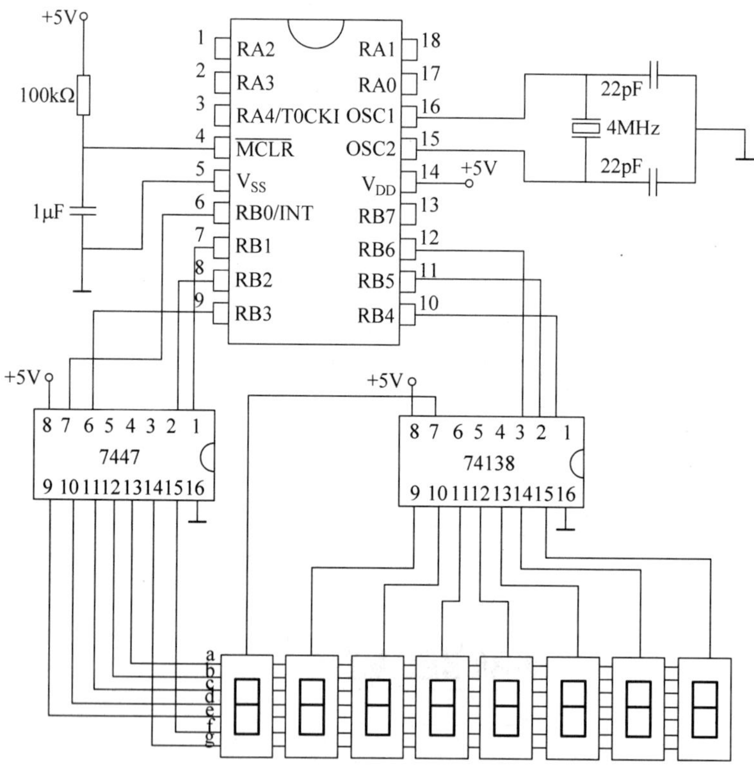

图 L.12 SEG2 电子组件示意图

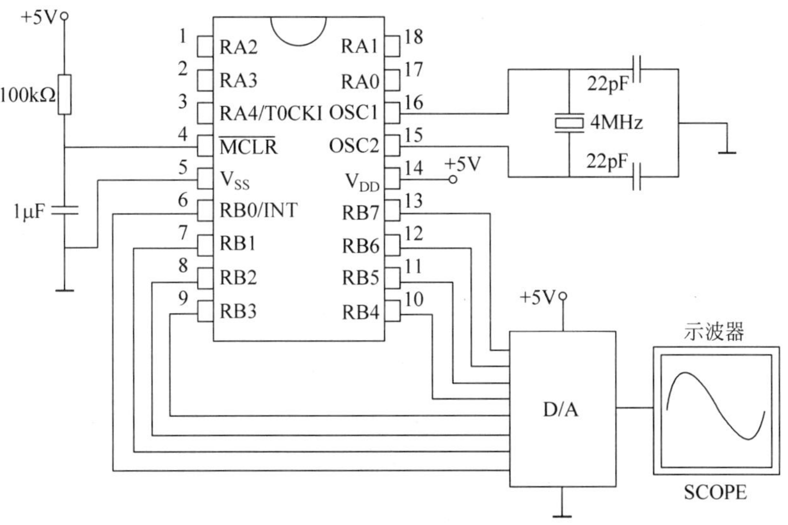

图 L.13 SCOPE 电子组件示意图

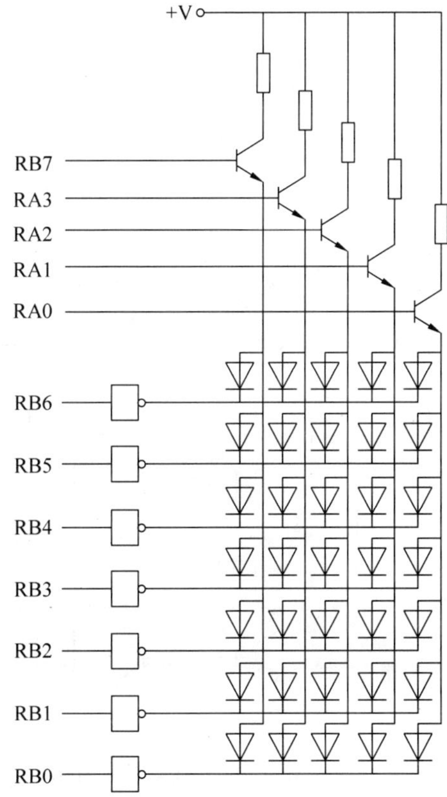

图 L.14 DOT57 电子组件示意图

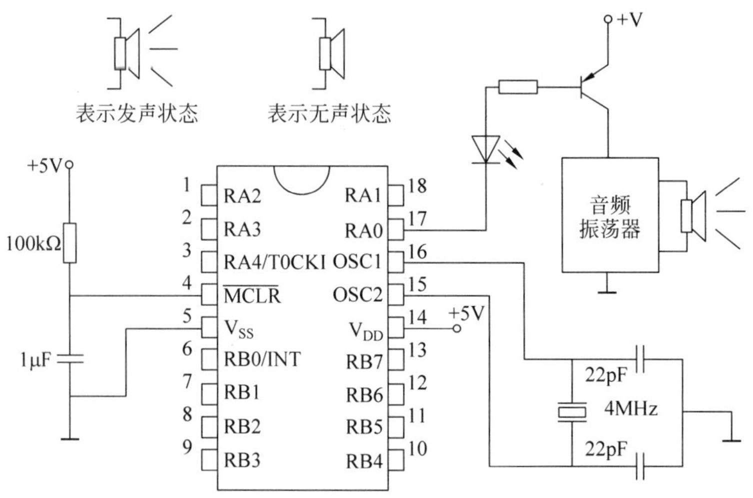

图 L.15 SPEAK 电子组件示意图

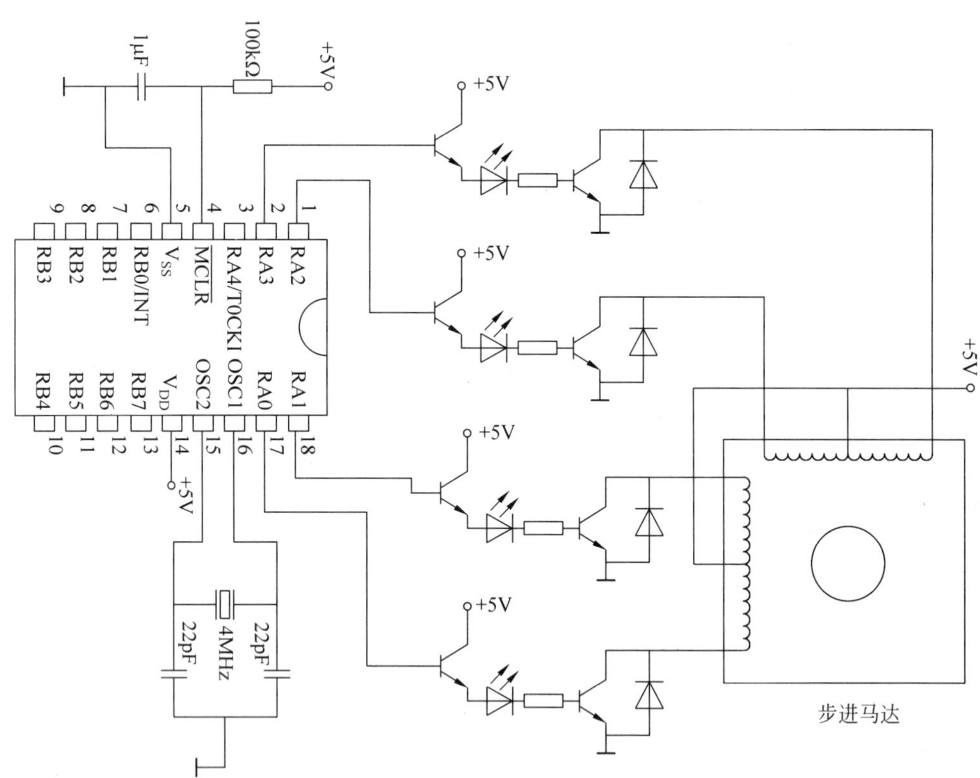

图 L.16 MOTOR 电子组件示意图

参考文献

[1] 李学海. PIC 单片机 BASIC 编程项目开发[M]. 北京：科学出版社，2012.

[2] 李学海. ATtinyAVR 单片机精品项目开发[M]. 北京：科学出版社，2012.

[3] 李学海. 经典 80C51 单片机快速进阶与实作[M]. 北京：清华大学出版社，2012.

[4] 李学海. 经典 80C51 单片机轻松入门与上手[M]. 北京：清华大学出版社，2009.

[5] 李学海等. 图解电子创新制作——人体探秘项目趣味制作[M]. 北京：科学出版社，2011.

[6] 李学海等. 新型 80C51 单片机轻松入门与应用开发——AT89S8253[M]. 北京：金盾出版社，2011.

[7] 李学海. 标准 80C51 单片机基础教程——原理篇[M]. 北京：北京航空航天大学出版社，2006.

[8] 李学海. 凌阳 8 位单片机——基础篇[M]. 北京：北京航空航天大学出版社，2005.

[9] 李学海. 凌阳 8 位单片机——提高篇[M]. 北京：北京航空航天大学出版社，2006.

[10] 李学海. PIC 单片机实用教程——基础篇[M]. 北京：北京航空航天大学出版社，2002.

[11] 李学海. PIC 单片机实用教程——提高篇[M]. 北京：北京航空航天大学出版社，2002.

[12] 李学海. EM78 单片机实用教程——基础篇[M]. 北京：电子工业出版社，2003.

[13] 李学海. EM78 单片机实用教程——扩展篇[M]. 北京：电子工业出版社，2003.

[14] 李学海. PIC 单片机原理[M]. 北京：北京航空航天大学出版社，2004.

[15] 李学海. PIC 单片机实践[M]. 北京：北京航空航天大学出版社，2004.

[16] 李学海. PIC 单片机实用教程——基础篇[M]. 第 2 版. 北京：北京航空航天大学出版社，2007.

[17] 李学海. PIC 单片机实用教程——提高篇[M]. 第 2 版. 北京：北京航空航天大学出版社，2007.

[18] 李学海. 凌阳语音型 16 位单片机 SPCE061A 实用教程——基础篇[M]. 北京：人民邮电出版社，2007.

[19] 李学海. 电机控制型单片机 SPMC75 应用基础[M]. 北京：中国电力出版社，2007.

[20] 李学海等. 电话机 寻呼机 手机检修思路·技巧·实例[M]. 天津：天津科学技术出版社，2000.

[21] 李学海. 智能遥控电话报警系统设计[C]. 第 3 届 Motorola 杯单片机应用大奖赛论文集，2000.

[22] 李学海. 智能遥控电话报警系统[C]. 第 2 届力源杯 BASIC 单片机应用设计制作竞赛获奖作品选编. P&S 公司，1997.

[23] 李学海. 来话号码识别电路 MT88E43 及其应用研究[C]. 2001 年嵌入式系统及单片机国际学术交流年会论文集. 北京：北京航空航天大学出版社，2001.

[24] 李学海. 重复利用 OTP 单片机方法探讨[C]. 2003 年全国单片机及嵌入式系统学术年会暨多国产品展示会论文集. 北京：北京航空航天大学出版社，2003.

[25] 李学海. PIC16F87X 单片机中断系统应用必须关注的问题[J]. 单片机与嵌入系统应用，2001.5.

[26] 李学海. 单片机软件硬件及其应用系列讲座[J]. 电子世界，2000.1—2001.7.

[27] 李学海. PIC16C84 单片机及其应用连载[J]. 电子制作，2001.1—2001.5.

[28] 李学海. EM78P447S 单片机入门与实作系列讲座[J]. 无线电，2001.10—2003.4.

[29] 李学海. 带有 RAM 的实时时钟集成电路 DS1302[J]. 实用无线电，1997.4.

[30] 李学海. 数控 DTMF 发生器 HT9200 及其应用[J]. 实用无线电，1998.2.

[31] 李学海. 多功能芯片 X25043 及其应用[J]. 实用无线电，1998.3.

[32] 李学海. 智能控制芯片 HD7279 及其应用[J]. 实用无线电，1998.4.

[33] 李学海. 串行接口实时时钟芯片 HT1380 及其应用[J]. 国外电子元器件，1998.3.

[34] 李学海. HT10XX 低压差集成稳压器及其应用[J]. 电子世界，1999.5.

[35] 李学海. 电压检测器 HT70XX 系列及其应用[J]. 现代通信，1999.3.

[36] 李学海. 带人工复位的电源检测器 IMP811/812[J]. 电子制作,1999.11.
[37] 李学海. I2C 接口数控电位器 E2POT-X9421 及其应用[J]. 工控电子,1999.6.
[38] 李学海. CIDCW 接收器 PCD3361 及其应用[J]. 国外电子元器件,1999.10.
[39] 李学海. 触摸感应式调光集成电路[J]. 电子科技,1999.12.
[40] 李学海. 电源监控器 MAX707/708 及其应用[J]. 现代通信,2000.1.
[41] 李学海. 低功耗集成稳压器 HT71XX 系列及其应用[J]. 家用电器,2000.2.
[42] 李学海. 耗电极低的精密型电源监控器 MAX63XX 及其应用[J],集成电路应用,2000.4.
[43] 李学海. 在 SX 系列单片机上实现的虚拟技术[J]. 世界电子元器件,2000.11.
[44] 李学海. 四温控点可编程温度监控器 ADT14 及其应用[J]. 电子产品世界,2001.6A.
[45] 李学海. 电源监控器 IMP809/810 及其应用[J]. 今日电子,2001.9.
[46] 李学海. 气流和温度检测控制器 TMP12 及其应用[J]. 世界电子元器件,2001.2.
[47] 李学海. 节省微处理器接口的 EEPROM-X84041[J]. 世界电子元器件,2001.4.
[48] 李学海. 多功能监控器 MAX705/706/813[J]. 电子产品世界,2002.1.
[49] 李学海. 用 AD7416+PIC16F84+PC 机构建的测温系统[J]. 单片机与嵌入系统应用,2004.11.
[50] 李学海. 80C51 时钟振荡器的原理分析和设计考虑[J]. 电子制作,2006.8.
[51] 李学海. 探索 80C51 的三种非常规的复位技术[J]. 今日电子,2006.9.
[52] 李学海. 80C51 复位标志位的设置与应用研究[J]. 单片机与嵌入系统应用,2006.9.
[53] 李学海. 80C51 上电复位和复位延时的时序分析[J]. 单片机与嵌入系统应用,2006.12.
[54] 李学海. 欠压检测技术的应用. 电子制作[J],2007.1.
[55] 李学海. 80C51 欠压检测技术的应用研究[J]. 电子制作,2007.2.
[56] 李学海. 单片机的工作状态、状态迁移与复位操作[J]. 单片机与嵌入系统应用,2007.5.
[57] 李学海. 适合单片机制作的 LCD 显示器模块[J]. 电子制作,2007.6.
[58] 李学海. 趣味性 LED 电子骰子的制作[J]. 电子制作,2012.6.
[59] 李学海. 放大目镜加装 LED 照明的设计与制作[J]. 电子制作,2012.8.
[60] 李学海. RGB 三色 LED 混色器的制作[J]. 电子制作,2012.5.
[61] 李学海. Arduino 集成开发环境[J]. 电子制作,2013.9.
[62] 李学海. Arduino 集成开发环境工具栏命令详解[J]. 电子制作,2013.9.
[63] 李学海. 组建自己的 Arduino 项目[J]. 电子制作,2013.9.
[64] 李学海. 串行接口 LCD 驱动器 AY0438[J]. 电子世界,2002.5.
[65] 李学海. 来话识别接收器 HT9031 及其应用[J]. 电子技术应用,1998.5.
[66] 李学海. 老旧单片机实验箱的改造与升级[J]. 实验室研究与探索,2014.7.
[67] 李学海. 插卡式广适配单片机学习实验平台的研制[J]. 实验技术与管理,2014.4.
[68] 李学海. 支撑单片机实验教学的工具链及其自行设计[J]. 实验技术与管理,2014.12.
[69] 李学海. 重复烧写 OTP 单片机的方法设计[J]. 实验技术与管理,2015.1.
[70] 李学海. 基于物联网的智能实验室研究与实践[J]. 实验室研究与探索,2015.6.
[71] 李学海. 基于 tinyAVR 和 Nokia3310 LCD 的温度绘图仪[J]. 单片机与嵌入系统应用,2012.10.
[72] 李学海. 基于 RFID 和 Zigbee 技术的图书馆智能监控通道[J]. 单片机与嵌入系统应用,2013.12.
[73] Microchip. PIC16C84 8-bit CMOS EEPROM Microcontroller[EB/OL],1997.
[74] Microchip. PIC16C84 EEPROM Memory Programming Specification[EB/OL],1996.
[75] Microchip. PIC16F8X 18-pin Flash/EEPROM 8-Bit Microcontrollers[EB/OL],1998.
[76] Microchip. PIC16F84A 18-pin Enhanced FlASH/EEPROM 8-Bit Microcontroller[EB/OL],2013.
[77] Microchip. MPLAB IDE,SIMULATOR,EDITOR USER'S GUIDE[EB/OL],1998.
[78] Microchip. MPASM USER'S GUIDE with MPLINK and MPLIB[EB/OL],1997.
[79] Microchip. MPLAB-ICD USER'S GUIDE[EB/OL],1999.
[80] Microchip. MPLAB-ICD TUTORIAL[EB/OL],1999.

[81] Microchip. EMBEDDED CONTROL HANDBOOK[EB/OL] VOL1,1997.
[82] Microchip. EMBEDDED CONTROL HANDBOOK[EB/OL] VOL2,1997.
[83] Microchip. AN734-Using the PICmicro SSP for Slave I^2C Communication[EB/OL],2000.
[84] Microchip. AN735-Using the PICmicro MSSP Module for Master I^2C Communications[EB/OL],2000.
[85] Microchip. Microchip Technical Labrary CD-ROM[EB/OL],1999.
[86] Microchip. Microchip Technical Labrary CD-ROM[EB/OL],2000.
[87] Microchip. Microchip Technical Labrary CD-ROM[EB/OL],2001.
[88] Microchip. Future PICmicro ® Microcontroller Products Guide[EB/OL],2000.
[89] Microchip. ANALOG/INTERFACE HANDBOOK[EB/OL],2000.
[90] Microchip. PIC16C6X 8-Bit CMOS Microcontrollers[EB/OL],1997.
[91] Microchip. MPASM™ and MPLINK™ PICmicro ® QUICK REFERENCE GUIDE[EB/OL],1999.
[92] Microchip. PICmicro™ Mid-Range MCU Family Reference Manual[EB/OL],1997.
[93] Microchip. PIC16F87X EEPROM Memory Programming Specification[EB/OL],2000.
[94] Microchip. AY0438 32-Segment CMOS LCD Driver DATA SHEET[EB/OL],1995.
[95] Microchip. 93LC46A/B 1K 2.5V Microwire ® Serial EEPROM[EB/OL],1998.
[96] Microchip. 25AA040/25LC040/25C040 4K SPI ™ Bus Serial EEPROM[EB/OL],1998.
[97] Microchip. 24C04A 4K 5.0V I2C ™ Serial EEPROM[EB/OL],1998.